U0196842

# Python 3.x
## 全栈开发 从入门到精通

张云河　刘友祝　王硕◎著

北京大学出版社

PEKING UNIVERSITY PRESS

# 内 容 简 介

全栈工程师，也称为全端工程师(同时具备前端和后台能力)，是指掌握多种技能，并能利用多种技能独立完成产品的人。Python全栈工程师，是指在精通Python编程语言的前提下，对于其他上下游的技术也有足够的了解和掌握。本书上下游的技术涉及数据传输、数据存储、数据分析和数据可视化等方面的知识。本书以实践的方式，将这一系列的领域及理论知识结合到一起，帮助读者构建全栈开发的知识体系，并辅以精益及敏捷的思想，来一步步开发Web应用，让读者不只学会编码，还在学完后具备真实项目的经验。

**图书在版编目(CIP)数据**

Python 3.x全栈开发从入门到精通 / 张云河，刘友祝，王硕著. — 北京：北京大学出版社，2019.5

ISBN 978-7-301-30308-5

Ⅰ. ①P…　Ⅱ. ①张…②刘…③王…　Ⅲ. ①软件工具—程序设计　Ⅳ. ①TP311.561

中国版本图书馆CIP数据核字(2019)第034847号

| 书　　　名 | Python 3.x全栈开发从入门到精通 |
| --- | --- |
| | PYTHON 3.X QUANZHAN KAIFA CONG RUMEN DAO JINGTONG |
| 著作责任者 | 张云河　刘友祝　王　硕　著 |
| 责 任 编 辑 | 吴晓月　王蒙蒙 |
| 标 准 书 号 | ISBN 978-7-301-30308-5 |
| 出 版 发 行 | 北京大学出版社 |
| 地　　　址 | 北京市海淀区成府路205号　100871 |
| 网　　　址 | http：//www.pup.cn　新浪微博：@北京大学出版社 |
| 电 子 信 箱 | pup7@pup.cn |
| 电　　　话 | 邮购部 010-62752015　发行部 010-62750672　编辑部 010-62570390 |
| 印 刷 者 | 北京大学印刷厂 |
| 经 销 者 | 新华书店 |
| | 787毫米×1092毫米　16开本　35印张　893千字 |
| | 2019年5月第1版　2019年5月第1次印刷 |
| 印　　　数 | 1-4000册 |
| 定　　　价 | 99.00 元 |

# 前言

Python 是一门非常优秀的编程语言，其语法简洁，易学易用，越来越受到编程人员的喜爱；Python 也是一门非常"人性化"的编程语言，其各种语法规则的设计符合人们的思维方式，开发人员可以用最简单的方式实现自己的编程目的，降低时间成本。同时 Python 也是一门非常强大的编程语言，其在编程的各个领域都有非常不错的表现，如在网页开发、GUI 程序、网络爬虫、科学计算、数据可视化等领域，所有企业软件都可以使用 Python 进行一站式开发。本书中 Python 全栈开发涉及数据分析、数据存储、数据可视化、系统网络运维、Web 项目和量化交易等，对各部分的知识点都进行了详细介绍，深入浅出，帮助读者快速掌握全栈开发。

 **为什么要写一本这样的书** ————————————————

本书作者均来自开发和教育第一线，具备丰富的实际研发和培训经验。在对学校和企业的培训中，针对学校和企业的实际开发需要，定制了全套的 Python 全栈开发的课程。在实际的授课过程中根据企业和学生的反馈，不断调整 Python 全栈开发的内容。为了能让更多的读者系统地学习 Python 全栈开发，本书作者决定抽出大量的时间来完成本书的创作，这就是本书的写作背景。

本书从项目开发经验入手，结合理论知识进行讲解。本书的目标就是让初学者快速成为一个合格的 Python 全栈开发工程师，并拥有项目开发技能，在未来的职场中有一个较高的起点。

**本书结构**

第 1 章是本书的快速入门部分，介绍 Python 3.x（为了更简洁，本书在描述时，Python 3.x 统称为 Python 3）的 Windows 和 Linux 安装环境，对 Python 全栈做了简要的介绍。

第 2 章是 Python 3 的基础知识部分，对 Python 的基本数据类型、函数、模块和面向对象编程做了介绍。

第 3 章是 Python 3 的高级知识部分，对 Python 的高级函数对象、多线程、多进程、正则表达式和发送邮件等做了介绍。

第 4 章是使用 Python 3 操作数据库部分，主要介绍了 MySQL、MongoDB 和 Redis 三种数据库的基本用法和使用 Python 3 对数据库进行操作。

第 5 章是 Python 3 网络编程部分，主要介绍了网络编程的基础知识和 Python 3 对 TCP 和 UDP 程序的设计。

第 6 章是 Python 3 的运维部分，主要介绍了 WebLogic 服务器的安装和使用，使用 Python 3 对配置服务器的 JNDI 和使用脚本自动部署 Java Web 的应用。在 Linux 操作系统下，使用 Python 脚本来监控 Linux 系统和 MySQL 数据库，进行日常的运维操作。

第 7 章是数据可视化部分，主要介绍了 NumPy、Pandas 和 Matplotlib 模块的使用和金融数据的可视化。

第 8 章是 Web 开发框架部分，主要介绍了 Flask Web 框架的使用并结合 ECharts 绘制基本图形。

第 9 章是 Python 在量化交易中的应用部分，主要讲解量化交易的基本概念和 Python 在量化交易中的作用。

对于本书章节的内容，读者可以根据自身的实际情况有选择地阅读，毕竟 Python 全栈开发所涉及的范围比较广泛，读者可以挑选自己感兴趣的章节单独阅读。

 **读者对象**

- 没有任何 Python 基础的初学者。
- 有一定 Python 基础，想精通 Python 全栈开发的人员。
- 有一定 Python 基础，没有项目经验的人员。

● 大专院校及培训学校的教师和学生。

 **本书特色**

零基础也能入门

无论您是否接触过 Python，是否使用 Python 开发过项目，都能从本书开启学习之旅。

案例丰富

本书中的案例逐一讲解 Python 全栈的各种知识和技术，步骤详细、分析到位，能为读者入手真实项目打下良好的基础，轻松拥有项目经验。

 **配套资源**

本书的所有代码都保存在 GitHub 上，后续代码更新也会以 GitHub 地址为准，网址是 https://github.com/cxinping/PythonFullStack，读者可自行下载，也可扫描下方二维码进行查看。另外为了方便读者交流，学习 Python 全栈开发，笔者建立了 Python 3 全栈开发高级群（QQ 群号：701141872）

 **致谢**

作为资深软件架构师，能够编写一本技术性和实践性非常强的 Python 全栈开发图书，我感到非常荣幸。在此向所有给我提供指导、支持和鼓励的朋友表示衷心的感谢。

感谢我的亲人对我的关心与照顾，我现在取得的成果离不开你们对我的付出。

感谢北京大学出版社的魏雪萍和王蒙蒙两位编辑，是他们不辞辛苦，仔细严谨的审阅和校对工作为本书的顺利出版提供了有力保障。

感谢王登高（网名：量华林），他对量化系统的探索和执着体现在自研的程序化交易开源框架 QuickLib。QuickLib 是一款优秀的开源框架，融入了他对量化交易的独到见解，它的功能强大，操作简单。在本书的编写过程中王登高对作者提供了无私的帮助，在此特别表示感谢。本书在编写过程中，得到了潭州教育的多位老师的帮助和鼓励，在此表示感谢。

与读者相识于 Python 全栈开发是一种缘分，能够看到本书说明读者对 Python 全栈开发是感兴趣的，感谢读者愿意花费时间阅读本书。希望每一位读者都能够通过阅读本书有所收获，真心祝愿你们能够学习顺利，事业有成。

# 目录
CONTENTS

**第1章 ▶ 初识 Python 语言** ......................................... 1

**1.1** 初识 Python ............................... 2
**1.2** Python 2/Python 3 ..................... 3
**1.3** Python 全栈的兴起 ..................... 4
**1.4** 安装 Python 3 ............................ 6
    1.4.1 在 Windows 下安装 Python 3 ......... 6

    1.4.2 在 CentOS 下安装 Python 3 ......... 12
**1.5** 搭建 Python 3 开发环境 ..................... 14
    1.5.1 使用 PyCharm 新建项目 .............. 15
    1.5.2 配置 PyCharm ........................... 17

**第2章 ▶ Python 基础篇** ........................................ 20

**2.1** 变量 ...................................... 21
**2.2** 标准数据类型 ........................... 22
    2.2.1 数字（Number） ..................... 22
    2.2.2 字符串（String）..................... 24
    2.2.3 列表（List） ........................ 28
    2.2.4 元组（Tuple） ....................... 31
    2.2.5 字典（Dictionary） .................. 33
    2.2.6 集合（Set） ......................... 35
**2.3** 标识符 ................................... 36
**2.4** 行和缩进 ................................. 37
**2.5** 运算符和表达式 ........................... 37

    2.5.1 算数运算符 .......................... 38
    2.5.2 比较运算符 .......................... 38
    2.5.3 逻辑运算符 .......................... 39
    2.5.4 成员运算符 .......................... 40
**2.6** 条件控制 ................................. 41
**2.7** 循环语句 ................................. 42
    2.7.1 while 循环 .......................... 42
    2.7.2 for 语句 ............................ 43
    2.7.3 使用枚举遍历序列 .................... 44
**2.8** 函数 ...................................... 44
    2.8.1 函数的定义和调用 .................... 45

2.8.2 函数中的文档 ............ 46

2.8.3 默认参数 ............ 47

2.8.4 不定长参数 ............ 47

2.8.5 range() 函数 ............ 48

2.8.6 函数作为参数传递 ............ 50

**2.9 文件** ............ **51**

2.9.1 操作文件 ............ 51

2.9.2 使用 with 语句 ............ 56

2.9.3 电子表格 ............ 57

**2.10 面向对象** ............ **59**

2.10.1 类与对象的定义 ............ 59

2.10.2 私有属性和方法 ............ 61

2.10.3 继承 ............ 63

2.10.4 静态方法 ............ 67

2.10.5 魔法方法和特殊属性 ............ 67

2.10.6 可调用对象 ............ 69

**2.11 错误和异常** ............ **70**

2.11.1 错误 ............ 70

2.11.2 异常 ............ 70

2.11.3 处理异常 ............ 72

2.11.4 打印异常信息 ............ 73

2.11.5 自定义异常 ............ 74

**2.12 模块** ............ **75**

2.12.1 导入模块 ............ 75

2.12.2 模块的 __name__ 属性 ............ 76

2.12.3 模块路径 ............ 78

2.12.4 包 ............ 80

**2.13 常用模块** ............ **81**

2.13.1 os 模块 ............ 81

2.13.2 time 模块 ............ 84

**第 3 章 ▶ Python 高级篇** ............ **87**

**3.1 高级函数对象** ............ **88**

3.1.1 lambda 函数 ............ 88

3.1.2 map() 函数 ............ 89

3.1.3 reduce() 函数 ............ 90

3.1.4 迭代器 (Iterator) ............ 92

3.1.5 生成器 (Generator) ............ 95

3.1.6 装饰器（Decorator） ............ 99

**3.2 多线程** ............ **104**

3.2.1 多线程介绍 ............ 104

3.2.2 线程模块 ............ 104

3.2.3 守护线程 ............ 107

3.2.4 优雅地停止线程 ............ 109

3.2.5 多线程的锁机制 ............ 112

3.2.6 本地线程变量 ............ 116

**3.3 多进程** ............ **117**

3.3.1 Linux 平台下的多进程 ............ 118

3.3.2 跨平台的多进程 ............ 120

3.3.3 跨平台的多进程间通信 ............ 127

3.3.4 分布式进程 ............ 129

**3.4 正则表达式** ............ **135**

3.4.1 re.match 函数 ............ 137

3.4.2 re.search 函数 ............ 140

3.4.3 re.findall 函数 ............ 141

**3.5 JSON 数据解析** ............ **142**

3.5.1 JSON 简介 ............ 142

3.5.2 Python 处理 JSON 数据 ............ 144

3.5.3 自定义对象的序列化 ............ 146

**3.6 存储对象序列化** ............ **148**

3.6.1 序列化对象 ............ 148

3.6.2 反序列化对象 ............ 149

**3.7** 发送 E-mail.............................**150**　　3.7.2 发送 HTML 格式的邮件............. 154

　　3.7.1 发送简单邮件............................. 152　　3.7.3 发送带附件的邮件..................... 155

## 第4章 ▶ 使用 Python 操作数据库.........................................**158**

**4.1** 操作 MySQL 数据库.........................**159**　　**4.3** 操作 Redis 数据库.........................**211**

　　4.1.1 MySQL 简介.............................. 159　　4.3.1 Redis 简介................................. 211

　　4.1.2 在 Windows 下安装 MySQL....... 160　　4.3.2 安装 Redis................................. 211

　　4.1.3 在 Linux 下安装 MySQL ........... 169　　4.3.3 Redis 开启远程访问.................... 217

　　4.1.4 MySQL 可视化工具................... 174　　4.3.4 Redis 可视化工具...................... 217

　　4.1.5 MySQL 基础知识...................... 177　　4.3.5 Redis 数据类型与操作............... 218

　　4.1.6 Python 操作 MySQL.................. 182　　4.3.6 使用 Python Redis 模块............. 223

**4.2** 操作 MongoDB 数据库.....................**192**　　4.3.7 连接 Redis 服务器...................... 224

　　4.2.1 MongoDB 简介.......................... 192　　4.3.8 操作 string 类型......................... 225

　　4.2.2 安装 MongoDB.......................... 193　　4.3.9 操作 hash 类型.......................... 229

　　4.2.3 MongoDB 基本操作................... 199　　4.3.10 操作 list 类型.......................... 231

　　4.2.4 MongoDB 的集合...................... 200　　4.3.11 操作 set 类型.......................... 233

　　4.2.5 MongoDB 的文档...................... 202　　4.3.12 操作 sorted set 类型.................. 235

　　4.2.6 使用 Python 操作 MongoDB....... 206　　4.3.13 其他操作................................. 237

## 第5章 ▶ Python 网络编程.........................................................**238**

**5.1** 网络编程的基本概念.........................**239**　　5.2.1 Socket() 函数 ............................ 248

　　5.1.1 网络基础知识............................ 239　　5.2.2 TCP 程序设计............................ 250

　　5.1.2 网络基本概念............................ 240　　5.2.3 UDP 程序设计............................ 254

　　5.1.3 网络传输协议............................ 245　　5.2.4 Socket 实现文件传输.................. 255

**5.2** Python 3 网络编程.............................**248**　　5.2.5 多线程与网络编程..................... 261

## 第6章 ▶ Python 自动化运维.....................................................**264**

**6.1** 自动化运维简介................................**265**　　**6.2** WebLogic 简介................................**266**

**6.3 安装 WebLogic ....................... 266**

6.3.1 安装 WebLoigc Server ................. 267

6.3.2 配置域 (Domain) ...................... 271

6.3.3 启动 WebLogic Server ................. 276

6.3.4 配置 JDK 环境变量 ................... 278

**6.4 WebLogic 部署和配置 ............... 280**

6.4.1 启动 WebLogic 脚本工具

（WLST）...................... 280

6.4.2 通过网页部署 Java Web 应用 ..... 286

6.4.3 通过命令行部署工程 ............... 290

6.4.4 通过脚本部署 Java Web 应用 ..... 292

6.4.5 通过网页配置 JNDI 数据源 ....... 297

6.4.6 通过脚本配置 JNDI 数据源 ....... 307

**6.5 Python 在 Linux 运维中的常见应用...310**

6.5.1 统计磁盘使用情况 ................... 311

6.5.2 统计内存使用情况 ................... 312

6.5.3 读取 passwd 文件中的用户名和

shell 信息 ................... 313

6.5.4 统计 Linux 系统的平均负载 ..... 314

6.5.5 查看 CPU 信息 ................... 316

6.5.6 查看 MySQL 的慢日志

(slow-query-log) ........... 319

6.5.7 监控 MySQL 的状态 ............... 321

**6.6 psutil 的使用 ....................... 324**

6.6.1 获取 CPU 信息 ................... 325

6.6.2 获取内存信息 ................... 326

6.6.3 获取磁盘信息 ................... 327

# 第 7 章 ▶ 数据分析与可视化 .................................................... 329

**7.1 NumPy ........................... 330**

7.1.1 安装 NumPy ................... 330

7.1.2 创建矩阵 ................... 331

7.1.3 ndarray 对象属性 ............... 333

7.1.4 矩阵的截取 ................... 334

7.1.5 矩阵的合并 ................... 336

7.1.6 通过函数创建矩阵 ............... 336

7.1.7 矩阵的运算 ................... 339

7.1.8 保存和加载数据 ............... 342

**7.2 Pandas ........................... 345**

7.2.1 安装 Pandas ................... 345

7.2.2 Series ................... 346

7.2.3 DataFrame ................... 351

7.2.4 常用操作 ................... 356

7.2.5 Pandas 操作 CSV 文件 ......... 358

7.2.6 SQLAlchemy 操作数据库 ........ 360

**7.3 Matplotlib ....................... 363**

7.3.1 安装 Matplotlib ............... 364

7.3.2 散点图 ................... 365

7.3.3 折线图 ................... 370

7.3.4 柱状图 ................... 374

7.3.5 直方图 ................... 379

7.3.6 饼状图 ................... 383

7.3.7 Matplotlib 常用设置 ........... 386

7.3.8 子图 subplot ................. 390

7.3.9 多张图像 Figure ............... 392

7.3.10 显示网格 ................... 394

7.3.11 图例 legend ................. 395

7.3.12 坐标轴范围 ................... 396

7.3.13 坐标轴刻度 ................... 398

7.3.14 调整坐标中日期刻度的显示 ..... 398

**7.4 金融绘图 ....................... 400**

7.4.1 获得股票数据源 ......................... 400     7.4.2 显示股票历史数据 ...................... 401

# 第8章 ▶ Python Web 开发框架 .........................................406

## 8.1 Flask 简介 ......................... 407

8.1.1 安装 Flask ........................... 408

8.1.2 最简单的 Web 应用 .............. 409

8.1.3 路由 ................................ 411

8.1.4 HTTP 方法 ......................... 414

8.1.5 静态文件 ........................... 416

8.1.6 模板渲染 ........................... 416

8.1.7 Request 对象 ...................... 419

8.1.8 Session ............................. 424

8.1.9 保存 Session 到数据库 .......... 427

## 8.2 Flask 应用集群 ................... 430

8.2.1 分布式 Session .................... 431

8.2.2 使用 jQuery ....................... 432

8.2.3 实验环境 ........................... 434

8.2.4 配置 Redis ......................... 435

8.2.5 配置 Nginx ........................ 435

8.2.6 配置 Flask 应用集群 ............ 439

## 8.3 ECharts 简介 ..................... 444

8.3.1 ECharts 轻松上手 ............... 446

8.3.2 Flask 与 ECharts ................. 450

8.3.3 柱状图 ............................. 450

8.3.4 折线图 ............................. 452

8.3.5 饼状图 ............................. 455

8.3.6 仪表盘 ............................. 458

8.3.7 可实时刷新的饼状图 ............ 460

## 8.4 案例 1：系统监控 ................ 463

8.4.1 环境准备 ........................... 464

8.4.2 存储器 ............................. 465

8.4.3 监控器 ............................. 466

8.4.4 路由器 ............................. 467

8.4.5 页面 ................................ 468

## 8.5 案例 2：动态显示销量 ....................... 472

# 第9章 ▶ Python 在量化交易中的应用 .........................................476

## 9.1 量化交易介绍 ..................... 477

9.1.1 量化交易的背景 ................... 477

9.1.2 可实现量化交易的市场比较 ...... 477

9.1.3 量化交易软件、平台、框架的
　　　 特点 ................................ 479

9.1.4 量化交易从哪个市场做起 ........ 481

9.1.5 量化交易策略类型 ................ 482

9.1.6 CTA 策略程序化交易指南 ....... 483

9.1.7 量化资源网站介绍 ................ 486

## 9.2 量化交易方案 ..................... 489

9.2.1 期货量化交易环境介绍 .......... 489

9.2.2 CTP 量化交易方案介绍 ......... 491

9.2.3 行情数据采集 ..................... 493

9.2.4 期货 CTP 账户资金曲线监控和
　　　 绘制 ................................ 496

9.2.5 Quicklib CTP Python 框架 ......... 500

9.2.6 QuicklibTrade Python 接口 ....... 505

9.2.7 量化交易使用资管系统的好处和

必要性 ......................... 519

9.2.8 高频交易 ......................... 523

9.2.9 算法交易 ......................... 525

9.2.10 程序化实盘交易需要注意的

问题 ............................... 538

## 附录 .................................................................. 541

**附录 A** 使用 Postman 测试网络请求 ........542
**附录 B** 配置 Centos ................................547

# 第 1 章

# 初识 Python 语言

本章将带领读者从宏观上粗略地了解 Python 语言的一些特点，其中包括与其他语言相比的优势。然后一起来为编写 Python 程序做准备，这包括在不同的操作系统上安装和配置 Python 语言。

与 Java、C++ 等一些主流的编译型编程语言相比，学习 Python 语言的门槛并不高。不过 Python 语言确实有它自己的一些规则，只要遵循了这些规则，就可以非常顺畅地编写和运行 Python 语言了。

# 1.1 初识 Python

```
print("Hello, world!")
```

Python 是一种面向对象、函数式编程的解释型程序设计语言，需要 Python 解释器进行解释运行。它可以运行在 Windows、Mac 和各种 Linux 系统上，Python 的语法简洁、清晰和灵活。Python 是一种脚本语言，也就是说，Python 程序需要在一个解释器中运行，这个解释器把程序翻译成计算机可执行的二进制代码，Python 的官方解释器称为 CPython。

Python 的编译速度超快，从诞生到现在已经有二十多年了。它具有丰富和强大的库，常被称为"胶水语言"，能够把用其他语言编写的各种模块（尤其是 C/C++）很轻松地联结在一起。其特点在于运用灵活，因为拥有大量第三方库，所以开发人员不必重复造轮子，就像搭积木一样，只要擅于利用这些库就可以完成绝大部分工作。

Python 是由荷兰计算机程序员 Guido van Rossum（吉多·范罗苏姆）创建的高级通用编程语言。Guido van Rossum 说过著名的一句话就是"Life is short, you need Python"（人生苦短，我用 Python)，一直到现在在介绍 Python 语言时都会提及。他设计 Python 的目标如下。

（1）一门简单、直观的语言，并与主流开发语言一样强大。

（2）开源，以便任何人都可以为它做贡献。

（3）代码像阅读英文那样容易理解。

（4）适用于短期开发的日常任务。

（5）Python 的设计哲学是"优雅、明确、简单"。它的语言方式与自然语言很接近，具有很好的可阅读性，是适合初学者使用的编程语言。使用 Python 开发效率高、程序调试排错方便和跨平台方便。其具有以下特点。

（1）入门简单。任何熟悉 JavaScript 脚本、C 或 Java 的用户都能在短时间内熟练掌握 Python。

（2）功能强大。海量级的 Python 模块库提供了 IT 行业最前沿的开发功能。

- 数据分析：NumPy、Pandas 库在商业上已经逐步超越 R 语言。
- 机器学习：Scikit-Learn、TensorFlow 是国际上热门的机器学习平台。
- 数据库：无缝连接主流数据库 MySQL、Oracle 和 SQLServer。
- 游戏开发：Pygame 提供了图像、音频、视频、手柄、AI 等全套游戏开发模块库。
- 电脑设计：Maya、3DMax 都内置或扩展了 Python 语言支持。

（上面提到的 Pandas、Scikit-Learn、TensorFlow 是 Python 模块库）

Python 有丰富的第三方 Python 库、活跃的开源社区和完善的模块文档，第三方 Python 库都托管在 GitHub 上。GitHub 是一个面向开源及私有软件项目的托管平台，因为只支持 Git 作为唯一的版本库格式进行托管，故名 GitHub。

```
https://github.com/
```

Python 是一种动态语言，支持交互式编程、面向对象编程和函数式编程，具有类、函数、异常处理、列表（List）、字典（Dictionary）和元组（Tuple）等数据类型。从 TIOBE 编程社区 2018 年 9 月的编程语言排行榜 TOP20 榜单来看，Python 编程语言排名第 3，前 2 名分别是 Java 和 C，如图 1-1 所示。

| Sep 2018 | Sep 2017 | Change | Programming Language | Ratings | Change |
|---|---|---|---|---|---|
| 1 | 1 | | Java | 17.436% | +4.75% |
| 2 | 2 | | C | 15.447% | +8.06% |
| 3 | 5 | ^ | Python | 7.653% | +4.67% |
| 4 | 3 | v | C++ | 7.394% | +1.83% |
| 5 | 8 | ^ | Visual Basic .NET | 5.308% | +3.33% |
| 6 | 4 | v | C# | 3.295% | -1.48% |
| 7 | 6 | v | PHP | 2.775% | +0.57% |
| 8 | 7 | v | JavaScript | 2.131% | +0.11% |
| 9 | - | ☆ | SQL | 2.062% | +2.06% |
| 10 | 18 | ☆ | Objective-C | 1.509% | +0.00% |
| 11 | 12 | ^ | Delphi/Object Pascal | 1.292% | -0.49% |
| 12 | 10 | v | Ruby | 1.291% | -0.64% |
| 13 | 16 | ^ | MATLAB | 1.276% | -0.35% |
| 14 | 15 | ^ | Assembly language | 1.232% | -0.41% |
| 15 | 13 | v | Swift | 1.223% | -0.54% |
| 16 | 17 | ^ | Go | 1.081% | -0.49% |
| 17 | 9 | ⌄ | Perl | 1.073% | -0.88% |
| 18 | 11 | ⌄ | R | 1.016% | -0.80% |
| 19 | 19 | | PL/SQL | 0.850% | -0.63% |
| 20 | 14 | ⌄ | Visual Basic | 0.682% | -1.07% |

图 1-1　2018 年 9 月 TIOBE 编程语言排行榜 TOP20 榜单

> **注意**
>
> TIOBE 编程语言排行榜是编程语言流行趋势的一个指标，每月更新一次。这个排行榜的排名是基于互联网上有经验的程序员、课程和第三方厂商的数量，排名是使用著名的搜索引擎（如 Google、MSN、Yahoo!、Wikipedia、YouTube 及 Baidu 等）进行计算的。注意，这个排行榜只是反映某种编程语言的热门程度，并不能说明它好或不好，或者它所编写的代码数量多少。

## 1.2 Python 2/Python 3

Python 2 与 Python 3 虽然语法结构有些类似，但是却不能完全兼容。本书主要介绍的语言开发环境是 Python 3，原因如下。

（1）目前，Python 2 的绝大部分开源框架都提供了对 Python 3 的支持，并且一些新开源框架如 TensorFlow 等只提供了对 Python 3 的支持。

（2）对于 Python 2，官方只支持到 2020 年，而 Python 的新开源框架往往不会对即将被淘汰的语言提供太多的支持，而且从 Python 2 到 Python 3 做了大量性能上的改进，符合语言发展规律，Python 3 会是以后的主流。Python 的新开源框架的模块库已经宣布了新功能不支持 Python 2，原有功能兼容 Python 2，如图 1-2 所示。

图 1-2　Python 提供的新开源框架模块库

（3）Python 3 默认使用 UTF-8 编码，对中文字符串无缝兼容。不用考虑中文编码的问题，可以节省大量的时间和精力，代码看起来也更加清晰。

```
# -*- coding: utf-8 -*-
```

现在使用 Python 3 是最好的选择，所以本书使用的 Python 开发环境为 Python 3.x，确切地说是 3.6.4 版本。

# 1.3　Python 全栈的兴起

全栈工程师，也称为全端工程师（同时具备前端和后台能力），是指掌握多种技能，并能利用多种技能独立完成产品的人，英文为 Full Stack Engineer。Python 全栈工程师是指在精通 Python 编程语言的前提下，对于其他上下游的技术也有足够的了解和掌握。之所以说 Python 适合全栈开发，是因为 Python 遵循了"长板理论"。

"木桶理论"讲的是一只水桶能装多少水取决于它最短的那块木板,"木桶理论"对个人而言是要思考和补齐自己的短板,才能成功。到了互联网时代,根据"木桶理论"发展出了"长板理论"。"长板理论"是将木桶放在一个平面上,而且是把木桶放置在一个斜面上,木桶倾斜方向的木板越长,木桶内装的水就越多,长板理论如图 1-3 所示。互联网时代,知识爆炸、信息拥堵,对个人而言只有发挥自己的长处才能成功,而短板只需要找别人补齐就可以了。

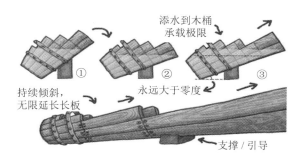

图 1-3　长板理论

Python 遵循了"长板理论"也是一样的道理。Python 的长处是语法简洁优美,功能强大,有丰富的第三方开源库可以使用,应用领域非常广泛,本书主要介绍以下方面的技术。

### 1. Web 项目开发

Python 在 Web 开发领域有成熟的 Web 架构来开发网站,如 Django、Flask 框架。可以快速完成一个网站的开发和 Web 服务,如国内的知乎、豆瓣等。

### 2. 数据处理

Python 被广泛地用于科学和数字计算中,如大数据处理、图像可视化分析等。

### 3. 系统网络运维

在运维的工作中,有大量重复性的工作需要做管理系统、监控系统、发布系统。使用 Python 编写脚本可以代替人工,在 Linux 下自动运维、监控、配置和部署等,提高工作效率。

### 4. 数据库存储

Python 标准数据库接口为 PythonDB-API,Python 数据库接口支持非常多的数据,如主流数据库 Oracle、MySQL 和 SQL Server 等。

以上这些都是本书重点讲解的内容,这些内容编写的思维导图如图 1-4 所示。

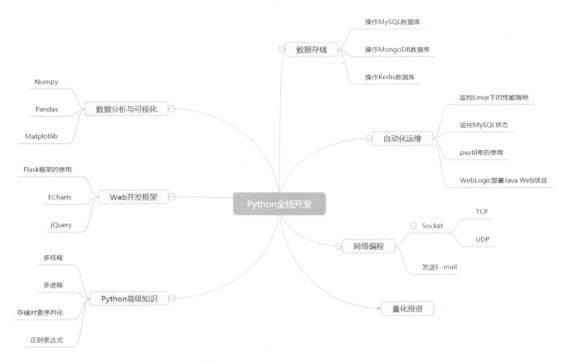

图1-4　本书重点讲解的知识点

# 1.4 安装 Python 3

## 1.4.1 在 Windows 下安装 Python 3

本小节介绍在 Windows 下安装并配置 Python 3 开发环境。安装环境信息如表 1-1 所示。

表 1-1　Windows 下的 Python 3.x 安装环境

| 操作系统 | Windows 10 64 位平台 |
| :---: | :---: |
| Python | 3.6.4 |

访问 Python 官方网站 https://www.python.org。

在下载页面（https://www.python.org/downloads/release/python-364/）中下载所需要的 Python 3.6.4 版本，读者可根据自己使用的平台选择相应的版本进行下载。对于 Windows 用户来说，如果是 32 位系统，则选择 x86 版本；如果是 64 位系统，则选择 x86-64 版本，如图 1-5 所示。下载完成后，会得到一个以 ".exe" 为扩展名的文件，双击该文件进行安装，如图 1-6 所示。

## Files

| Version | Operating System | Description | MD5 Sum | File Size | GPG |
|---|---|---|---|---|---|
| Gzipped source tarball | Source release | | 9de6494314ea199e3633211696735f65 | 22710891 | SIG |
| XZ compressed source tarball | Source release | | 1325134dd525b4a2c3272a1a0214dd54 | 16992824 | SIG |
| Mac OS X 64-bit/32-bit installer | Mac OS X | for Mac OS X 10.6 and later | 9fba50521dffa9238ce85ad640abaa92 | 27778156 | SIG |
| Windows help file | Windows | | 17cc49512c3a2b876f2ed8022e0afe92 | 8041937 | SIG |
| Windows x86-64 embeddable zip file | Windows | for AMD64/EM64T/x64, not Itanium processors | d2fb546fd4b189146dbefeba85e7266b | 7162335 | SIG |
| Windows x86-64 executable installer | Windows | for AMD64/EM64T/x64, not Itanium processors | bee5746dc6ece6ab49573a9f54b5d0a1 | 31684744 | SIG |
| Windows x86-64 web-based installer | Windows | for AMD64/EM64T/x64, not Itanium processors | 21525b3d132ce15cae6ba96d74961b5a | 1320128 | SIG |
| Windows x86 embeddable zip file | Windows | | 15802be75a6246070d85b87b3f43f83f | 6400788 | SIG |
| Windows x86 executable installer | Windows | | 67e1a9bb336a5eca0efcd481c9f262a4 | 30653888 | SIG |
| Windows x86 web-based installer | Windows | | 6c8ff748c554559a385c986453df28ef | 1294088 | SIG |

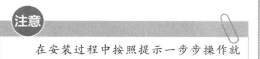

图 1-5　下载 Python 3

　　选择自定义安装 Python 3.6.4，如图
1-7 所示。安装路径可以自己决定，笔者
的安装路径是 D:\installed_software\python3，
如图 1-8 所示。

> **注意**
>
> 　　在安装过程中按照提示一步步操作就
> 行，但安装路径尽量不要带有中文或空格，
> 以避免在使用过程中出现一些莫名的错误。

图 1-6　自定义安装 Python 3.6.4

图 1-7　使用默认的可选特性

7

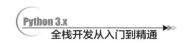

图 1-8　设置自定义的 Python 3 安装目录

安装完成后，可以在【开始】菜单中看到 Python 3.6 目录，如图 1-9 所示。

图 1-9　从"开始"菜单启动 Python 3.6

打开 Python 自带的 IDLE（Python 3.6 64-bit)，就可以编写 Python 程序了。Python Shell 界面如图 1-10 所示。

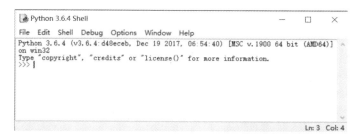

图 1-10　打开 Python 自带的 IDLE

IDLE 是一个 Python Shell，Shell 的意思是"外壳"，就是一个通过输入文本与程序交互的途径。还需要把 Python 的安装目录添加到系统环境变量 Path 中，在计算机桌面上右击【此电脑】图标，弹出快捷菜单，选择【属性】→【高级系统设置】→【高级】选项，单击【环境变量】按钮，弹出【环境变量】对话框，如图 1-11 所示。

图 1-11　配置环境变量

在系统变量 Path 中添加变量值：

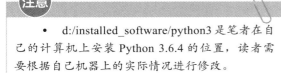

```
d:/installed_software/python3;d:/installed_software/python3/Scripts;
```

注意

　　• d:/installed_software/python3 是笔者在自己的计算机上安装 Python 3.6.4 的位置，读者需要根据自己机器上的实际情况进行修改。

　　• 路径之间使用分号（;）相连。

　　添加变量值成功后，如图 1-12 所示。

　　还需要配置环境变量 PYTHONPATH，用来永久设置模块的搜索路径。使用 pip 命令安装第三方模块时，第三方模块存放在 %/python3/Lib/site-packages 目录下，所以需要把与 %/python 3/Lib/site-packages 对应的目录添加到系统环境变量 PYTHONPATH 中。

　　在计算机桌面上右击【此电脑】图标，弹出快

图 1-12　在系统变量 Path 中添加 Python 3 的
可执行命令的变量值

9

捷菜单，选择【属性】→【高级系统设置】→【高级】选项，单击【环境变量】按钮。新建系统变量 PYTHONPATH 中添加变量值：

```
d:/install_software/python3/Lib/site-packages;
```

> **注意**
>
> d:/install_software/python3/Lib/site-packages 是在笔者的机器上安装 Python 3 的第三方模块的配置路径，读者需要根据自己机器上的实际情况进行修改。

添加变量值后如图 1-13 所示。

图 1-13　配置 PYTHONPATH 环境变量

现在，检验一下 Python 3 是否安装成功。按【Win+R】组合键运行 cmd 命令，如图 1-14 所示，进入 DOS 模式。

图 1-14　"运行"对话框

在命令行输入"python"，开始启动 Python IDLE（Python 交互环境），需要几秒的时间。启动后，读者就可以看到它的界面中包含了一个交互式终端，也可以看到所安装的 Python 版本号，如图 1-15 所示。这时 Python 的运行环境就安装好了。

图 1-15 进入 Python 终端

行首显示的 3 个大于号（>>>）是命令提示符，当看到这个提示符时，就表示解释器正在等待输入命令。下面尝试在命令提示符后输入如下命令：

```
print("hello python")
```

按【Enter】键，Python 就会执行所输入的命令，并在窗口中显示运行结果，如图 1-16 所示。

也可以把命令行看成计算器来计算表达式的值。把在命令提示符后面输入的每一条命令看成一个程序，命令行每次只运行这个程序中的一行，如图 1-17 所示。

还可以在命令行中创建变量或导入模块，如图 1-18 所示。

图 1-16 使用 print() 函数　　　图 1-17 计算表达式　　　图 1-18 导入模块

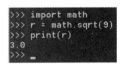

import 命令把 Python 数学函数库的功能都导入程序中供用户使用。上面的程序使用了变量和赋值运算符（=），其含义是对 9 开平方根，并把结果赋值给 r，最后把结果打印到屏幕上。

可以通过 help 函数获取某个函数，以及模块的 Python 功能描述，如图 1-19 所示。

```
help(print)
```

图 1-19 使用 help() 函数

如果想退出命令行模式，按【Ctrl +C】组合键。

还可以把 Python 代码写在一个后缀为 ".py" 的文件中，这个 ".py" 文件称为脚本文件。生成一个名为 "hello.py" 的文件，包含以下内容。

```
print('Hello World!')
```

进入 "hello.py" 同一个文件夹，然后输入以下命令行，就可以运行 Python 脚本了，如图 1-20 所示。

```
python hello.py
```

```
G:\quant2\Python\Chapter01>python hello.py
Hello World!
```

图 1-20　运行 Python 脚本

## 1.4.2 在 CentOS 下安装 Python 3

本小节介绍在 Linux 下安装并配置 Python 3 开发环境。本书使用的 Linux 平台是 CentOS7，它默认自带了 Python 2.7 版本，还需要安装 Python 3.6 版本，安装环境信息如表 1-2 所示。

表 1-2　Linux 下的 Python 3.x 安装环境

| 操作系统 | CentOS 7 64 位平台 |
| --- | --- |
| Python | 3.6.4 |

### 1. 安装 Python 3 前的库环境

```
$ yum install gcc patch libffi-devel python-devel  zlib-devel bzip2-devel
openssl-devel ncurses-devel sqlite-devel readline-devel tk-devel gdbm-devel
db4-devel libpcap-devel xz-devel -y
```

### 2. 下载，解压安装 Python 3 源码包

在 Python 的官方网址 https://www.python.org/downloads/release/python-364/ 下载 Python 3 的压缩源码。本书使用的版本是 Python-3.6.4.tgz，如图 1-21 所示。

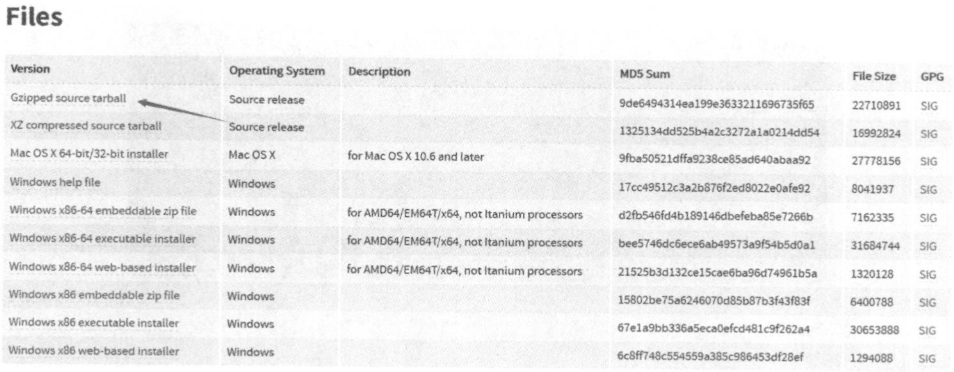

**Files**

| Version | Operating System | Description | MD5 Sum | File Size | GPG |
| --- | --- | --- | --- | --- | --- |
| Gzipped source tarball | Source release | | 9de6494314ea199e3633211696735f65 | 22710891 | SIG |
| XZ compressed source tarball | Source release | | 1325134dd525b4a2c3272a1a0214dd54 | 16992824 | SIG |
| Mac OS X 64-bit/32-bit installer | Mac OS X | for Mac OS X 10.6 and later | 9fba50521dffa9238ce85ad640abaa92 | 27778156 | SIG |
| Windows help file | Windows | | 17cc49512c3a2b876f2ed8022e0afe92 | 8041937 | SIG |
| Windows x86-64 embeddable zip file | Windows | for AMD64/EM64T/x64, not Itanium processors | d2fb546fd4b189146dbefeba85e7266b | 7162335 | SIG |
| Windows x86-64 executable installer | Windows | for AMD64/EM64T/x64, not Itanium processors | bee5746dc6ece6ab49573a9f54b5d0a1 | 31684744 | SIG |
| Windows x86-64 web-based installer | Windows | for AMD64/EM64T/x64, not Itanium processors | 21525b3d132ce15cae6ba96d74961b5a | 1320128 | SIG |
| Windows x86 embeddable zip file | Windows | | 15802be75a6246070d85b87b3f43f83f | 6400788 | SIG |
| Windows x86 executable installer | Windows | | 67e1a9bb336a5eca0efcd481c9f262a4 | 30653888 | SIG |
| Windows x86 web-based installer | Windows | | 6c8ff748c554559a385c986453df28ef | 1294088 | SIG |

图 1-21　下载 Python 3 的压缩源码

首先要切换到 root 用户。root 用户是 Linux 系统的最高权限用户，因为 root 用户权限过大，系统一般情况下不允许使用 root 用户登录系统。但是如果以普通用户登录系统，会因为普通用户权力受限，一些基本操作不能做，如安装应用程序。所以这里需要切换到 root 用户来执行一些对系统有重大影响的操作。

使用如下命令从普通用户切换到 root 用户。

```
$ su root
```

输入回车命令后，系统提示输入 root 密码。验证通过后，切换 root 用户完成。使用以下命令建立安装路径 /software。

```
$ mkdir /software
```

把 Python-3.6.4.tar 上传到 CentOS 的 /software 文件夹下，解压文件。

```
$ cd /software
$ tar -xvf Python-3.6.4.tar
    进入解压后的文件夹。
$ cd Python-3.6.4/
```

编译安装 Python 3 的默认安装路径是 /usr/local，如果要改成其他目录可以在编译 (make) 前使用 configure 命令后面追加参数 "-prefix=/usr/local/python" 来完成修改，指定 Python 3 的安装目录为 /usr/local/python。

```
$ ./configure -prefix=/usr/local/python
```

编译 Python 源码。

```
$ make
```

执行安装。

```
$ make install
```

至此，已经在 CentOS 7 系统中成功安装了 Python 3，还需要把 Python 3 的配置信息添加到 Linux 的环境变量 Path 中，修改 /etc/profile 文件下的内容。

```
$ vi /etc/profile
```

在文件末尾添加以下内容，然后保存文件，退出到命令行。

```
export PATH=/usr/local/python/bin:.:$PATH
```

最后，激活 /etc/profile 文件。

```
$ source /etc/profile
```

在命令行输入命令 Python 3 就可以进入 Python 3 的命令模式了，如图 1-22 所示。

```
[root@bogon ~]# python3
Python 3.6.4 (default, Jun 21 2018, 03:10:48)
[GCC 4.8.5 20150623 (Red Hat 4.8.5-28)] on linux
Type "help", "copyright", "credits" or "license" for more information.
>>> _
```

图 1-22　输入 Python 3 命令进入命令模式

- /usr/local 下一般是安装软件的目录，笔者建议把 Python 3.6.4 安装到 /usr/local/python 目录下。
- 路径之间使用冒号（:）相连。

## 1.5 搭建 Python 3 开发环境

PyCharm 是笔者用过的功能强大的 Python 编辑器之一，而且可以跨平台，在 Windows、Linux 和 Mac 平台下使用。PyCharm 分为专业版和社区版，两者的区别在于 PyCharm 专业版有 30 天的免费试用期，PyCharm 社区版本则一直是免费的，且专业版本功能更加强大。进行 Python 开发，社区版基本可以满足需要，所以本书以社区版为例进行介绍。读者可以根据自己的系统版本，进行下载安装。PyCharm 下载地址为：http://www.jetbrains.com/pycharm/download/#section=windows。

下载页面如图 1-23 所示。

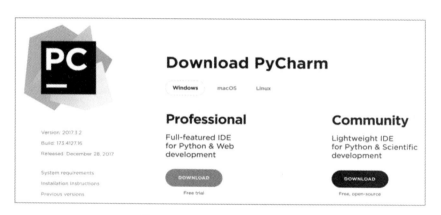

图 1-23　下载 PyCharm 社区版

以 Windows 为例，PyCharm 的安装非常简单，下载后双击 ".exe" 文件进行安装，笔者选择 "64 位安装"（用户需要根据自己的系统来选择），并选中【.py】关联 Python 脚本，如图 1-24 所示。

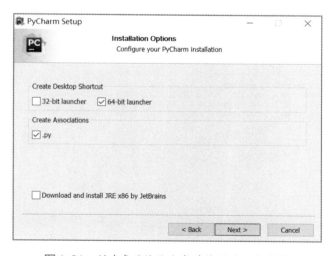

图 1-24　创建桌面快捷方式并关联 ".py" 文件

根据提示一步步单击【Next】按钮，即可完成安装。安装完成后，运行 PyCharm, 创建 PyCharm 项目就可以进行 Python 开发了。

## 1.5.1 使用 PyCharm 新建项目

本小节使用 PyCharm 新建第 1 个 Python 项目，本例文件名为"Chapter01/PythonDemo01"。

### 1. 首次使用 PyCharm

选择【Create New Project】选项，新建 Python 项目，如图 1-25 所示。

图 1-25　在 PyCharm 中新建项目

### 2. 新建 Python 项目

选择【PurePython】选项，输入项目名、路径，选择 Python 解释器。Python 项目命名为"Python Demo01"，如图 1-26 所示。

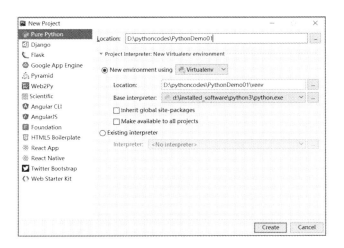

图 1-26　新建 Python 项目

### 3. 新建一个 Python 文件

右击刚建好的 PythonDemo01 项目，选择【New】→【Python File】选项，如图 1-27 所示。

图 1-27　新建 Python File

出现如图 1-28 所示的对话框，输入 Python 文件名，本例输入文件名 "helloWorld"，可以不用加 ".py" 后缀，PyCharm 会自动加后缀 ".py"。

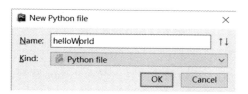

图 1-28　输入创建的 Python 脚本名称

创建 helloWorld.py 文件成功后，在 helloWorld.py 脚本中输入以下代码，如图 1-29 所示。

```
print('hello Python')
```

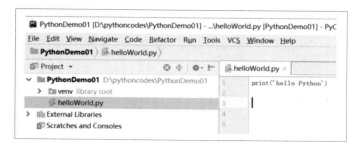

图 1-29　编辑 Python 脚本

**4. 运行脚本**

在 helloWorld.py 文件中右击，选择【Run' helloWorld'】选项，运行 Python 脚本，如图 1-30 所示。

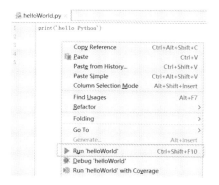

图 1-30　运行 Python 脚本

在 PyCharm 控制台就可以看到 Python 脚本的输出结果，如图 1-31 所示。

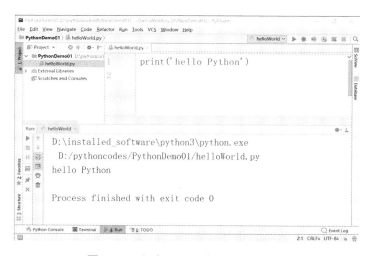

图 1-31　查看 Python 脚本的运行结果

## 1.5.2 配置 PyCharm

**1. 修改默认字体**

修改 PyCharm 中代码的默认字体：在 PyCharm 界面中选择【File】→【Setting】→【Editor】→【Font】选项，在【Size】文本框中输入合适的字体大小，如图 1-32 所示。

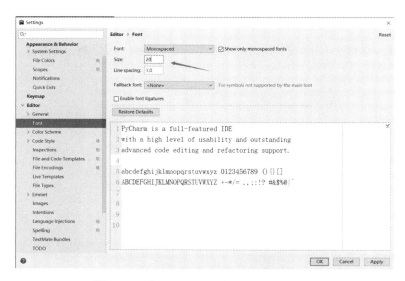

图 1-32　修改 PyCharm 中代码的默认字体

### 2. 配置模板

PyCharm 新建文件时可以在模板中添加编码字符集为 utf-8，新建 Python 文件就可以在代码前段自动添加代码 # -*- coding: utf-8 -*-。

在 PyCharm 界面中选择【File】→【Setting】→【Editor】→【File and Code Templates】选项，在 Files 栏中选择【Python Script】，如图 1-33 所示。

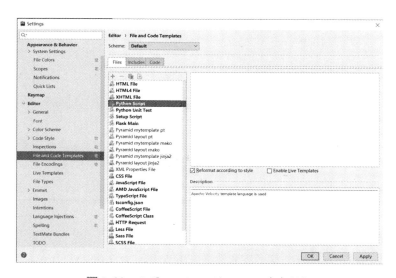

图 1-33　配置 PyCharm 的 Python 脚本模板

在 Python Script 的模板栏里设置字符集编码为 utf-8，输入以下内容。

```
# -*- coding: utf-8 -*-
```

在 PyCharm 的项目中再新建一个 "hello.py" 时，会在脚本中自动加上字符集编码为 utf-8，如图 1-34 所示。

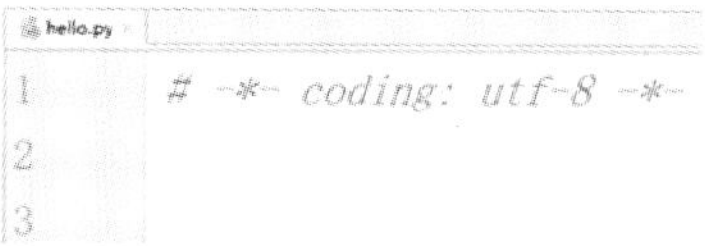

图 1-34 用 PyCharm 新建 Python 脚本

# 第 2 章

# Python 基础篇

Python 是一种动态语言，支持交互式编程、面向对象编程和函数式编程，具有类、函数、异常处理、列表（List）、字典（Dictionary）和元组（Tuple）等数据类型。Python 语法是编程语言基础中的基础，即使是一位有经验的程序员，再看这些 Python 编程语法，也会对 Python 语言的细节有更多的认识。

## 2.1 变量

变量几乎是所有编程语言中最基本的组成元素。从根本上说，变量相当于是对一块数据存储空间的命名，程序可以通过定义一个变量来申请一块数据存储空间，之后可以通过引用变量名来使用这块存储空间。在大多数编程语言中，都把这种行为称为"给变量赋值"或"把值存储在变量中"。

Python 与大多数其他计算机语言的做法稍有不同，变量不需要声明，可以直接使用，也可以删除。例如：

```
a = 10
```

那么在内存里就有了一个变量 $a$，它的值是 10，它的类型是 integer（整数）。在此之前不需要做什么特别的声明，而数据类型是由 Python 自动决定的。内置函数 type() 用来查询变量的类型。

```
a = 10
print(a)# 输出结果为 10
print(type(a) ) # 输出结果为 <class 'int'>
```

可以使用 id() 函数查看变量在内存中的地址。

```
print(id(a) )
# 输出结果为 1553605616
```

删除变量使用 del。

```
del a
```

如果想让变量 $a$ 存储不同的数据，不需要删除原有变量就可以直接赋值。

```
a = 1.3
print(a,type(a))
# 输出结果为
1.3 <class 'float'>
```

这里看到 print() 函数的另一个用法，也就是 print() 函数后跟多个输出，以逗号分隔。

例如，两个整型变量相加。

```
param1 = 3
param2 = 8
param3 = param1 +param2
print(param3)# 输出结果为 11
```

Python 允许同时为多个变量赋值。例如：

```
a = b = c = 1
```

以上实例创建一个整型对象，值为 1，3 个变量被分配到相同的内存空间上。也可以为多个对象指定多个变量。例如：

```
a, b, c = 1, 2, "hello"
```

以上实例，两个整型 1 和 2 分配给变量 *a* 和 *b*，字符串对象 "hello" 分配给变量 *c*。

> **注意**
>
> - 在使用变量前，要先对其赋值。
> - 变量名可以包括字母、数字和下划线，但变量名不能以数字开头。
> - 字母可以是大写或小写，但大小写是不同的。也就是说 param1 和 Param1 对于 Python 来说是完全不同的两个名称。
> - 等号 (=) 是赋值的意思，左边是名称，右边是值，不可以写反。
> - 变量的命名理论可以取任何合法的名称，但要"见名知意"。例如，姓名的变量可以是 name、userName，但不能是 n、n1 等无意义的名称。

## 2.2 标准数据类型

Python 3 有 6 个标准的数据类型（原生数据类型）。

- Number（数字）
- String（字符串）
- List（列表）
- Tuple（元组）
- Sets（集合）
- Dictionary（字典）

在 Python 中的序列有字符串、列表、元组和集合。序列中的每一个元素都会被分配序号，可以用来索引。第 1 个序号是 0，第 2 个序号是 1，以此类推。

### 2.2.1 数字（Number）

Python Number 数据类型用于存储数值，Python 3 支持 3 种数值类型。

（1）整型 (int) 通常也称为整数，是正或负整数，不带小数点。在 Python 3 中，只有一种整数类型 int，没有 Python 2 中的 Long 即长整型。在 Python 2 中，长整型是无限大小的整数，整数最后是一个大写或小写的 L。

（2）浮点型 (float) 由整数部分与小数部分组成，浮点型可以用科学计数法表示，例如，2.5e2 = $2.5 \times 10^2 = 250.0$。

（3）复数 (complex numbers) 由实数部分和虚数部分构成，可以用 $a + bj$，或者 complex(*a*, *b*) 表示，复数的实部 *a* 和虚部 *b* 可以都是浮点型。

例如，显示复数。

```
x = 123-12j
print( x.real  )# 输出结果实数部分为 123.0
print( x.imag  ) # 输出结果为虚数部分为 -12.0
```

内置的 type() 函数可以用来查询变量所指的对象类型。

```
a, b, c, d = 20, 5.5, True, 4+3j
print(type(a), type(b), type(c), type(d))
# 输出结果为 <class 'int'><class 'float'><class 'bool'><class 'complex'>
```

在 Python 3 中，把 True 和 False 定义成关键字了，但它们的值还是 1 和 0，它们可以和数字相加。

```
x = True
y = x +1
print(y)
# 输出结果为 2
```

数值运算，示例如下。

```
# 加法
print(5 + 4)# 输出结果为 9

# 减法
print( 4.3 - 2 )# 输出结果为 2.3

# 乘法
print(3 * 7)# 输出结果为 21

# 除法, 得到一个浮点数
print( 2 / 4 ) # 输出结果为 0.5

# 除法, 得到一个整数
print(2 // 4)# 输出结果为 0

# 取余
print(17 % 3)# 输出结果为 2

# 乘方
print(2 ** 5)# 输出结果为 32
```

- Python 可以同时为多个变量赋值，如 $a, b = 1, 2$。
- 一个变量可以通过赋值指向不同类型的对象。
- 数值的除法（/）总是返回一个浮点数，要获取整数使用 // 操作符。
- 在混合计算时，Python 会把整型转换成浮点型。

## 2.2.2 字符串（String）

Python 中的字符串用单引号 (') 或双引号 (") 引起来，同时使用反斜杠 (\) 转义特殊字符。

```
str= "Hello world !"
```

- 单字符在 Python 中也作为一个字符串使用。
- 访问字符串，可以使用方括号来截取字符串：str[2:4] , str[-1]。

Python 中的字符串有两种索引方式，从左往右索引以 0 开始，从右往左索引以 -1 开始。

### 1. 字符串

在创建字符串时，在字符两边加上引号，可以是单引号 (')，也可以是双引号 (")，但必须成对出现，不能以单引号开头，以双引号结尾。字符串就是引号内的一切东西，也可以把字符串称为文本，使用 print() 函数输出文本和数字结果是不同的。

```
print(5+8)  # 输出结果为 13
print('5'+'8')  # 输出结果为 58
```

### 2. 三引号

三引号（'''）将字符串跨越多行。需要跨越多行的字符串，要使用三重引号字符串。

```
str = '''
11
22
333
444
'''
print(str )
# 输出结果为
11
22
333
444
```

### 3. 连接字符串

字符串运算符是 * 和 + 。* 用于重复输出字符串，+ 用于连接字符串。

```
print('a' * 3 ) # * 表示字符串复制 3 次，输出结果为 aaa
print('a' + 'b' )  # + 表示连接两个字符串，输出结果为 ab
```

### 4. 字符串格式化

格式化字符串时，Python 使用一个字符串作为模板。模板中有格式符，这些格式符为真实值预留位置，并说明真实数值应该呈现的格式。Python 用一个 tuple 将多个值传递给模板，每个值对应一个格式符。例如：

```
print('name= %s, age=%d' % ('zhangsan' ,20) )
# 输出结果为 name= zhangsan, age=20
```

在这个例子中 'name= %s, age=%d' 为模板，%s 表示第 1 个格式符，%d 表示第 2 个格式符，'zhangsan'，20 为替换 %s，%d 的真实值。在模板和 tuple 之间，有一个 % 分隔，它代表了格式化操作。

格式符为真实值预留位置，并控制显示的格式。格式符可以包含一个类型码，用以控制显示的类型：

| | |
|---|---|
| %s | 字符串 |
| %f | 浮点数 |
| %F | 浮点数，与上相同 |
| %d | 十进制整数 |
| %c | 单个字符 |
| %b | 二进制整数 |
| %i | 十进制整数 |
| %o | 八进制整数 |
| %x | 十六进制整数 |
| %e | 指数（基底写为 e） |
| %E | 指数（基底写为 E） |
| %g | 指数 (e) 或浮点数（根据显示长度） |
| %G | 指数 (E) 或浮点数（根据显示长度） |

取精度：

```
print('digit=%.4f ' % 10.12345 )
# 输出结果为 digit=10.1235
```

%.4f 表示小数点后的精度，按照"四舍五入"法，只保留小数点后 4 位。

### 5. Python 转义字符

Python 使用反斜杠 (\) 转义特殊字符，如果不想让反斜杠发生转义，可以在字符串前面添加一个字母 r，表示原始字符串。

```
print('a\nb')
# 输出结果为
a
b
print(r'a\nb')
# 输出结果为 a\nb
```

例如，打印字符串 let's go，需要使用转义字符 (\) 对字符串中的引号进行转义。

```
print("let\'s go")
# 输出结果为 let's go
```

打印 str ="c:\now" 不使用转义字符的话，打印效果如下。

```
str = "c:\now"
print(str)
# 输出结果为
c:
ow
```

可以使用反斜杠对斜杠自身进行转义。

```
str = "c:\\now"
print(str)
# 输出结果为
c:\now
```

如果字符串中有很多反斜杠，如打印 C:\Program Files\Intel\HAXM，则代码如下。

```
print('C:\\Program Files\\Intel\\HAXM')
# 输出结果为 C:\Program Files\Intel\HAXM
```

如果需要使用原始字符串，只需要在字符串前加一个字母 r 就可以了，将忽略一切转义字符。

```
print(r'C:\Program Files\Intel\HAXM')
# 输出结果为 C:\Program Files\Intel\HAXM
```

### 6. 索引和切片

字符串的截取的语法格式如下。

```
变量 [ 头下标:尾下标 ]
```

字符串索引从 0 开始（和使用尺子刻度从 0 开始一样），依次为 1,2,…到 len(str)-1 等，如图 2-1 所示。

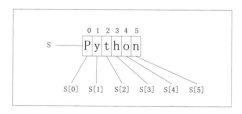

图 2-1　字符串的正数索引

字符串负索引，当索引值为负数时，从后往前索引，索引从 –1 开始，依次为 –2，–3，……到 -len(str)，最后 1 个字符的下标是 –1，如图 2-2 所示。

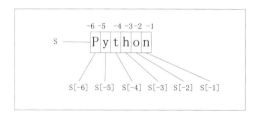

图 2-2　字符串的负数索引

```
str = '0123456789'


print(str)    # 输出字符串 0123456789
print(str[0])    # 输出字符串第 0 号字符 0
```

在字符串"切片"时，如果冒号后面有数字，所得到的切片不包含该数字所对应的字符。

```
print(str[0:-1])
# 输出从第 1 位到最后一位的字符，输出字符串 0123456789


print(str[2:5])
# 输出从第 2 位到第 5 位的字符，输出字符串 234


print(str[2:])
# 输出从第 2 位到最末尾的字符，输出字符串 23456789


print(str[0:5:2])
# 输出从第 0 位到第 5 位，步长为 2 的字符，输出字符串 024
```

字符串翻转：

```
lang = 'python'
print(lang[::-1])    # 输出字符串为 nohtyp
```

### 7. 基本操作

len() 返回字符串的长度：

```
str ="hello"
print( len(str) )    # 输出结果为 5
```

in 用来判断某个字符串内是否包含另外的字符串：

```
str = 'abcdef'
print('1' in str)    # 输出结果为 False
print(  'a' in str )    # 输出结果为 True
```

获取字符串中的最大值、最小值：

```
str1 ='abcd'
max(str1)  # 得到字符串 d
min(str1)  # 得到字符串 a
```

在一个字符串中，每个字符在计算机内都是有编码的，也就是对应着一个数字，min()、max()都是根据这些数字获得最小值和最大值。

### 8. 字符串格式化

Python 支持格式化字符串的输出。使用 string.format() 的格式化方法，其中 {} 作为占位符。

```
str1 ='my name is {} '.format("zhangsan")
print(str1)
# 输出字符串为 my name is zhangsan

str2 ='my name is {0} , my age is {1}'.format("lisi", 21 )
print(str2)
# 输出字符串为 my name is lisi , my age is 21
```

## 2.2.3 列表（List）

列表是最常用的 Python 数据类型。列表是有序的对象结合，它可以作为一个方括号内的逗号分隔值出现。列表的数据项不需要具有相同的数据类型。

创建一个列表，只要把用逗号分隔的不同的数据项再使用方括号引起来即可。例如：

```
list1 = ['name' , 'address' , 2016, 2017]
```

列表索引从 0 开始，与 Python 字符串不一样的是，列表中的元素是可以改变的：

```
a = [1, 2, 3, 4, 5, 6]
a[0] = 9
a[2:5] = [13, 14, 15]
print(a)
# 输出结果为 [9, 2, 13, 14, 15, 6]

a[2:5] = []    # 删除列表中的元素，第一种实现方法
print(a)
# 输出结果为 [9, 2, 6]

del a[2:5]    # 删除列表中的元素，第二种实现方法
```

与字符串的索引一样，列表索引从 0 开始。列表可以进行截取、组合等。

### 1. 访问列表中的值

使用下标索引来访问列表中的值，同样也可以使用方括号的形式截取字符，如下所示。

```
list1 = [1, 2, 3, 4, 5, 6, 7]


print("list1[1]: ", list1[1]) # 输出结果为 list1[1]: 2
print("list2[1:5]: ", list1[1:5]) # 输出结果为 list2[1:5]: [2, 3, 4, 5]
```

列表反转：

```
lang = list('hello')
print(lang[::-1]) # 输出结果为 ['o', 'l', 'l', 'e', 'h']
```

### 2. 更新列表

也可以对列表的数据项进行修改，可以使用 append() 方法来添加列表项，如下所示。

```
list1 = [1, 2, 3, 4, 5, 6, 7]
list1[1] = 10
print(list1) # 输出结果为 [1, 10, 3, 4, 5, 6, 7]
list1.append(8)
print(list1) # 输出结果为 [1, 10, 3, 4, 5, 6, 7, 8]
```

### 3. 删除列表元素

可以使用 del 语句来删除列表的元素，如下所示。

```
list1 = [1, 2, 3, 4, 5, 6, 7];
del list1[2]
print(list1) # 输出结果为 [1, 2, 4, 5, 6, 7]
```

还可以使用 list.remove(obj) 移除列表中某个值的第 1 个匹配项。

### 4. Python 列表脚本操作符

列表对 + 和 * 的操作符与字符串相似。+ 用于组合列表，* 用于重复列表。示例如下。

```
print( [1] * 5 )
# 输出结果为 [1, 1, 1, 1, 1]


print( [5] + [6] )
# 输出结果为 [5, 6]
```

### 5. Python 列表截取与拼接

Python 的列表截取与字符串操作类型，如下所示。

```
list=['a', 'b', 'c']
print(list[2])
# 读取第三个元素，输出结果为 c
```

```
print(list[-2])
# 从右侧开始读取倒数第二个元素，输出结果为 b


print(list[1:])
# 输出从第二个元素开始后的所有元素，输出结果为 ['b', 'c']
```

### 6. 嵌套列表

使用嵌套列表即在列表中创建其他列表，如下所示。

```
a = ['a', 'b', 'c']
b = [1, 2, 3]
x = [a, b]


print(x)  # 输出结果为 [['a', 'b', 'c'], [1, 2, 3]]
print(x[0])  # 输出结果为 ['a', 'b', 'c']
print( x[0][1])  # 输出结果为 b
```

### 7. 列表排序

使用列表内置的 sort() 方法对列表排序。

```
ls = [ 1,4,7,11,5]


# 列表升序排列
ls.sort()
print(ls)  # 输出结果为 [1, 4, 5, 7, 11]


# 列表降序排列
ls.sort(reverse=True)
print(ls)  # 输出结果为 [11, 7, 5, 4, 1]


# 列表反转
ls = [ 1,4,7,11,5]
ls.reverse()
print( ls)  # 输出结果为 [5, 11, 7, 4, 1]
```

### 8. 列表转字典

将嵌套列表转为字典。

```
ls = [ ('a' , 1) , ( 'b' ,2)]
print( ls)                # 输出结果为 [('a', 1), ('b', 2)]
print( dict(ls))  # 输出结果为 {'a': 1, 'b': 2}
```

### 9. 示例：用队列实现斐波那契数列

斐波那契数列指的是这样一个数列 1,1,2,3,5,8,13,21,34,55,89,144,…，这个数列的第 1 项和第 2 项是 1，从第 3 项开始，每一项都是前两项之和。

例如，使用列表实现斐波那契数列，求列表前 5 项的值。

```
count = 5
a,b = 1,1
ls = []

for i in range(count):
    ls.append(a)
    a , b = b , a + b

print(ls)# 输出结果为 [1, 1, 2, 3, 5]
```

斐波那契数列，第 1 个数是 1，第 2 个数是 1，第 3 个数是第 1 个数加上第 2 个数，其他数以此类推，推导过程如下。

```
dig1 = 1
dig2 = 1
dig3 = disg1 + dig2 =1 +1 = 2
dig4 = dig2 + dig3 = 1 + 2 = 3
dig5 = dig3 + dig4 = 2 + 3 = 5
```

## 2.2.4 元组（Tuple）

Python 的元组与列表类似，不同之处在于元组的元素不能修改。元组使用圆括号（）创建，列表使用方括号 [] 创建。元组的创建很简单，只需要在圆括号中添加元素，并使用逗号隔开即可。定义元组的例子如下。

```
tup1 = ('a', 'b', 1997, 2000)
tup2 = (1, 2, 3, 4, 5 )
tup3 = "a", "b", "c", "d"
tup4 = 1,2,3
tup5 = 1,
```

元组的赋值和获取：可以使用元组给多个变量赋值。

```
tup1 = 1,2,3
x, y, z = tup1

print( tup1) # 输出结果为 (1, 2, 3)
print('x={0},y={1},z={2}'.format( x, y,z) ) # 输出结果为 x=1,y=2,z=3
```

在本例中使用元组 tup1 给变量 $x$、$y$ 和 $z$ 赋值。

（1）创建空元组。

```
tup1 = ()
```

（2）元组中只包含一个元素时，需要在元素后面添加逗号 (,)，否则括号会被当作运算符使用。

```
tup1 = (50)
print( type(tup1) )        # 不加逗号，类型为整型，输出结果为 <class 'int'>

tup1 = (50,)
print( type(tup1)    )    # 加上逗号，类型为元组，输出结果为 <class 'tuple'>
```

元组与字符串类似，下标索引从 0 开始，可以进行截取、组合等。

（3）访问元组。可以使用下标索引来访问元组中的值，示例如下。

```
tup1 = ('a', 'b', 1997, 2000)
tup2 = (1, 2, 3, 4, 5, 6, 7 )

print ("tup1[0]: ", tup1[0])  # 输出结果为 tup1[0]:  a
print ("tup2[1:5]: ", tup2[1:5])  # 输出结果为 tup2[1:5]:  (2, 3, 4, 5)

# 元组反转
print(tup1[::-1])# 输出结果为 (2000, 1997, 'b', 'a')
```

（4）修改元组。元组中的元素值是不允许修改的，但可以对元组进行连接组合，示例如下。

```
tup1 = (12, 34.56)
tup2 = ('abc', 'xyz')

# 以下修改元组元素操作是非法的
tup1[0] = 100

# 创建一个新的元组
tup3 = tup1 + tup2;
print (tup3)
```

（5）删除元组。元组中的元素值是不允许删除的，但可以使用 del 语句来删除整个元组，示例如下。

```
tup = ('jd', 'taobao', 1997, 2000)
print(tup) # 输出结果为 ('jd','taobao',1997,2000)

# 删除元组
del tup
print(tup)# 打印删除后的元组，抛出异常 NameError: name 'tup' is not defined
```

（6）元组运算符。与字符串一样，元组之间可以使用 + 和 * 进行运算。这就意味着它们可以组合和复制，运算后会生成一个新的元组。

```
print( (1,2,3) + (4,5,6) )
# 输出结果为 (1, 2, 3, 4, 5, 6)


print( ('a',) * 3 )
# 输出结果为 ('a', 'a', 'a')
```

（7）元组索引、截取。因为元组也是一个序列，所以可以访问元组中指定位置的元素，也可以截取索引中的一段元素，如下所示。

```
tup = ('a', 'b', 'c')
print( tup[2] )
# 读取第三个元素，输出结果为 c


print( tup[-2] )
# 从右侧开始读取倒数第二个元素，输出结果为 b


print( tup[1:] )
# 输出从第二个元素开始后的所有元素，输出结果为 ('b', 'c')
```

## 2.2.5 字典（Dictionary）

字典是另一种可变容器模型，而且可存储任意类型的对象。字典的每个键 / 值 (key=>value) 对用冒号 (:) 分隔，每个对之间用逗号 (,) 分隔，整个字典被引在花括号 "{}" 中，格式如下。

```
dic = {key1 : value1, key2 : value2 }
```

列表是有序的对象结合，字典是无序的对象集合。两者之间的区别在于字典当中的元素是通过键来存取的，而不是通过偏移存取的。

字典是一种映射类型，用 "{ }" 标识，是一个无序的键 (key) / 值 (value) 对集合。

字典的键必须使用不可变类型，如字符串、数字或元组。在同一个字典中，键 (key) 必须是唯一的。

字典的值可存储任意类型的对象。

```
dic1 = {'A' : '111' , 'B': '222'  }
print(dic1['A']) # 输出结果为111
```

### 1. 创建字典

```
# 第一种方法，先创建字典，再赋值
dic1 = {}
dic1['name'] = 'wangwu'
```

```
dic1['age'] = 21


# 第二种方法，直接创建字典并赋值
dic1 = { 'name' : 'wangwu' , 'age' : 21 }
```

### 2. 访问字典中的值

把相应的键放入字典的方括号内，获得字典的值，示例如下。

```
dict = {'Name': 'wangwu', 'Age': 7, 'Class': 'First'}


print ("dict['Name']: ", dict['Name'])  # 输出结果为 dict['Name']:  wangwu
print ("dict['Age']: ", dict['Age'])  # 输出结果为 dict['Age']:  7
```

访问字典中不存在的键时，会报 KeyError 异常，如在本例中访问 dict['Name1']。

### 3. 修改字典

向字典添加新内容的方法是增加新的键 / 值对，修改或删除已有键 / 值对的示例如下。

```
dict = {'Name': 'wangwu', 'Age': 17, 'Class': 'First'}


dict['Age'] = 18;       # 更新 Age
dict['School'] = "abc"  # 添加信息


print ("dict['Age']: ", dict['Age'])
# 输出结果为 dict['Age']:  18


print ("dict['School']: ", dict['School'])
# 输出结果为 dict['School']:  abc
```

### 4. 删除字典元素

能删除单一的元素也能清空字典，清空只需一项操作。

显示删除一个字典用 del 命令，示例如下。

```
dict = {'Name': 'wangwu', 'Age': 17, 'Class': 'First'}


# 删除字典的键 'Name'
del dict['Name']


# 删除字典
dict.clear()


# 删除字典后，字典就不存在了，不能使用了。dict 就变成了野指针，需要重新声明变量的类型
del dict
```

### 5. 遍历字典

遍历字典示例如下。

```
dic1 ={'name':'wangwu' , 'age':20 }
for idx,val in dic1.items():
    print('idx={0},val={1}'.format(idx, val) )


dic1 ={'name':'wangwu' , 'age':20 }
for key in dic1.keys() :
    print('key={0},val={1}'.format(key, dic1[key] ) )
```

### 6. 字典键的特性

字典值可以是任何的 Python 对象，既可以是标准的对象，也可以是用户定义的类，但键不行。需要记住以下两点。

（1）不允许同一个键出现两次。创建时如果同一个键被赋值两次，后一个值会被记住，示例如下。

```
dict = {'Name': 'wangwu', 'Age': 17, 'Name': 'lisi'}
print ("dict['Name']: ", dict['Name']) # 输出结果为 dict['Name']:  lisi
```

（2）键必须不可变，所以可以用数字、字符串或元组充当，而用列表就不行，示例如下。

```
# 正确字典的键
dict1 = {('Name',): 'wangwu' }


# 错误字典的键
dict2 = {['Name',]: 'wangwu' }
```

## 2.2.6 集合（Set）

集合是一个无序、不包含重复元素的集。基本功能包括关系测试和删除重复元素。

可以用花括号 {} 创建集合。注意，如果要创建一个空集合，必须用 set() 而不是花括号 {}，后者创建一个空的字典。

删除重复的元素：

```
# 删除重复的元素
basket = {'a', 'b', 'a', 'b', 'c', 'c'}
print(basket)
# 输出结果为 {'c', 'b', 'a'}
```

检测集合的成员：

```
print( 'a' in basket )  # 输出结果为 True
print( 'd' in basket )  # 输出结果为 False
```

以下演示了两个集合的操作。

```
a = set('abracadabra')
b = set('alacazam')


# 删除重复的元素
print(a)
# 输出结果为 {'r', 'a', 'c', 'b', 'd'}
print(b)
# 输出结果为 {'z', 'c', 'a', 'l', 'm'}
```

a－b：在 a 集合中的字母，但不在 b 集合中：

```
print(a - b)
# 输出结果为 {'d', 'r', 'b'}
```

a|b：在 a 集合或 b 集合中的字母：

```
print(a | b)
# 输出结果为 {'r', 'a', 'c', 'z', 'b', 'l', 'd', 'm'}
```

a＆b：在 a 集合和 b 集合中都有的字母：

```
print(a & b)
# 输出结果为 {'a', 'c'}
```

a＾b：a 集合和 b 集合中不同时存在的字母：

```
print(a ^  b)
# 输出结果为 {'r', 'z', 'b', 'l', 'd', 'm'}
```

## 2.3 标识符

### 1. 标识符

在 Python 中使用的名称称为标识符，变量和常量就是标识符的一种，在 Python 中标识符的命名是有规则的。在 Python 命名标识符时需遵循以下规则。

（1）在 Python 中，标识符由字母、数字、下划线组成。

（2）在 Python 中，所有标识符可以包括英文、数字及下划线 "_"，但不能以数字开头。

（3）在 Python 中的标识符是区分大小写的。

（4）以下划线开头的标识符是有特殊意义的。以单下划线开头的（_foo）代表不能直接访问的类属性，需通过类提供的接口进行访问，不能用 "from xxx import *" 导入。

（5）以双下划线开头的（__foo）代表类的私有成员；以双下划线开头和结尾的（__foo__）代表 Python 中特殊方法专用的标识，如 __init__（）代表类的构造函数。

### 2. Python 保留字

保留字即关键字，不能把它们用作任何标识符名称。Python 的标准库提供了一个 keyword 模块，可以输出当前版本的所有关键字。

```
import keyword
print(keyword.kwlist)
# 输出结果为
['False', 'None', 'True', 'and', 'as', 'assert', 'break', 'class', 'co ntinue',
'def', 'del', 'elif', 'else', 'except', 'finally', 'for', 'from', 'global', 'if',
'import', 'in', 'is', 'lambda', 'nonlocal', 'not', 'or', 'pass', 'raise', 'return',
'try', 'while', 'with', 'yield']
```

## 2.4 行和缩进

Python 与其他语言最大的区别就是，Python 的代码块不使用花括号 "{}" 来控制类、函数及其他逻辑判断，而是使用缩进来实现代码分组。

缩进的空白数量是可变的，但是所有代码块语句必须包含相同的缩进空白数量，这个必须严格执行，示例如下。

```
if True:
    print ("True")
else:
    print ("False")
```

以下代码最后一行语句缩进数的空格数不一致，会导致运行错误。

```
if True:
    print ("True")
else:
  print ("False")        # 缩进不一致，会导致运行错误
```

## 2.5 运算符和表达式

在 Python 中，需要对一个或多个数字，列表、元组和集合进行运算操作。例如，让字符串进行重复的 "*" 是一种运算符，"3 + 5" 中的 "+" 也是一种运算符。在 Python 中常见的运算符有 +、-、*、/、<、>、>=、<=、==、not、and 和 or。

## 2.5.1 算数运算符

算数运算符用于对标准数据类型进行操作。

```python
# 设定变量a为7，变量b为2。
a = 7
b = 2


# 两个数字相加
print(a + b) # 输出结果为 9


# 两个数字相减
print(a - b) # 输出结果为 5


# 两个数字相乘
print(a * b) # 输出结果为 14


# 两个数字相除
print(a / b) # 输出结果为 3.5


# 两个数字取模
print(a % b) # 输出结果为 1


# 两个数字取幂
print(a ** b) # 输出结果为 49


# 两个数字取整数
print(a // b) # 输出结果为 3
```

## 2.5.2 比较运算符

当用比较运算符比较两个数字时，结果是一个逻辑值 (True、False)，如表 2-1 所示。

表 2-1　比较运算符

| 运算符 | 描　　述 |
| :---: | --- |
| == | 检查两个操作数的值是否相等，如果值相等，则条件变为真，否则为假 |
| != | 检查两个操作数的值是否相等，如果值不相等，则条件变为真，否则为假 |
| > | 检查左操作数的值是否大于右操作数的值，如果是，则条件变为真，否则为假 |
| < | 检查左操作数的值是否小于右操作数的值，如果是，则条件变为真，否则为假 |

续表

| 运算符 | 描 述 |
|---|---|
| >= | 检查左操作数的值是否大于或等于右操作数的值，如果是，则条件变为真，否则为假 |
| <= | 检查左操作数的值是否小于或等于右操作数的值，如果是，则条件变为真，否则为假 |

以下设定变量 a 为 10，变量 b 为 20，示例如下。

```
a = 10
b = 20


# 比较两个对象是否相等
print( a == b)  # 输出结果为 False


# 比较两个对象是否不相等
print( a ! = b)  # 输出结果为 True


# 判断 a 是否大于 b
print( a > b)  # 输出结果为 False


# 判断 a 是否小于 b
print( a < b)  # 输出结果为 True


# 判断 a 是否大于等于 b
print( a >= b)  # 输出结果为 False


# 判断 a 是否小于等于 b
print( a <= b)  # 输出结果为 True
```

## 2.5.3 逻辑运算符

Python 语言支持逻辑运算符，具体的逻辑表达式如表 2-2 所示。

表 2-2　逻辑运算符

| 运算符 | 逻辑表达式 | 描 述 |
|---|---|---|
| and 与 | x and y | 如果 x、y 都为 True，则返回 True，否则返回 False |
| or 或 | x or y | 如果 x 或 y 任意一个为 True，则返回 True，否则返回 False |
| not 非 | not x | 取反，如果 x 为 True，则取反为 False；如果 x 为 False，则取反为 True |

具体示例如下。

（1）and：判断两个表达式的值，如果两个表达式的值都为 True，则返回 True。

```
print(3 >1 and 5 > 1)
# 输出结果为 True


print(3 >1 and 5 <1 )
# 输出结果为 False
```

（2）or：判断两个表达式的值，如果任意一个表达式的值为 True，则返回 True。

```
print(3 >1 or  5 < 1 )
# 输出结果为 True


print(3 < 1 or 5 <1  )
# 输出结果为 False
```

（3）not：取反，如果 x 为 True，则取反为 False；如果 x 为 False，则取反为 True。

```
print(3 >1  )
# 输出结果为 True


print(not ( 3 > 1) )
# 输出结果为 False
```

## 2.5.4 成员运算符

Python 支持成员运算符，判断元素是否在字符串或序列中。测试实例中包含了一系列的成员，包括字符串、列表或元组。成员运算符在 if 判断中用得较多，如表 2-3 所示。

表 2-3　成员运算符

| 运算符 | 描　　述 |
| --- | --- |
| in | 如果在指定的序列中找到值则返回 True，否则返回 False |
| not in | 如果在指定的序列中没有找到值则返回 True，否则返回 False |

具体示例如下。

```
a = 10
b = 20
list = [1, 2, 3, 4, 5 ];

if ( a in list ):
   print ("1 - 变量 a 在给定的列表中 list 中")
else:
```

```
    print ("1 - 变量 a 不在给定的列表中 list 中")

if ( b not in list ):
    print ("2 - 变量 b 不在给定的列表中 list 中")
else:
    print ("2 - 变量 b 在给定的列表中 list 中")

# 修改变量 a 的值
a = 2
if ( a in list ):
    print ("3 - 变量 a 在给定的列表中 list 中")
else:
    print ("3 - 变量 a 不在给定的列表中 list 中")
```

输出结果如下。

```
1 - 变量 a 不在给定的列表中 list 中
2 - 变量 b 不在给定的列表中 list 中
3 - 变量 a 在给定的列表中 list 中
```

## 2.6 条件控制

Python 条件语句是通过一条或多条语句的执行结果（True 或 False）来决定执行的代码块。

if 语句的一般形式如下。

```
if condition_1:
    statement_block_1
elif condition_2:
    statement_block_2
else:
    statement_block_3
```

Python 中用 elif 代替了 else if，所以 if 语句的关键字为 if – elif – else。

- 每个条件后面都要使用冒号（:），表示接下来是满足条件后要执行的语句块。
- 使用缩进来划分语句块，相同缩进数的语句在一起组成一个语句块。
- 在 Python 中没有 switch–case 语句。

## 2.7 循环语句

Python 中的循环语句有 for、while 和遍历序列。

### 2.7.1 while 循环

Python 中 while 语句的一般形式如下。

```
while 判断条件:
语句
```

以下示例使用 while 来计算 1~10 的总和。

```
n = 10
sum = 0
counter = 1
while counter <= n:
    sum = sum + counter
    counter += 1

print("1 到 %d 之和为: %d" % (n,sum))
# 输出结果为1~10 之和为: 55
```

还可以 while 循环使用 else 语句，在 while-else 条件语句为 False 时执行 else 的语句块，示例
如下。

```
count = 0
while count < 5:
    print (count, " 小于 5")
    count = count + 1
else:
    print(count, " 大于或等于 5")
```

输出结果如下。

```
0  小于 5
1  小于 5
2  小于 5
3  小于 5
4  小于 5
5  大于或等于 5
```

## 2.7.2 for 语句

Python 中的 for 循环可以遍历任何序列类型的对象，如一个列表或一个字符串。

for 循环的一般格式如下。

```
for <variable> in <sequence>:
<statements>
else:
<statements>
```

for 语句的示例如下。

```
languages = ["C", "C++", "Perl", "Python"]
for x in languages:
    print(x ,end=' ')
# 输出结果为 C C++ Perl Python
```

range() 函数可以遍历数字序列，它会生成数列，示例如下。

```
for i in range(5,9) :
    print(i ,end=' ')
# 输出结果为 5 6 7 8


# 对 10 以内的数进行求和
sum = 0
for i in range(1,10):
    sum = sum + i


print('sum=%d' % sum)
# 输出结果为 sum=45
```

可以结合 range() 和 len() 函数以遍历一个序列的索引，如下所示。

```
data = ['a', 'b', 'c', 'd']


for i in range(len(data)):
    print('index=',i,',data=',data[i])
# 输出结果为
index= 0 ,data= a
index= 1 ,data= b
index= 2 ,data= c
index= 3 ,data= d
```

用 break 语句来告诉 Python 结束当前循环块中的剩余语句。

```
for letter in 'abc':
    print('当前字母为 :', letter)
    if letter == 'c':
```

```
      break
# 输出结果为
当前字母为：a
当前字母为：b
当前字母为：c
```

用 continue 语句来告诉 Python 跳过当前循环块中的剩余语句，然后继续进行下一轮循环。

例如，打印 10 以内的奇数。

```
for i in range(1, 10):

    if i % 2 == 0:
        continue

    print('i=' , i)
# 输出结果为
i= 1
i= 3
i= 5
i= 7
i= 9
```

### 2.7.3 使用枚举遍历序列

使用枚举的同时得到序列的元素序列和元素值，语法如下。

```
for index, item in enumerate(sequence):
    process(index, item)
```

遍历序列的示例如下。

```
sequence = [10, 20, 30]
for i, j in enumerate(sequence):
    print('index=',i, ',data=', j)
# 输出结果为
index= 0 ,data= 10
index= 1 ,data= 20
index= 2 ,data= 30
```

## 2.8 函数

本节主要介绍 Python 中函数的定义和调用、函数的不定长参数等。

## 2.8.1 函数的定义和调用

函数的目的是方便重复使用相同的一段代码。将一些操作隶属一个函数，再想实现相同操作的时候，只用调用该函数名即可，而不需要重复编写所有的语句。

### 1. 函数的定义

可以自定义一个指定功能的函数，以下是指定函数的简单规则。

（1）函数代码块以 def 关键词开头，后接函数标识符名称和圆括号 ()。

（2）任何传入的参数和自变量必须放在圆括号中间，圆括号之间可以用于定义参数。

（3）函数的第 1 行语句可以选择性地使用文档字符串——用于存放函数说明。

（4）函数内容以冒号起始，并且缩进。

（5）return [ 表达式 ] 结束函数，选择性地返回一个值给调用方。不带表达式的 return 相当于返回 None。

### 2. 函数的语法

Python 定义函数使用 def 关键字，def 对应 define 关键字，一般格式如下。

```
def 函数名（参数列表）：
函数体
```

默认情况下，参数值和参数名称是按函数声明中定义的顺序匹配起来的。函数可以有返回值，也可以没有返回值。

示例 1：Python 自带的函数。

```
ls = list( range(1,11,1) )
print("max={0},min={1}".format(max(ls),min(ls) ))
# 输出结果为
max=10,min=1
```

示例 2：不带参数的函数，使用函数输出 "Hello World！"。

```
def hello() :
    print("Hello World!")


hello()
# 输出结果为
Hello World!
```

示例3：带参数的函数。

```
def hello(name) :
    print("Hello " , name)

hello('lisi')
# 输出结果为
Hello  lisi
```

### 3. 调用函数

调用函数时，默认情况下，参数值是按函数声明中定义的顺序匹配起来的。

```
def add(x, y):
    print('x={0},y={1}'.format(x,y) )
    return  x + y

add(1,2)
#  输出结果为  3
```

也可以直接把赋值语句写在调用函数中，明确调用的参数。这样顺序就不重要了。

```
add(y=2,x=3)
```

### 4. 函数也是特殊的对象

函数也是一个对象，可以赋值给其他变量使用，示例如下。

```
def sum( x, y):
        return x+y

add = sum
print( add(6,1) )
# 输出结果为 7
```

## 2.8.2 函数中的文档

在 Python 中可以定义很多函数，但是想知道各个函数的含义，就需要阅读源代码来从头分析，这样很浪费时间。针对这个问题，可以在每个函数开始的下面加上一段该函数的说明文字，称为文档字符串。这样在开发时就可以很快知道这个函数的含义和参数的设定等，代码也会清晰易懂，通过以下示例讲解在 Python 中文档字符串的使用。

```
def add(x,y):
    """   这个函数实现加法运算，函数会返回一个加法运算的结果
x: 输入数字参数
    y: 输入数字参数
```

```
    """
    print('x={0},y={1}'.format(x,y) )
    return x + y
```

如果程序员想知道 add() 函数的意义，可以使用 help 命令打印函数的文档。

```
print(help(add))
```

得到如下结果。

```
Help on function add in module __main__:

add(x, y)
```
这个函数实现加法运算，函数会返回一个加法运算的结果
    x: 输入数字参数
    y: 输入数字参数

## 2.8.3 默认参数

调用函数时，如果没有传递参数，则会使用默认参数。以下示例中如果没有传入 age 参数，则使用默认值。

```
def printinfo( name, age = 25 ):
    # 打印任何传入的字符串
    print(" 名字 ={0}，年龄 ={1}".format( name,age  ))

printinfo( age=20, name="wangwu" )
printinfo( name="lisi" )
```

输出结果如下。

```
名字 =wangwu，年龄 =20
名字 =lisi，年龄 =25
```

## 2.8.4 不定长参数

Python 用以下方式解决参数个数的不确定性。

（1）函数中用 * arg 方式接收数据，以元组 (tuple) 的形式传参。

```
def func(x , *args ):
    print("x={0},args={1}".format(x,args))

    result = x
    for i in args:
        result = result + i
```

```
      return result

print("result=", func(1,2,3))
# 输出结果为
x=1,args=(2, 3)
result= 6
```

上面的例中把值 1 传给了参数 *x*，把值 2,3 放入了一个 tuple 中。

函数 func 中 args 参数名称可以不一样，但是符号 * 必须要有。可以不给 arg 传参数，这也是允许的。

```
print( func(1 ) )
# 输出结果为
x=1,args=()
1
```

从打印结果可以看出，在本例中，*args 收集的是一个空的 tuple。

（2）函数中用 ** kargs 方式接收数据，以字典 (dict) 的形式传参。

```
def func2( x, ** kargs):
    print('x=' ,x)
    print('kargs=', kargs  )


print( func2(1,a=1,b=2,c=3 ) )
# 输出结果为
x= 1
kargs= {'a': 1, 'b': 2, 'c': 3} <class 'dict'>
```

用 **kargs 的形式收集值，会得到字典类型的数据，因为字典是以"键 – 值"对形式出现的，所以传值的时候也要说明"键"和"值"。

## 2.8.5 range() 函数

Python 中 range() 函数可创建一个整数序列的对象，一般用在 for 循环中。range() 函数的语法如下。

```
range(start, stop[, step])
```

参数说明如下。

- start：计数从 start 开始。默认是从 0 开始。例如，range(5) 等价于 range(0，5)。
- stop：计数到 end 结束，但不包括 end。例如，range(0，5) 是 [0, 1, 2, 3, 4]，没有 5。
- step：步长，默认为 1。例如，range(0，5) 等价于 range(0, 5, 1)。

range() 函数内只有一个参数时，range() 表示产生从 0 开始计数的整数列表。

```
for i in range(5):
        print(i)
# 输出结果为从 0~4，但不包含 5
0
1
2
3
4
```

range() 函数传入两个参数时，第 1 个参数是起始位，第 2 个参数是结束位。

```
for i in range(1,5):
    print(i)
# 输出结果为从 1~4，但不包含 5
1
2
3
4
```

range() 函数传入 3 个参数时，第 1 个参数是起始位，第 2 个参数是结束位，第 3 个参数是步长值。

```
for i in range(0, 30, 5):
    print(i)
# 输出结果为从 0~30，步长为 5
0
5
10
15
20
25
```

range() 函数的输出结果也可以是递减的。

```
for i in range(0, -5, -1):
    print(i)
# 输出结果为从 0~-5，步长为 -1
0
-1
-2
-3
-4
```

range() 函数还可以使用 for 循环遍历输出 "abcde" 字符串的每个字母。

```
x = 'abcde'
for i in range(len(x)) :
```

```
        print(x[i])
# 输出结果为
a
b
c
d
e
```

Python 中 range() 函数返回的结果是一个整数序列的对象，而不是列表，但是可以利用 list 函数返回列表，示例如下。

```
print( type( range(10)) )
# 输出结果为 <class 'range'>


print( list( range(10)) )
# 输出结果为 [0, 1, 2, 3, 4, 5, 6, 7, 8, 9]
```

## 2.8.6 函数作为参数传递

函数可以作为一个对象进行参数传递。作为参数被传递的函数也称为回调函数。下面的例子中函数名为 func 的函数就作为参数进行了传递，传递给 test 函数。

```
# 把 func 函数作为参数传递给 test 函数
def test(fun, a, b):
    print( fun(a, b) )


def func(x,y):
    return 2 * x + y


test(func, 1, 2)
# 输出结果为
4
```

test() 函数的第一个参数 fun 就是一个函数对象。将函数 func() 作为参数传递给 test() 函数，test 中的参数 fun 就拥有了函数 func() 的功能。因此可以提高程序的灵活性。可以使用上面的 test() 函数，带入不同的函数参数。可以使用 lambda 创建匿名函数作函数参数，例如，使用 lambda 创建匿名函数实现 $z = 2 * x + y$ 方程式。

```
test((lambda x,y: 2 * x + y), 1, 2 )
```

test() 函数的第 1 个参数 fun 就是 1 个函数对象。将函数 func 传递给参数 fun，test 函数中的 fun() 就拥有了函数 func() 的功能。因此使用 lambda 创建匿名函数可以提高程序的灵活性。可以使用上面的 test 函数，带入不同的函数参数，如使用 lambda 创建匿名函数实现 $z = x^2 + y$ 方程式：

```
test((lambda x,y: x**2 + y), 1, 2 )
```

## 2.9 文件

使用 Python 语言编写的程序如果要把数据永久保存下来，需要通过操作文件，把数据保存在磁盘上。文件在 Python 中也是一种有类型的对象，本节介绍使用 Python 操作文件。

### 2.9.1 操作文件

在 Python 中 open() 函数用于打开一个文件，创建一个 file 对象。使用 file 对象对文件进行读写操作。

open() 函数的基本语法格式如下。

```
file = open(name, mode, encoding=None)
```

参数说明如下。

- name 参数是需要访问的文件名称的字符串，包括文件路径和文件名。
- mode 参数是打开文件的模式：只读 (r)、写入 (w)、追加 (a) 等。文件打开模式的可取值如表 2-4 所示。这个参数是非强制的，默认文件访问模式为只读 (r)。
- encoding 参数是打开文件的编码方式，是可选参数。如果写入的是中文，那么 encoding 编码方式是 "utf-8"。

文件的打开模式 (mode) 如表 2-4 所示。

表 2-4　文件的打开模式

| 模式 | 描　　述 |
| --- | --- |
| r | 以只读方式打开文件。文件的指针将会放在文件的开始。这是默认模式 |
| rb | 以二进制格式打开一个文件用于只读 |
| r+ | 打开一个文件用于读写。文件指针将会放在文件的开始 |
| rb+ | 以二进制格式打开一个文件用于读写。文件指针将会放在文件的开始 |
| w | 打开一个文件只用于写入。如果该文件已存在则打开文件，并从开始部分编辑，即原有内容会被删除。如果该文件不存在，则创建新文件 |
| wb | 以二进制格式打开一个文件只用于写入。如果该文件已存在则打开文件，并从开始部分编辑，即原有内容会被删除。如果该文件不存在，则创建新文件 |
| w+ | 打开一个文件用于读写。如果该文件已存在则打开文件，并从开始部分编辑，即原有内容会被删除。如果该文件不存在，则创建新文件 |
| wb+ | 以二进制格式打开一个文件用于读写。如果该文件已存在则打开文件，并从开始部分编辑，即原有内容会被删除。如果该文件不存在，则创建新文件 |

| 模式 | 描　　述 |
|------|----------|
| a | 打开一个文件用于追加。如果该文件已存在，文件指针将会放在文件的结尾。也就是说，新的内容将会被写入已有内容之后。如果该文件不存在，则创建新文件进行写入 |
| a+ | 打开一个文件用于读写。如果该文件已存在，文件指针将会放在文件的结尾。文件打开时会是追加模式。如果该文件不存在，则创建新文件用于读写 |
| ab+ | 以二进制格式打开一个文件用于追加。如果该文件已存在，文件指针将会放在文件的结尾。如果该文件不存在，则创建新文件用于读写 |

file 对象主要方法说明如下。

- file.read([size])：读取文件的全部内容，如果指定 size 参数，每次最多读取 size 字节的内容。

- file.readline()：读取文件的一行内容。

- file.readlines([size])：读取文件的全部行，以列表形式返回。如果指定 size 参数，读取包含 size 行的列表。

- file.write(str) 在文件中写入字符串，如果要写入字符串以外的数据，需要把数据转换为字符串。

- file.close() 关闭文件，释放资源。

### 1. 读取文件

在 D 盘下新建一个文件，命名为"test.txt"，并在文件中输入以下内容。

```
111
222
333
```

使用 open() 函数读取文件时，文件的打开模式为"r"，以只读方式打开文件。

```
# 打开文件，得到文件句柄并赋值给一个变量
file =open('d:/test.txt','r',encoding='utf-8')  # 默认打开模式是 r

# 通过句柄对文件进行操作
data=file.read()
print(data)

# 关闭文件
file.close()
```

运行脚本得到以下结果。

```
111
222
333
```

在本例中使用 file.read() 方法一次性读取 d:/test.txt 文件的全部内容到内存。如果读取的文件有 30GB，那么读取文件时会出现 MemoryError 异常，也就是内存溢出异常。所以当读取的文件比较小时，使用 file.read() 方法一次性读取文件内容到内存很方便，但当读取大文件时，需要反复调用 file.read(size) 方法，且每次最多读取 size 个字节的文件内容，以避免一次性读取大文件到内存而导致内存溢出异常。

也可以调用 file 对象的 readlines() 方法，一次性读取文件的所有内容并返回 list 列表。

```
file = open('d:/test.txt','r',encoding='utf-8')

for line in file.readlines():
    # 读取文件中每行内容，把每行内容中头部和尾部的空格和换行符去掉，并把每行内容打印到控制台
    print(line.strip())
file.close()
```

也可以使用迭代器遍历 file 对象，读取文件的每行内容，这是运行速度最快的方法，它是没有显示地读取文件，而是利用迭代器每次读取下一行。

```
file =open('d:/test.txt','r',encoding='utf-8')
for line in file :
    print(line.strip())
file.close()
```

### 2. 写入文件

使用 open() 函数写入文件时，文件的打开模式为"w"，以写的方式打开文件，可向文件写入字符串。如果文件存在，则清空该文件，再写入字符串。

```
file = open(r'd:\test2.txt', 'w' ,encoding='utf-8' )
#将字符串写入文件
file.write('aaa\n')
file.close()
```

运行脚本，在 d:\test2.txt 文件中写入以下字符串。

```
aaa
```

使用 open() 函数写入文件时，文件的打开模式为"a"，以追加模式打开文件，打开的文件用于追加字符串，也就是将新的内容写入已有内容之后。

```
file = open(r'd:\ test3.txt', 'a' ,encoding='utf-8' )
file.write('aaa\n')
file.close()
```

运行脚本，在 d:\test3.txt 文件中写入字符串"aaa\n"，文件内容如下。

```
aaa
```

再次运行脚本，不会清空 d:\test3.txt 文件的内容，会以追加的模式写入字符串。文件内容如下。

```
aaa
```

```
aaa
```

### 3. 二进制文件

在前面的示例中默认操作的都是文本文件，本例要学习操作二进制文件。二进制文件就是图片、音频和视频格式的文件。当需要复制一个二进制文件时，首先使用 open(file,"rb") 函数以二进制格式打开一个文件 file1 用于只读，可以获得文件 file1 的内容。然后使用 open(file2,"wb") 函数以二进制格式打开一个文件 file2 用于只写，最后把文件 file1 的内容写入 file2 文件中。

为了更好地看到复制效果，本例使用的二进制文件是图片，用户也可以替换成其他的二进制文件，如音频和视频文件。先浏览要复制的图片 photo.jpg，可以看到图片大小是 139KB，如图 2-3 所示。

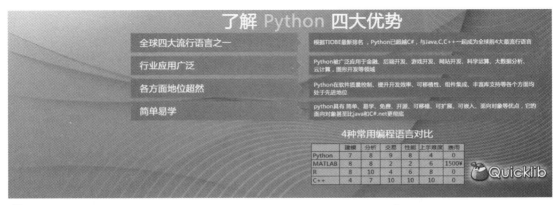

图 2-3　复制的文件和文件的大小

本例复制当前目录下的 photo.jpg 图片一份，重新命名为 photo2.jpg。本例文件名为 PythonFullStack\Chapter02\file01.py，内容如下。

```
# Step1: 以二进制格式打开一个文件用于读写
file = open('photo.jpg', 'rb' )
content = file.read()
file.close()

# Step2: 以二进制格式打开一个文件只用于写入
file2 = open("photo2.jpg", "wb")
file2.write(content)
file2.close()
```

运行脚本就可以实现图片的复制操作，本例仅仅实现了复制文件的基本功能，还可以进行性能上的优化。使用 file.read() 读取了文件的全部内容到内存，本例读取的文件只有 139KB，这是没有问题的。如果文件有 13.9 GB，那么一次性全部读入文件内容到内存会导致 MemoryError 异常，也就是内存溢出异常。

为了避免内存溢出，需要优化代码，重复调用 file.read(size) 函数，指定每次最多读取 size 个字节的文件内容。size 参数可以根据业务需要进行调整，设置一个合理的值，就可以避免一次性读取大文件的问题。

可以使用 os.stat('photo.jpg').st_size 获得复制文件的大小，在 while 循环中重复调用 file.read(size) 函数，每次读取 size 个字节的文件内容到内存中，然后把文件内容写入目标文件中。在 while 循环中统计每次读取文件内容的大小，然后与文件的大小进行比较，如果统计的读取文件大小与文件总大小一样就停止循环，最后释放文件资源。

优化后的复制文件代码，本例文件名为 "PythonFullStack\Chapter02\file02.py"，内容如下。

```python
import os

# 获得复制文件的大小
fileTotalSize = os.stat('photo.jpg').st_size
#print("fileTotalSize={0}".format(fileTotalSize))
# 读取文件大小
readSize = 0

# 以二进制格式打开一个文件用于读写
file = open('photo.jpg', 'rb' )
# 以二进制格式打开一个文件只用于写入
file2 = open("photo2.jpg", "wb")

# 判断是否已经读取完文件，对读取文件大小和文件总大小进行比较
while readSize < fileTotalSize:
    # 每次读取 50KB 的文件内容
    content = file.read(1024 * 50)
    readSize = readSize + len(content)
    file2.write(content)
else:
    print("fileTotalSize={0},readSize={1}".format(fileTotalSize, readSize))

# 关闭文件资源
file.close()
file2.close()
```

在本例中重复调用 file.read(1024 * 50) 读取图片，每次读取 50KB 的文件内容到内存中。

## 2.9.2 使用 with 语句

在 Python 中对文件进行读取操作时，需要获取一个文件句柄，然后从文件中读取数据，最后关闭文件句柄，代码如下。

```
file =open('d:/test.txt','r',encoding='utf-8')
data=file.read()
file.close()
```

在执行 file.read() 从文件中读取数据时，有可能产生 IOError 异常。一旦出错，后面的 file. close() 就不会执行，所以为了保证无论是否出错都能正常关闭文件，可以使用 try...finally 来实现异常处理。

```
try:
    file = open('d:/test.txt', 'r', encoding='utf-8')
    data = file.read()
finally:
    if file:
        file.close()
```

虽然这段代码运行良好，但是太冗长了。Python 引入了 with 语句自动执行 file.close() 来释放文件资源。

```
with open('d:/test.txt', 'r', encoding='utf-8') as file
    data = file.read()
```

以上代码是使用 with 语句对文件进行读取操作，对文件进行写入操作也是一样的。使用 with 语句对文件进行写入操作后，代码会在程序结束后自动执行 file.close()。

使用 with 语句操作文件，向 test3.txt 文件中写入一行字符串。

```
with open('d:/test3.txt' , 'a', encoding='utf-8') as file:
file.write('aaa')
```

示例 1：使用 with 语句读取 test3.txt 文件，读取一行内容，统计文件中有多少行。

```
with open('d:/test3.txt', 'r', encoding='utf-8') as file:
    print(file.read() )
    # 统计文件有多少行
    print('rows:%d' % len(file.readlines() ))
```

示例 2：使用 with 语句读取 test3.txt 文件，输出 test3.txt 中每一行的内容。

```
with open('d:/test3.txt', 'r', encoding='utf-8') as file :
    for content in file.readlines():
        print(content.strip() )
```

### 2.9.3 电子表格

csv 文件是用文本文件形式存储的表格数据，可以使用 Excel 打开查看，新建一个 csv 文件命名为 test.csv，内容如下。

```
name,age,address
wang,20,beijing
li,21,tianjin
```

使用 Excel 打开 test.csv 文件，显示效果如图 2-4 所示。

图 2-4　使用 Excel 打开 csv 文件

由于 csv 是纯文本文件，可以用任何编辑器打开，因此使用 Windows 的记事本打开 test.csv 文件的显示效果如图 2-5 所示。

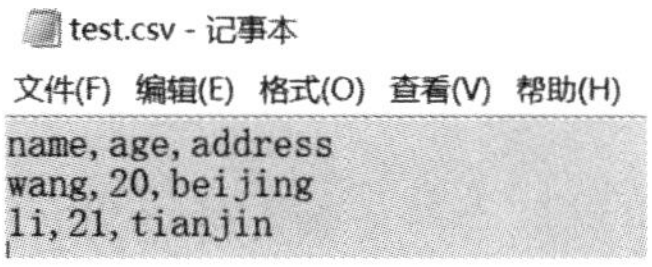

图 2-5　使用记事本打开 csv 文件

从 csv 文件的显示结果可以看出，csv 文件中每行相当于一条记录，以换行符 (\n) 结束。每条记录由多个字段组成，每个字段的分隔符是","。

在前面的章节中使用了 Python 的内置函数 open() 来操作文件，在 Python 中还内置了一个 csv 模块，专门用来操作 csv 文件。

#### 1. 从 csv 文件中读取数据

使用 csv.reader() 读取 csv 文件的内容，本例文件名为 "PythonFullStack\Chapter02\csv01.py"，内容如下。

```
import csv


with open('test.csv','r') as file:
    reader = csv.reader(file)
```

```
      for row in reader:
            # 返回列表对象
            print(row)
```

运行脚本得到以下结果。

```
['name', 'age', 'address']
['wang', '20', 'beijing']
['li', '21', 'tianjin']
```

本例使用 reader = csv.reader(file) 读取打开的文件，通过迭代器访问 reader 对象，reader 对象把读取的 csv 文件的每行数据都转换成一个 Python 列表 (list)，列表中的每个元素都是一个字符串。

csv 文件是一个纯文本文件，也使用 open() 函数读取 csv 文件。

```
with open('test.csv' ) as file:
      for line in file:
            # 返回一行数据
            print( line.strip() )
```

运行脚本得到以下结果。

```
name, age, address
wang, 20, beijing
li, 21, tianjin
```

从返回结果可以看出，使用 open() 函数打开 csv 文件，读取 csv 文件的每行数据，每行数据的返回类型是 Python 的字符串。

### 2. 写数据到 csv 文件

使用 csv.writer() 写入数据到 csv 文件中，本例文件名为 "PythonFullStack\Chapter02\csv02.py"，内容如下。

```
import csv

with open('test2.csv' ,'w', newline='') as file:
      writer = csv.writer(file)
      writer.writerow(['a','b', 'c'] )
      writer.writerow([1,2,3] )
      writer.writerow([4,5,6] )
```

使用 writer.writerrow() 把列表数据写入 csv 文件中，一次写入一行记录。写数据到 csv 文件中，使用 open() 函数打开写入的文件时，除了指定打开文件模式为 "w" 外，还需要指定参数 newline=''，否则每写入一行记录的后面会多一个空行。运行脚本生成 test2.csv 文件，显示效果如图 2-6 所示。

图 2-6　写数据到 csv 文件

# 2.10 面向对象

面向对象程序设计（Object Oriented Programming，OOP）主要针对大型软件设计而提出，使得软件设计更加灵活，能够很好地支持代码复用和设计复用，并且使得代码具有更好的可读性和可扩展性。

面向对象程序设计的一条基本原则是，计算机程序由多个能够起到子程序作用的单元或对象组合而成，这大大地降低了软件开发的难度，使得编程就像搭积木一样简单。

面向对象程序设计的一个关键性观念是，将数据以及对数据的操作封装在一起，组成一个相互依存、不可分割的整体，即对象。对于相同类型的对象进行分类、抽象后，得出共同的特征而形成了类，面向对象程序设计的关键就是如何合理地定义和组织这些类及类之间的关系。

## 2.10.1 类与对象的定义

在面向对象编程中类是对某一类事物的描述，是抽象的，概念上的意义。类是对一群具有相同属性和方法的对象的抽象。对象是类的实例，是通过类定义的数据结构产生的实例。

Python 完全采用了面向对象程序设计的思想，是真正面向对象的高级动态编程语言，完全支持面向对象的基本功能，如封装、继承、多态及对基类方法的覆盖或重写。

Python 中对象的概念很广泛，一切内容都可以称为对象，除了数字、字符串、列表、元组、字典、集合、range 对象等，函数也是对象，类也是对象。

### 1. 定义类

Python 使用 class 关键字来定义类，通过类的实例化创建对象。

```
class Car(object):
# 类属性
```

```
    num = 111

    def info(self):
        print("This is a car")
```

class 关键字后面是类的名称，即 Car。然后紧跟着 (object)，在 Python 中 object 是所有类的"父类"，表示 Car 类继承了 object 类。再往后是一个冒号 (:)，最后换行并定义类的内部实现。

定义类之后，可以用来实例化对象，通过对象来访问类中的属性和方法。

```
# 实例化类
car = Car()
print("Car 类对象的属性 num 为: ", car.num)

# 输出结果为
Car 类对象的属性 num 为:  111
```

在类中直接定义的属性也称为类属性，类属性属于类本身，可以通过类名和对象进行访问和修改。

```
Car.num = 222
print("Car 类实例属性 num 为: ", Car.num)
# 输出结果为
Car 类实例属性 num 为:  222
```

在定义类的方法时，第 1 个参数必须是 self，self 参数代表将来要创建的对象本身，需要使用类的对象来调用类中定义的方法。在调用方法时，通过实例名直接调用，除了 self 参数不用传递，其他参数正常传入。

```
car.info()
# 输出结果为:
This is a car
```

### 2. 构造方法

Python 中类的构造函数是 __init__()，一般用来为类的属性设置初值或进行其他必要的初始化工作，在创建对象时被自动调用和执行。如果用户没有设计构造函数，Python 将提供一个默认的构造函数来进行必要的初始化工作。__init__() 方法的第 1 个参数是 self，表示创建的实例本身。

在初始化类时，可以通过 self 属性的方式对类的属性进行赋值，在 __init__() 方法中定义的属性是实例属性，用于记录该对象的特别信息。在类的方法中通过 self 属性的方式获得在 __init__() 方法中初始化的属性值。

```
class People(object):

    # 定义构造方法
    def __init__(self, name, gender):
```

```
        # 实例属性
        self.name = name
        self.gender = gender

    def speak(self):
        """ people can speak """
        print('{0}的性别是{1}'.format(self.name, self.gender))
```

面向对象编程的一个重要特点是数据封装，在 People 类的 __init__() 方法中初始化的实例属性 name 和 gender，可以在类的方法中通过类的对象访问类的实例属性。

```
# 初始化对象
people = People("Tom" , "Male")
people.speak()

# 输出结果为
Tom 的性别是 Male
```

也可以通过类的对象访问实例属性，类的实例属性可以被类的对象访问和修改。

```
people.name ="Jim"
people.gender = "female"
print("name={0}.gender={1}".format(people.name, people.age))

# 输出结果为
name=Jim.gender=21
```

## 2.10.2 私有属性和方法

在类的内部中可以定义属性和方法，在方法内封装复杂的业务逻辑，通过类的对象访问方法。但是类的属性既可以在类的内部进行访问和修改，也可以通过类的对象进行访问和修改，这样会破坏数据的封装。

```
class Student(object):

    def __init__(self,name, age):
        self.name = name
        self.age = age

    def info(self):
        print("name={0}, age={1}".format(self.name, self.age))

stu = Student("Tom" , 21)
stu.name = "Jim"
```

```
stu.age = 25
print("name={0}, age={1}".format(stu.name,stu.age))
# 输出结果为
name=Jim, age=25
```

从本例可以看出，在 Student 类的内部定义了 name 和 age 两个属性，既可以在类的内部进行访问，也可以通过 Student 类的对象进行访问和修改。如果要让类的属性不能被外部访问，可以在属性的名称前加上两个下划线"__"。

Python 中定义类的属性时，如果属性的名称以两个下划线"__"开头则表示是私有属性。私有属性在类的外部不能直接访问，需要通过调用对象的公有方法来访问。子类可以继承父类的公有成员，但是不能继承其私有成员。

修改 Student 类把属性 name 和 age 改为私有属性。

```
class Student(object):

    def __init__(self,name, age):
 # 定义私有属性，私有属性在类外部无法直接进行访问
        self.__name = name
        self.__age = age

    def info(self):
        print("name={0}, age={1}".format(self.__name, self.__age))

stu = Student("Tom" , 21)
stu.info()
# 输出结果为
name=Tom, age=21
```

修改后只能在类的内部访问私有属性，如果使用对象直接访问私有属性会报错。例如，使用以下语句访问 Student 类的私有属性，会报异常"AttributeError: 'Student' object has no attribute '__name'"。

```
print(stu.__name )
```

在类中还可以定义私有方法，私有方法的名称以两个下划线"__"开始，在私有方法中可以访问类的所有属性，只能在类的内部调用私有方法，无法通过对象调用私有方法。例如，在 Student 类的内部增加私有方法 __printFun() 打印学生信息，然后通过 info() 方法来调用这个私有方法。

```
class Student(object):

    def __init__(self,name, age):
        # 私有属性
```

```
        self.__name = name
        self.__age = age

    def __printFun(self):
        print("name={0}, age={1}".format(self.__name, self.__age))
    def info(self):
        self.__printFun()

stu = Student("Tom" , 21)
stu.info()
# 输出结果为
name=Tom,age=21
```

### 2.10.3 继承

在 OOP 中继承是为代码复用和设计复用而设计的，是面向对象程序设计的重要特性之一。设计一个新类时，如果可以继承一个已有的设计良好的类然后进行二次开发，无疑会大幅度减少开发工作量。在继承关系中，已有的、设计好的类称为父类或基类，新设计的类称为子类或派生类。子类可以通过继承父类，享有父类的所有属性和方法。在 Python 中同时支持类的单继承和多继承。

#### 1. 单继承

Python 中类的单继承的语法如下。

```
class SubClassName(ParentClassName1):
    pass
```

子类 SubClassName 通过继承父类 ParentClassName 获得父类的所有属性和方法。在 Python 中当子类继承父类时，在子类的构造函数中调用父类的构造函数有两种写法。

（1）经典类的写法：父类 .__init__(self, 参数 1, 参数 2, ⋯ )

（2）新式类的写法：super( 子类，self).__init__( 参数 1，参数 2，⋯)

本例编写两个类 People 和 Student，Student 作为子类继承父类 People。

```
class People(object):
    # 定义构造方法
    def __init__(self, name, gender):
        # 实例属性
        self.name = name
        self.gender = gender
    def speak(self):
        print('{0} 的性别是 {1}'.format(self.name, self.gender))
```

```
class Student(People):

    def __init__(self,name, gender, grade ):
        # 调用父类的构造函数方法, 也可以写成 People.__init__(self, name, gender)
        super(Student,self).__init__(name, gender)

        # 定义类的本身属性
        self.grade = grade

    def info(self):
        print('{0} 说: 我的性别是 {1}, 在读 {2} 年级'.format(self.name, self.gender,
self.grade ))

stu = Student('Tom', 'male', 3)
stu.speak()
stu.info()

# 输出结果为
Tom 的性别是 male
Tom 说: 我的性别是 male, 在读 3 年级
```

继承的好处是子类获得了父类的全部属性和方法, 还可以在子类中封装自己的方法, 提高了代码的复用性。本例中 People 类实现了 speak() 方法, Student 类继承了 People 类, 可以实例化 Student 类调用父类的 speak() 方法和 Student 类自定义的业务方法 info()。

在子类 Student 的 __init__() 方法中, 因为重写了父类的 __init__ 方法, 如果要调用父类的该方法, 使用以下语句调用父类中, 因为子类重写而被屏蔽的同名方法。

```
super(Student,self).__init__(name, gender)
```

还可以使用经典类的写法, 让子类调用父类的构造方法 __init__()。

```
People.__init__(self,age,gender, grade)
```

### 2. 子类对父类方法的重写

子类可继承父类中的方法, 而不需要重新编写相同的方法。但有时子类并不想原封不动地继承父类的方法, 而是想做一定的修改, 这就需要采用方法的重写。若子类中的方法与父类中的某一方法具有相同的方法名、输入参数和返回类型, 则新方法将覆盖原有的方法。

Python 中如果需要在子类中调用父类原有的方法, 可以通过 super() 方法名 () 的方式进行调用。

```
class People(object):
    # 定义构造方法
    def __init__(self, name, gender):
        # 实例属性
```

```
        self.name = name
        self.gender = gender


    def speak(self):
        print('{0} 的性别是 {1}'.format(self.name, self.gender))


class Student(People):
    def __init__(self,name, gender, grade ):
        People.__init__(self, name, gender)
        # 定义类的本身属性
        self.grade = grade


    def speak(self):
        super().speak()
        print('{0} 说：我的性别是 {1}，在读 {2} 年级'.format(self.name, self.gender,
self.grade ))


stu = Student('Tom', 'male','3')
stu.speak()


# 输出结果为
Tom 的性别是 male
Tom 说：我的性别是 male，在读 3 年级
```

本例中 Student 类继承了 People 类，在 Student 类中重写了 speak() 方法，在方法中不仅打印了 Student 的 3 个属性，还通过 super().speak() 调用了 People 类的 speak() 方法。

### 3. 多继承

Python 中不仅支持单继承，还支持多继承。Python 中类的多继承的语法如下。

```
class SubClassName(ParentClassName1 , ParentClassName2, ...):
    pass
```

需要注意 SubClassName 后面的圆括号中父类的顺序，Python 支持多继承，如果父类中有相同的方法名，而在子类中使用时没有指定父类名，则 Python 解释器将从左向右按顺序进行搜索，即方法在子类中未找到时，从左到右查找父类中是否包含方法。

Python 中通过多重继承，一个子类可以同时获得多个父类的所有方法。

```
# 定义父类
class Animal1:


    def __init__(self):
```

```
        print("creating an animal1")

    def run(self):
        print("running ...")

    def jump(self):
        print("jump from Animal1")

# 定义父类
class Animal2:
    def __init__(self):
        print("creating an animal2")

    def eat(self):
        print("eating ....")

    def jump(self):
        print("jump from Animal2")

# 定义子类继承两个父类
class Pig(Animal1, Animal2):

    def __init__(self):
        print("creating a pig")

    def cry(self):
        print("crying ...")

pig = Pig()
pig.cry()
pig.eat()
pig.jump()

# 输出结果为
creating a pig
crying ...
eating ....
jump from Animal1
```

子类 Pig 继承两个父类 Animal1 和 Animal2 的所有方法，在 Pig 类中调用父类的 jump() 方法时，按照多继承的从左到右的顺序，先到 Animal1 类中寻找，再到 Animal2 类中寻找，在 Animal1 类中找到了，所以调用 Animal1 类中的 jump() 方法。

## 2.10.4 静态方法

静态方法是类中的函数，不需要实例。静态方法主要用来存放逻辑性的代码，主要是一些逻辑属类，但是和类本身没有交互，即在静态方法中，不会涉及类中的方法和属性的操作。静态方法定义的时候使用 @staticmethod 装饰器。

静态方法可以通过类名访问，也可以通过实例访问。

```python
class Car(object):
    @staticmethod
    def description():
        print('This is a car.')


c1=Car()
# 通过实例调用静态方法
c1.description()
# 通过类名调用静态方法
Car.description()
```

运行脚本得到以下输出结果。

```
This is a car.
This is a car.
```

静态方法不需要创建对象就可以执行类中的方法。

## 2.10.5 魔法方法和特殊属性

魔法方法也称为特殊方法，总是被双下划线包围，如 __init__，特殊属性也是以双下划线包围的属性，如 __dict__ 和 __slots__。

### 1.__dict__

__dict__ 可以访问类的所有属性，以字典的形式返回。

```python
class People(object):

    # 定义构造方法
    def __init__(self, name, age):
        # 定义类的实例属性
```

```
        self.name = name
        self.age = age

people = People('Tom', 22 )
print( people.__dict__ )
print( 'name=',people.__dict__['name'] )
print( 'age=',people.__dict__['age'] )

# 输出结果为
{'name': 'Tom', 'age': 22}
name= Tom
age= 22
```

通过 people.__dict__ 可以获得 People 类的所有属性，返回值以字典的形式返回。

### 2.__slots__

Python 中新类增加了 __slots__ 内置属性，可以把实例属性锁定到 __slots__ 规定的范围内。正常情况下，当定义了一个类，然后创建了一个类的实例后，可以给该实例绑定任何属性和方法，这就是动态语言的灵活性。

```
class Student(object):
    pass
```

动态给实例绑定一个属性。

```
s = Student()
s.name = 'lisi'
print(s.name)
```

如果要限制实例的属性怎么办？例如，只允许对 Student 实例添加 name 和 age 属性。限制类实例的属性，就需要用到类中的 __slots__ 属性，__slots__ 属性可以用元组定义允许绑定的属性名称，只有这个元组中出现的属性可以被类实例使用。

```
class Student(object):
    __slots__ = ("name", "age")

    def __init__(self, name, age):
        self.name = name
        self.age = age

stu = Student("Tom", 25)
print("stu name={0},age={1}".format(stu.name, stu.age) )
stu.score = 90
```

运行脚本程序会抛出 "AttributeError: 'Student' object has no attribute 'score'" 异常，因为 "score"

没有被放到 __slots__ 中，所以不能绑定 score 属性，试图绑定 score 将得到 AttributeError 的错误。

使用 __slots__ 要注意，__slots__ 定义的属性仅对当前类实例起作用，对继承它的子类是不起作用的。

```
class Person(object):
    __slots__ = ("name", "age")
    pass


class Student(Person):
    pass


stu = Student()
stu.name = "xinping"
stu.age = 28
stu.score = 99
print("stu name={0},age={1},score={2}".format(stu.name, stu.age,
stu.score) )
# 输出结果为
stu name=xinping,age=28,score=99
```

从输出结果可以看出，子类 Student 的实例并不受父类 People 中的 __slots__ 属性的限制。

## 2.10.6 可调用对象

在 Python 中，函数也是一种对象。实际上，任何一个有 __call__() 特殊方法的对象都被当作是函数，示例如下。

```
class Add (object):
    def __call__(self, a):
        return a + 5


add = Add()        # 定义函数对象，可以把函数对象看作函数
print(add(2))     # 调用函数
```

运行脚本得到如下结果。

7

所有的函数都是可调用对象。由于 add 可以被调用，因此 add 被称为可调用对象。

一个类实例也可以变成一个可调用对象，只需要实现一个特殊方法 __call__()。以下例子中把 Person 类变成一个可调用对象。

```
class Person(object):
    def __init__(self, name, gender):
        self.name = name
```

```
        self.gender = gender

    def __call__(self, friend):
        print('打印类的实例属性 name={0},gender={1}'.format(self.name,
self.gender) )
        print('打印 __call__() 方法的参数 friend={0}'.format(friend) )


person = Person('Tom', 'male')
person('Jim')
```

运行脚本得到如下结果。

```
打印类的实例属性 name=Tom,gender=male
打印 __call__() 方法的参数 friend=Jim
```

仅看 person('Jim') 无法确定 Person 是一个函数还是一个类实例。所以在 Python 中，函数也是对象，对象和函数的区别并不显著，这也是 Python 灵活的地方。

# 2.11 错误和异常

## 2.11.1 错误

在编写程序的时候，错误是难免的，如语法错误、逻辑错误等。当 Python 检测到一个错误时，解释器就无法继续执行下去，于是抛出相应信息，这些可以笼统地称为异常信息。

例如，当用户输入不完整（如输入为空）数据或者输入非法（输入的不是数字）数据时会报告异常。

```
inp= input("input a int param: ")
num = int(inp)
print(num)
```

运行脚本，根据提示输入字符串"aaa"，会有以下输出结果。

```
input a int param: aaa
Traceback (most recent call last):
  File "G:/temp3/TestPython/test2.py", line 4, in <module>
    num = int(inp)
ValueError: invalid literal for int() with base 10: 'aaa'
```

## 2.11.2 异常

即便 Python 程序的语法是正确的，在运行的时候也有可能发生错误。运行期检测到的错误被称为异常。

出现异常时，程序不会退出，还会正常运行。异常的详细知识可以参考官网介绍。

`https://docs.python.org/3/tutorial/errors.html#raising-exceptions`

大多数的异常都不会被程序处理，都以错误信息的形式展现在控制台。

上例中的 ValueError 就是异常的一种。常见的异常信息如表 2-5 所示。

表 2-5　Python 中常见的异常类

| 异常 | 描　　述 | 引起异常的代码 |
| --- | --- | --- |
| Exception | 所有异常的基类 | |
| ZeroDivisionError | 除数为 0 | print(1 / 0) |
| TypeError | 传入对象类型与要求的不符合 | print(2 + '2') |
| NameError | 尝试访问一个没有声明的变量 | a = 1<br>del a<br>print(a) |
| IndexError | 索引超出序列范围 | a =[1,2,3]<br>print(a[4]) |
| KeyError | 请求一个不存在的字典关键字 | dic = {'name':'wangwu'}<br>print(　dic['age']) |
| ValueError | 传给函数的参数类型不正确，如给 int() 函数传入字符串 | num=input("input a int param ")<br>int(num) |
| AttributeError | 尝试访问未知的对象属性 | class People(object):<br>　　name = 'wangwu'<br><br>p = People()<br>print(p.age) |

在 Python 中 Exception 是一个类，在上面列出的常见的 ValueError、NameError 等异常都是 Exception 的派生类。

异常处理的意义：当程序运行的时候出现异常，会导致程序终止运行。为了避免这种情况，需要预先对可能出现的异常进行处理，这样一旦出现该异常，就可以使用另一种方式解决问题。另外，有些错误信息是用户无须看到的，所以需要人性化地显示错误信息，这就需要用到异常处理。

当 Python 解释器执行程序检测到一个错误时，即触发异常。在异常触发后且没被处理的情况下，程序就在当前异常处终止，后面的代码也不会运行。所以必须提供一种异常处理机制来增强程序的健壮性与容错性。

## 2.11.3 处理异常

在 Python 中处理异常的语法如下。

```
try:
    pass
except 异常类型 as ex:
    pass
```

处理异常的其他语法如下。

```
try:
    # 主代码块
    pass
except 异常类型 as e:
    # 异常时，执行该块
    pass
else:
    # 主代码块执行完，执行该块
    pass
finally:
    # 无论异常与否，最终执行该块
    pass
```

try/except 可以加上 else 语句，实现在没有异常时执行什么。

示例 1：简单异常处理。

一个程序运行的时候可能出现多种异常（常见的异常在前面已经列出了），每种异常都可以根据类型捕捉到。例如，出现了 ValueError 类型的错误，可以使用 ValueError 进行捕捉，但其他类型的异常就无法捕捉到。所以可以针对出现的异常进行分类处理，以便更好地处理异常。

本例处理 invalid 异常。

```
try:
    inp = input("input a int param: ")
    num = int(inp)
    print(num)
except ValueErroras e:
    print('抛出异常')
    print(e)
```

运行脚本，根据提示输入字符串 "aaa"，会有以下输出结果。

```
input a int param: aaa
```

```
抛出异常
invalid literal for int() with base 10: 'aaa'
```

如果捕获异常时不想指定异常，想直接捕捉所有类型的异常就使用 Exception。完整代码如下。

```
try:
    inp = input("input a int param: ")
    num = int(inp)
    print(num)
except Exception  as e:
    print('抛出异常')
    print(e)
```

示例 2：异常的分类处理。

如果想同时使用 Exception 和单个类型异常捕捉，应该把对单个类型异常的捕捉放到 Exception 的前面，因为如果把 Exception 作为捕获的第一个异常，那么使用 Exception 会捕捉所有的异常错误，Exception 下面的单个异常处理就不再执行。

```
try:
    x = int(input('input x:'))
    y = int(input('input y:'))
    print('x/y = ',x/y)
except ZeroDivisionError: # 捕捉除 0 异常
    print("ZeroDivision")
except (TypeError,ValueError) as e: # 捕捉多个异常
    print(e)
except: # 捕捉其余类型异常
    print("it's still wrong")
else:    # 没有异常时执行
    print('it work well')
```

执行脚本，如果 try 中的代码出现错误，首先判断是不是 ZeroDivisionError 异常，再判断是不是 ValueError 异常，如果是则执行异常处理，如果不是则执行 except 中的错误处理代码。

如果 try 中的代码没有出现错误，就执行 else 中的代码。

## 2.11.4 打印异常信息

使用 traceback 模块捕获并打印异常，trackback 模块用来精确模仿 Python 解释器的 stack trace 行为。在程序中应该尽量使用这个模块，可以在控制台更直观地显示异常。

traceback.print_exc() 可以直接打印当前的异常。

```
import traceback
try:
```

```
    print(1/0)
except:
    traceback.print_exc()
```

运行脚本会有如下输出结果。

```
Traceback (most recent call last):
  File "G:/temp3/TestPython/test2.py", line 6, in <module>
    print(1/0)
ZeroDivisionError: division by zero
```

## 2.11.5 自定义异常

在前面的章节中出现的错误都是解释器触发的，如果想要代码触发一个异常要怎么做呢？需要使用 raise 来抛出自定义的异常。

在 Python 中所有异常的基类是 Exception，所以异常处理的类需要继承 Exception。错误处理的类中写了一个特殊的类成员 \_\_str\_\_，str 是以两个下划线 "\_\_" 开头。用此之后，创建的使用 print 打印创建的对象就会输出 \_\_str\_\_ 中返回值返回的内容。

在本例中定义异常处理类 MyException。

```
class MyException(Exception):

    def __init__(self, message):
        self.message = message

    def __str__(self):
        return self.message


try:
    a = 6
    b = 4

    if a > b:
        raise MyException("自定义异常")
except MyException as err:
    print('打印 MyException 异常' , err)
except Exception as err:
print('打印 Exception 异常', err)
# 输出结果为:
打印 MyException 异常 自定义异常
```

在本例中，比较变量 *a* 和 *b*：如果 *a* 大于 *b* 就使用 raise 抛出自定义异常类 MyException。

使用 raise 抛出自定义异常。异常抛出之后，如果没有被接收，那么程序会将其抛给它的上一层。如函数调用的地方，要是没有接收，那就继续抛出；如果程序最后都没有处理这个异常，那么就丢给操作系统了。

注意捕获异常的代码，如果 except Exception as err 代码块在前面，将不会进入 except MyException as err 捕获异常信息。

# 2.12 模块

序列是数据的封装，函数是语句的封装，类是方法和属性的封装。从本质上说，函数和类都是为了更好地组织已有的程序，以便被其他程序调用。

模块 (Module) 也是为了同样的目的。模块是程序的封装，在 Python 中，一个后缀为 ".py" 的文件就是一个模块。通过模块，可以调用其他 ".py" 文件中的程序。

## 2.12.1 导入模块

### 1. import 语句

Python 通常用 "import 模块" 的方式将导入模块中的函数类等到其他代码块中。import 语句的语法如下。

```
import module1[, module2[,... moduleN]]
```

例如，要导入 math 模块，可以使用 import math 语句，然后想调用 math 模块下的 pow 函数，就可以使用 math.pow()。本例文件名为 "PythonFullStack\Chapter02\md01.py"，内容如下。

```
# 导入模块
import math


# 调用模块的函数
data = math.pow(3,2)
```

一个模块只会被导入一次，而且无论执行了多少次 import。这样可以防止导入模块被重复执行。

还可以给导入模块另外命名，方便程序的调用，使用的语法如下。

```
import ModuleName as shortName
```

例如，导入 pandas 模块，设置模块的别名为 pd。

```
import pandas as pd
```

## 2. from...import 语句

Python 的 from...import 语句可以导入模块的函数和类等到当前命名的空间中，语法如下。

```
from modname import name1[, name2[, ... nameN]]
```

在 Python 中，一个后缀为 ".py" 的文件就是一个模块，编写一个 pm.py 文件，内容如下。

```
def hello():
    print("hello Python")
```

在 pm.py 同一级目录下新建一个 CallPm.py 文件，内容如下。

```
# 导入 pm 模块的 hello 函数
from pm import hello

# hello() 函数
hello()

# 输出结果为
hello Python
```

在 CallPm.py 文件中通过 "from pm import hello" 语句导入了 pm.py 定义的 hello() 函数。

## 3.from...import * 语句

from...import * 语句把一个模块的所有内容全部导入当前的命名空间，语法如下。

```
from modname import *
```

一次性导入 math 模块下的所有函数，可以使用 from math import *。本例文件名为 "PythonFullStack\
Chapter02\md02.py"，内容如下。

```
# 导入 math 模块下的所有函数
from math import *

# 计算 3 的平方值
data1 = pow(3,2)
# 计算 9 的开平方值
data2 = sqrt(9)
```

## 2.12.2 模块的 __name__ 属性

在 C 语言中 main 函数是程序执行的起点，Python 作为一种脚本语言也有类似的运行机制。Python 使用缩进对齐来组织代码的执行，用 Python 写的各个 module( 模块 ) 都可以包含一个 C 语言中的 main 函数，只不过 Python 中的这种 __main__ 与 C 语言中的有一些区别。

每个模块都是一个独立的后缀为 ".py" 的文件，模块就是程序，可以当作程序来执行。当作程序来执行时就需要一个入口点类似于 C 语言的 main 函数。

同样，一个后缀为".py"的文件，怎样知道是被当作程序执行还是被当作模块引入？

演示模块的使用，本例文件名为"PythonFullStack\Chapter02\hello.py"，内容如下。

```
def sayHello():
    print('hello python')


if __name__ == "__main__":
    print ('This is main of module "hello.py"')
    sayHello()
```

### 1. 以程序方式运行 Python 脚本

使用以下命令单独执行 hello.py。

```
python hello.py
```

使用 python 命令运行 hello.py 的输出结果如下所示。

```
This is main of module "hello.py"
hello python
```

可以看到，hello.py 脚本被当作程序执行了。如果要作为程序执行则 __name__ == "__main__"，可以理解为"if __name__=="__main__":"这一句与 C 语言中的 main() 函数所表述的是一致的，即作为入口。

 **注意**

使用 python 命令运行 Python 脚本前，需要按【Win+R】组合键运行 cmd 命令，打开控制台命令窗口，然后进入 hello.py 脚本所在的目录。例如，hello.py 脚本是在笔者计算机的 D:\quant\pythonAll\PythonFullStack\Chapter02 目录下，需要使用以下命令进入脚本的目录，如图 2-7 所示。

图 2-7 进入 Python 脚本所在的目录

### 2. 以模块方式运行 Python 脚本

继续试验以模块的方式运行 Python 脚本。重新打开一个 Windows 的控制台命令窗口，进入 hello.py 脚本所在的目录，输入 python 命令到 Python 的控制台，如图 2-8 所示。

图 2-8　进入 Python 控制台

进入 Python 控制台后，输入以下 Python 语句，如图 2-9 所示。

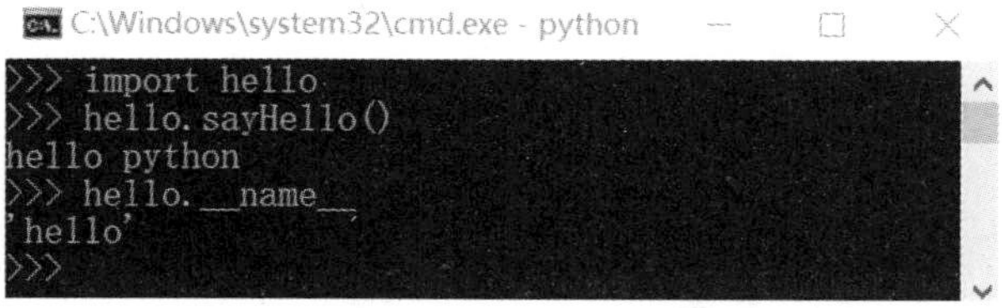

图 2-9　导入模块

当 hello.py 脚本被当作模块 (module) 导入时，其中的"if __name__=="__main__":"后面的代码块不会被执行，通过 hello.sayHello() 的方式调用 hello.py 文件中的 sayHello() 函数。如果作为模块引入，那么 hello.__name__ 等于 'hello'，即 __name__ 的值是模块名称。

在 Python 中，当一个 module 作为整体被执行时，moduel.__name__ 的值将是"__main__"，而当一个 module 被其他 module 引用时，module.__name__ 将是 module 自己的名称。当然一个 module 被其他 module 引用时，其本身并不需要一个可执行的入口 main。

所以在定义完一个类后，对类的引用放在"if __name__ == "__main__":"语句后，方便代码的调试。在后面的举例中就采用这种测试方式。

## 2.12.3 模块路径

当使用 import 模块名导入一个模块时，Python 会在以下路径中搜索它想要寻找的模块，搜索路径会存放在 system 模块的 sys.path 变量中。

- 程序所在的文件夹。
- 标准库的安装路径。
- 操作系统环境变量 PYTHONPATH 所包含的路径。

进入 Python 控制台，导入 sys 模块，打印 sys.path，如图 2-10 所示。

图 2-10　查看模块路径

可以看到，sys.path 返回的是一个列表，如果添加自定义的搜索路径，可以通过 sys.path.append(' 引用模块的地址 ') 函数添加搜索路径，如果要导入的模块路径在 d:/workspace，可以通过 sys.path.append('d:/workspace') 函数进行添加，如图 2-11 所示。

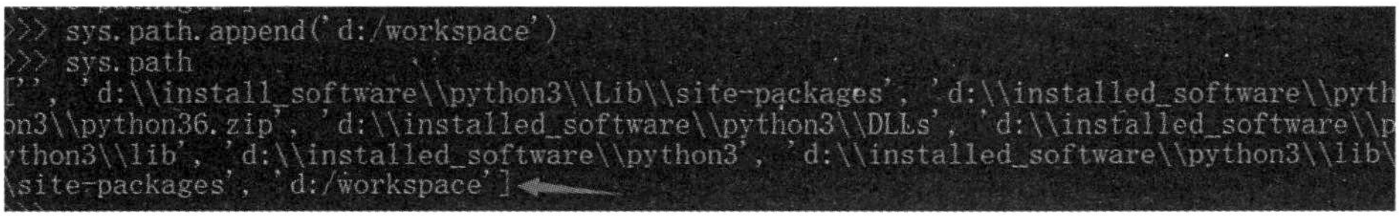

图 2-11　添加自定义的模块地址

设置好搜索路径后，就可以导入模块了，但是这种方式只是暂时的，下次再进入 Python 的控制台交互模式时又得重新设置。

永久设置模块的搜索路径，需要设置操作系统的环境变量 PYTHONPATH。当使用 pip 命令安装第三方模块时，第三方模块被安装在 %/python 3/Lib/site-packages 目录下添加永久设置模块的搜索路径使用的截图，如图 2-12 所示，需要把与 %/python 3/Lib/site-packages 对应的目录添加到系统

图 2-12　PYTHONPATH 指向的路径

79

环境变量 PYTHONPATH 中。具体配置环境变量 PYTHONPATH 参考 1.4.1 小节的内容。

## 2.12.4 包

一个包由多个模块组成，即有多个 ".py" 的文件，这个包就是一个有层次的文件目录结构。

引入某个目录的模块，就是在该目录下放一个 __init__.py 文件。__init__.py 文件是一个空白文件，可以将该目录下的 ".py" 文件作为模块引用。在 Python 3 中即使包下没有 __init__.py 文件，导入包下的模块也不会报错。

创建包不是为了运行模块，而是为了导入模块使用，包只是模块的一种形式，可以简单地把包理解为模块。例如，包 A 和包 B 下有同名的模块 dao，导入同名模块时就不会产生冲突，因为 A.dao 和 B.dao 属于两个命名空间。

使用 PyCharm 新建一个 Python 工程，命名为 "packageDemo"，新建两个包 (package)，分别是 aaa 和 bbb，在 aaa 包下新建一个 pm1.py 文件，在 bbb 包下新建一个 CallPm1.py 文件，创建成功的目录结构如图 2-13 所示。

图 2-13　创建 Python 工程和包

修改 aaa 包下的 pm1.py 文件的内容，如下所示。

```python
# 配置模块的变量
lang = 'python'


# 配置模块的函数
def sayHello():
    print('hello ' + lang)
```

修改 bbb 包下的 CallPm1.py 文件的内容，如下所示。

```python
# 导入包下的模块
import aaa.pm1 as pm


# 调用模块的函数
pm.sayHello()


# 调用模块下的变量
```

```
print("调用模块的变量 pm.lang={0}".format(pm.lang))
```

在 PyCharm 中运行 CallPm1.py，得到的结果如图 2-14 所示。

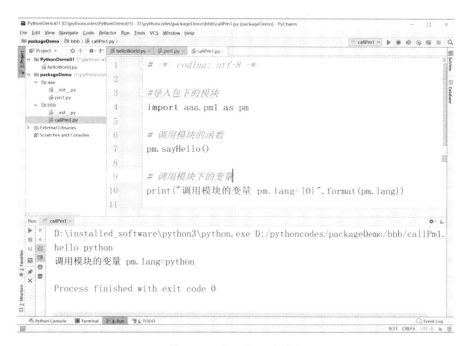

图 2-14　导入包下的模块

要导入包下的模块，采用 import 包名 . 模块名的方式。

## 2.13　常用模块

本节主要介绍 Python 中 os 模块和 time 模块的使用。

### 2.13.1 os 模块

在 Python 中可以使用 os 模块来处理文件和目录。os 模块不受平台限制，可以执行操作系统命令。

#### 1. os.popen() 方法

os.popen() 方法用于从一个命令打开一个管道，在 Linux、Windows 中有效。os.popen() 方法的语法格式如下。

```
import os
os.popen(command)
```

参数说明如下。

- command: 要使用的命令。

**示例 1：在 Linux 下查询系统 I/O 状况信息。**

Linux 系统中通过 iostat 命令查看系统的 I/O 状态信息，从而确定 I/O 性能是否存在"瓶颈"，常用于服务端性能分析。本例使用的环境如表 2-6 所示。

表 2-6　Linux 下的 Python 环境

| 操作系统 | CentOS 7 64 位平台 |
|---|---|
| Python | 3.6.4 |

本例文件名为"PythonFullStack/Chapter02/os1.py"，内容如下。

```
import os
import time

# 每 5 秒执行一次 iostat 命令
while True:
# 获得执行命令的输出
    data = os.popen('iostat').read()
    print(data)
    time.sleep(5)
```

把 os1.py 脚本部署到 CentOS 7 上，在 Linux 下打开一个终端，在 Linux Shell 输入以下 python 3 命令运行 os1.py 脚本。

```
$ python 3 os1.py
```

在控制台得到的返回结果如图 2-15 所示。

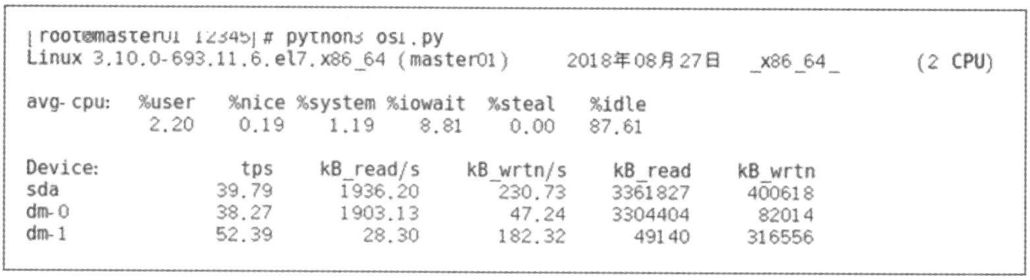

图 2-15　在 Linux 下使用 Python 脚本执行 iostat 命令

本例使用 os.popen() 函数执行 iostat 命令，然后获得执行命令的输出结果。输出结果是 Python

字符串类型，最后把输出结果打印在控制台上。在 while 循环语句中，使用 time.sleep(5) 函数控制执行命令的频率，可以根据需要进行调整。

示例 2：在 Windows 下，查看当前目录下的文件。

os 模块是跨平台的，可以在 Linux 和 Windows 下执行操作系统命令。本例使用 os.popen() 函数执行 dir 命令查看 Windows 下执行 Python 脚本的当前目录下的所有文件。

本例文件名为 "PythonFullStack/Chapter02/os2.py"，内容如下。

```
import os

data = os.popen("dir").read()
print(data)
```

执行脚本得到以下结果。

```
驱动器 D 中的卷没有标签
卷的序列号是 105F-2388


 D:\pythoncodes\demo3\os 的目录


2018/08/27  12:55    <DIR>          .
2018/08/27  12:55    <DIR>          ..
2018/08/27  12:39                212 os1.py
2018/08/27  12:48                 84 os2.py
               2 个文件            296 字节
               2 个目录 324,927,094,784 可用字节
```

从返回结果可以看出，执行 os1.py 脚本的目录下有两个文件 os1.py 和 os2.py。

### 2. os.listdir() 方法

• os.listdir() 方法用于返回指定的文件夹包含的文件和目录的名称列表。os.listdir() 方法的语法格式如下。

```
import os
os.listdir(path)
```

参数说明如下。

• path: 需要列出的目录路径。如果不指定 path 参数，列出的是执行脚本当前目录下的文件和目录的列表。

示例 1：输出 D 盘下的所有文件和目录的名称列表。

```
import os
```

```
dirs = os.listdir("d:/")
print(dirs)
```

执行脚本返回如下结果。

```
['android_workspace', 'create_user.sql', 'download', 'index',
'installed_software', 'java_tools', 'maven_jar', 'os1.py', 'pythoncodes',
'quant', 'share', 'temp', 'temp2', 'vm_os', 'workspace']
```

本例使用 os.listdir("d:/") 函数输出了笔者计算机中 D 盘下的所有文件和目录的名称列表。

示例 2：把 D 盘下所有扩展名为 ".py" 的文件名写入 e:/pylist.txt 文件中。

```
import os

pyList = os.listdir("d:/")
fileName = 'e:/pylist.txt'
file = open(fileName, 'w')

for fileName in pyList:
    # 查询 d 盘下所有扩展名为 .py 的文件名
    if fileName.endswith('.py'):
        # 把扩展名为 .py 的文件名写入文件中
        file.write(fileName + '\n')
else:
    # 关闭文件资源
    file.close()
```

本例中使用 os.listdir("d:/") 返回 D 盘下的所有文件和目录的名称列表，既然是 Python 中的列表就可以使用 for 循环迭代输出，然后查找扩展名为 ".py" 的文件名，最后把文件名写入文件中。

## 2.13.2 time 模块

Python 的 time 模块下有很多函数可以转换常见日期格式。

### 1. 获取当前时间戳

使用 time 模块的 time() 函数用于获取当前时间戳，返回当前时间的时间戳。时间戳以自从 1970 年 1 月 1 日午夜到当前时间经过了多长时间来表示，是以秒为单位的浮点小数，示例如下。

```
import time;  # 引入 time 模块

ticks = time.time()
print ("当前时间戳为 :", ticks)
```

运行脚本，输出结果如下。

```
当前时间戳为：1533510203.1694784
```

### 2. 获取当前时间

使用 time 模块的 localtime() 函数的作用是格式化时间戳为当前的本地时间。

```
import time
print('获得当前时间 =',time.ctime())
```

运行脚本，输出结果如下。

```
获得当前时间 = Mon Aug  6 07:08:16 2018
```

### 3. 格式化日期

使用 time 模块的 strftime() 函数来格式化日期，并返回以可读字符串表示的当地时间，日期的格式由参数 format 决定。time.strftime() 方法的语法格式如下。

```
import time
time.strftime(format[, t])
```

- format 格式日期的字符串。
- t 可选的参数，是一个 struct_time 对象。


示例：格式化当前时间。

```
import time

# 格式化日期的格式为 年 - 月 - 日 小时：分钟：秒
print (time.strftime("%Y-%m-%d %H:%M:%S", time.localtime()))
```

运行脚本，输出结果如下。

```
2018-08-06 07:06:42
```

Python 中时间日期格式化符号 format 如下。

- %y：两位数的年份表示（00~99）
- %Y：四位数的年份表示（0000~9999）
- %m：月份（01~12）
- %d：月内中的一天（0~31）
- %H：24 小时制小时数（0~23）
- %I：12 小时制小时数（01~12）
- %M：分钟数（00~59）
- %S：秒（00~59）

### 4. 推迟线程的运行

使用 time 模块的 sleep(seconds) 函数推迟调用线程的运行，可通过参数 seconds 指秒数，表示进程挂起的时间。

```
import time
print( "开始时间 : {0}".format(time.strftime("%Y-%m-%d %H:%M:%S",
time.localtime())  ))
    time.sleep(5)
print( "结束时间 : {0}".format(time.strftime("%Y-%m-%d %H:%M:%S", time.
localtime())  ))
```

运行脚本，输出结果如下。

```
开始时间 : 2018-08-06 07:20:53
结束时间 : 2018-08-06 07:20:58
```

从返回结果可以看出，程序的进程挂起了 5 秒。

# 第 3 章

# Python 高级篇

本章介绍 Python 3 的高级知识，包括高级函数对象、多线程、多进程、正则表达式、JSON 数据解析、存储对象序列化和发送 E-mail。

## 3.1 高级函数对象

在 Python 中函数也是一个对象，具有属性（可以使用 dir() 查询）。作为对象，它还可以是赋值给类的方法，或者作为参数传递。

### 3.1.1 lambda 函数

Python 使用 lambda 来创建匿名函数。所谓匿名函数，就是不再使用像 def 语句这样标准的形式定义一个函数。

lambda 函数的语法只包含一个语句，其语法如下。

```
lambda [arg1 [,arg2,.....argn]]:expression
```

可以使用 lambda 函数的语法定义函数，需要注意以下两点。

（1）冒号（ : ）之前的 arg1,arg2,…表示它们是这个函数的参数。

（2）匿名函数不需要 return 来返回值，表达式本身的结果就是返回值。

lambda 生成一个函数对象，可以看作一个匿名函数。

示例 1：定义匿名函数。

本例文件名为 "PythonFullStack\Chapter03\lambdaDemo01.py"，内容如下。

```
# lambda 匿名函数
sayHello = lambda: print("hello ,python")

# 调用匿名函数
sayHello()

# 输出结果为
hello, python
```

本例中使用 lambda 创建匿名函数。该函数对象赋值给 sayHello，没有参数，通过 sayHello() 的方式调用匿名函数。sayHello() 函数的调用与正常函数无异，以上 lambda 匿名函数定义与以下形式相同。

```
def sayHello():
    print("hello, python")
```

示例 2：使用 lambda 函数实现两数相加。

```
# 使用匿名函数实现两数相加
sum = lambda arg1, arg2: arg1 + arg2;
```

```
# 调用 sum 函数
print ("相加后的值为:", sum( 10, 20 ))
print ("相加后的值为:", sum( 20, 20 ))
# 输出结果为
相加后的值为 :  30
相加后的值为 :  40
```

本例中使用 lambda 生成匿名函数。该函数对象赋值给 sum，参数为 arg1 和 arg2，返回值为 arg1+ arg2。以上 lambda 匿名函数定义与以下形式相同。

```
def sum( arg1, arg2):
    return arg1 + arg2
```

### 3.1.2 map() 函数

map() 函数是 Python 内置的高阶函数，会根据提供的函数对指定序列做映射，第 1 个参数 function 是个函数对序列中每个元素都调用 function 函数，返回包含每次 function 函数返回值的新序列。

map() 函数的语法如下。

```
map(function, iterable, ...)
```

参数说明如下。

- function：是个函数，通过函数依次作用在序列中的每个元素中。
- iterable：一个或多个序列，也被称为可迭代对象。

示例 1：对列表中的每个元素开方。

本例文件名为 "PythonFullStack\Chapter03\mapDemo01.py"，内容如下。

```
def fun(x):
    return x * x


result = map(fun , [1,2,3])
print(list( result) )
# 输出结果为
[1, 4, 9]
```

本例中使用 map() 接收一个函数 fun 和一个 list，并通过把函数 fun 依次作用在 list 的每个元素上，得到一个新的 list 并返回。map() 的返回值是一个循环对象。可以利用 list() 函数，将该循环对象转换成列表。

示例 2：对列表中的每个元素加 3。

本例文件名为 "PythonFullStack\Chapter03\mapDemo02.py"，内容如下。

```
result = map((lambda x: x+3),[1,3,5,6])
print(list(result))
# 输出结果为
[4, 6, 8, 9]
```

本例中 map() 有两个参数，一个是由 lambda 所定义的函数对象，另一个是包含多个元素的队列。map() 的功能是将函数对象依次作用于队列的每一个元素，每次作用的结果储存于返回的循环对象 result 中。map 通过读入的函数（这里是 lambda 函数）来操作数据（这里的 "数据" 是表中的每一个元素，"操作" 是对每个数据加 3）。

示例 3：两个列表的每个元素实现相加功能。

如果作为参数的函数对象有多个参数，可使用下面的方式，向 map() 传递函数参数的多个参数。本例文件名为 "PythonFullStack\Chapter03\mapDemo03.py"，内容如下。

```
# 提供了两个列表，对相同位置的列表数据进行相加
result = map((lambda x,y: x+y),[1,2,3],[6,7,9])
print( list(result))
# 输出结果为 [7, 9, 11]
```

map() 将每次从两个队列中分别取出一个元素，带入 lambda 所定义的函数，实现两个列表的每个元素相加。

### 3.1.3 reduce() 函数

reduce() 函数会对参数序列中的元素进行累积。reduce() 函数将一个数据集合（列表、元组等）中的所有数据进行下列操作，用传给 reduce 中的函数 function（有两个参数）先对集合中的第 1、第 2 个元素进行操作，得到的结果再与第 3 个数据用 function 函数运算，最后得到一个结果。

reduce () 函数的语法如下。

```
reduce(function, iterable)
```

参数说明如下。

- function：接收函数，必须有两个参数。
- iterable：一个或多个序列，序列也称为可迭代对象。

reduce() 函数接收的参数和 map() 类似，一个接收函数 function，另一个接收列表 list，但行为和 map() 不同，要求 reduce() 传入的 function 函数必须接收两个参数。

reduce() 对 list 的每个元素反复调用 function 函数，reduce 可以累进地将 function 函数作用于各个参数，并返回最终结果值。

reduce() 函数在 Python 3 中不能直接用，它被定义在 functools 包中，需要引入包。

示例 1：使用 reduce() 函数对列表中的元素进行累加。

```
from functools import reduce

def add(x,y):
    return x + y

data  = [1,2,3,4]

r = reduce( add, data)
print(r)
# 输出结果为 10
```

调用 reduce(add, data) 时，reduce 函数将做如下计算。

- 先计算前两个元素：add(1, 2)，结果为 3。
- 再把结果和第 3 个元素计算：add(3, 3)，结果为 6。
- 再把结果和第 4 个元素计算：f(6, 4)，结果为 10。
- 由于没有更多的元素了，计算结束，返回结果 10。

示例 2：使用 reduce() 函数对列表中的元素进行累加。

在本例中 reduce 的第 1 个参数是 lambda 函数，它接收两个参数 $x,y$，返回 $x+y$。

```
from functools import reduce

data  = [1,2,3,4]
fun =lambda x, y : x + y

r2 = reduce( fun , data )
print(r2)
# 输出结果为 10
```

reduce 将队列中的前两个元素 (1 和 2) 传递给 lambda 函数，得到 3。该返回值 3 将作为 lambda 函数的第 1 个参数，而表中的下一个元素 5 作为 lambda 函数的第 2 个参数，进行下一次的对 lambda 函数的调用，得到 8。依次调用 lambda 函数，每次 lambda 函数的第 1 个参数都是上一次运算的结果，而第 2 个参数为表中的下一个元素，直到表中没有剩余元素。

本例的计算结果相当于 (((1+2) + 3) + 4) = 10。

### 3.1.4 迭代器 (Iterator)

#### 1. 迭代器概述

迭代器是访问集合元素的一种方式。迭代器对象从集合的第 1 个元素开始访问，直到所有的元素被访问完结束。迭代器只能往前不会后退。

迭代器是一个实现了迭代器协议的对象，Python 中的迭代器协议就是有 next() 方法的对象会前进到下一个结果，而在一系列结果的末尾时，会引发 StopIteration 异常。任何这类的对象在 Python 中都可以用 for 循环或其他遍历工具迭代，迭代工具内部会在每次迭代时调用 next() 方法，并且捕捉 StopIteration 异常来确定何时离开。

迭代器提供了一个统一的访问集合的接口。只要是实现了 __iter__() 方法的对象，就可以使用迭代器进行访问。使用 dir() 函数查看 Python 的字符串、列表、元组、文件和集合类型对象的属性时，会发现它们都有一个名为 __iter__() 的特殊方法。

#### 2. 使用迭代器

Python 的字符串、列表、元组、字典和文件都可以用 iter() 方法生成迭代对象，然后用 next() 方法进行访问，如果用 for 循环，就自动完成上述访问。

使用迭代器遍历列表，可以使用 iter() 方法获取迭代器对象，再使用 next() 方法遍历迭代器对象中下一个元素。

```
lst=[1,2,3,4]
# 创建迭代器对象
it = iter( lst)
# 输出迭代器的下一个元素
print( next(it) ) # 输出结果为 1
print( next(it) )   # 输出结果为 2
print( next(it) )# 输出结果为 3
print( next(it) )   # 输出结果为 4
```

本例中打印的 lst 列表有 4 个元素，使用 iter() 方法生成迭代对象，然后使用 next() 方法访问迭代器对象，可以正常访问 4 次，如果第 5 次使用 print( next(it) ) 访问迭代器对象时会报 StopIteration 异常。

迭代器对象可以使用 for 语句进行遍历，Python 专门将关键字 for 用作了迭代器的语法糖。在 for 循环中，Python 不仅自动调用 iter() 方法获得迭代器，并且自动调用 next() 方法获取迭代器中下一个元素，还完成了检查 StopIteration 异常的工作。

```
lst= [1 , 2 , 3, 4]

for x in lst:
    print(x)
```

使用迭代器的一个显而易见的好处就是每次只从对象中读取下一条数据，不会造成内存的过量开销。例如，要逐行读取文件中的内容，使用 file.readlines() 方法。

```
file = open("d:/test.txt")
for line in file.readlines():
    print(line.strip())
```

代码可以正常运行，但不是最好的方法。file.readlines() 方法是把文件一次性加载到内存中。当文件比较小时，把文件全部加载到内存会很方便。当文件比较大时，读取文件会出现 MemoryError 异常，也就是内存溢出异常。

可以使用 file 的迭代器访问文件，每次只从文件中读取下一行数据，不会对内存过量开销。这是最简单也是运行速度最快的方法，内容如下。

```
file = open("d:/test.txt")
for line in file:
    print(line.strip())
```

### 3. 自定义迭代器

对于要返回迭代器的类，迭代器对象被要求支持下面的两个魔法方法。

（1）__iter__() 返回迭代器对象自身。为了允许容器和迭代器被用于 for 和 in 语句中，必须实现该方法。

（2）__next__() 返回容器的下一个元素的值。如果没有更多的元素，抛出 StopIteration 异常，通过捕获这个异常来停止循环。

斐波那契数列指的是这样一个数列：1, 1, 2, 3, 5, 8, 13, 21, 34, 55, 89, 144, …这个数列从第 3 项开始，每一项都等于前两项之和。

首先，使用 while 循环语句实现斐波那契数列，定义一个 fib() 函数生成斐波那契数列，把结果保存在 ls 列表中。

```
def fib(max):
    a, b = 1, 1
    idx = 0
    ls = []

    # 通过 for 循环语句生成斐波那契数列
    while True:
        if idx == max:
            return ls

        ls.append(a)
        a, b = b, a + b
```

```
        idx = idx + 1

if __name__ == "__main__":
    # 生成一个斐波那契数列的列表
    result = fib(5)
    print(result)
# 输出结果为
[1, 1, 2, 3, 5]
```

本例中使用 fib(5) 方法生成斐波那契数列，fib(5) 方法的返回结果是包含 5 个数字的列表。如果使用 fib(500000) 生成斐波那契数列，fib(500000) 返回的列表会占用较多的内存，会对内存产生很大的消耗。这种情况下就需要使用迭代器了。

其次，使用自定义迭代器生成斐波那契数列。定义一个 Fibs 类，实现 __iter__() 和 __next__() 方法。__iter__() 方法需要返回迭代器对象，__next__() 方法返回迭代器中下一个条目 (Item)。

```
class Fibs(object):

    # max 是迭代的最大次数
    def __init__(self,max):    # 初始化
        self.max = max
        self.a = 0
        self.b = 1
        self.idx = 0

    def __iter__(self):    # 返回迭代器对象
        return self

    def __next__(self):    # 获取下一个条目
        fib = self.a
        if self.idx == self.max:
            raise StopIteration

        self.idx = self.idx + 1
        self.a, self.b = self.b, self.a + self.b
        return fib

if __name__ == '__main__':
    fibs = Fibs(5)
    print( list(fibs) )
    # 输出结果为
    [1, 1, 2, 3, 5]
```

本例使用 list(fibs) 把自定义迭代器对象转换成 list 列表。

### 3.1.5 生成器（Generator）

生成器是迭代器的一种实现。生成器不会把结果保存在一个系列中，而是保存生成器的状态，在每次进行迭代时返回一个值，直到遇到 StopIteration 异常时结束。

生成器的好处是延迟计算，一次返回一个结果。也就是说，它不会一次生成所有的结果，这对于处理大数据量将会非常有用。

#### 1. 生成器函数

在函数中如果出现了 yield 关键字，那么该函数就不再是普通函数，而是生成器函数。

使用 yield 语句而不是 return 语句返回结果。yield 语句一次返回一个结果，在每个结果中间挂起函数的状态，以便下次从它离开的地方继续执行。

生成器函数不像普通函数生成值后退出，生成器函数在生成值后自动挂起并暂停程序的执行和状态，程序的本地变量将保存状态信息，这些状态信息在生成器函数恢复时将再度有效。

示例 1：简单生成器函数。

与普通函数不同的是，生成器函数是一个返回迭代器的函数，只能用于迭代操作。本例文件名为 "PythonFullStack\Chapter03\gen01.py"，内容如下。

```python
def mygen():
    print('gen() 1')
    yield 1# 返回第一个值

    print('gen() 2')
    yield 2 # 返回第二个值

    print('gen() 3')
    yield 3# 返回第三个值

gen = mygen()            # 拿到一个生成器
print( next(gen))        # 取第一个值
print( next(gen))        # 取第二个值
print( next(gen))        # 取第三个值
print( next(gen))        # 取不存在的第四个值，会抛出 StopIteration 异常
```

使用 python 命令运行脚本得到如图 3-1 所示的结果。

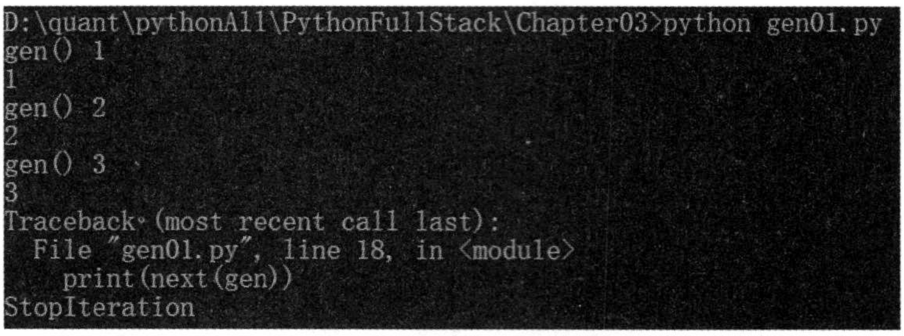

```
D:\quant\pythonAll\PythonFullStack\Chapter03>python gen01.py
gen() 1
1
gen() 2
2
gen() 3
3
Traceback (most recent call last):
  File "gen01.py", line 18, in <module>
    print(next(gen))
StopIteration
```

**图 3-1** 简单生成器函数的运行结果

从返回结果可以看出，当调用生成器函数的时候，函数只是返回了一个生成器对象，并没有执行。

当 next() 方法第一次被调用的时候，生成器函数才开始执行，执行到 yield 语句处停止 next() 方法的返回值就是 yield 语句处的参数（yielded value）。

当继续调用 next() 方法的时候，函数将接着上一次停止的 yield 语句处继续执行，并到下一个 yield 处停止，如果后面没有 yield 就抛出 StopIteration 异常。

示例 2：使用生成器函数生成一个含有 *n* 个奇数的生成器，使用 for 语句迭代输出。

本例文件名为“PythonFullStack\Chapter03\gen02.py”，内容如下。

```
#max 最大循环次数
def odd(max):
    n=1
    count = 0
    while True:
        yield n
        n+=2

        count = count + 1
        if count == max:
            raise StopIteration

odd_num = odd(3) # 得到一个生成器
for num in odd_num:
    print(num)

# 输出结果为
1
3
5
```

本例定义了一个生成器函数 odd(), 通过调用 odd(3) 生成一个含有 3 个奇数的生成器, 可以使用 for 语句循环迭代生成器, 当 odd() 生成器函数中的 count 等于 3 时抛出 StopIteration 异常, 结束迭代。

可以使用迭代器实现同样的效果, 只不过生成器更加直观易懂。本例文件名为 "PythonFullStack\Chapter03\gen03.py", 内容如下。

```python
class odd(object):

    def __init__(self, max):
        self.count = 0
        self.max = max
        self.start = -1

    def __iter__(self):
        return self

    def __next__(self):
        self.start += 2
        self.count = self.count + 1
        if self.count == self.max:
            raise StopIteration

        return self.start

odd_num = odd(3)
for num in odd_num:
    print(num)
```

示例 3：使用生成器生成斐波那契数列。

```python
# max 参数是迭代的最大次数
def Fibs(max):
    # 定义斐波那契数列初始的两个值
    a = 1
    b = 1
    count = 0

    while True:
        if count == max:
            raise StopIteration
```

```
        yield a
        a, b = b, a + b
        count = count + 1

if __name__ == "__main__":
    fib = Fibs(5)

    for item in fib:
        print(item)
# 输出结果为
1
1
2
3
5
```

本例使用生成器产生斐波那契数列，使用 Fibs(5) 得到一个生成器，生成器可以循环迭代 5 次，使用 for 循环遍历生成器，获得生成器的下一个元素，当循环次数等于 5 时，抛出 StopIteration 异常，结束迭代循环。

### 2. 生成器表达式

生成器表达式和列表解析式很像，首先介绍列表解析式，列表解析是 Python 迭代机制的一种应用，它常用于实现创建新的列表，它是被 [] 括起来的，列表解析式的语法如下。

```
[expr for iter_var in iterable if cond_expr]
```

迭代 iterable（可迭代对象）里所有内容，每一次迭代后，把 iterable 里满足 cond_expr 条件的内容放到 iter_var 中，再在表达式 expr 中更改 iter_var 的内容，最后用表达式的计算值生成一个列表。

生成器表达式返回一个生成器对象，而不是一次构建一个结果列表，生成器表达式是被 () 括起来的，生成器表达式的语法如下。

```
(expr for iter_var in iterable if cond_expr)
```

生成器表达式并不是创建一个列表，而是返回一个生成器，这个生成器在每次计算出一个条目后，把这个条目"产生"（yield）出来。

示例：生成器表达式返回一个生成器，可以遍历 3 以内的平方数。

```
mygen = (x *x for x in range(3))
```

通过 Python 控制台打印生成器表达式返回的生成器，如图 3-2 所示。

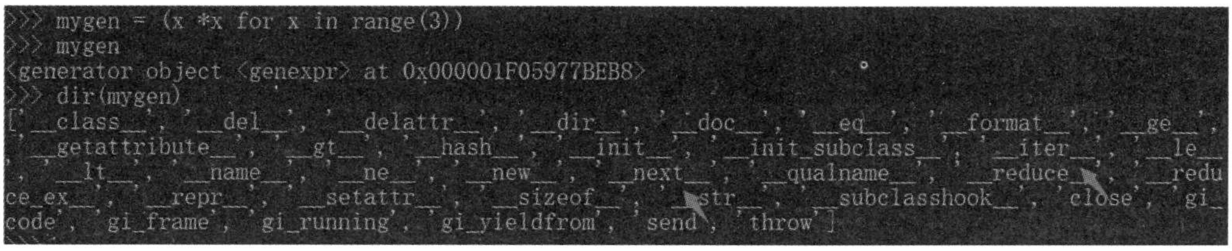

```
>>> mygen = (x *x for x in range(3))
>>> mygen
<generator object <genexpr> at 0x000001F05977BEB8>
>>> dir(mygen)
['__class__', '__del__', '__delattr__', '__dir__', '__doc__', '__eq__', '__format__', '__ge__',
'__getattribute__', '__gt__', '__hash__', '__init__', '__init_subclass__', '__iter__', '__le__
', '__lt__', '__name__', '__ne__', '__new__', '__next__', '__qualname__', '__reduce__', '__redu
ce_ex__', '__repr__', '__setattr__', '__sizeof__', '__str__', '__subclasshook__', 'close', 'gi_
code', 'gi_frame', 'gi_running', 'gi_yieldfrom', 'send', 'throw']
```

图 3-2　生成器表达式返回的生成器

从返回结果可以看出，生成器是包含有 __iter__() 和 __next__() 特殊方法的，所以可以把生成器看作是特殊的迭代器。最高效的方法是使用 for 语句遍历生成器。

```
mygen = (x * x for x in range(3))
for item in mygen:
print(item)
    # 输出结果为
0
1
4
```

列表解析生成一个新列表，新列表包含 3 以内的平方数。也在 Python 控制台上打印这个新列表，如图 3-3 所示。

```
mylist = [x * x for x in range(3) ]
```

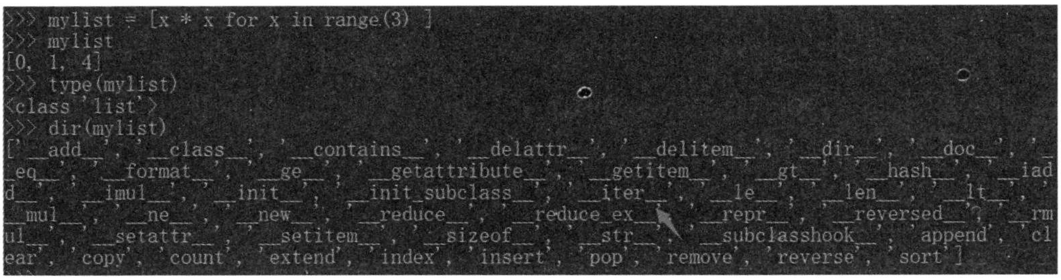

```
>>> mylist = [x * x for x in range(3) ]
>>> mylist
[0, 1, 4]
>>> type(mylist)
<class 'list'>
>>> dir(mylist)
['__add__', '__class__', '__contains__', '__delattr__', '__delitem__', '__dir__', '__doc__', '_
_eq__', '__format__', '__ge__', '__getattribute__', '__getitem__', '__gt__', '__hash__', '__iad
d__', '__imul__', '__init__', '__init_subclass__', '__iter__', '__le__', '__len__', '__lt__', '
__mul__', '__ne__', '__new__', '__reduce__', '__reduce_ex__', '__repr__', '__reversed__', '__rm
ul__', '__setattr__', '__setitem__', '__sizeof__', '__str__', '__subclasshook__', 'append', 'cl
ear', 'copy', 'count', 'extend', 'index', 'insert', 'pop', 'remove', 'reverse', 'sort']
```

图 3-3　通过列表解析生成一个新列表

从返回结果可以看出 mylist 列表的返回值，Python 的列表包含了 __iter__() 方法，可以直接使用 for 语句进行迭代输出。

Python 处理列表时，将全部数据一次性都读入内存，而生成器的优势在于只将所需要的数据读入内存，因此生成器表达式比列表解析式少占内存，适合处理数据量大的序列。

## 3.1.6 装饰器（Decorator）

装饰器（Decorator）本质上是一个 Python 函数，它可以让其他函数在不需要做任何代码变动的前提下增加额外功能，装饰器的返回值也是一个函数对象。它经常用于有切面需求的场景，如插入日志、性能测试、事务处理、缓存、权限校验等场景。装饰器是解决这类问题的绝佳设计，有了装饰器，就可以抽离出大量与函数功能本身无关的雷同代码并继续重用。概括地讲，装饰器的作用就是为已经存在的对象添加额外的功能。

### 1. 简单装饰器

先定义两个简单的数学函数，一个用来计算两数之和，一个用来计算两数之差。

```python
# 计算两数之和
def add(a,b):
    return a + b

# 计算两数之差
def subtraction(a,b):
    return a - b

a = 5
b = 1
print("{0}+{1}={2}".format(a,b ,add(a,b)) )
print("{0}-{1}={2}".format(a,b ,subtraction(a,b)))
```

在拥有基本的数学功能之后，可能想为函数增加其他的功能，如打印输出。可以改写函数来实现这一点。

```python
# 计算两数之和
def add(a,b):
    print("输入参数 a={0},b={1}".format(a,b))
    return a + b

# 计算两数之差
def subtraction(a,b):
    print("输入参数 a={0},b={1}".format(a,b))
    return a - b

a = 5
b = 1
print("{0}+{1}={2}".format(a,b,add(a,b)) )
print("{0}-{1}={2}".format(a,b,subtraction(a,b)))
```

修改了函数的功能，为每个函数添加打印输出参数功能。上面是两个函数的还比较简单，如果是多个函数，就比较麻烦了。现在，使用装饰器来实现上述修改。

```
import time

def decorator(func):
    def inner (a,b):
        print("输入参数 a={0},b={1}".format(a,b))
        f1 = func(a,b)
        print("当前时间是={0}".format(time.ctime()))
        return f1
    return inner

# 计算两数之和
@decorator
def add(a,b):
    return a + b

# 计算两数之差
@decorator
def subtraction(a,b):
    return a - b

a = 5
b = 1
print("{0}+{1}={2}".format(a,b,add(a,b)))
print("{0}-{1}={2}".format(a,b,subtraction(a,b)))
```

运行脚本，输出结果如下。

```
输入参数 a=5,b=1
当前时间是=Mon Aug  6 08:08:49 2018
5+1=6
输入参数 a=5,b=1
当前时间是=Mon Aug  6 08:08:49 2018
5-1=4
```

装饰器可以用 def 的形式定义，如上面代码中的 decorator。装饰器接收一个可调用对象作为输入参数，并返回一个新的可调用对象。装饰器新建了一个可调用对象，也就是上面的 inner。inner 中增加了打印输出参数的功能，并通过调用 func(a, b) 来实现原有函数的功能，最后打印当前的时间值。

定义好装饰器后，就可以通过 @ 语法使用了。在函数 add 和 subtraction 定义之前调用 @ decorator，实际上是将 add 和 subtraction 传递给 decorator，并将 decorator 返回的新的可调用对象赋值给原来的函数名 (add 或 subtraction)。因此，当调用 add(3, 4) 的时候，就相当于：

```
add = decorator(add)
add(5,1)
```

Python 中的变量名和对象是分离的。变量名可以指向任意一个对象。从本质上，装饰器起到的就是这样一个重新指向变量名的作用 (name binding)，让同一个变量名指向一个新返回的可调用对象，从而达到修改可调用对象的目的。

上面使用的装饰器中传入的函数没有带参数，当需要修饰的函数带有参数时，就在装饰器中的 inner 函数添加相应的参数，在 inner 函数中调用 func 函数的时候，再次传入。

### 2. 使用装饰器传递参数

在上面的装饰器调用中，如 @decorator，该装饰器默认它后面的函数是唯一的参数。装饰器的语法允许调用 @decorator 时，向它传入参数，这样就为装饰器的编写和使用提供了更大的灵活性，如下例所示。

```
import time

def pre_str(pre="):
    def decorator(func):
        def inner (a, b):
            print("装饰器参数 pre={0}".format(pre))
            print("输入参数 a={0},b={1}".format(a, b))
            f1 = func(a,b)
            print("当前时间是 ={0}".format(time.ctime()))
            return f1
        return inner
    return decorator

# 计算两数之和
@pre_str('add')
def add(a,b):
    return a + b

# 计算两数之差
@pre_str('subtraction')
def subtraction(a,b):
    return a - b

a = 5
b = 1
print("{0}+{1}={2}".format(a,b,add(a,b)))
```

```
print("{0}-{1}={2}".format(a,b,subtraction(a,b)))
```

运行脚本，输出结果如下。

```
装饰器参数 pre=add
输入参数 a=5,b=1
当前时间是 =Mon Aug   6 12:51:33 2018
5+1=6
装饰器参数 pre=subtraction
输入参数 a=5,b=1
当前时间是 =Mon Aug   6 12:51:33 2018
5-1=4
```

上面的 pre_str 是允许参数的装饰器。它实际上是对原有装饰器的一个函数封装，并返回一个装饰器，我们可以将它理解为包含装饰器参数的闭包。

### 3. 基于类的装饰器

装饰器接收一个函数，并返回一个函数，从而起到加工函数的效果。在 Python 2.6 以后，装饰器被拓展到类。一个装饰器可以接收一个类，并返回一个类，从而起到加工类的效果。

装饰器如果需要正常运行，所接收的对象必须是可调用的，然后在装饰器内部再返回一个可调用的对象。一般情况下，可调用的对象都是函数，特殊情况是对象中写入了 __call__() 方法就也是可以调用的对象。

```
class Test():
    def __call__(self):
        print('hello world')


test = Test()
test()
```

运行脚本，输出结果如下。

```
hello world
```

使用类装饰器时，可以让类的构造函数 __init__() 接收一个函数，然后重载一个 __call__() 并且返回一个函数，来达到装饰器的目的。

```
class Test():
    def __init__(self,func):
        self.func = func


    def __call__(self,*args,**kwargs):
        print('The current function:%s' % self.func.__name__)
        return  self.func()
@Test
def test1():
```

```
    print('hello world')

test1()
```

运行脚本，输出结果如下。

```
The current function:test1
hello world
```

## 3.2 多线程

本节主要介绍 Python 中线程模块的使用。

### 3.2.1 多线程介绍

线程有时被称为轻量进程，是程序执行流的最小单元。一个标准的线程由线程 ID、当前计算机的指令指针、寄存器集合和堆栈组成。线程是进程中的一个实体，是被系统独立调度和分派的基本单位。线程不拥有私有的系统资源，但它可与同属一个进程的其他线程共享进程所拥有的全部资源。一个线程可以创建和撤销另一个线程，同一进程中的多个线程之间可以并发执行。

线程是程序中一个单一的顺序控制流程。进程内有一个相对独立的、可调度的执行单元，是系统独立调度和分派 CPU 的基本单位指令运行时的程序的调度单位。在单个程序中同时运行多个线程完成不同的工作，被称为多线程。Python 多线程用于 I/O 操作密集型的任务，如 SocketServer 网络并发、网络爬虫。

现代处理器都是多核的，几核处理器只能同时处理几个线程，多线程执行程序看起来是同时进行，实际上是 CPU 在多个线程之间快速切换执行，这中间就涉及了上下文切换。所谓的上下文切换，就是指一个线程 Thread 被分配的时间片用完后，线程的信息被保存起来，CPU 执行另外的线程，再到 CPU 读取线程 Thread 的信息并继续执行 Thread 的过程。

### 3.2.2 线程模块

Python 的标准库提供了两个模块：_thread 和 threading。_thread 提供了低级别的、原始的线程，以及一个简单的互斥锁，它相比于 threading 模块的功能还是比较有限的。Threading 模块是 _thread 模块的替代，在实际的开发中，绝大多数情况下还是使用高级模块 threading，因此本书着重介绍 threading 高级模块的使用。

Python 创建 Thread 对象的语法如下。

```
import threading
```

```
threading.Thread(target=None, name=None,  args=())
```

参数说明如下。

- target 是函数名称，需要调用的函数。
- name 设置线程名称。
- args 函数需要的参数，以元组的形式传入。

Thread 对象的主要方法说明如下。

- run(): 用以表示线程活动的方法。
- start(): 启动线程活动。
- join(): 等待至线程中止。
- isAlive(): 返回线程是否活动的。
- getName(): 返回线程名称。
- setName(): 设置线程名称。

Python 中实现多线程有两种方式：函数式创建线程和创建线程类。

### 1. 函数式创建线程

创建线程的时候，只需要传入一个执行函数和函数的参数即可完成 threading.Thread 实例的创建。下面的例子使用 Thread 类来产生两个子线程，然后启动两个子线程并等待其结束。

本例文件名为 "PythonFullStack\Chapter03\threadDemo01.py"，内容如下。

```python
import threading
import time,random,math


# idx 循环次数
def printNum(idx):
    for num in range(idx ):
# 打印当前运行的线程名称
        print("{0}\tnum={1}".format(threading.current_thread().getName(),
num) )
        delay = math.ceil(random.random() * 2)
        time.sleep(delay)


if __name__ == '__main__':
    th1 = threading.Thread(target=printNum, args=(2,),name="thread1"  )
    th2 = threading.Thread(target=printNum, args=(3,),name="thread2" )
# 启动两个线程
    th1.start()
    th2.start()
# 等待至线程中止
```

```
        th1.join()
        th2.join()
        print("{0} 线程结束".format(threading.current_thread().getName()))
```

运行脚本，得到以下结果。

```
thread1    num=0
thread2    num=0
thread1    num=1
thread2    num=1
thread2    num=2
MainThread 线程结束
```

运行脚本默认会启动一个线程，把该线程称为主线程，主线程又可以启动新的线程。Python 的 threading 模块有个 current_thread() 函数，它将返回当前线程的示例。从当前线程的示例中可以获得当前运行线程的名称，核心代码如下。

```
threading.current_thread().getName()
```

启动一个线程就是把一个函数和参数传入并创建 Thread 实例，然后调用 start() 开始执行。

```
th1 = threading.Thread(target=printNum, args=(2,),name="thread1"  )
th1.start()
```

从返回结果可以看出，主线程示例的名为 MainThread，子线程的名字在创建时指定，本例创建了 2 个子线程，名字叫 thread1 和 thread2。如果没有给线程起名字，Python 就自动给线程命名为 Thread-1,Thread-2 等。在本例中定义了线程函数 printNum()，printNum() 传递了一个参数 idx，idx 是循环次数。线程函数打印 idx 次后退出程序，每次打印使用 time.sleep() 让程序休眠一段时间。

### 2. 创建线程类

直接创建 threading.Thread 的子类来创建一个线程对象，以实现多线程。通过继承 Thread 类，并重写 Thread 类的 run() 方法，在 run() 方法中定义具体要执行的任务。在 Thread 类中提供了一个 start() 方法用于启动新进程，线程启动后会自动调用 run() 方法。

本例文件名为 "PythonFullStack\Chapter03\threadDemo02.py"，内容如下。

```
import threading
import time,random,math

class MutliThread(threading.Thread):

    def __init__(self, threadName,num):
        threading.Thread.__init__(self)
        self.name = threadName
        self.num = num
```

```
        def run(self):
            for i in range(self.num):
                print("{0} i={1}".format(threading.current_thread().getName(),
i))
                delay = math.ceil(random.random() * 2)
                time.sleep(delay)


if __name__ == '__main__':
    thr1 = MutliThread("thread1",3)
    thr2 = MutliThread("thread2",2)
    # 启动线程
    thr1.start()
    thr2.start()
    # 等待至线程中止
    thr1.join()
    thr2.join()
    print("{0} 线程结束".format(threading.current_thread().getName()))
```

运行脚本，得到以下结果。

```
thread1 i=0
thread2 i=0
thread1 i=1
thread2 i=1
thread1 i=2
MainThread 线程结束
```

从返回结果可以看出，通过创建 Thread 类来产生两个线程对象 thr1 和 thr2，重写 Thread 类的 run() 函数，把业务逻辑放入其中，通过调用线程对象的 start() 方法启动线程。通过调用线程对象的 join() 函数，等待该线程完成，再继续下面的操作。

在本例中，主线程 MainThread 等待子线程 thread1 和 thread2 运行结束后才输出"MainThread 线程结束"。如果子线程 thread1 和 thread2 不调用 join() 函数，那么主线程 MainThread 和两个子线程是并行执行任务的，两个子线程加上 join() 函数后，程序就变成按顺序执行了。所以子线程用到 join() 函数的时候，通常都是主线程等到其他多个子线程执行完毕后再继续执行，其他的多个子线程则并不需要互相等待。

## 3.2.3 守护线程

在上一节中使用子线程对象用到 join() 函数，主线程需要依赖子线程执行完毕后才继续执行代码。如果子线程不使用 join() 函数，主线程和子线程就是并行运行的，之间没有依赖关系，主线程执行了，子线程也在执行。

在多线程开发中，如果子线程设定为守护线程，则会在等待主线程运行完毕后被销毁。一个主线程可以设置多个守护线程。守护线程运行的前提是主线程必须存在，如果主线程不存在了，守护线程就会被销毁。

在本例中创建 1 个主线程和 3 个子线程，让主线程和子线程并行执行。本例文件名为"PythonFullStack\Chapter03\threadDaemon01.py"，内容如下。

```python
import threading, time

def run(taskName):
    print("任务:", taskName)
    time.sleep(2)
    print("{0} 任务执行完毕".format(taskName))   # 查看每个子线程

if __name__ == '__main__':
    start_time = time.time()
    for i in range(3):
        thr = threading.Thread(target=run, args=("task-{0}".format(i),))
        # 把子线程设置为守护线程
        thr.setDaemon(True)
        thr.start()

    # 查看主线程和当前活动的所有线程数
    print("{0} 线程结束，当线程数量
={1}".format( threading.current_thread().getName(), threading.active_count()))
    print("消耗时间:", time.time() - start_time)
```

运行脚本，得到以下结果。

```
任务: task-0
任务: task-1
任务: task-2
MainThread 线程结束，当线程数量 =4
消耗时间: 0.0009751319885253906
task-2 任务执行完毕
task-0 任务执行完毕
task-1 任务执行完毕
```

从返回结果可以看出，当前的线程个数是 4（线程个数 = 主线程数 + 子线程数），在本例中有 1 个主线程和 3 个子线程。主线程执行完毕后，等待子线程执行完毕，程序才会退出。

在本例的基础上，把所有的子线程都设置为守护线程。子线程变成守护线程后，只要主线程执行完毕，不管子线程有没有执行完毕，程序都会退出。使用线程对象的 setDaemon(True) 函数来

设置守护线程。

```python
import threading, time

def run(taskName):
    print("任务:", taskName)
    time.sleep(2)
    print("{0} 任务执行完毕".format(taskName))

if __name__ == '__main__':
    start_time = time.time()
    for i in range(3):
        thr = threading.Thread(target=run, args=("task-{0}".format(i),))
        # 把子线程设置为守护线程, 在启动线程前设置
        thr.setDaemon(True)
        thr.start()

    # 查看主线程和当前活动的所有线程数
    thrName = threading.current_thread().getName()
    thrCount = threading.active_count()
    print("{0} 线程结束, 当线程数量={1}".format(thrName, thrCount))
    print("消耗时间:", time.time() - start_time)
```

运行脚本, 得到以下结果。

```
任务: task-0
任务: task-1
任务: task-2
MainThread 线程结束, 当线程数量=4
消耗时间: 0.0010023117065429688
```

从本例的返回结果可以看出, 主线程执行完毕后, 程序没有等待守护线程执行完毕后就退出了。设置线程对象为守护线程, 一定要在线程对象调用 start() 函数前设置。

## 3.2.4 优雅地停止线程

在前几节介绍了如何使用 Python 的 threading 模块创建线程, 但 threading 模块没有提供线程的终止方法, 也不支持直接停止线程。通过 threading.Thread() 启动的线程彼此是独立的, 如果在主线程中启动了子线程 thr, 那么主线程和子线程 thr 彼此也是独立执行的线程。如果想在终止主线程的同时强行终止子线程 thr, 最简单的方法是通过 thr.setDaemon(True) 把子线程设置为守护线程, 这是停止子线程的一种方式。本节介绍停止子线程的其他方式。

停止子线程的第一种方法: 生成线程对象, 再把复杂业务逻辑处理放在循环中, 给线程对象

设置一个停止的标志位，一旦标志位达到预定的值，就退出循环，这样就能做到退出线程了。

本例文件名为 "PythonFullStack\Chapter03\stopThr01.py"，内容如下。

```python
import threading
import time

class TestThread(threading.Thread):
    def __init__(self):
        threading.Thread.__init__(self)
        # 设置停止的标志位
        self._running = True

    def terminate(self):
        self._running = False

    def run(self):
        count = 1
        threadName = threading.current_thread().getName()
        while self._running:
            print("threadName={0},count={1}".format(threadName,count))
            count = count + 1
            time.sleep(1)    # 暂停 1 秒

if __name__ == "__main__":
    thr1 = TestThread()
    thr1.start()
    #3 秒后停止
    time.sleep(3)

    # 停止 thr1 线程
    thr1.terminate()

    print("主线程结束")
```

运行脚本，得到以下结果。

```
threadName=Thread-1,count=1
threadName=Thread-1,count=2
threadName=Thread-1,count=3
主线程结束
```

创建线程类 TestThread，继承了 threading 模块的 Thread 类，在线程类 TestThread 中重写了 run() 函数，在 run() 函数中使用 while 循环语句打印递增的变量 count，模拟复杂的业务逻辑，通过

线程中的标志位 _running 来控制循环语句的运行，当标志位 _running 设置为 True 后终止循环来停止线程。

本例中生成线程类的 TestThread 的对象 thr1，然后调用 thr1.start() 启动线程，在主程序中调用 time.sleep(3) 使主线程获得 CPU 资源，再调用线程对象 thr1 的 terminate() 函数把标志位 _running 设置为 True，停止子线程。

停止子线程的第二种方法：通过 ctypes 模块调用，在子线程中报出异常，使子线程退出。创建一个脚本文件命名为 "StopThread.py"，详细内容如下。

```python
import inspect
import ctypes


def _async_raise(tid, exctype):
    """raises the exception, performs cleanup if needed"""
    tid = ctypes.c_long(tid)
    if not inspect.isclass(exctype):
        exctype = type(exctype)
    res = ctypes.pythonapi.PyThreadState_SetAsyncExc(tid,
ctypes.py_object(exctype))
    if res == 0:
        raise ValueError("invalid thread id")
    elif res != 1:
        # """if it returns a number greater than one, you're in trouble,
        # and you should call it again with exc=NULL to revert the effect"""
        ctypes.pythonapi.PyThreadState_SetAsyncExc(tid, None)
        raise SystemError("PyThreadState_SetAsyncExc failed")


def stop_thread(thread):
    _async_raise(thread.ident, SystemExit)
```

新建测试类 stopThr02.py，创建两个子线程 thr1 和 thr2，使用 StopThread.py 脚本的 stop_thread() 函数停止子线程。本例文件名为 "PythonFullStack\Chapter03\stopThr02.py"，内容如下。

```python
from StopThread import stop_thread
import threading
import time


def run():
    count = 0
    threadName = threading.current_thread().getName()
    while True:
        print("threadName={0},count={1}".format(threadName, count))
```

```
            count = count + 1
            time.sleep(1) # 暂停1秒


if __name__ == "__main__":
    thr1 = threading.Thread(target=run, args=(), name='thr1')
    thr2 = threading.Thread(target=run,args=(), name='thr2')
    thr1.start()
    thr2.start()

    #3 秒后停止
    time.sleep(3)
    # 停止 thr1,thr2 线程
    stop_thread(thr1)
    stop_thread(thr2)
    print("主线程结束")
```

运行脚本，得到以下结果。

```
threadName=thr1,count=0
threadName=thr2,count=0
threadName=thr1,count=1
threadName=thr2,count=1
threadName=thr1,count=2
threadName=thr2,count=2
主线程结束
```

本例中的核心代码是以模块的形式导入 stop_thread() 函数。

```
from StopThread import stop_thread
```

然后使用 stop_thread() 函数停止子线程 thr1 和 thr2。本例中的脚本生成 3 个线程，一个是主线程，另外两个子线程分别是 thr1 和 thr2。

```
    stop_thread(thr1)
    stop_thread(thr2)
```

## 3.2.5 多线程的锁机制

多线程编程访问共享变量时会出现问题，但是多进程编程访问共享变量不会出现问题。因为多进程中，同一个变量各自有一份备份存于每个进程中，互不影响；而多线程中，所有变量都由所有线程共享。

多个进程之间对内存中的变量不会产生冲突，一个进程由多个线程组成。多线程对内存中的变量进行共享时会产生影响，导致产生死锁问题，怎样解决死锁问题是本节主要介绍的内容。

## 1. 变量的作用域

一般在函数体外定义的变量称为全局变量，在函数内部定义的变量称为局部变量。全局变量的所有作用域都可读，局部变量的只能在本函数可读。函数在读取变量时，优先读取函数本身自有的局部变量，然后再去读全局变量。

本例文件名为 "PythonFullStack\Chapter03\scope.py"，内容如下。

```
# 全局变量
balance = 1

def change():
    # 定义全局变量
    global balance
    balance = 100
    # 定义局部变量
    num = 20
    print("change() balance={0}".format(balance) )

if __name__ == "__main__":
    change()
    print("修改后的 balance={0}".format(balance) )
```

运行脚本，得到以下结果。

```
change() balance=100
修改后的 balance=100
```

如果注释掉 change() 函数中的 global v1，那么得到的返回值如下。

```
change() balance=100
修改后的 balance=1
```

本例中在 change() 函数外定义的变量 balance 是全局变量，在 change() 函数内定义的变量 num 是局部变量。全局变量默认是可读的，可以在任何函数中使用。如果需要改变全局变量的值，那么需要在函数内部使用 global 定义全局变量。本例中在 change() 函数内部使用 global 定义全局变量 balance，在函数中就可以改变全局变量了。

在函数中可以使用全局变量，但是在函数中不能改变全局变量。想实现多个线程共享变量，就需要使用全局变量。在方法中加上全局关键字 global 定义全局变量，多线程才可以修改全局变量来共享变量。

## 2. 多线程中的锁

多线程同时修改全局变量时会出现数据安全问题，线程不安全就是不提供数据访问保护，有可能出现多个线程先后更改数据，造成所得到的数据是不一致的，也称为"脏数据"。在本例中生成两个线程同时修改 change() 函数中的全局变量 balance 时，会出现数据不一致问题。

本例文件名为"PythonFullStack\Chapter03\threadDemo03.py", 内容如下。

```
import threading

balance = 100

def change(num, counter):
    global balance
    for i in range(counter):
        balance += num
        balance -= num
        if balance != 100:
            # 如果输出这句话，说明线程不安全
            print("balance=%d" % balance)
break

if __name__ == "__main__":
    thr1 = threading.Thread(target=change,args=(100,500000),name='t1')
    thr2 = threading.Thread(target=change,args=(100,500000),name='t2')
    thr1.start()
    thr2.start()
    thr1.join()
    thr2.join()
    print("{0} 线程结束 ".format(threading.current_thread().getName()))
```

运行以上脚本, 当两个线程运行次数达到 500000 次时, 会出现以下结果。

```
balance=200
MainThread 线程结束
```

在本例中定义了一个全局变量 balance, 初始值为 100, 当启动两个线程后, 先加后减, 理论上 balance 应该为 100。线程的调度是由操作系统决定的, 当线程 thr1 和 thr2 交替执行时, 只要循环次数足够多, balance 结果就不一定是 100 了。从结果可以看出, 在本例中线程 thr1 和 thr2 同时修改全局变量 balance 时, 会出现数据不一致问题。

注意

- 在多线程情况下, 所有的全局变量由所有线程共享。所以, 任何一个变量都可以被任何一个线程修改, 因此, 线程之间共享数据最大的危险在于多个线程同时改一个变量而导致的内容改乱。
- 在多线程情况下, 使用全局变量并不会共享数据, 会出现线程安全问题。线程安全就是多线程访问时, 采用了加锁机制。当一个线程访问该类的某个数据进行保护时, 其他线程不能进行访问, 直到该线程读取完才可使用。不会出现数据不一致, 在单线程运行时也没有代码安全问题。写多线程程序时, 生成一个线程并不代表多线程。只有在多线程情况下, 才会出现安全问题。

针对线程安全问题，需要使用"互斥锁"，就像数据库中操作数据一样，也需要使用锁机制。某个线程要更改共享数据时先将其锁定，此时资源的状态为"锁定"，其他线程不能更改；直到该线程释放资源，将资源的状态变成"非锁定"，其他的线程才能再次锁定该资源。互斥锁保证了每次只有一个线程进行写入操作，从而保证了多线程情况下数据的正确性。

互斥锁的核心代码如下。

```
# 创建锁
mutex = threading.Lock()


# 锁定
mutex.acquire()


# 释放
mutex.release()
```

如果要确保 balance 计算正确，使用 threading.Lock() 来创建锁对象 lock，把 lock.acquire() 和 lock.release() 加在同步代码块中。本例的同步代码块就是对全局变量 balance 进行先加后减操作。

当某个线程执行 change() 函数时，通过 lock.acquire() 获取锁，那么其他线程就不能执行同步代码块了，只能等待锁被释放了，获得锁才能执行同步代码块。由于锁只有一个，无论多少线程，同一个时刻只有一个线程持有该锁，因此修改全局变量 balance 不会产生冲突。改良后的代码如下。

```
import threading

balance = 100
lock = threading.Lock()

def change(num, counter):
    global balance
    for i in range(counter):
    # 先要获取锁
        lock.acquire()
        balance += num
        balance -= num
        # 释放锁
        lock.release()

        if balance != 100:
            # 如果输出这句话，说明线程不安全
            print("balance=%d" % balance)
            break
```

```
if __name__ == "__main__":
    thr1 = threading.Thread(target=change,args=(100,500000),name='t1')
    thr2 = threading.Thread(target=change,args=(100,500000),name='t2')
    thr1.start()
    thr2.start()
    thr1.join()
    thr2.join()
    print("{0} 线程结束 ".format(threading.current_thread().getName()))
```

在本例中两个线程同时运行 lock.acquire() 时，只有一个线程能成功获取锁，然后执行代码，而其他线程就继续等待，直到获得锁位置。获得锁的线程用完后一定要释放锁，否则其他线程就会一直等待下去，从而成为死线程。

在运行上面脚本时就不会产生输出信息，证明代码是安全的。把 lock.acquire() 和 lock.release() 加在同步代码块中，还要注意锁的力度不要加的太大了。只有第一个线程运行完了，第二个线程才能运行，所以锁要在同步代码中加上。

### 3.2.6 本地线程变量

在一个线程中的多个函数中要使用私有的变量时，需要使用本地线程变量 (ThreadLocal)。使用本地线程变量，最终实现每一个线程都有一个自己的本地私有变量。在 Python 中创建本地线程变量需要使用 threading.local()。

在本例中使用两个线程分别对本地线程变量 local.num 进行自增操作，循环 3 次。本例文件名为 "PythonFullStack\Chapter03\threadDemo05.py"，内容如下。

```
import threading
import time,random,math

# 本地线程变量——全局变量
local = threading.local()

def loop():
    local.num = 0
    for i in range(3):
        local.num += 1
        print('threadName=%s num=%d' % (threading.current_thread().getName(),
local.num))
        delay = math.ceil(random.random() * 3)
        time.sleep(delay)
```

```
if __name__ == '__main__':
    thr1 = threading.Thread(target=loop, args=(), name='t1')
    thr2 = threading.Thread(target=loop, args=(), name='t2')
    thr1.start()
    thr2.start()
    thr1.join()
    thr2.join()
print('=== main end===')
```

运行脚本，得到以下结果。

```
threadName=t1 num=1
threadName=t2 num=1
threadName=t2 num=2
threadName=t1 num=2
threadName=t2 num=3
threadName=t1 num=3
=== main end===
```

运行以上脚本，则会出现以下结果。

```
threadName=t1 num=1
threadName=t2 num=1
threadName=t1 num=2
threadName=t2 num=2
threadName=t1 num=3
threadName=t2 num=3
=== main end===
```

全局变量 local 就是一个本地线程变量（ThreadLocal），每个线程（Thread）对它都可以任意读写 num 属性，但不会互相影响，也不用管理锁的问题，本地线程变量内部会处理。可以将全局变量 local 理解为是一个字典，还可以绑定其他变量，如 local.age 等。

一个本地线程变量虽然是全局变量，但每个线程都只能读写自己线程的独立副本，互不干扰。ThreadLocal 解决了参数在一个线程中各个函数之间互相传递的问题。

## 3.3 多进程

本节主要介绍 Python 中进程模块的使用。

### 3.3.1 Linux 平台下的多进程

进程（Process）是指正在执行的程序，是程序正在运行的一个实例。它由程序指令和从文件、其他程序中读取的数据或系统用户的输入组成。每次执行程序时，操作系统就会创建一个新的进程来运行程序指令。每个进程都有一个不重复的"进程 ID 号"，或称"pid"，它对进程进行标识。

在单个程序中同时运行多个进程完成不同的工作，称为多进程。多进程程序主要用于 CPU 密集操作型的任务，如大量的数学计算。每个进程都是独立的，不会共享数据。

在 3.2 节介绍了多线程的相关知识，学习了进程的知识后，将线程和进程做个比较。

（1）对于操作系统来说，一个任务就是一个进程，如打开一个浏览器就是启动一个浏览器进程，打开一个记事本就启动了一个记事本进程。

（2）在一个进程内部，要同时做多件事，就需要同时运行多个"子任务"，把进程内的这些"子任务"称为线程（Thread）。例如，Word，它可以同时进行打字、拼写检查、打印等事情。

（3）线程是最小的执行单元，一个线程只能属于一个进程，而一个进程可以有多个线程，但进程由至少一个线程组成，这个线程称为主线程。

本节使用的 Linux 环境信息如表 3-1 所示。

表 3-1　Python 的开发环境

| 操作系统 | CentOS 7 64 位平台 |
| --- | --- |
| Python | 3.6.4 |

Python 的 os 模块封装了常见的系统调用，通过 os.getpid() 函数就可以获得 Python 程序占用的进程号。编写一个 Python 脚本部署在 Linux 平台下，然后运行脚本，运行脚本会在 Linux 平台下创建一个进程，就可以通过 os.getpid() 函数获得程序占用的进程号（PID）。本例文件名为"PythonFullStack\Chapter03\fork1.py"，把 fork1.py 部署到 Linux 平台的 /test 目录下，内容如下。

```
import time
import os

print('fork1 pid={0}'.format(os.getpid()) )
# 程序挂起 60 秒
time.sleep(60)
print("ok")
```

在 Linux Shell 输入以下 python3 命令运行 fork1.py 脚本。

```
[root@localhost test]# python3 fork1.py
```

打印的返回结果如下。

```
[root@localhost test]# python3 fork1.py
fork1 pid=27508
```

从返回结果可以看出，运行 fork1.py 脚本产生一个新的进程，进程号 (pid) 为 27508，使用

time.sleep(60) 挂起进程 60 秒，在 60 秒后程序运行结束，会输出 "ok" 信息，Linux 会销毁进程号为 27508 的当前进程。

在 fork1.py 脚本运行期间，在 Linux 运行 ps 命令查看 python3 命令占用的进程号。

```
ps -ef |grep python3
```
运行结果如下。

```
[root@localhost test]# ps -ef | grep python3
root      27508 24209  0 13:50 pts/1    00:00:00 python3 fork1.py
root      27580 27417  0 13:51 pts/3    00:00:00 grep --color=auto python3
```

在 fork1.py 脚本运行期间，可以看出运行 fork1.py 脚本占用的进程号 (pid) 为 27508，和 fork1.py 脚本的返回结果一样。

Linux 操作系统提供了一个 fork() 系统调用，它非常特殊。普通的函数调用，调用一次，返回一次，但是 fork() 调用一次，返回两次。因为操作系统自动把当前进程（称为父进程）复制了一份（称为子进程），然后分别在父进程和子进程内返回。

子进程永远返回 0，而父进程返回子进程的 ID。这样做的理由是，一个父进程可以 fork 出很多子进程，所以父进程要记下每个子进程的 ID，而子进程只需要调用 os.getpid() 就可以得到父进程的 ID。

Python 的 os 模块就包括 fork 函数，可以在 Python 程序中轻松创建子进程。本例文件名为 "PythonFullStack\Chapter03\fork2.py"，把 fork2.py 部署到 Linux 平台的 /test 目录下，内容如下。

```python
import os
import time


pid = os.fork()


if pid == 0 :
    print("子进程 (pid={0}),对应的父进程
id={1})".format(os.getpid(),os.getppid()))

else:
    print('父进程 (pid={0}),生成了子进程 (cpid={1})'.format(os.getpid(), pid))


time.sleep(60)
print("ok")
```
在 Linux Shell 输入以下 python3 命令运行 fork2.py 脚本。

```
[root@localhost temp]# python3 fork2.py
```
运行结果如下。

```
[root@localhost test] # python3 fork2.py
父进程(pid=28432),生成了子进程(cpid=28433)
子进程(pid=28433),对应的父进程id=28432)
```

从运行结果可以看出在 fork2.py 脚本运行期间，使用 os.fork() 函数创建子进程，运行脚本产生的父进程 id 为 28432，子进程 id 为 28433。本例的核心代码如下。

```
pid = os.fork()

if pid == 0 :
    print("子进程 (pid={0}),对应的父进程
id={1})".format(os.getpid(),os.getppid()))

else:
 print('父进程 (pid={0}),生成了子进程 (cpid={1})'.format(os.getpid(), pid))
```

os.fork() 运行时，会有两个返回值，返回值大于 0 时，是父进程的返回值，且返回的数字为子进程的 pid；当返回值为 0 时，此进程为子进程。

当 pid 等于 0 时，是子进程的返回值。os.getpid() 返回的是当前进程，也就是子进程。os.getpid() 是操作系统进程。

当 pid 不等于 0 时，os.getpid() 生成父进程，pid 是子进程。

**注意**

- os.fork() 函数一旦运行就会产生出一条新的子进程。
- 在 Windows 下没有 fork 调用，所以 os.fork() 函数无法在 Windows 上运行，只能在 Linux 平台运行多进程脚本。

在 fork2.py 脚本运行期间，在 Linux 运行 ps 命令查看 python3 命令占用的进程号。

```
ps -ef |grep python3
```

运行结果如下。

```
[root@localhost test] # ps -ef | grep python3
root      28432  24209  0 14:41 pts/1    00:00:00 python3 fork2.py
root      28433  28432  0 14:41 pts/1    00:00:00 python3 fork2.py
root      28435  27417  0 14:42 pts/3    00:00:00 grep --color=auto python3
```

从运行结果可以看出，运行 fork2.py 脚本产生了两个进程，一个父进程和一个子进程，与运行 fork1.py 脚本产生的结果一样。

## 3.3.2 跨平台的多进程

### 1. multiprocessing 模块

在 Linux 平台下的多进程中，多进程程序是运行在 Linux 平台下的，在 Windows 平台下没有

fork 调用，所以无法在 Windows 平台使用 os.fork() 产生子进程。那么可不可以在 Windows 平台下用 Python 编写多进程的程序呢？答案是可以的，由于 Python 是跨平台的，因此也应该提供一个跨平台的多进程支持。multiprocessing 模块就是跨平台版本的多进程模块，这是一种跨平台的多进程方式，既可以在 Windows 下运行，也可以在 Linux 下运行。

在 Python 3 中 multiprocessing 模块提供了 Process 类来代表一个进程对象，每实例化一个 Process 类就创建了一个进程对象。系统每创建一个进程，都会有一个父进程，所以创建的这个进程也被称为子进程。创建 Process 对象的语法如下。

```
from multiprocessing import Process
Process(group=None, target=None, name=None, args=(), kwargs={}, *, daemon=None)
```
参数说明如下。

- target 是函数名称，需要调用的函数。
- args 函数需要的参数，以元组的形式传入。

主要方法说明如下。

- start()：启动进程。
- join()：实现进程间的同步，等待所有进程退出。
- run()：如果没有给定 target 参数，对这个对象调用 start() 方法时，就将执行对象中的 run() 方法。
- terminate()：不管任务是否完成，立即终止进程。

Python 3 中创建进程有两种方式：函数式创建进程和创建进程类。

（1）函数式创建进程。创建子进程的时候，只需要传入一个执行函数和函数的参数即可完成 Process 实例的创建。下面的例子使用 Process 类来产生两个子进程，然后启动两个子进程并等待其结束。本例文件名为 "PythonFullStack\Chapter03\mp1.py"，内容如下。

```
from multiprocessing import Process
import os,time


def handle(name,num):
    for i in range(num):
        print('子进程运行中,name={0},i={1},pid={2},ppid={3}'.format(name,i,
os.getpid(),os.getppid()))


if __name__ == '__main__':
    print('父进程 %d.' % os.getpid())
    p1 = Process(target=handle, args=('python',2))
    p2 = Process(target=handle, args=('java',3))
    p1.start()
    p2.start()
```

```
                # 等待当前进程结束，再执行主进程
                print('子进程将要执行')
                p1.join()
                p2.join()
                print('子进程已结束')
                time.sleep(10)
                print('父进程结束')
```

以上代码以主进程方式运行，而不是模块的方式运行。运行上述代码后，生成一个主进程和两个子进程。等待 10 秒后，主进程结束。

在 Windows 下使用以下命令运行 Python 脚本。

```
python mp1.py
```

得到如下响应值。

```
父进程 8292.
子进程将要执行
子进程运行中 ,name=python,i=0,pid=1288,ppid=8292
子进程运行中 ,name=python,i=1,pid=1288,ppid=8292
子进程运行中 ,name=java,i=0,pid=7812,ppid=8292
子进程运行中 ,name=java,i=1,pid=7812,ppid=8292
子进程运行中 ,name=java,i=2,pid=7812,ppid=8292
子进程已结束
父进程结束
```

从结果可以看出，python 脚本产生了两个进程，进程名分别为 python 和 java。父进程占用的端口号为 8292, python 子进程占用的端口号为 1288，java 子进程占用的端口号为 7812。

使用 multiprocessing 模块的 Process 类创建子进程，需要传入一个执行函数和函数的参数，创建一个 Process 实例，使用 start() 方法启动。join() 方法可以等待子进程结束后再继续往下运行，用于进程间的同步。

（2）创建进程类。创建 multiprocessing.Process 的子类来包装一个进程对象。通过继承 Process 类，并重写 Process 类的 run() 方法，在 run() 方法中定义具体要执行的任务。在 Process 类中提供了一个 start() 方法用于启动新进程，启动后会自动调用 run() 方法。

本例通过继承 Process 类的方式创建进程，通过继承 Process 类的子类来产生两个子进程，然后启动两个子进程并等待其结束。

```
import multiprocessing
import os,time


class MultiProcess(multiprocessing.Process):

    def __init__(self,name,num):
```

```
    # 调用父类的构造函数
    multiprocessing.Process.__init__(self)
        self.name = name
        self.num = num

    def handle(self,name, num):
        for i in range(num):
        print('子进程运行中,name={0},i={1},pid={2},ppid={3}'.format(name,
i, os.getpid(), os.getppid()))

    def run(self):
        self.handle(self.name, self.num)


if __name__ == '__main__':
    print('父进程 %d.' % os.getpid())
    p1 = MultiProcess('python',2)
    p2 = MultiProcess('java',3)
    p1.start()
    p2.start()
    # 等待当前进程结束,再执行主进程
    print('父进程将要执行')
    p1.join()
    p2.join()
    print('子进程已结束')
    time.sleep(10)
    print('父进程结束')
```

本例实现的功能与上例是一样的,通过继承 Process 类,重写 Process 的 run() 方法,将进程运行的逻辑放在其中。

### 2. 子进程

有些时候需要将某些程序放到子进程中运行,在 Python 3 中可以使用 subprocess 模块。subprocess 模块可以让我们非常方便地启动一个子进程,然后控制其输入和输出。本例文件名为 "PythonFullStack\Chapter03\mp2.py",内容如下。

```
import subprocess


result = subprocess.call(['ping','127.0.0.1'])
# 返回命令运行状态
print('result={0}'.format(result))
```

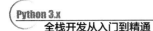

运行脚本，得到以下结果。

```
正在 Ping 127.0.0.1 具有 32 字节的数据：
来自 127.0.0.1 的回复：字节 =32 时间 <1ms TTL=64
来自 127.0.0.1 的回复：字节 =32 时间 <1ms TTL=64
来自 127.0.0.1 的回复：字节 =32 时间 <1ms TTL=64
来自 127.0.0.1 的回复：字节 =32 时间 <1ms TTL=64

127.0.0.1 的 Ping 统计信息：
数据包：已发送 = 4，已接收 = 4，丢失 = 0 (0% 丢失)，
往返行程的估计时间 ( 以毫秒为单位 )：
最短 = 0ms，最长 = 0ms，平均 = 0ms
result=0
```

subprocess.call() 执行指定的命令，返回命令执行状态，其功能类似于 os.system()，完整代码如下。

```python
import os

status = os.system("ping 127.0.0.1")
print(status)
```

也可以使用 os.popen() 函数执行指定的命令，完整代码如下。

```python
import os

result = os.popen("ping 127.0.0.1 ").read()
# 返回运行结果
print(result)
```

### 3. 进程池 (Pool)

当需要创建的子进程数量不多时，可以直接利用 multiprocessing 模块的 Process 类生成多个进程，如果需要批量创建进程，可以使用 multiprocessing 模块的 Pool 类。

Pool 类可以提供指定数量的进程供用户调用，当有新的请求提交到 Pool 中时，如果进程池还没有满，那么就会创建一个新的进程用来执行该请求；但如果进程池中的进程数已经达到规定的最大值，那么该请求就会等待，直到进程池中有进程结束，才会创建新的进程来执行请求。

multiprocessing.Pool 类的主要用法如下。

（1）apply_async(func[, args[, kwds]])。使用非阻塞的方式调用 func 函数，是并行执行，即同时执行多个进程。args 为传递给 func 的参数列表。

（2）apply(func[, args[, kwds]])。使用阻塞方式调用 func 函数，阻塞方式必须等待上一个进程退出后才能执行下一个进程。rgs 为传递给 func 的参数列表。

（3）join()。主进程阻塞。

（4）close()。关闭进程池，关闭后进程池不再接收新的请求。

（5）terminate() 不管任务是否完成，立刻终止进程池。

使用 Pool 创建进程池，使用非阻塞的方式执行调用函数。本例文件名为 "PythonFullStack\
Chapter03\mplPool01"，内容如下。

```python
from multiprocessing import Pool
import os, time, random


def worker(msg):
    t_start = time.time()
    print("任务 %s 开始执行，进程号为%d" % (msg, os.getpid()))
    # random.random() 随机生成 0~1 之间的浮点数
    time.sleep(random.random() * 2)
    t_stop = time.time()
    print( "任务 %s，执行完毕，耗时%0.2f 秒" % (msg, (t_stop - t_start)))


if __name__ == '__main__':
    print('父进程 %d.' % os.getpid())
    pool = Pool(3)   # 定义一个进程池，最多 3 个进程
    for i in range(0, 5):
        # Pool.apply_async(要调用的目标,(传递给目标的参数元组,))
        # 每次循环将会用空闲出来的子进程去调用目标
pool.apply_async(worker, (i,))

    pool.close()   # 关闭进程池，关闭进程池后就不再添加新的进程
    pool.join()   # 等待进程池po0l 中所有子进程执执完成，必须放在 close 语句之后
```

以上代码 Pool 类定义一个进程池，最大进程数为 3。使用的是 pool.apply_async() 非阻塞方式
调用 worker 函数，然后调用 Pool 对象的 close()，之后就不能继续添加新的进程了。最后调用 Pool
对象的 join() 方法等待所有子进程执行完毕，调用 join() 之前必须先调用 close()。

运行脚本，得到以下结果。

```
父进程 9152.
任务 0 开始执行，进程号为 4680
任务 1 开始执行，进程号为 3624
任务 2 开始执行，进程号为 2976
任务 1，执行完毕，耗时 0.01 秒
任务 3 开始执行，进程号为 3624
任务 3，执行完毕，耗时 0.23 秒
任务 4 开始执行，进程号为 3624
任务 4，执行完毕，耗时 0.50 秒
```

任务 0，执行完毕，耗时 0.86 秒

任务 2，执行完毕，耗时 1.62 秒

从输出结果可以看出，通过 Pool 进程池生成 3 个子进程，3 个子进程以阻塞方式分别执行任务 0、1、2、3 和 4。4 个任务的执行是交替完成的，没有顺序。

使用 pool.apply() 以阻塞方式调用 worker 函数。本例文件名为 "PythonFullStack\Chapter03\mplPool02"，内容如下。

```python
from multiprocessing import Pool
import os, time, random


def worker(msg):
    t_start = time.time()
    print("任务 %s 开始执行，进程号为 %d" % (msg, os.getpid()))
    # random.random() 随机生成 0~1 之间的浮点数
    time.sleep(random.random() * 2)
    t_stop = time.time()
    print( "任务 %s，执行完毕，耗时 %0.2f 秒" % (msg, (t_stop - t_start)))


if __name__ == '__main__':
    print('父进程 %d.' % os.getpid())
    pool = Pool(3)   # 定义一个进程池，最大进程数为 3
    for i in range(0, 5):
        # Pool.apply(要调用的目标,(传递给目标的参数元组,))
        #  使用阻塞方式调用 worker 函数
        pool.apply(worker, (i,))

    pool.close() # 关闭进程池，关闭进程池后就不再添加新的进程
    pool.join() # 等待 po 01 中所有子进程执行完成，必须放在 close 语句之后
```

运行脚本，得到以下结果。

```
父进程 10436.
任务 0 开始执行，进程号为 11096
任务 0，执行完毕，耗时 1.75 秒
任务 1 开始执行，进程号为 10776
任务 1，执行完毕，耗时 0.45 秒
任务 2 开始执行，进程号为 12700
任务 2，执行完毕，耗时 1.88 秒
任务 3 开始执行，进程号为 11096
任务 3，执行完毕，耗时 1.10 秒
任务 4 开始执行，进程号为 10776
任务 4，执行完毕，耗时 1.89 秒
```

以上代码使用的是 pool.apply() 阻塞方式调用 worker 函数，从输出结果可以看出，3 个子进程执行任务 0、1、2、3 和 4 的运行是按顺序完成的。先执行任务 0，再执行任务 1，再执行任务 2，再执行任务 3，最后执行任务 4。

### 3.3.3 跨平台的多进程间通信

多进程中，同一个变量各自有一份副本存于每个进程中，互不影响，所以每个进程都是独立的，不会共享数据；而多线程中，所有变量都由线程共享。在 Python 3 中，多个进程间的通信需要使用 multiprocessing 模块的 Queue 类来交换数据，Queue 类可以看作是跨进程通信队列，为各进程所共有。

#### 1. 单进程通信

在单进程下使用 multiprocessing 模块的 Queue 类模拟队列存储和读取数据。本例文件名为"PythonFullStack\Chapter03\mp3.py"，内容如下。

```
from multiprocessing import Process, Queue


def putData(queue):
    queue.put("java")
    queue.put("python")
    queue.put("c++")


if __name__ == '__main__':
    queue = Queue() # 创建队列 queue
    process = Process(target=putData, args=(queue,)) # 创建一个进程
    process.start()
    print(queue.get())
    print(queue.get())
    print(queue.get())
    process.join()
```

运行脚本，得到以下结果。

```
java
python
C++
```

本例使用 Process 类创建进程，调用 putData() 函数，往队列 queue 中存储数据，使用 Queue 类的 put() 函数插入数据到队列中，启动 process 进程后，使用 Queue 类的 get() 函数从队列中读取并删除一个元素。

### 2. 跨平台的多进程间通信

跨平台的多进程间通信，使用多进程模块 multiprocessing 的 Queue 类模拟队列，一个子进程向队列中写入数据，另外一个子进程从队列中读取数据。这也是一个"生产者和消费者模型"。

在"生产者和消费者模型"中，产生数据的模块称为生产者，而处理数据的模块称为消费者。生产者和消费者之间的中介称为缓冲区。三者之间的结构如图 3-4 所示。

图 3-4 生产者—缓冲区—消费者的关系

在多进程开发中，生产者就是生产数据的进程，消费者就是消费数据的进程。如果生产者处理速度很快，而消费者处理速度很慢，那么生产者就必须等待消费者处理完，才能继续生产数据。同样的道理，如果消费者的处理能力大于生产者，那么消费者就必须等待生产者。为了解决这种生产、消费能力不均衡的问题，便有了生产者和消费者模式。本例文件名为"PythonFullStack\Chapter03\mp4.py"，内容如下。

```python
from multiprocessing import Queue,Process
import random,time

# 写数据进程执行的代码
def wirteQueue(queue):
    print('写入队列开始')
    for i in range(5) :
        print("写入数据 ={0}".format(i))
        queue.put(str(i))
        time.sleep(random.random() * 5)
        print("写入队列结束 ")


# 读数据进程执行的代码
def readQueue(queue):
    print('读取队列')
    while True:
        print("读取队列的数据 ={0}".format(queue.get()))


if __name__ == '__main__':
    # 父进程创建 Queue，并传给各个子进程
    q = Queue()
    pw = Process(target=wirteQueue,args=(q,))
```

```
pr = Process(target=readQueue,args=(q,))
# 启动子进程 pw, 写入数据
pw.start()
# 启动子进程 pr, 读取数据
pr.start()
# 等待 pw 进程结束
pw.join()
# pr 进程中是死循环, 无法等待其结束, 只能强行终止
pr.terminate()
print("==== main process ===")
```

运行脚本, 得到以下结果。

```
写入队列开始
读取队列
写入数据 =0
读取队列的数据 =0
写入数据 =1
读取队列的数据 =1
写入数据 =2
读取队列的数据 =2
写入数据 =3
读取队列的数据 =3
写入数据 =4
读取队列的数据 =4
写入队列结束
==== main process ===
```

上例中有两个子进程 pr 和 pw。子进程 pw 往 Queue 中写入数据, 作为生产者。子进程 pr 从 Queue 中读取数据, 作为消费者。队列 Queue 相当于一个缓冲区, 缓冲区平衡了生产者和消费者的处理能力, 这个队列就是用来给生产者和消费者解耦的。

### 3.3.4 分布式进程

在多任务处理工作中, Process 可以把任务分布到多台机器上, 而 Thread 只能把任务分布到同一台机器的多个 CPU 时间片上。

Python 3 的 multiprocessing 模块不但支持多进程, 其中 managers 子模块还支持把多进程分布到多台机器上。一个服务进程可以作为调度者, 将任务分布到其他多个进程中, 依靠网络通信。由于 managers 模块封装很好, 不必了解网络通信的细节, 就可以很容易地编写分布式多进程程序。

在上一节中, 生成的多进程程序通过 multiprocessing 模块的 Queue 类进行进程间通信, 多进程程序是部署在同一台机器上运行的。如果处理任务的进程任务繁重, 希望把发送任务的进程和处理

任务的进程分布到两台机器上，就需要使用分布式进程来实现。

在分布式进程中，使用 Python 3 的 Queue 生成发送任务的队列和接收结果的队列，在服务器端需要用 multiprocessing.managers 模块把 Queue 类的对象通过网络暴露出去，就可以让其他机器的进程访问 Queue 了。

创建脚本 task_master.py 作为服务进程，服务进程负责启动 Queue，把 Queue 注册到网络上，然后往 Queue 中写入任务。本例文件名为 "PythonFullStack\Chapter03\task_master.py"，内容如下。

```python
import random
from multiprocessing.managers import BaseManager
from multiprocessing import Queue

# 发送任务的队列
task_queue = Queue()
# 接收结果的队列
result_queue = Queue()

def return_task_queue():
    global task_queue
    return task_queue

def return_result_queue():
    global result_queue
    return result_queue

# 从 BaseManager 继承的 QueueManager
class QueueManager(BaseManager):
    pass

if __name__ == '__main__':
    # 把两个 Queue 都注册到网络上, callable 参数关联了 Queue 对象
    QueueManager.register('get_task_queue', callable=return_task_queue)
    QueueManager.register('get_result_queue', allable=return_result_queue)
    # 绑定端口 5000, 设置验证码 'abc'
    manager = QueueManager(address=('127.0.0.1', 5000), authkey=b'abc')
    # 启动 Queue
    manager.start()

    # 获得通过网络访问的 Queue 对象
    task = manager.get_task_queue()
    result = manager.get_result_queue()
```

```
# 放 10 个任务进去
for i in range(10):
    n = random.randint(0, 10000)
    print('Put task %d' % n)
        # 对 task_queue 进行写入数据, 相当于分配任务
    task.put(n)

# 从 result 队列读取结果
print('Try get results.')
for i in range(10):
# 等待 workers 处理后返回的结果, 响应过期时间为 10 秒
    r = result.get(timeout=10)
    print('Result:%s' % r)

# 关闭 Queue
manager.shutdown()
```

以上代码在分布式进程中, task_queue 和 result_queue 是两个队列, 分别存放任务和结果。它们用来进行进程间通信, 用来交换对象。task_queue 和 result_queu 作为全局变量, 在函数定义内定义全局变量, 需要加上 global 修饰符, 核心代码如下。

```
# 发送任务的队列
task_queue = Queue()
# 接收结果的队列
result_queue = Queue()

def return_task_queue():
    global task_queue
    return task_queue

def return_result_queue():
    global result_queue
    return result_queue
```

因为是分布式的环境, 放入 Queue 对象中的数据需要等待 Workers 机器运算处理后再进行读取, 这样就需要对 queue 用 QueueManager 进行封装后放到网络中。可以通过以下语句实现。

```
QueueManager.register('get_task_queue', callable=return_task_queue)
QueueManager.register('get_result_queue', callable=return_result_queue)
```

其中, 给 return_task_queue 的网络调用接口命名为 get_task_queue, 而 return_result_queue 的名称是 get_result_queue, 方便区分对哪个 queue 进行操作。

作为服务进程，还需要设定提供服务的 IP，绑定端口和设置验证码。本例把服务器进程部署在本地（127.0.0.1），绑定的端口为 5000，设置的验证码为 "b'abc'"。

```
manager = QueueManager(address=('127.0.0.1', 5000), authkey=b'abc')
```

在分布式多进程环境下，添加任务到 Queue 不可以直接对原始的 task_queue 进行操作，那样就绕过了 QueueManager 的封装，必须通过 manager.get_task_queue() 获得的 Queue 接口添加。

创建脚本 task_worker.py 任务进程，在本机上启动。本例文件名为 "PythonFullStack\Chapter03\task_worker.py"，内容如下。

```python
import time, sys
from multiprocessing.managers import BaseManager

# 创建类似的 QueueManager
class QueueManager(BaseManager):
    pass


# 由于这个 QueueManager 只从网络上获取 Queue，因此注册时只提供名称
QueueManager.register('get_task_queue')
QueueManager.register('get_result_queue')


# 连接到服务器，也就是运行 task_master.py 的机器
server_addr = '127.0.0.1'
print('Connect to server %s...' % server_addr)
# 端口和验证码注意保持与 task_master.py 设置的完全一致
m = QueueManager(address=(server_addr, 5000), authkey=b'abc')
# 从网络连接
m.connect()
# 获取 Queue 的对象
task = m.get_task_queue()
result = m.get_result_queue()
# 从 task 队列读取任务，并把结果写入 result 队列
for i in range(10):
    try:
        n = task.get(timeout=1)
        print('run task %d * %d...' % (n, n))
        r = '%d * %d = %d' % (n, n, n*n)
        time.sleep(1)
        result.put(r)
    except queue.Empty:
        print('task queue is empty.')
```

```
# 处理结束
print('worker exit.')
```

任务进程要通过网络连接到服务进程，所以要指定服务进程的 IP，本例指向本地服务进程 IP "127.0.0.1"。

现在试试分布式进程的工作效果，先使用以下命令启动 task_master.py 服务进程。

```
python task_master.py
```

得到如下结果。

```
Put task 219
Put task 8727
Put task 6882
Put task 5986
Put task 8989
Put task 9007
Put task 5527
Put task 766
Put task 3939
Put task 3986
Try get results.
```

task_master.py 进程发送完任务后，开始等待 result 队列的结果。现在使用以下命令启动 task_worker.py 进程。

```
pythontask_worker.py
```

得到如下结果。

```
Connect to server 127.0.0.1...
run task 219 * 219...
run task 8727 * 8727...
run task 6882 * 6882...
run task 5986 * 5986...
run task 8989 * 8989...
run task 9007 * 9007...
run task 5527 * 5527...
run task 766 * 766...
run task 3939 * 3939...
run task 3986 * 3986...
worker exit.
```

task_worker.py 进程结束，在 task_master.py 进程中会继续打印出结果。

```
Result:219 * 219 = 47961
Result:8727 * 8727 = 76160529
Result:6882 * 6882 = 47361924
```

```
Result:5986 * 5986 = 35832196
Result:8989 * 8989 = 80802121
Result:9007 * 9007 = 81126049
Result:5527 * 5527 = 30547729
Result:766 * 766 = 586756
Result:3939 * 3939 = 15515721
Result:3986 * 3986 = 15888196
```

在 task_worker.py 中没有创建 Queue 对象的代码，Queue 对象存储在 task_master.py 进程中，如图 3-5 所示。

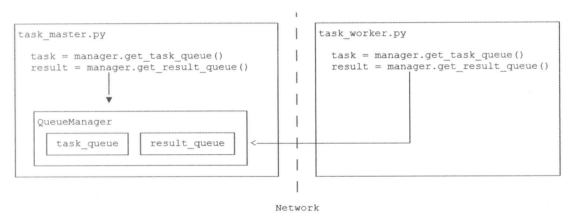

图 3-5　分布式进程模型

task_worker.py 脚本中 QueueManager 注册的名称必须和 task_manager.py 脚本中 QueueManager 注册的名称一样，如 get_task_queue 和 get_result_queue。从以上代码可以看出 Queue 对象从另一个进程通过网络传递过来，只不过这里的传递和网络通信由 QueueManager 完成。

- 分布式进程包括服务进程 (master) 和任务进程 (worker)，分布式进程运行时需要关闭服务器进程和任务进程所在机器上的防火墙服务。
- 服务器进程和任务进程运行在两台机器时，两台机器代码的 IP 需要改成服务进程 (master) 的 IP。

task_worker.py 和 task_manager.py 实现了一个简单的分布式计算，启动了一个服务进程和一个任务进程，服务进程向任务进程发送了 10 个任务计算 *n*n* 的代码。把代码稍加改造，就可以启动多个任务进程，把多个任务分布到几台甚至几十台机器上。例如，把计算 *n*n* 的代码换成发送邮件，就实现了邮件队列的异步发送。

## 3.4 正则表达式

正则表达式是用于处理字符串的强大工具，拥有自己独特的语法以及一个独立的处理引擎，效率上可能不如 str 自带的方法，但功能十分强大。在提供了正则表达式的开发语言中，正则表达式的语法都是一样的，区别只在于不同的编程语言实现支持的语法数量不同。

图 3-6 展示了使用正则表达式进行匹配的流程。

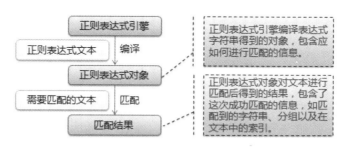

图 3-6　正则表达式匹配的流程

正则表达式的大致匹配过程为：依次拿出表达式和文本中的字符比较，如果每一个字符都能匹配，则匹配成功；一旦有匹配不成功的字符则匹配失败。如果表达式中有量词或边界，这个过程会稍微有一些不同，但也是很好理解的。

正则表达式是一个特殊的字符序列，它能帮助用户方便地检查一个字符串是否与某种模式匹配。Python 自 1.5 版本起增加了 re 模块，它提供 Perl 风格的正则表达式模式。

re 模块使 Python 语言拥有全部的正则表达式功能。表 3-2 列出了 Python 支持的正则表达式元字符和语法。

表 3-2　正则表达式的元字符和语法

| 语法 | 说　　明 | 表达式实例 | 完整匹配的字符串 |
|---|---|---|---|
| 字　　符 | | | |
| 一般字符 | 匹配自身 | abc | abc |
| . | 匹配任意除换行符 "\n" 外的字符<br>在 DOTALL 模式中也能匹配换行符 | a.c | abc |
| \ | 转义字符，使用一个字符改变原来的意思<br>如果字符串中有字符 * 需要匹配，可以使用 \* 或者字符集 [*] | a\.c<br>a\\c | a.c<br>a\c |

| 语法 | 说　　明 | 表达式实例 | 完整匹配的字符串 |
|---|---|---|---|
| [ … ] | 对应的位置可以是字符集中的任意字符<br>字符集中的字符可以逐个列出，也可以给出范围，如 [abc] 或 [a-c]。第 1 个字符如果是 ^ 则表示取反，如 [^abc] 表示 abc 的其他字符<br>所有的特殊字符在字符集中都失去其原有的特殊含义。在字符集中如果使用 ]、- 或 ^，可以在前面加上反斜杠，或把 ]、- 放在第 1 个字符，把 ^ 放在非第 1 个字符 | A[bcd]e | abe<br>ace<br>ade |
| 预定义字符集（可以卸载字符集 [ … ] 中） | | | |
| \d | 数字：[0-9] | a\dc | a1c |
| \D | 非数字：[^\d] | a\Dc | abc |
| \s | 空白字符:[< 空格 >\t\r\n\f\v] | a\sc | ac |
| \S | 非空白字符：[^\s] | a\Sc | abc |
| \w | 单词字符：[A-Za-z0-9_] | a\wc | abc |
| \W | 非单词字符：[^\w] | a\Wc | Ac |
| 数量词（用在字符或 ( … ) 之后） | | | |
| * | 匹配前一个字符 0 次或无限次 | abc* | ab<br>abccc |
| + | 匹配前一个字符 1 次或无限次 | abc+ | abc<br>abccc |
| ? | 匹配前一个字符 0 次或 1 次 | abc? | ab<br>abc |
| {m} | 匹配前一个字符 m 次 | ab{2}c | abbc |
| {m,n} | 匹配前一个字符 m~n 次<br>m 和 n 可以省略：若省略 m，则匹配 0~n 次；若省略 n，则匹配 m 至无限次 | ab{1,2}c | abc<br>abbc |
| *? +? ??<br>{m,n}? | 使用 * + ? {m,n} 变成非贪婪模式 | | |
| 边界匹配（不消耗待匹配字符串中的字符） | | | |
| ^ | 匹配字符串开头<br>在多行模式中匹配每一行的开头 | ^abc | abc |

| 语法 | 说　　明 | 表达式实例 | 完整匹配的字符串 |
|---|---|---|---|
| $ | 匹配字符串末尾<br>在多行模式中匹配每一行的末尾 | abc$ | abc |
| \A | 仅匹配字符串开头 | \Aabc | abc |
| \Z | 仅匹配字符串末尾 | Abc\Z | abc |
| \b | 匹配 \w 和 \W 之间 | a\b!bc | a!bc |
| \B | [^\b] | a\Bbc | abc |
| 逻辑、分组 | | | |
| \| | \| 代表左右表达式任意匹配一个<br>它总是先尝试匹配左边的表达式，一旦成功匹配则跳过匹配右边的表达式<br>如果 \| 没有包括在 () 中，则它的范围是整个正则表达式 | abc\|def | abc<br>def |
| (…) | 被引起来的表达式将作为分组，从表达式左边开始每遇到一个分组的左括号 "("，编号 +1<br>分组表达式作为一个整体，可以接数量词。表达式中的 \| 仅在该组有效 | (abc){2}<br>a(123\|456)<br>c | abcabc<br>a456c |
| (?P=name) | 引用别名为 <name> 的分组匹配到的字符串 | (?P<id>\d)<br>abc(?+P=id) | 1abc1<br>5abc5 |

## 3.4.1　re.match 函数

re.match() 函数尝试从字符串的起始位置匹配一个模式，如果不是起始位置匹配成功的话，match() 就返回 none。

re.match() 函数的语法如下。

```
re.match(pattern, string, flags=0)
```

re.match() 函数的参数说明如表 3-3 所示。

表 3-3　re.match() 函数的参数说明

| 参数 | 说　　明 |
|---|---|
| pattern | 匹配的正则表达式 |
| string | 要匹配的字符串 |
| flags | 标志位，用于控制正则表达式的匹配方式，如是否区分大小写、多行匹配等。参见表 3-4 |

匹配成功 re.match 方法返回一个匹配的对象，否则返回 None。

正则表达式的标志位，也称为修饰符。正则表达式可以包含一些可选标志修饰符来控制匹配的模式。修饰符被指定为一个可选的标志。多个标志可以通过按位 OR(|) 它们来指定，如 re.I | re.M 被设置成 I 和 M 标志，如表 3-4 所示。

表 3-4　正则表达式的修饰符说明

| 修饰符 | 说　　明 |
| --- | --- |
| re.I | 使匹配对大小写不敏感 |
| re.L | 做本地化识别（locale-aware）匹配 |
| re.M | 多行匹配，影响 ^ 和 $ |
| re.S | 使匹配包括换行在内的所有字符 |
| re.U | 根据 Unicode 字符集解析字符。这个标志影响 \w、\W、\b、\B |
| re.X | 这个选项忽略规则表达式中的空白和注释，并允许使用 '#' 来引导一个注释 |

示例 1：匹配以 python 开头的字符串。

```
import re

# 匹配以 python 开头的字符串
p1 = "python"
msg = "python test"
r1 = re.match(p1, msg);

print(type(r1))
print(r1)

if r1:
    print("=== 匹配成功 ===")
else:
    print("=== 匹配失败 ===")
# 输出结果为
<class '_sre.SRE_Match'>
<_sre.SRE_Match object; span=(0, 6), match='python'>
=== 匹配成功 ===
```

示例 2：匹配是否包含字符串 python。

```
import re
# 匹配是否包含字符串 python
```

```python
p1 = "python"
msg = "java python test"
r1 = re.search(p1, msg);

print(type(r1))
print(r1)

if r1:
    print("===ok===")
else:
    print("===error===")

# 输出结果为
<class '_sre.SRE_Match'>
<_sre.SRE_Match object; span=(5, 11), match='python'>
===ok===
```

示例 3：匹配数字。

```python
import re

p1 = r"\d"
msg = "123456"

r1 = re.search(p1,msg)
print(r1)

# 输出结果为
<_sre.SRE_Match object; span=(0, 1), match='1'>
```

示例 4：正则表达式默认匹配时，是区分大小写的。

```python
import re

pat = r"java"
msg = "python Java c++"
r = re.search(pat , msg)
print( r )
# 输出结果为
None
```

不分区大小写的示例如下。

```
import re

pat = r"java"
msg = "python Java c++"
r = re.search(pat , msg, re.I)
print( r )
# 输出结果为
<_sre.SRE_Match object; span=(7, 11), match='Java'>
```

使用正则表达式可以对搜索的结果进行进一步精简信息。例如，下面一个正则表达式：

```
output_(\d{4})
```

该正则表达式用括号 () 包围了一个小的正则表达式 \d{4}。这个小的正则表达式被用于从结果中筛选想要的信息（在这里是 4 位数字）。这样被括号引起来的正则表达式的一部分称为群 (Group)。可以 m.group(number) 的方法来查询群。group(0) 是整个正则表达式的搜索结果，group(1) 是第 1 个群，group(2) 是第 2 个群，其他群以此类推。

```
import re
m = re.search("output_(\d{4})", "output_2018.txt")
print(m.group(0))
print(m.group(1))
# 输出结果为
output_2018
2018
```

## 3.4.2 re.search 函数

re.search() 函数扫描整个字符串并返回第 1 个成功的匹配。

re.search() 函数的语法如下。

```
re.search(pattern, string, flags=0)
```

re.search() 函数的参数说明如表 3-5 所示。

表 3-5　re.search() 函数的参数说明

| 参数 | 说　　明 |
| --- | --- |
| pattern | 匹配的正则表达式 |
| string | 要匹配的字符串 |
| flags | 标志位，用于控制正则表达式的匹配方式，如是否区分大小写、多行匹配等。参见正则表达式标志位 |

匹配成功 re.search 方法返回一个匹配的对象，否则返回 None。

```
import re

line = "Cats are smarter than dogs";
searchObj = re.search(r'(.*) are (.*?) .*', line, re.I)

if searchObj:
    print("searchObj.group() : ", searchObj.group())
    print("searchObj.group(1) : ", searchObj.group(1))
    print("searchObj.group(2) : ", searchObj.group(2))
# 输出结果为
searchObj.group() :  Cats are smarter than dogs
searchObj.group(1) :  Cats
searchObj.group(2) :  smarter
```

re.match 只匹配字符串的开始，如果字符串开始不符合正则表达式，则匹配失败，函数返回 None；而 re.search 匹配整个字符串，直到找到一个匹配。

```
line = "Cats are smarter than dogs";

matchObj = re.match(r'dogs', line, re.M | re.I)
if matchObj:
    print( "match -→ matchObj.group() : ", matchObj.group())
else:
    print("No match!")

matchObj = re.search(r'dogs', line, re.M | re.I)
if matchObj:
    print( "search -→ matchObj.group() : ", matchObj.group())
else:
    print("No match!")
# 输出结果为
No match!
```

search - → matchObj.group()：dogs

### 3.4.3 re.findall 函数

re.findall() 函数在字符串中找到正则表达式所匹配的所有子串，并返回一个列表，如果没有找到匹配的，则返回空列表。

注意，re.match() 和 re.search() 函数是只匹配一次，而 re.findall() 是匹配所有。

re.findall() 函数的语法如下。

```
re.findall(string[, pos[, endpos]])
```

re.findall() 函数的参数说明如表 3-6 所示。

表 3-6　re.findall() 函数的参数说明

| 参数 | 说　　明 |
|---|---|
| string | 待匹配的字符串 |
| pos | 可选参数，指定字符串的起始位置，默认为 0 |
| endpos | 可选参数，指定字符串的结束位置，默认为字符串的长度 |

查找字符串中的所有数字：

```
import re

pattern = re.compile(r'\d+')   # 查找数字
result1 = pattern.findall('abc 123 def 456')
result2 = pattern.findall('aaa88bbb123ccc456', 0, 20)

print(result1)
print(result2)
# 输出结果为
['123', '456']
['88', '123', '456']
```

# 3.5　JSON 数据解析

如果要将一个程序内的数据通过网络传输给其他程序，通常需要先把这些数据转换为字符串。那么，需要按照一种统一的数据格式，才能让数据接收端正确解析字符串，并且理解这些数据的含义。XML 是一种早先被广泛使用的数据交换格式，虽然 XML 可以作为跨平台的数据交换格式，但是使用 XML 格式储存的数据要比使用 JSON 格式储存的数据占用的空间大，增加了交换数据产生的流量。如今，越来越多的系统使用的数据交换格式是 JSON，JSON 相对于 XML 更加简单，易于理解和编写。

### 3.5.1　JSON 简介

JSON（JavaScript Object Notation）是一种轻量级的数据交换格式，易于阅读和编写，同时也易于机器解析和生成。它基于 JavaScript Programming Language, Standard ECMA-262 3rd Edition -

December 1999 的一个子集。JSON 采用完全独立于语言的文本格式，但是也使用了类似于 C 语言家族的习惯（包括 C、C++、C#、Java、JavaScript、Perl、Python 等）。这些特性使 JSON 成为理想的数据交换语言。

JSON 官方网站为 http://www.json.org/。

JSON 是一种基于文本、独立于语言的轻量级数据交换格式。JSON 的基本语法如下。

（1）JSON 名称 / 值对。JSON 数据的书写格式为：名称 / 值对。名称 / 值对包括字段名称（在双引号中），然后是一个冒号 (:)，最后是值。例如，{ "name" : "Python" }，类似于 Python 中的字典。

（2）JSON 值。JSON 值可以是数字（整数或浮点数）、字符串（在双引号中）、逻辑值（True 或 False）、数组（在中括号中）、对象（在大括号中）和 null。例如，{ "age": 21, "graduated ":true }。JSON 值的基本格式如图 3-7 所示。

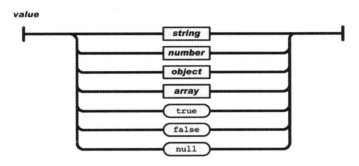

图 3-7　JSON 值的基本格式

（3）JSON 对象。JSON 对象在花括号 {} 中书写，对象可以包含多个名称 / 值对，多个 JSON 名称 / 值以 "，" 进行分隔。例如，{ "name":"Pyton" , "age": 25}。JSON 对象的基本格式如图 3-8 所示。

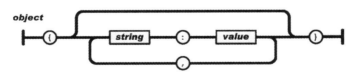

图 3-8　JSON 对象的基本格式

（4）JSON 数组。JSON 数组在方括号中 [ ] 书写，数组可包含多个 JSON 对象。例如：

```
{
    "sites": [
        { "name": "jd",  "url": "www.jd.com"    },
        { "name": "taobao",    "url": "www.taobao.com" }
    ]
}
```

在本例中对象 "sites" 是包含两个对象的数组。JSON 数组的基本格式如图 3-9 所示。

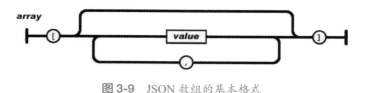

图 3-9　JSON 数组的基本格式

## 3.5.2 Python 处理 JSON 数据

Python 3 标准库有 JSON 模块，主要执行序列化和反序列化功能。

- 序列化 (Encoding)：把一个 Python 对象编码转化为 JSON 字符串。
- 反序列化 (Decoding)：把 JSON 格式字符串解码转换为 Python 数据对象。

### 1. json 模块的主要函数

在 Python 3 的 json 模块中 json.dumps() 函数将 Python 对象编码成 JSON 字符串。使用的语法如下。

```
import json
dumps(obj, skipkeys=False, ensure_ascii=True, check_circular=True, allow_
nan=True, cls=None, indent=None, separators=None, default=None, sort_
keys=False, **kw)
```

参数说明如下。

- sort_keys：表示序列化 JSON 对象时是否对字典的 key 进行排序，字典默认是无序的。
- indent：表示缩进，可以使数据格式可读性更强，格式化输出 JSON 字符串，如果 ident 是一个非负的整数，那么 JSONarray 元素和 object 成员将会被以相应的缩进级别进行打印输出。
- separators：当使用 ident 参数时 json 模块序列化 Python 对象后得到的 JSON 字符串中的 "," 和 ":" 分隔符后默认会附加一个空白字符，可以通过 separators 参数重新指定分隔符，去除无用的空白字符。指定的分隔符一般是一个元组类型的数据，如 (',',':')。

使用 json 模块的 json.load() 函数，将 JSON 格式的字符串转换成 Python 对象，使用的语法格式如下。

```
import json
json.load(fp, cls=None, object_hook=None, parse_float=None, parse_int=None,
parse_constant=None, object_pairs_hook=None, **kw)
```

### 2. JSON 字符串与 Python 原始类型之间数据类型对应关系

Python 原始类型向 JSON 类型的转化对照如表 3-7 所示。

表 3-7　Python 原始类型向 JSON 类型的转化对照

| Python | JSON |
| --- | --- |
| dict | object |
| list, tuple | array |
| str, unicode | string |
| int, long, float | number |
| True | true |
| False | false |
| None | null |

JSON 类型向 Python 原始类型的转化对照如表 3-8 所示。

表 3-8　JSON 类型向 Python 原始类型的转化对照

| JSON | Python |
| --- | --- |
| object | dict |
| array | list |
| string | str |
| number(int) | int |
| number(real) | float |
| true | True |
| false | False |
| null | None |

### 3. 序列化操作实例

```
import json

data ={'name':"wangwu" , 'lang': ('python' ,'java'), 'age':20 }
data_json = json.dumps( data )
print( data)
# 输出结果为 [{'name': 'wangwu', 'lang': ('python', 'java'), 'age': 20}]

print( data_json )
# 输出结果为 [{"name": "wangwu", "lang": ["python", "java"], "age": 20}]
```

从返回结果可以看出，data_json 字符串中 lang 数据类型从元组变成了列表。

还可以对打印的 json 字符进行美化，可以使用如下 Python 语句。

```
data_json = json.dumps(data,sort_keys = True, indent=2 )
print( data_json )
```

输出结果如下。

```
{
  "age": 20,
  "lang": [
    "python",
    "java"
  ],
  "name": "wangwu"
}
```

如果要对输出的 json 字符串去除无用的空白字符，可以使用如下 Python 语句。

```
data_json = json.dumps(data,sort_keys = True,separators=(',',':') )
print( data_json )
```

输出结果如下。

```
{"age":20,"lang":["python","java"],"name":"wangwu"}
```

**4. 反序列化操作实例，把 JSON 格式字符串转换为 Python 对象**

```
new_data = json.loads(data_json )
print(new_data )
print(type(new_data))
```

输出结果如下。

```
{'age': 20, 'lang': ['python', 'java'], 'name': 'wangwu'}
<class 'dict'>
```

从返回结果可以看出，解码后并没有将原始数据 data_json 的 lang 数据还原成元组，而是还原成了列表。

### 3.5.3 自定义对象的序列化

如果是类对象，是不是可以直接用 json.dumps(obj) 序列化对象呢？答案是不可以的，需要在类对象中编写转换函数。

例如，自定义对象的序列化。

```
import json

class Man(object):
    def __init__(self, name, age ):
        self.name = name
        self.age = age


# 序列化函数
```

```
def obj2json(obj):
    return {
            "name" : obj.name,
            "age" : obj.age
            }


man = Man('tom', 21)
jsonDataStr = json.dumps(man, default=obj2json)
print(jsonDataStr )
```

运行脚本，得到以下输出结果。

```
{"name": "tom", "age": 21}
```

json.dumps() 函数中的可选参数 default 就是把任意一个对象变成一个可序列为 JSON 的对象，只需要为 Man 专门写一个转换函数，再把函数传进去即可。

通过一种简单的方式，用 lambda 方式来转换任意一个类对象为 JSON 格式的字符串。

```
jsonDataStr = json.dumps(man, default=lambda obj: obj.__dict__)
lambda obj: obj.__dict__
```

其中 lambda obj: obj.__dict__ 会将任意对象的属性转换成字典的方式。同样的道理，如果要将 JSON 对象反序列化，也需要写个反序列化函数来转换。

```
json.loads(json_str, object_hook=handle)
import json


class Man(object):
    def __init__(self, name, age ):
        self.name = name
        self.age = age


def obj2json(obj):
    return {
            "name" : obj.name,
            "age" : obj.age
            }


# 反序列化处理函数
def handle( obj ):
    print( type(obj))
    return Man(obj['name'] , obj['age'])


man = Man('tom' , 21)
```

```
jsonDataStr = json.dumps( man , default=obj2json)

jsonObj = json.loads(jsonDataStr, object_hook=handle )
print( 'name={0},age={1}'.format(jsonObj.name, jsonObj.age ) )
# 输出结果为
name=tom,age=21
```

在本例中编写反序列化函数 handle() 把 JSON 字符串转换成 Python 类的对象。

# 3.6 存储对象序列化

Python 是一种面向对象和面向过程的解释型程序设计语言。在 Python 中无论是变量还是函数都是一个对象，当 Python 脚本运行时，对象存储在内存中，随时等待系统的调用。但是内存中的对象数据会随着计算机关机而消失。

在 Python 3 中使用 pickle 模块对任意一种类型的 Python 对象进行序列化操作，如列表、字典和一个类的对象。pickle 模块用于将 Python 对象存储到文件中，以及从文件中读取这些 Python 对象。

pickle 模块中常用的函数如下。

（1）pickle.dump(obj, file)：将要持久化的数据对象保存到文件中。

（2）pickle.load(file)：从文件中读取字符串，将它们反序列化转换为 Python 的数据对象。

（3）pickle.dumps(obj)：以字节对象形式返回封装的对象，不需要写入文件中。

（4）pickle.loads(bytes_object)：从字节对象中读取被封装的对象，并返回封装的对象。

## 3.6.1 序列化对象

序列化对象就是把 Python 对象的字节序列永久地保存到硬盘上，通常存放在一个文件中。使用 pickle 模块序列化对象时，因为存储的是 Python 对象，必须使用二进制的形式写入文件，需要使用 open(file, mode="wb") 函数把 Python 对象以二进制的形式写入文件。

```
import pickle

ls = [1, 2, 3, 4, 5]
str = 'aaa'
dict = {
    'name': 'wangwu'
}
```

```
class Book(object):
    def __init__(self, name, id):
        self.name = name
        self.id = id


    def __str__(self):
        return ('book name={0},id={1}'.format(self.name, self.id))

# 以二进制形式把 Python 对象写入文件
with open( r'd:\ls.dat', 'wb') as file:
    pickle.dump(ls, file)

with open( r'd:\str.dat', 'wb') as file:
    pickle.dump(str, file)

with open( r'd:\dict.dat', 'wb') as file:
    pickle.dump(dict, file)

book = Book('Python 全栈开发', 100)
with open( r'd:\book.dat', 'wb') as file:
    pickle.dump(book, file)
```

本例使用 pickle 模块把字符串、列表、字典和类的对象序列化后存入本地磁盘文件中。

## 3.6.2 反序列化对象

反序列化对象就是载入本地文件恢复成 Python 对象。从文件读取数据时需要使用 open(file, mode="rb") 函数以二进制的形式读取文件，然后使用 pickle.load(file) 的方法，将读取的数据转换成为 Python 对象。

使用 pickle.load() 读取本地文件，这 4 个本地文件是上例中使用 pickle 模块序列化 Python 对象后存入本地的文件。

```
import pickle
class Book(object):
    def __init__(self, name, id):
        self.name = name
        self.id = id


    def __str__(self):
```

```
                return ('book name={0},id={1}'.format(self.name, self.id))

# 以二进制形式读取文件
with open( r'd:\str.dat', 'rb') as file:
    str = pickle.load(file)

with open( r'd:\ls.dat', 'rb') as file:
    ls = pickle.load(file)

with open( r'd:\dict.dat', 'rb') as file:
    dict = pickle.load(file)

with open( r'd:\book.dat', 'rb') as file:
    book = pickle.load(file)

print("str={0}".format(str))
print("ls={0}".format(ls))
print("dict={0}".format(dict))
print(book)
```

运行脚本，得到以下结果。

```
str=aaa
ls=[1, 2, 3, 4, 5]
dict={'name': 'wangwu'}
book name=Python 全栈开发,id=100
```

## 3.7 发送 E-mail

发送邮件的协议是 SMTP，SMTP（Simple Mail Transfer Protocol）即简单邮件传输协议，由它来控制信件的中转方式，用于将邮件从源地址发送到目的地址的协议。Python 内置对 SMTP 的支持，可以发送纯文本邮件、HTML 邮件和带附件的邮件。Python 对 SMTP 的支持有 smtplib 和 Email 两个模块，Email 模块负责构造邮件，smtplib 模块负责发送邮件。

首先申请一个 163 邮箱，登录邮箱后选择【设置】→【POP3/SMTP/IMAP】选项，开启 SMTP 功能。本例中采用的是网易的电子邮件服务器 **smtp.163.com**，如图 3-10 所示。

图 3-10　网易的电子邮件服务器 SMTP 地址

调用 163 邮箱服务器来发送邮件时，还需要开启 POP3/SMTP 服务。选择【客户端授权密码】
选项，这时 163 邮箱会让用户设置客户端授权码，这个授权码就是发送邮件使用的密码，如图 3-11
所示。

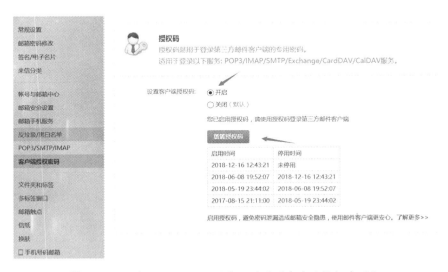

图 3-11　开启 POP3/SMTP 服务，设置 "客户端授权密码"

本书使用的邮箱账号信息如表 3-9 所示。

表 3-9　邮箱账号信息

| E-mail | xinpingedu@163.com |
|---|---|
| 客户端授权密码 | 123welcome |

xinpingedu@163.com 是笔者为编写本书注册的一个测试邮箱，读者可以通过注册自己的邮箱账号得到类似的结果。

Python 3 创建 SMTP 对象的语法如下。

```
import smtplib
smtpObj = smtplib.SMTP( [host [, port [, local_hostname]]] )
```

参数说明如下。

- host: SMTP 服务器主机。用户可以指定主机的 IP 地址或域名，如 w3cschool.cc。这是可选参数。
- port: 如果用户提供了 host 参数，还需要指定 SMTP 服务使用的端口号，一般情况下 SMTP 端口号为 25。
- local_hostname: 如果 SMTP 在用户的本机上，就只需要指定服务器地址为 localhost 即可。

Python SMTP 对象使用 sendmail 方法发送邮件，语法如下。

```
SMTP.sendmail(from_addr, to_addrs, msg[, mail_options, rcpt_options]
```

参数说明如下。

- from_addr: 邮件发送者地址。
- to_addrs: 字符串列表，邮件发送地址。
- msg: 发送消息。

## 3.7.1 发送简单邮件

示例：发送简单邮件。

本例文件名为 "PythonFullStack/Chapter03/sendEmail01.py"，使用 xinpingedu@163.com 邮箱发送简单邮件，接收方邮箱地址为 xpws2006@163.com，其完整代码如下。

```
import smtplib
from email.mime.text import MIMEText
from email.header import Header

# 第三方 SMTP 服务
mail_host= "smtp.163.com"          # 设置服务器
mail_user= "xinpingedu@163.com"    # 用户名
mail_pass= "123welcome"                    # 密码
```

```
# 发送邮箱地址
sender = mail_user
# 接收邮箱地址
receivers = ["xpws2006@163.com" ]


# 3个参数：第一个为文本内容，第二个 plain 设置文本格式，第三个 utf-8 设置编码
message = MIMEText("邮件发送测试。", "plain", "utf-8")
message['From'] = Header("测试邮件标题", "utf-8")
message['To'] = ";".join(receivers)


# 邮件标题
subject = "Python SMTP 邮件测试"
message["Subject"] = Header(subject, "utf-8")


try:
    smtpObj = smtplib.SMTP()
    smtpObj.connect(mail_host, 25)      # 25 为 SMTP 端口号
    smtpObj.login(mail_user,mail_pass)
    smtpObj.sendmail(sender, receivers, message.as_string())
    smtpObj.close()
    print( "邮件发送成功")
except Exception as e :
    print( "Error: 无法发送邮件")
    print( str(e) )
```

运行脚本后，查看接收方邮箱 xinping2006@163.com，就可以查看到发送的简单邮件，如图 3-12 所示。

图 3-12　发送简单邮件

## 3.7.2 发送 HTML 格式的邮件

示例：发送 HTML 格式的邮件。

Python 发送 HTML 格式的邮件与发送纯文本消息的邮件的不同之处就是将 MIMEText 中 _subtype 设置为 html。

本例文件名为 "PythonFullStack/Chapter03/sendEmail02.py"。使用 xinpingedu@163.com 邮箱发送 HTML 格式的邮件，接收方邮箱地址为 xpws2006@163.com。

```python
import smtplib
from email.mime.text import MIMEText
from email.header import Header


# 第三方 SMTP 服务
mail_host="smtp.163.com"       #设置服务器
mail_user="xinpingedu@163.com"       # 用户名
mail_pass="123welcome"    # 口令


sender =mail_user
receivers = [ 'xpws2006@163.com' ]    # 接收邮件，可设置为你的 QQ 邮箱或者其他邮箱


mail_msg = """
<p>Python 邮件发送测试 ...</p>
<p><a href="http://www.cnblogs.com"> 这是一个链接,跳转到博客园 </a></p>
"""


message = MIMEText(mail_msg , 'html', 'utf-8')
message['From'] = Header(" 测试邮件标题 ", 'utf-8')
message['To'] =   ";".join(receivers)


subject = 'Python SMTP 邮件测试'
message['Subject'] = Header(subject, 'utf-8')


try:
    smtpObj = smtplib.SMTP()
    smtpObj.connect(mail_host, 25)     # 25 为 SMTP 端口号
    smtpObj.login(mail_user,mail_pass)
    smtpObj.sendmail(sender, receivers, message.as_string())
    smtpObj.close()
    print( "邮件发送成功")
except Exception as e :
```

```
      print( "Error: 无法发送邮件")
      print( str(e) )
```

运行脚本后，查看接收方邮箱 xinping2006@163.com，就可以查看到发送的 HTML 格式的邮件，如图 3-13 所示。

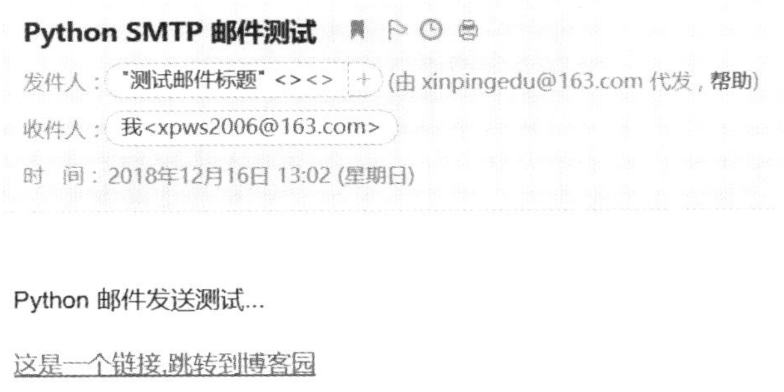

**Python SMTP 邮件测试**  ▮ ▷ ⊙ 🖶

发件人：" 测试邮件标题 " <> <>  ＋ (由 xinpingedu@163.com 代发，帮助)

收件人：我 <xpws2006@163.com>

时　间：2018年12月16日 13:02 (星期日)

Python 邮件发送测试...

这是一个链接,跳转到博客园

图 3-13　发送 HTML 格式的邮件

发送 HTML 格式的邮件的核心代码如下所示，这是一个 Python 字符串，包含 HTML 的 <p> 段落标签和 <a> 超链接标签。

```
mail_msg = """
<p>Python 邮件发送测试 ...</p>
<p><a href="http://www.cnblogs.com"> 这是一个链接,跳转到博客园 </a></p>
"""
```

## 3.7.3 发送带附件的邮件

示例：发送带附件的邮件。

本例文件名为 "PythonFullStack/Chapter03/sendEmail02.py"。使用 xinpingedu@163.com 邮箱发送带附件的邮件，附件为 D 盘下的 test1.txt 和 test2.txt 文件，接收方邮箱地址为 xpws2006@163.com。

```
import smtplib
from email.mime.text import MIMEText
from email.mime.multipart import MIMEMultipart
from email.header import Header


# 第三方 SMTP 服务
mail_host="smtp.163.com"      # 设置服务器
mail_user="xinpingedu@163.com"      # 用户名
mail_pass="123welcome"      # 口令
```

```python
    sender = mail_user
    receivers = [ 'xpws2006@163.com' ]    # 接收邮件，可设置为接收用户的邮箱

# 创建一个带附件的实例
message = MIMEMultipart()

message['From'] = Header(" 邮件标题 ", 'utf-8')
message['To'] =   ";".join(receivers)
subject = 'Python SMTP 邮件测试'
message['Subject'] = Header(subject, 'utf-8')

# 邮件正文内容
message.attach(MIMEText(' 这是 Python  邮件发送测试……', 'plain', 'utf-8'))

# 构造附件 1，传送 d 盘下的 test1.txt 文件
att1 = MIMEText(open('d:/test1.txt', 'rb').read(), 'base64', 'utf-8')
att1["Content-Type"] = 'application/octet-stream'
# 这里的 filename 可以任意写，写什么名称，邮件中显示什么名称
att1["Content-Disposition"] = 'attachment; filename="test1.txt"'
message.attach(att1)

# 构造附件 2，传送 d 盘下的 test2.txt 文件
att2 = MIMEText(open('d:/test2.txt', 'rb').read(), 'base64', 'utf-8')
att2["Content-Type"] = 'application/octet-stream'
att2["Content-Disposition"] = 'attachment; filename="test2.txt"'
message.attach(att2)

try:
    smtpObj = smtplib.SMTP()
    smtpObj.connect(mail_host, 25)      # 25 为 SMTP 端口号
    smtpObj.login(mail_user,mail_pass)
    smtpObj.sendmail(sender, receivers, message.as_string())
    print( " 邮件发送成功 ")
except Exception as e:
    print("Error: 无法发送邮件 ")
    print(str(e))
```

运行脚本后，查看接收方邮箱 xinping2006@163.com，就可以查看到发送的带附件的邮件，如图 3-14 所示。

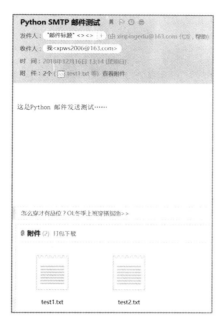

图 3-14　发送带附件的邮件

# 第 4 章

# 使用 Python 操作数据库

本章主要介绍 MySQL、MongoDB 和 Redis 3 种数据库的基本用法和使用 Python 对数据库进行操作。

# 4.1 操作 MySQL 数据库

## 4.1.1 MySQL 简介

MySQL 是一个关系型数据库管理系统，由瑞典 MySQL AB 公司开发，目前属于 Oracle 旗下产品。MySQL 是最流行的关系型数据库管理系统之一，在 Web 应用方面，MySQL 是最好的 RDBMS (Relational Database Management System，关系数据库管理系统 ) 应用软件。关系数据库是将数据保存在不同的表中，而不是将所有数据放在一个大仓库内，这样就提高了速度并增加了灵活性。

MySQL 所使用的 SQL 语言是用于访问数据库最常用的标准化语言。MySQL 软件采用了双授权政策，分为社区版和商业版。由于其体积小、速度快、总体拥有成本低，尤其是开放源码这一特点，一般中小型网站的开发都选择 MySQL 作为网站数据库。

MySQL 数据库遵循事务的 ACID 规则。事务在英文中是 Transaction，与现实世界中的交易很类似，它有以下 4 个特性。

### 1. (Atomicity) 原子性

事务中的所有操作要么全部执行，要么全部拒绝，没有任何中间状态。也就是说，事务中的所有操作要么全部做完，要么都不做，事务成功的条件也是事务中的所有操作都成功，只要有一个操作失败，整个事务就失败，需要回滚。

如银行转账，从 A 账户转 100 元至 B 账户，分为以下两个步骤。

（1）从 A 账户取 100 元。

（2）存入 100 元至 B 账户。这两步要么一起完成，要么一起不完成，如果只完成第 1 步，第 2 步失败，那么钱就会莫名其妙少 100 元。

### 2. C (Consistency) 一致性

数据库的完整性约束不会被任何事务破坏，也就是说，数据库要一直处于一致的状态，事务的运行不会改变数据库原本的一致性约束。

例如，现有完整性约束 $a+b=10$，如果一个事务 $a$ 改变了，那么必须要改变另一个事务 $b$，使得事务结束后依然满足 $a+b=10$，否则事务失败。

### 3. I (Isolation) 隔离性

多个事务完全被隔离开来，一个事务的执行不会被其他事务影响。隔离性是指并发的事务之间不会互相影响，如果一个事务要访问的数据正在被另一个事务修改，只要另一个事务未提交，它所访问的数据就不受未提交事务的影响。

例如，现在有一个交易是从 A 账户转入 100 元至 B 账户，在这个交易还未完成的情况下，如果此时 B 查询自己的账户，是看不到新增加的 100 元的。

### 4. D (Durability) 持久性

一个事务完成后，该事务对数据库的变更会被永久地存在数据库。持久性是指一旦事务提交后，它所做的修改将永久地保存在数据库中，即使出现宕机也不会丢失。

### 4.1.2 在 Windows 下安装 MySQL

本小节介绍在 Windows 下安装并配置 MySQL 开发环境。安装环境信息如表 4-1 所示。

表 4-1　MySQL 安装环境信息

| 操作系统 | Windows 10 64 位平台 |
| --- | --- |
| MySQL | 5.7 |

Windows 版 MySQL 的下载地址为 https://www.mysql.com/downloads/，笔者下载的版本是 mysql-installer-community-5.7.21.0.msi，如图 4-1 所示。

图 4-1　下载 MySQL 5.7

（1）安装 Windows 版的 MySQL 非常简单，双击 mysql-install-5.7.21.0.msi 即可。

如果安装 MySQL 5.7 时遇到 This application requires .NET Framework 4.5 错误，如图 4-2 所示，就需要安装 .NET Framework 平台，在微软的官网 https://www.microsoft.com/zh-cn/ 搜索关键字 Microsoft.NET framework 4.5 安装包。

图 4-2　安装 MySQL 5.7

下载 Microsoft.NET framework 4.5 安装包后进行安装，安装完毕重启计算机再安装 MySQL5.7。在企业开发中，MySQL 的安装类型选中【Server Only】单选按钮，然后单击【Next】按钮进行下一步的安装，如图 4-3 所示。

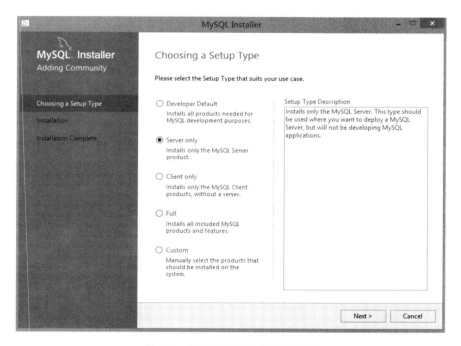

图 4-3　选择 MySQL 的安装类型

安装 MySQL Server 5.7.21 需要依赖 Microsoft Visual C++ 2013 Redistributable Package(x64) 安装包，如果没有安装，需要单击"Execute"按钮进行在线安装，如图 4-4 所示。

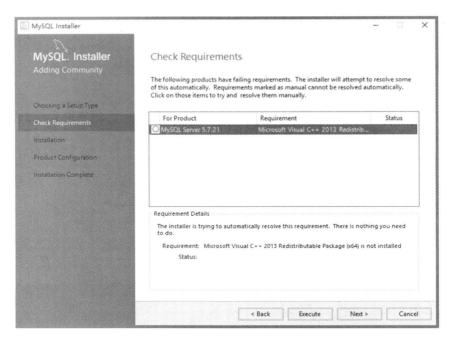

图 4-4　安装 MySQL Server 依赖的 Microsoft Visual C++ 2013 Redistributable Package(x64)

安装 Microsoft Visual C++ 2013 Redistributable Package(x64) 成功后，继续单击【Next】按钮进行下一步的安装，如图 4-5 和图 4-6 所示。

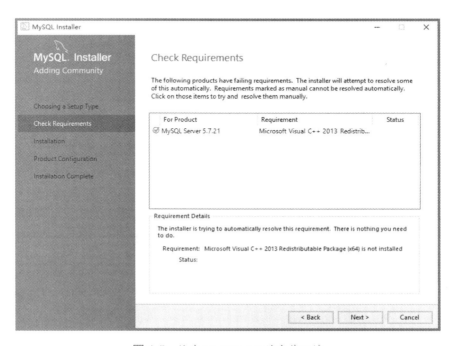

图 4-5　检查 MySQL 5.7 的安装环境

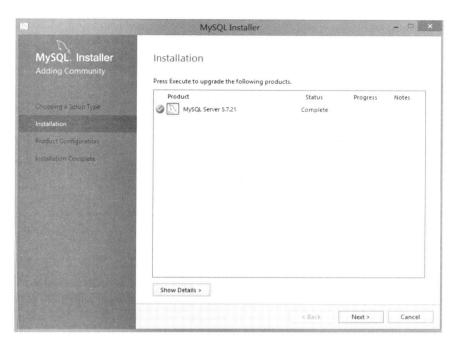

图 4-6　继续安装 MySQL

在【Type and Networking】对应的界面中，选中【standalone MySQL Server/Classic MySQL Replication】单选按钮，如图 4-7 所示。

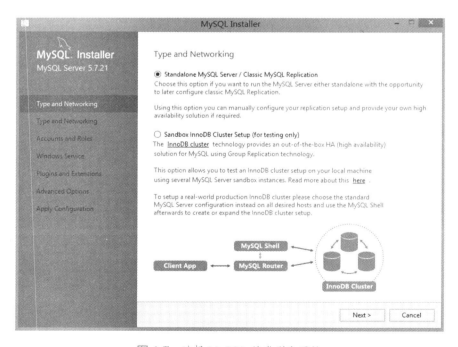

图 4-7　选择 MySQL 的类型和网络

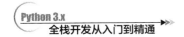

在【Server Configuration Type】对应的界面中，选择【Server Machine】选项，如图 4-8 所示。

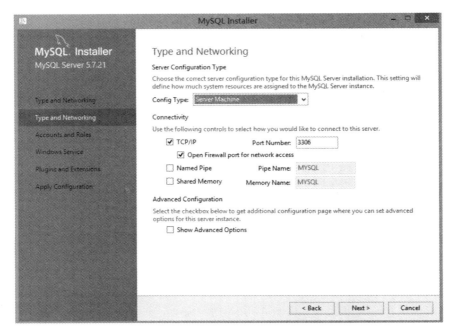

图 4-8　选择 MySQL 的服务器配置类型

设置 MySQL 的 Root 账号的密码，如图 4-9 所示。

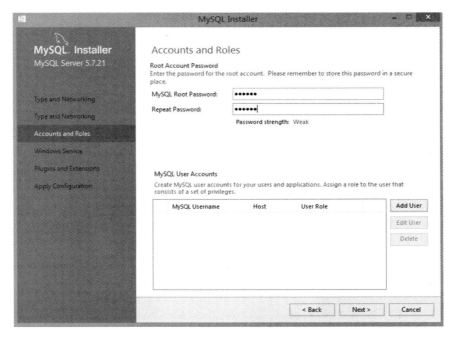

图 4-9　设置 MySQL 的 Root 账号密码

按照默认选项进行安装即可，如图 4-10 所示。

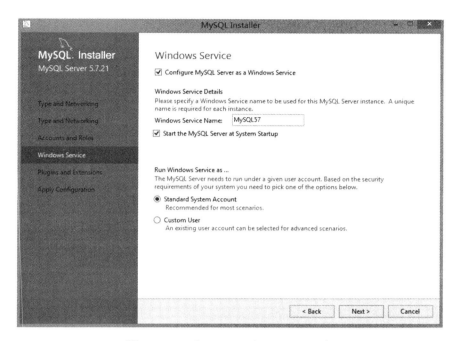

图 4-10　配置 MySQL 的 Windows 服务

继续单击【Next】按钮进行 MySQL 下一步的安装，如图 4-11 所示。

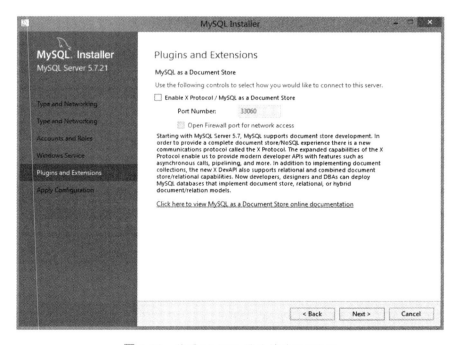

图 4-11　使用 MySQL 默认的端口 33060

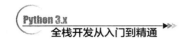
继续单击【Next】按钮进行 MySQL 的产品配置，如图 4-12 所示。

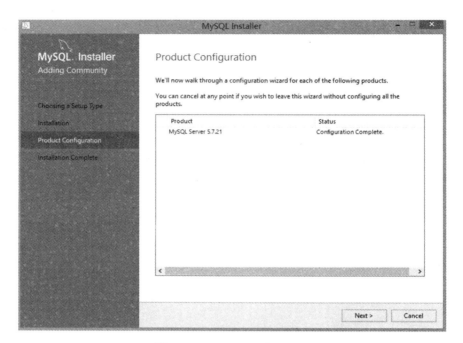

图 4-12　MySQL 的产品配置

继续单击【Next】按钮开始安装 MySQL，安装成功的界面如图 4-13 所示。

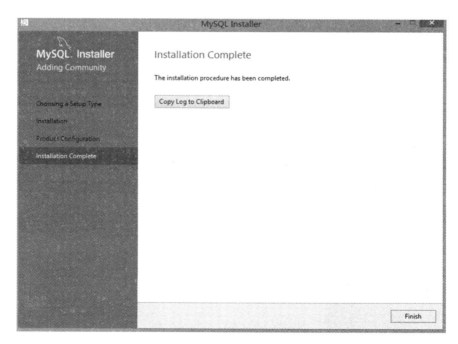

图 4-13　成功安装 MySQL

（2）配置 MySQL。

MySQL5.7 默认安装在 C:\Program Files\MySQL\MySQL Server 5.7 文件夹下，如图 4-14 所示。

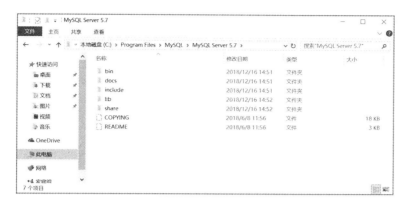

图 4-14　查看 MySQL 的安装路径

在桌面上右击【此电脑】图标，在弹出的快捷菜单中选择【属性】→【高级系统设置】命令，在打开的【系统属性】对话框中单击【环境变量】按钮，在【环境变量】窗口的【Path】变量中追加地址为 "C:\Program Files\MySQL\MySQL Server 5.7\bin"，如图 4-15 所示。

图 4-15　配置 MySQL 的可执行命令目录到系统变量 Path 的值中

（3）查看 MySQL 服务是否启动。

按【Win + R】组合键弹出运行窗口，然后输入 "services.msc"，单击【确定】按钮会弹出服务窗口，如图 4-16 所示。

图 4-16　打开运行窗口

可以看到安装的 MySQL5.7.* 的状态是"正在运行",表示 MySQL 服务器端已经在 Windows 后台运行了,如图 4-17 所示。

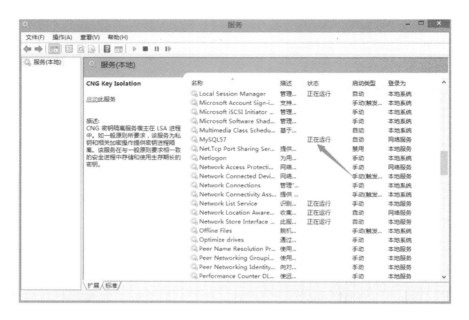

图 4-17　在服务窗口查看 MySQL 服务

(4)启动 MySQL 客户端。

MySQL 服务启动后,按【Win + R】组合键弹出运行窗口,然后输入"cmd",进入 Windows 的命令提示窗口。输入"mysql –uroot –p",按【Enter】键后输入 MySQL 密码即可登录成功,如图 4-18 所示。

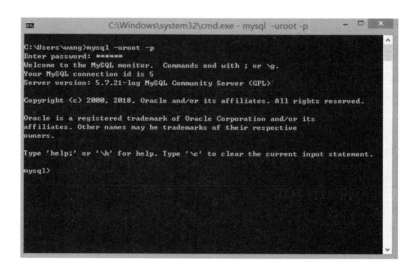

图 4-18　登录 MySQL

## 4.1.3 在 Linux 下安装 MySQL

本节介绍在 Linux 下安装并配置 MySQL 开发环境。安装环境信息如表 4-2 所示。

表 4-2　MySQL 的安装环境信息

| 操作系统 | CentOS 7 64 位平台 |
|---|---|
| MySQL | 5.7 |

### 1. 配置 YUM 源

下载 MySQL 源安装包：

```
[root@localhost tmp]# wget
http://dev.mysql.com/get/mysql57-community-release-el7-8.noarch.rpm
```

查看 MySQL 的 yum repo 源：

```
[root@localhost tmp]# ls -1 /etc/yum.repos.d/mysql-community*
/etc/yum.repos.d/mysql-community.repo
/etc/yum.repos.d/mysql-community-source.repo
```

从返回结果可以看到，在 /etc/yum.repos.d/ 目录下获得两个 MySQL 的 yum repo 源：/etc/yum.repos.d/mysql-community.repo 和 /etc/yum.repos.d/mysql-community-source.repo。

安装 MyQL 数据源：

```
[root@localhost tmp]# rpm -ivh mysql57-community-release-el7-8.noarch.rpm
```

### 2. 安装 MySQL

安装 MySQL 服务器端：

```
[root@localhost tmp]# yum -y install mysql-server
```

安装 MySQL 客户端：

```
[root@localhost tmp]# yum -y install mysql
```

### 3. 启动 MySQL 服务

在 Linux 下启动 MySQL 服务，输入命令 systemctl start mysqld：

```
[root@localhost tmp]# systemctl start mysqld
```

查看 MySQL 状态，输入命令 systemctl status mysqld：

```
[root@localhost tmp]# systemctl status mysqld
• mysqld.service - MySQL Server
   Loaded: loaded (/usr/lib/systemd/system/mysqld.service; enabled; vendor
preset: disabled)
   Active: active (running) since 二 2018-07-03 03:46:38 CST; 1min 16s ago
     Docs: man:mysqld(8)
```

```
                    http://dev.mysql.com/doc/refman/en/using-systemd.html
        Process: 3064 ExecStart=/usr/sbin/mysqld --daemonize --pid-file=/var/run/
mysqld/mysqld.pid $MYSQLD_OPTS (code=exited, status=0/SUCCESS)
        Process: 2985 ExecStartPre=/usr/bin/mysqld_pre_systemd (code=exited,
status=0/SUCCESS)
       Main PID: 3067 (mysqld)
         CGroup: /system.slice/mysqld.service
           └─3067 /usr/sbin/mysqld --daemonize --pid-file=/var/run/mysqld/mys...

7 月 03 03:46:22 localhost.localdomain systemd[1]: Starting MySQL Server...
7 月 03 03:46:39 localhost.localdomain systemd[1]: Started MySQL Server.
```

停止 MySQL 服务，输入命令 systemctl stop mysqld：

```
[root@localhost tmp]# systemctl stop mysqld
```

### 4. 修改 root 默认密码

MySQL 安装完后，在 /var/log/mysqld.log 文件中给 root 生成一个默认密码。通过以下命令找到
root 默认密码。

```
[root@localhost tmp]# grep 'temporary password' /var/log/mysqld.log
```
得到以下返回结果。

```
2018-07-02T19:46:31.916628Z 1 [Note] A temporary password is generated for
root@localhost: >Lywf=/87A9h
```

可以看到 root 账户的默认密码为 ">Lywf=/87A9h"。然后输入 mysql -uroot -p 命令登录 MySQL
服务器，最后按照提示输入默认密码即可连接上 MySQL 服务器了。

```
[root@localhost tmp]# mysql -uroot -p
Enter password:
Welcome to the MySQL monitor.  Commands end with ; or \g.
Your MySQL connection id is 4
Server version: 5.7.22

Copyright (c) 2000, 2018, Oracle and/or its affiliates. All rights reserved.

Oracle is a registered trademark of Oracle Corporation and/or its
affiliates. Other names may be trademarks of their respective
owners.

Type 'help;' or '\h' for help. Type '\c' to clear the current input statement.

mysql>
```

使用以下命令修改 root 账号的密码为 "Ccjsj123@welcome"：

```
mysql> alter user 'root'@'localhost' identified by 'Ccjsj123@welcome' ;
Query OK, 0 rows affected (0.12 sec)
```

因为 MySQL5.7 的密码策略默认为 MEDIUM，所以设置的 root 账号密码不能是简单的字符串，如 "123456"，如果需要修改密码为简单字符串，就需要修改 MySQL 的密码策略。

**5. 密码策略**

MySQL 5.7 默认安装了密码安全检查插件（validate_password），其默认密码检查策略要求密码必须包含：大小写字母、数字和特殊符号，并且密码长度不能少于 8 位。否则会提示 ERROR 1819 (HY000): Your password does not satisfy the current policy requirements 错误：

```
mysql> alter user 'root'@'localhost' identified by '123456' ;
ERROR 1819 (HY000): Your password does not satisfy the current policy
requirements
```

查看当前密码策略的相关信息，如图 4-19 所示。

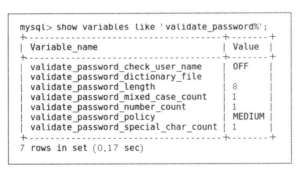

图 4-19 查看当前 MySQL 的密码安全策略

validate_password_policy：密码安全策略，默认 MEDIUM 策略。MySQL 密码策略包括 LOW 策略、MEDIUM 策略和 STRONG 策略，如表 4-3 所示。

表 4-3 MySQL 的密码策略

| 密码策略 | 检查规则 |
| --- | --- |
| LOW(0) | Length |
| MEDIUM(1) | Length; numeric, lowercase/uppercase, and special characters |
| STRONG(2) | Length; numeric, lowercase/uppercase, and special characters; dictionary file |

MySQL 官网密码策略详细说明可以访问以下链接。

```
http://dev.mysql.com/doc/refman/5.7/en/validate-password-options-variables.
html#sysvar_validate_password_policy
```

修改密码策略,将密码策略置为 LOW,长度要求置为 1。

```
mysql> set global validate_password_policy=0;
mysql> set global validate_password_length=1;
```

再次查看密码策略,可以看到密码策略已经设置为 LOW,如图 4-20 所示。

```
mysql> show variables like 'validate_password%';
+--------------------------------------+-------+
| Variable_name                        | Value |
+--------------------------------------+-------+
| validate_password_check_user_name    | OFF   |
| validate_password_dictionary_file    |       |
| validate_password_length             | 4     |
| validate_password_mixed_case_count   | 1     |
| validate_password_number_count       | 1     |
| validate_password_policy             | LOW   |
| validate_password_special_char_count | 1     |
+--------------------------------------+-------+
7 rows in set (0.12 sec)
```

图 4-20  查看修改后的 MySQL 密码策略

使用简单密码再次重置 root 账户密码,就可以成功修改 root 账户密码了。使用以下命令修改 root 账号的密码为 "123456"。

```
mysql> alter user 'root'@'localhost' identified by '123456' ;
Query OK, 0 rows affected (0.29 sec)
```

### 6. 添加远程登录用户

默认只允许 root 账户在本地登录,如果要在其他机器上连接 MySQL,就必须修改 root 允许远程连接,或者添加一个允许远程连接的账户。为了安全起见,添加一个新的账户 xinping,密码为 "123456"。

```
mysql> GRANT ALL PRIVILEGES ON *.* TO 'xinping'@'%' IDENTIFIED BY '123456'
WITH
    GRANT OPTION;
```

上面的命令表示允许任何 IP 地址(% 表示允许任何 IP 地址)的计算机用 xinping 账户和密码(123456)来访问当前 MySQL 服务器。

选择数据库 mysql:

```
mysql>use mysql;
Database changed
```

刷新权限缓存:

```
mysql> flush privileges;
Query OK, 0 rows affected(0.10 sec)
```

查询 root 用户:

```
mysql>select host,user from user;
```

新建 MySQL 用户 xinping,允许远程访问 MySQL,如图 4-21 所示。

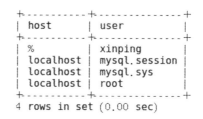

图 4-21　添加远程登录用户 xinping

可以看到新增了一个用户 xinping, host 为 "%" 表示允许任何 IP 地址的计算机访问当前的 MySQL 服务器。

### 7. 修改 MySQL 默认编码

需要以 root 用户身份登录才可以查看数据库编码方式（以 root 用户身份登录的命令为：mysql -u root -p，之后需两次输入 root 用户的密码），查看数据库的编码方式命令为：

```
mysql> show variables like 'character%';
```

查看 MySQL 数据库的编码方式如图 4-22 所示。

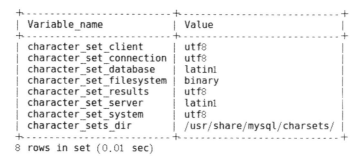

图 4-22　查看 MySQL 数据库的编码方式

从以上信息可知数据库的编码为 latin1，需要将其修改为 utf8。其中，character_set_client 为客户端编码方式，character_set_connection 为建立连接使用的编码，character_set_database 为数据库的编码，character_set_results 为结果集的编码，character_set_server 为数据库服务器的编码，只要保证以上 4 个采用的编码方式一样，就不会出现乱码问题。

首先，停止 MySQL 服务：

```
[root@localhost tmp]# systemctl stop mysqld
```

其次，修改 /etc/my.cnf 配置文件，在 [mysqld] 下添加编码配置：

```
[mysqld]
character_set_server=utf8
```

最后，开启 MySQL 服务：

```
[root@localhost tmp]# systemctl start mysqld
```

查看数据库默认编码如图 4-23 所示。

```
mysql> show variables like 'character%';
+--------------------------+----------------------------+
| Variable_name            | Value                      |
+--------------------------+----------------------------+
| character_set_client     | utf8                       |
| character_set_connection | utf8                       |
| character_set_database   | utf8                       |
| character_set_filesystem | binary                     |
| character_set_results    | utf8                       |
| character_set_server     | utf8                       |
| character_set_system     | utf8                       |
| character_sets_dir       | /usr/share/mysql/charsets/ |
+--------------------------+----------------------------+
8 rows in set (0.00 sec)
```

图 4-23　查看数据库默认编码

### 8.MySQL 退出

MySQL 退出有 3 种方法：

```
mysql > exit;
mysql > quit;
mysql > \q;
```

## 4.1.4 MySQL 可视化工具

MySQL 是传统的关系型数据库，它的数据库图形化管理工具有很多，本书使用的是 Navicat Premium，可以用来对本机或远程的 MySQL、SQL Server、SQLite、Oracle 及 PostgreSQL 数据库进行管理及开发。它的官网地址为：http://www.navicat.com.cn/。

本节使用 Navicat Premium 来连接和管理 MySQL 数据库。

首先从网上下载 Navicat Premium 并安装好。双击桌面上的快捷图标运行 Navicat Premium，然后单击左上角的【连接】按钮来新建一个链接，如图 4-24 所示。

在新建连接页面中输入连接名、主机名或 IP 地址、端口、用户名和密码，然后单击左下角的【连接测试】按钮，可以看到显示"连接成功"的对话框，然后单击【确定】按钮即可连接上 MySQL Server 了，如图 4-25 所示。

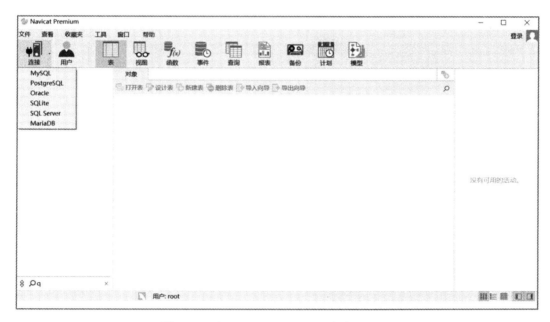

图 4-24　使用 Navicat Premium 连接 MySQL

图 4-25　测试连接 MySQL

双击新建的连接，即可看到连接中的数据库信息，如图 4-26 所示。

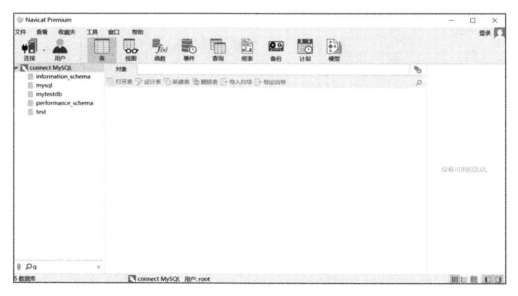

图 4-26　查看连接上的 MySQL 数据库信息

　　单击连接名称，再单击【查询】按钮，会弹出对象窗口，在对象窗口单击【新建】按钮，新建一个查询页面，在查询页面中输入以下 SQL，然后单击【运行】按钮，新建数据库 mytestdb 和表 user，如图 4-27 所示。

图 4-27　使用 Navicat Premium 创建数据库 mytestdb 和表 user

创建数据库 mytestdb 和表 user 的 SQL 语句，内容如下。

```
create database mytestdb character set utf8 ;
```

```
use mytestdb;

DROP TABLE IF EXISTS 'user';

CREATE TABLE 'user' (
  'id' int(11) NOT NULL AUTO_INCREMENT,
  'name' varchar(200) DEFAULT NULL,
  PRIMARY KEY ('id')
) ENGINE=InnoDB DEFAULT CHARSET=utf8;
```

关闭连接名称，再重新打开连接名称就可以看到新建的 mytestdb 数据库和 user 表了，如图 4-28
所示。

图 4-28　查看新建的数据库 mytestdb 和表 user

## 4.1.5 MySQL 基础知识

### 1. MySQL 数据类型

MySQL 支持多种数据类型，大致可以分为 4 类：数值型、浮点型、日期/时间型和字符串（字
符）类型。

（1）数值类型。

MySQL 支持所有标准 SQL 数值数据类型。这些数值类型包括严格数值数据类型 (integer、
smallint、decimal 和 numeric)，以及近似数值数据类型 (float、real 和 double precision)。关键字 int

是 integer 的同义词，关键字 dec 是 decimal 的同义词。

作为 SQL 标准的扩展，MySQL 也支持整数类型 tinyint、mediumint 和 bigint。表 4-4 显示了需要的每个整数类型的范围。

表 4-4　MySQL 的整数类型

| MySQL 数据类型 | 含　义 |
| --- | --- |
| tinyint(m) | 1 个字节，范围为 –128~127 |
| smallint(m) | 2 个字节，范围为 –32768~32767 |
| mediumint(m) | 3 个字节，范围为 –8388608~8388607 |
| int(m) | 4 个字节，范围为 –2147483648~2147483647 |
| bigint(m) | 8 个字节，范围为 $-9.22 \times 10^{18}$ ~ $9.22 \times 10^{18}$ |

（2）浮点类型。

MySQL 的浮点型如表 4-5 所示。

表 4-5　MySQL 的浮点类型

| MySQL 数据类型 | 含　义 |
| --- | --- |
| float(m,d) | 单精度浮点类型，8 位精度（4 字节），m 是十进制数字的总个数，d 是小数点后面的数字个数 |
| double(m,d) | 双精度浮点类型，16 位精度（8 字节） |
| decimal(m,d) | 定点类型在数据库中存放的是精确值。参数 m 是定点类型数字的最大个数（精度），范围为 0~65，d 是小数点右侧数字的个数，范围为 0~30，但不得超过 m。对定点数的计算能精确到 65 位数字 |

（3）字符串类型。

MySQL 的字符串类型如表 4-6 所示。

表 4-6　MySQL 的字符串类型

| MySQL 数据类型 | 含　义 |
| --- | --- |
| char(n) | 固定长度字符串，最多 255 个字符 |
| varchar(n) | 可变长度字符串，最多 65535 个字符 |
| tinytext | 短文本字符串，最多 255 个字符 |
| text | 长文本数据，最多 65535 个字符 |
| mediumtext | 中等长度文本数据，最多 $2^{24}-1$ 个字符 |
| longtext | 极大文本数据，最多 $2^{32}-1$ 个字符 |

（4）日期和时间类型。

表示时间值的日期和时间类型为 datetime、date、timestamp、time 和 year，如表 4-7 所示。

表 4-7  MySQL 的日期和时间类型

| 类型 | 大小（字节） | 范围 | 格式 | 用途 |
|------|------------|------|------|------|
| date | 3 | 1000-01-01/9999-12-31 | YYYY-MM-DD | 日期值 |
| time | 3 | "-838:59:59"/"838:59:59" | HH:MM:SS | 时间值 |
| year | 1 | 1901/2155 | YYYY | 年份值 |
| datetime | 8 | 1000-01-01 00:00:00/<br>9999-12-31 23:59:59 | YYYY-MM-DD HH:MM:SS | 混合日期和时间值 |
| timestamp | 8 | 1970-01-01 00:00:00/2037 年某时 | YYYY-MM-DD HH:MM:SS | 混合日期和时间值，时间戳 |

### 2. 创建数据库

首先登录 MySQL 服务器，有关操作都是在 mysql 的提示符下进行，而且每个命令以分号结束。成功登录 MySQL 后，使用 create database 语句对数据库进行创建，创建数据库的格式如下。

```
create database 数据库名;
```

示例：创建一个名为 pythonDb 的数据库，并设置编码为 utf8。

```
mysql> create database pythonDb character set utf8;
Query OK, 1 row affected (0.01 sec)
```

创建数据库 pythonDb 成功后，显示所有的数据库。

```
mysql> show databases;
+--------------------+
| Database           |
+--------------------+
| information_schema |
| mysql              |
| performance_schema |
| pythondb           |
| test               |
+--------------------+
6 rows in set (0.00 sec)
```

### 3. 创建表

创建数据库后，还需要对数据库进行选择，选择成功后才能进行建表操作。使用 use 语句来指定数据库，命令格式如下。

```
use 数据库
```

示例 1：选择创建的 pythonDb 数据库。

```
mysql> use pythonDb;
Database changed
```

在创建表之前需要连接到某个数据库，使用 create table 语句可以实现对表的创建，创建表的命令格式如下。

```
create table 表名 (字段名 1 类型 1 [,..< 字段名 n>< 类型 n>]);
```

示例 2：创建 user 表，表中有主键 (id)、姓名 (name)、年龄 (age)、收入 (income) 等列。

```
mysql> create table user (
    → id int(10) not null primary key auto_increment,
    → name varchar(50) not null,
    → age int,
    → income float);
Query OK, 0 rows affected (0.05 sec)
```

在 mysql> 命令行输入比较长的 SQL 语句时容易出错，可以将上面的 SQL 语句保存为 create_user.sql，如存放在 E 盘根目录，可以用以下方式让 MySQL 执行 SQL 文件。使用 MySQL 的 root 账号，密码 123456，在 pythonDb 数据库下创建表 user。

- 在登录 MySQL 时输入：

```
mysql -Dpythondb -uroot -p123456 < e:/create_user.sql
```

- 在登录 MySQL 后输入：

```
mysql> use pythondb;
Database changed
mysql> source e:/create_user.sql;
Query OK, 0 rows affected (0.01 sec)
```

根据已有的表创建新表分为以下两种情况。

（1）根据已有的表创建新表，只包含表结构。

```
create table tab_new like tab_old;
```

（2）根据已有的表创建新表，既包含表结构也包含表数据。

```
create table tab_new as select * from tab_old;
```

示例 3：根据 user 表创建 user2 表，只包含表结构。

```
mysql> insert into user(name, age, income) values('xinping', 25, 3000);
Query OK, 1 row affected (0.00 sec)

mysql> create table user2 like user;
Query OK, 0 rows affected (0.01 sec)
```

```
mysql> select * from user2;
Empty set (0.00 sec)
```

### 4. 增、删、改、查操作

添加操作：插入一条 name 为 "jack"，age 为 25，income 为 5000 的记录。

```
mysql> insert into user(name, age, income) values('jack', 25, 5000);
Query OK, 1 row affected (0.00 sec)
```

查询操作：查询 user 表中的所有记录。

```
mysql> select * from user;
+----+----------+------+--------+
| id | name     | age  | income |
+----+----------+------+--------+
|  1 | xinping  |  25  |   3000 |
|  2 | jack     |  25  |   5000 |
+----+----------+------+--------+
2 rows in set (0.00 sec)
```

修改操作：将 id 为 1 的记录中的 income 改为 9000。

```
mysql> update user set income = 9000 where id = 1;
Query OK, 1 row affected (0.03 sec)
Rows matched: 1  Changed: 1  Warnings: 0
```

删除操作：删除 id 为 2 的记录。

```
mysql> delete from user where id = 2;
Query OK, 1 row affected (0.01 sec)
```

### 5. 对表结构的操作

使用 alter table 命令对创建后的表进行修改。

添加列的格式如下。

```
alter table 表名 add 列名 列数据类型;
```

示例 1：修改 user 表，添加新的一列 address，数据类型为 varchar。

```
mysql> alter table user add address varchar(100);
Query OK, 1 row affected (0.12 sec)
Records: 1  Duplicates: 0  Warnings: 0
```

修改列的格式如下。

```
alter table 表名 change 旧列名 新列名 新列数据类型;
```

示例 2：修改 user 表的 address 列为 addr。

```
mysql> alter table user change address addr varchar(80);
```

```
Query OK, 1 row affected (0.02 sec)
Records: 1  Duplicates: 0  Warnings: 0
```

删除列的格式为：

```
alter table 表名 drop 列名;
```

**示例 3：修改 user 表，删除 addr 列。**

```
mysql> alter table user drop addr;
Query OK, 1 row affected (0.02 sec)
Records: 1  Duplicates: 0  Warnings: 0
```

重命名表的格式为：

```
alter table 表名 rename 新表名;
```

**示例 4：重命名表 user 为 users。**

```
mysql> alter table user rename users;
Query OK, 0 rows affected (0.11 sec)
```

### 6. 删除数据库和表

删除表的格式为：

```
drop table 表名;
```

**示例 1：删除表 users。**

```
mysql> drop table users;
Query OK, 0 rows affected (0.00 sec)
```

删除数据库的格式为：

```
drop table 数据库名;
```

**示例 2：删除数据库 pythonDb。**

```
mysql> drop database pythonDb;
Query OK, 1 row affected (0.02 sec)
```

## 4.1.6 Python 操作 MySQL

PyMySQL 是在 Python 3 版本中用于操作 MySQL 服务器的一个库，PyMySQL 库的官网是以下地址，有兴趣的读者可以自行查看。

```
https://github.com/PyMySQL/PyMySQL
```

### 1. 安装 PyMySQL

使用 pip 命令安装 PyMySQL 库。

```
pip install PyMySQL
```

安装成功后在 py 脚本中导入 import pymysql，如果不报异常就说明安装成功了，如图 4-29 所示。

图 4-29　安装 PyMySQL 库

### 2. 创建数据库

创建数据库前，需要先安装 MySQL 数据库，本书的试验环境是在 Windows 上安装 MySQL，版本为 MySQL5.7。开发环境信息如表 4-8 所示。

表 4-8　MySQL 的开发环境信息

| 操作系统 | Windows 10 64 位平台 |
| --- | --- |
| MySQL | 5.7 |
| MySQL 账号 | root |
| MySQL 密码 | 123456 |

成功安装 MySQL 数据库后，使用以下脚本创建 MySQL 的数据库 mytestdb，并生成表 employee。

```
CREATEDATABASE IF NOT EXISTS mytestdb character set utf8 ;

USE mytestdb;

DROP TABLE IF EXISTS 'employee';

CREATE TABLE 'employee' (
  'id' int(11) NOT NULL AUTO_INCREMENT,
  'name' varchar(40) DEFAULT NULL,
  'age' int DEFAULT NULL,
  'sex' char(1) DEFAULT NULL,
  'income' float DEFAULT NULL,
  PRIMARY KEY ('id')
) ENGINE=InnoDB DEFAULT CHARSET=utf8;
```

运行脚本成功后，使用 Native Premium 查看 employee 表，如图 4-30 所示。

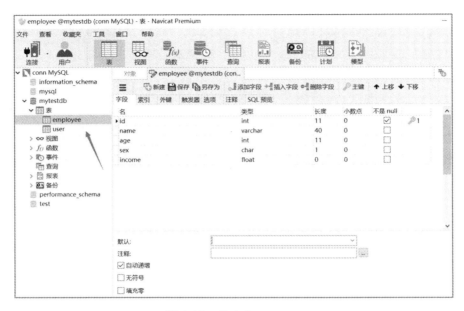

图 4-30　新建表 employee

在本书中连接数据库 mytestdb 的用户名为 root，密码为 123456。连接的是本机地址上的数据库，所以 IP 地址是"127.0.0.1"，读者可以根据需要对 IP 地址进行修改。

### 3. 数据库插入操作

执行 MySQL 的 INSERT 语句向表 employee 插入一条记录。要插入数据，连接时需要设置字符集 charset = 'utf8'，否则插入的数据是中文会被报异常。本案例文件名为"PythonFullStack \ Chapter04\ mysql_insert.py"，内容如下。

```python
import pymysql

# 打开数据库连接
db = pymysql.connect(host="127.0.0.1", user="root", password= "123456",
                     database="mytestdb", port=3306, charset="utf8")

# 使用 cursor() 方法获取操作游标
cursor = db.cursor()

# SQL 插入语句
sql = "INSERT INTO employee(name, age,sex, income) VALUES ( '王五1' ,25,'F' ,
5000 )"
```

```
try:
    # 执行 sql 语句
    cursor.execute(sql)
    # 提交到数据库执行
    db.commit()
except Exception as e:
    # 如果发生错误则回滚
    print(e)
    db.rollback()
finally:
    # 关闭数据库连接
    db.close()
```

运行脚本后，使用 Navicat Premium 查看 mytestdb 数据库下的 employee 表，会发现成功插入一条记录，如图 4-31 所示。

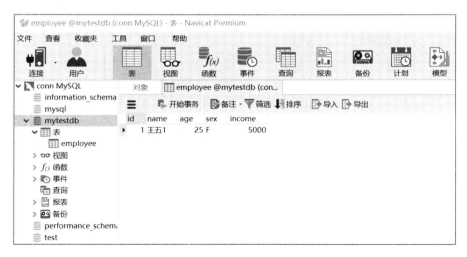

图 4-31　查看新插入的记录

也可以使用变量向 SQL 语句中传递参数。本案例文件名为 "PythonFullStack\ Chapter04\mysql_insert02.py"，内容如下。

```
import pymysql

# 打开数据库连接
db = pymysql.connect(host="127.0.0.1", user="root", password= "123456",
                      database="mytestdb", port=3306, charset="utf8")

# 使用 cursor() 方法获取操作游标
cursor = db.cursor()
```

```
# SQL 插入语句
sql = "INSERT INTO EMPLOYEE(NAME, \
        AGE, SEX, INCOME) \
        VALUES ('%s', '%d', '%s', '%d')" % \
    ('张三2', 21, 'F', 2000)
try:
    # 执行sql语句
    cursor.execute(sql)
    # 提交到数据库执行
    db.commit()
except Exception as e:
    print( e )
    # 如果发生错误则回滚
    db.rollback()

finally:
    # 关闭数据库连接
    db.close()
```

运行脚本后，在 mytestdb 数据库下的 employee 表会成功插入一条记录，如图 4-32 所示。

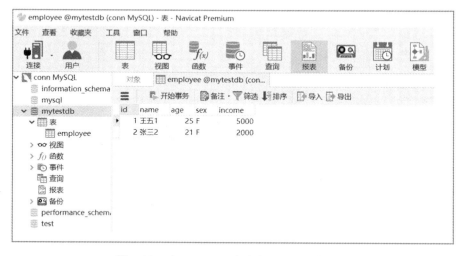

图 4-32　在 employee 表中成功插入一条记录

### 4. 数据库批量插入操作

为了提高效率可以使用 cursor.executemany() 向 MySQL 数据库批量插入数据。本案例文件名为 "PythonFullStack\Chapter04\mysql_insertBatch.py"，内容如下。

```python
import pymysql

# 打开数据库连接
db = pymysql.connect(host="127.0.0.1", user="root", password= "123456",
                     database="mytestdb", port=3306, charset="utf8")

# 使用 cursor() 方法获取操作游标
cursor = db.cursor()

# SQL 插入语句
sql = "INSERT INTO EMPLOYEE(NAME, AGE, SEX, INCOME)  VALUES (%s,  %s, %s, %s )"
ls = []
employ1 = ('张三 3',  22, 'F', 2000)
employ2 = ('张三 4',  23, 'M', 3000)

ls.append(employ1)
ls.append(employ2)

try:
    # 批量执行 sql 语句
    cursor.executemany(sql, ls )
    # 提交到数据库执行
    db.commit()
except Exception as e:
    print( e )
    # 如果发生错误则回滚
    db.rollback()
finally:
    # 关闭数据库连接
    db.close()
```

可以一次向数据库的表中插入多条记录，SQL 插入语句模板如下。

```python
sql = "INSERT INTO EMPLOYEE(NAME, AGE, SEX, INCOME)  VALUES (%s,  %s, %s, %s )"
```

可以把插入的记录保存在元组中，一个元组代表一条插入的记录。插入多条记录时，需要把多个元组保存在列表中，使用 cursor.executemany() 方法就可以一次插入多条记录了。在本例中，使用 cursor.executemany() 方法向 employee 表中一次插入两条记录，如图 4-33 所示。

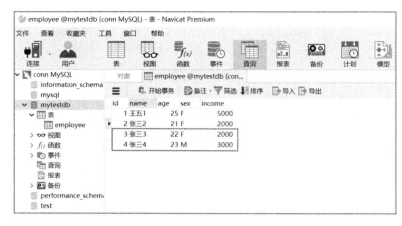

图 4-33 在 empoyee 表中一次插入两条件记录

### 5. 数据库查询操作

Python 查询 MySQL 使用 fetchone() 方法获取单条数据，使用 fetchall() 方法获取多条数据。

（1）fetchone(): 该方法获取下一个查询结果集。结果集是一个对象。

（2）fetchall(): 接收全部的返回结果行。

（3）rowcount: 这是一个只读属性，并返回执行 execute() 方法后影响的行数。

查询 employee 表中的 salary(工资)字段大于 2000 的所有数据。本案例文件名为 "PythonFullStack\
Chapter04\ mysql_select.py"，内容如下。

```python
import pymysql
# 打开数据库连接
db = pymysql.connect(host="127.0.0.1", user="root", password= "123456" ,
                     database="mytestdb", port=3306, charset="utf8")


# 使用 cursor() 方法获取操作游标
cursor = db.cursor()


# SQL 查询语句
sql = "SELECT * FROM EMPLOYEE \
      WHERE INCOME > '%d'" % (2000)
try:
    # 执行 SQL 语句
    cursor.execute(sql)
    # 获取所有记录列表
    results = cursor.fetchall()
    for row in results:
```

```
            id = row[0]
            name = row[1]
            age = row[2]
            sex = row[3]
            income = row[4]
            # 打印结果
            print("id=%s,name=%s,age=%d,sex=%s,income=%d" % \
                    (id, name, age, sex, income))
except Exception as e:
    print(e)
finally:
    # 关闭数据库连接
    db.close()
```

运行脚本，得到如下返回结果。

```
id=1,name= 王五 1,age=25,sex=F,income=5000
id=4,name= 张三 4,age=23,sex=M,income=3000
```

### 6. 数据库更新操作

更新操作用于更新数据表的数据，以下实例更新 employee 表中的记录，将 id 为 1 的记录的 age 更改为 28。本案例文件名为 "PythonFullStack\Chapter04\mysql_update.py"，内容如下。

```
import pymysql
# 打开数据库连接
db = pymysql.connect(host="127.0.0.1", user="root", password= "123456",
                        database="mytestdb", port=3306, charset="utf8")


# 使用 cursor() 方法获取操作游标
cursor = db.cursor()


# SQL 更新语句
sql = "UPDATE EMPLOYEE SET AGE = '%d' WHERE id = '%s'" % (28, 1)
try:
    # 执行 SQL 语句
    cursor.execute(sql)
    # 提交到数据库执行
    db.commit()
except Exception as e:
    print(e)
    # 发生错误时回滚
    db.rollback()
```

```
finally:
    # 关闭数据库连接
    db.close()
```

运行脚本后，使用 Navicat Premium 查看 mytestdb 数据库下的 employee 表，将表中 id 为 1 的记录的 age 更改为 28，如图 4-34 所示。

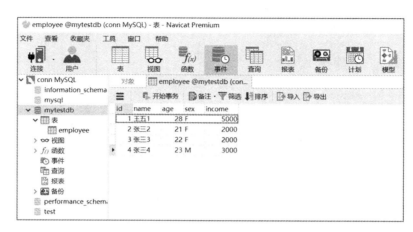

图 4-34　查看 employee 表中修改的记录

### 7. 删除操作

删除操作用于删除数据表中的数据，以下实例演示了删除数据表 employee 中 id 为 1 的记录。本案例文件名为 "PythonFullStack\Chapter04\mysql_del.py"，内容如下。

```python
import pymysql
# 打开数据库连接
db = pymysql.connect(host="127.0.0.1", user="root", password= "123456",
                    database="mytestdb", port=3306, charset="utf8")

# 使用 cursor() 方法获取操作游标
cursor = db.cursor()

# SQL 删除语句
sql = "DELETE FROM EMPLOYEE WHERE id = '%s' " % ( 1 )
try:
    # 执行SQL语句
    cursor.execute(sql)
    # 提交修改
    db.commit()
except Exception as e:
```

```
        print(e)
        # 发生错误时回滚
        db.rollback()
finally:
        # 关闭数据库连接
        db.close()
```

运行脚本后，使用 Navicat Premium 查看 mytestdb 数据库下的 employee 表中，id 为 1 的记录已经被删除了，如图 4-35 所示。

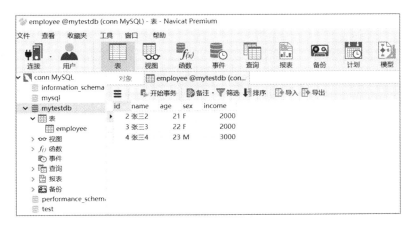

图 4-35　查看 employee 表中的记录

### 8. 执行事务

事务机制可以确保数据一致性。事务应该具有 4 个属性：原子性（Atomicity）、一致性（Consistency）、隔离性（Isolation）和持久性（Durability）。这 4 个属性通常称为 ACID 特性。

Python DB API 2.0 的事务提供了 commit 或 rollback 两个方法。查询记录不需要使用事务，但是插入、修改和删除记录需要使用事务。对于支持事务的数据库，在 Python 数据库编程中，当游标建立之时，就自动开始了一个隐形的数据库事务。

commit() 方法提交游标的所有更新操作，rollback() 方法回滚当前游标的所有操作。每一个方法都开始了一个新的事务。例如，删除 employee 表中 age 大于 20 的所有记录，内容如下。

```
import pymysql

# 打开数据库连接
db = pymysql.connect("127.0.0.1", "root",  "123456",
"mytestdb",charset="utf8" )

# 使用 cursor() 方法获取操作游标
```

```
cursor = db.cursor()

# SQL 删除记录语句
sql = "DELETE FROM EMPLOYEE WHERE AGE > '%d'" % (20)
try:
    # 执行 SQL 语句
    cursor.execute(sql)
    # 向数据库提交
    db.commit()
except:
    # 发生错误时回滚
    db.rollback()
```

# 4.2 操作 MongoDB 数据库

本节介绍 MongoDB 的基本使用和 Python 操纵 MongoDB 数据库。

## 4.2.1 MongoDB 简介

MongoDB 是由 C++ 语言编写的，是一个基于分布式文件存储的开源数据库系统。在高负载的情况下，添加更多的节点，可以保证服务器性能。MongoDB 旨在为 Web 应用提供可扩展的高性能数据存储解决方案。

MongoDB 是一个介于关系数据库和非关系数据库之间的产品，是非关系数据库中功能最丰富，最像关系数据库的。MongoDB 的文件存储格式为 BSON，同 JSON 一样支持向其他文档对象和数组中再插入文档对象和数组。

MonGoDB 官网地址：https://www.mongodb.com。

NoSQL(NoSQL = Not Only SQL )，称为"不仅仅是 SQL"，对 NoSQL 最普遍的解释是"非关系型的"，强调 Key-Value Stores 和文档数据库的优点，而不是单纯的反对关系型数据库 (RDBMS)。

NoSQL 数据库的理论基础是 CAP 理论，分别代表 Consistency（强一致性），Availability（可用性），Partition Tolerance（分区容错），分布式数据系统只能满足其中两个特性

- 一致性（Consistency）：系统在执行某项操作后仍然处于一致的状态。在分布式系统中，更新操作执行成功之后，所有的用户都能读取最新的值，这样的系统被认为具有强一致性。

- 可用性（Availability）：用户执行的操作在一定时间内，必须返回结果。如果超时，那么操作会回滚，就像操作没有发生一样。

- 分区容错性（Partition Tolerance）：分布式系统是由多个分区节点组成的，每个分区节点都是一个独立的 Server，P 属性表明系统能够处理分区节点的动态加入和离开。

在构建分布式系统时，必须考虑 CAP 特性。传统的关系型数据库，注重的是 CA 特性，数据一般存储在一台 Server 上。而处理海量数据的分布式存储和处理系统更注重 AP，AP 的优先级要高于 C，但 NoSQL 并不是完全放弃一致性（Consistency），NoSQL 保留数据的最终一致性（Eventually Consistency）。最终一致性，是指更新操作完成后，用户最终会读取到数据更新之后的值，但是会存在一定的时间窗口，用户仍会读取到更新之前的旧数据；在一定的时间延迟之后，数据会达到一致性。

CAP 理论的核心是：一个分布式系统不可能同时很好地满足一致性、可用性和分区容错性这 3 个需求，最多只能同时较好地满足两个，如图 4-36 所示。

因此，根据 CAP 原理将 NoSQL 数据库分成了满足 CA 原则、满足 CP 原则和满足 AP 原则三大类。

（1）CA 单点集群，满足一致性，可用性的系统，通常在可扩展性上不太强大。

（2）CP 满足一致性，分区容忍性的系统，通常性能不是特别高。

（3）AP 满足可用性，分区容忍性的系统，通常对一致性要求低一些。

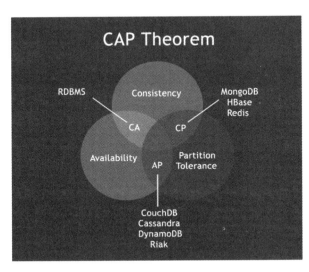

图 4-36　CAP 理论

## 4.2.2 安装 MongoDB

本节介绍在 Windows 下安装并配置 MongoDB 开发环境。安装环境信息如表 4-9 所示。

表 4-9　安装 MongoDB 环境信息

| 操作系统 | Windows 10 64 位平台 |
| --- | --- |
| MongoDB | 3.65 |

### 1. 安装 MongoDB

MongoDB 提供了 64 位系统的预编译二进制包，可以从 MongoDB 官网下载安装。MongoDB 下载地址为：https://www.mongodb.com/download-center#communityr。本书选择的是 Community Server（MongoDB 3.6.5）版本，安装在 Windows 10 环境中，如图 4-37 所示。

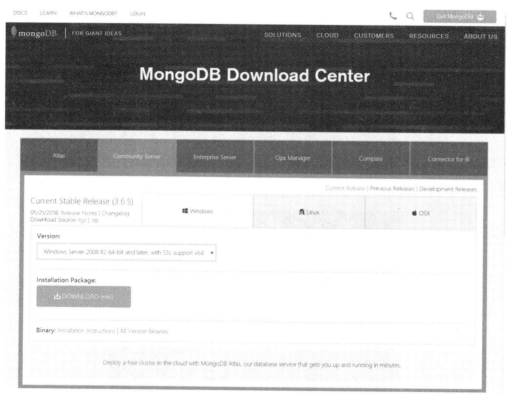

图 4-37　下载 MongoDB

从 MongoDB 官网下载 64 位的 ".msi" 文件，然后双击该文件，按操作提示安装即可。安装过程中，可以通过单击【Custom】（自定义）按钮来设置 MongoDB 的安装目录，如图 4-38 所示。

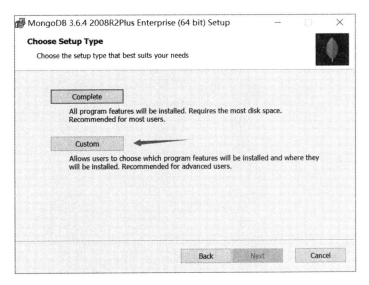

**图 4-38** 自定义安装 MongoDB 数据库

单击【Custom】按钮进行自定义安装 MongoDB 数据库，设置 MongoDB 数据库的安装路径，如图 4-39 所示。

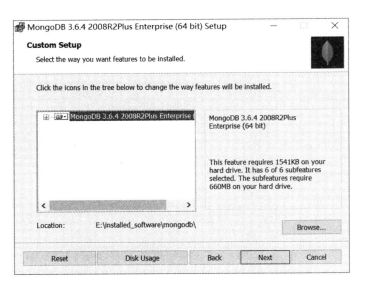

**图 4-39** 设置 MongoDB 的安装路径

本书把 MongoDB 安装在 E:\installed_software\mongodb 目录下，读者可以根据需要自定义安装目录。安装 MongoDB 时，取消选中【Install MongoDB Compass】复选框，因为网络问题安装 MongoDB Compass 组件会失败，如图 4-40 所示。

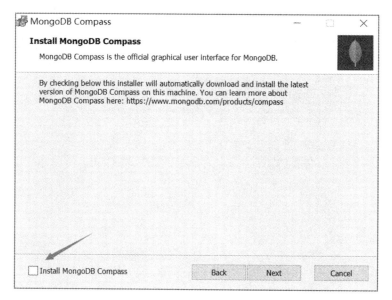

图 4-40　安装 MongoDB 时，取消选中【Install MongoDB Compass】复选框

### 2. 设置 Path 环境变量

需要把 MongoDB 的安装目录添加到系统环境变量 Path 中，在桌面上右击【此电脑】图标，在弹出的快捷菜单中选择【属性】→【高级系统设置】→【高级】命令，在打开的对话框中单击【环境变量】按钮，在系统变量 Path 中添加变量值：

```
E:\install_software\mongodb\bin;
```

 注意

　　E:\installed_software\mongodb\bin 是笔者在本机上安装 MongoDb 3.6 的位置，读者需要根据自己计算机上的实际情况进行修改。

　　路径之间使用分号（;）相连。

配置好系统变量 Path 后，如图 4-41 所示。

### 3. 创建数据目录

MongoDB 将数据目录存储在指定目录下。但是该数据目录不会主动创建，需要在安装完成进行创建。在 Windows 系统下创建数据文件目录和日志文件目录。

* E:\nosql\mongo_data\data：创建数据文件目录，保存 MongoDB 的数据文件。
* E:\nosql\mongo_data\log：创建日志文件目录，保存 MongoDB 的日志文件。

可以在 Windows 下手工创建数据文件目录和日志文件目录，也可以在 Windows 下使用以下命令来创建目录 E:\nosql\mongo_data\data 和 E:\nosql\mongo_data\log。

图 4-41 给 MongoDB 配置系统变量 Path

```
E:\>md nosql

E:\>cd nosql

E:\nosql>md mongo_data

E:\nosql>cd mongo_data

E:\nosql\mongo_data>md data

E:\nosql\mongo_data>md log
```

### 4. 启动 MongoDB 示例

打开一个命令行工具，输入以下命令启动 MongoDB 示例，默认只允许本地连接。

```
mongod --dbpath e:/nosql/mongo_data/data
```

可以看到默认监听的端口是 27017，如图 4-42 所示。

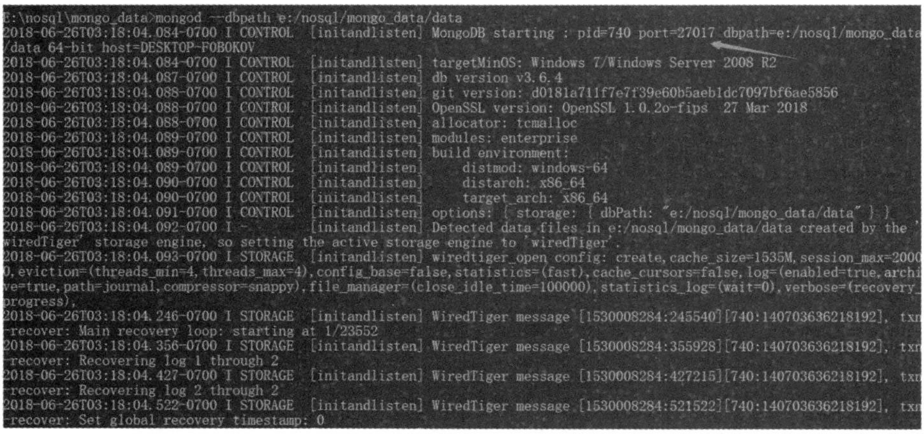

图 4-42　启动 MongoDB 数据库

mongod 是整个 MongoDB 最核心的进程，负责数据库的创建、删除等操作，运行在服务器端，监听客户端的请求，提供数据服务。从图 4-42 中可以看到 MongoDB 启动信息默认是输出到屏幕上，也可以输出到指定的日志文件中，其命令为：

```
mongod --dbpath e:\nosql\mongo_data\data --logpath e:\nosql\mongo_data\log
```

允许 MongoDB 远程连接，修改 MongoDB 的启动参数，给 mongod 追加参数 –bind_ip 0.0.0.0，允许所有公网 IP 的连接。

```
mongod --dbpath e:\nosql\mongo_data\data --bind_ip 0.0.0.0
```

### 5. 连接到 MongoDB 示例

不要关闭 MongoDB 实例，新打开一个命令行工具，输入 mongo，该命令启动 MongoDB shell，MongoDB shell 将自动连接本地 (localhost) 的 MongoDB 实例，默认的端口是 27017，如图 4-43 所示。

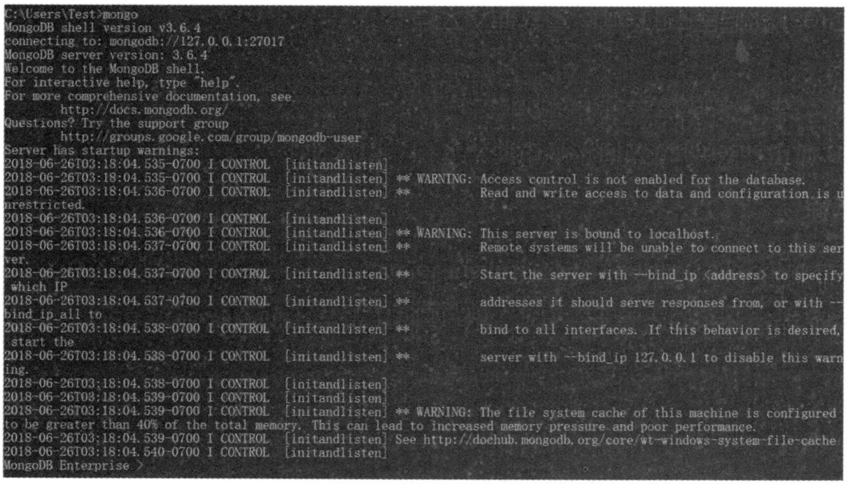

图 4-43　连接 MongoDB 数据库

mongo 进程是构造一个 JavaScript Shell，用于和 mongod 进程交互，根据 mongod 提供的接口对 MongoDB 数据库进行管理，相当于 SSMS(SQL Server Management Studio)，是一个管理 MongoDB 的工具。

由于它是一个 JavaScript Shell，因此可以运行一些简单的算术运算：

```
MongoDB Enterprise > 1 + 2
3
```

db 命令用于查看正在连接的数据库名称，默认使用的数据库是 test。

```
MongoDB Enterprise > db
test
```

查看 MongoDB 实例中的 db：

```
MongoDB Enterprise > show dbs
admin     0.000GB
config    0.000GB
local     0.000GB
```

### 4.2.3 MongoDB 基本操作

#### 1. 创建数据库

MongoDB 使用 use DATABASE_NAME 命令来创建数据库。如果指定的数据库 DATABASE_NAME 不存在，则该命令将创建一个新的数据库，否则返回现有的数据库。

如果要创建一个名称为 newdb 的数据库，那么需使用 use newdb 语句来创建：

```
MongoDB Enterprise > use newdb
switched to db newdb
```

要检查当前选择的数据库，需使用 db 命令：

```
MongoDB Enterprise > db
newdb
```

要检查数据库列表，需使用 show dbs 命令：

```
MongoDB Enterprise > show dbs
admin     0.000GB
config    0.000GB
local     0.000GB
```

创建的数据库 (newdb) 不在列表中。要显示数据库，至少需要插入一个文档，空的数据库是不显示的。

```
MongoDB Enterprise >  db.users.insert({"name":"xinping",age:21})
WriteResult({ "nInserted" : 1 })
MongoDB Enterprise > show dbs
admin     0.000GB
```

```
config    0.000GB
local     0.000GB
newdb     0.000GB
```

由此可以看出，数据库 newdb 已经创建成功，在 MongoDB 中默认数据库是 test。如果还没有创建任何数据库，则集合 / 文档将存储在 test 数据库中。

使用 show collections 查看数据库下的集合：

```
MongoDB Enterprise > show collections
users
```

### 2. 删除数据库

MongoDB 中的 db.dropDatabase() 命令用于删除现有的数据库。

```
db.dropDatabase()
```

这将删除当前所选数据库。如果没有选择任何数据库，那么它将删除默认的 test 数据库。

首先使用命令 show dbs 查看可用数据库的列表：

```
MongoDB Enterprise > show dbs
admin     0.000GB
config    0.000GB
local     0.000GB
newdb     0.000GB
```

如果要删除数据库 newdb，那么使用如下命令。

```
MongoDB Enterprise > use newdb
switched to db newdb
MongoDB Enterprise > db.dropDatabase()
{ "dropped" : "newdb", "ok" : 1 }
MongoDB Enterprise > show dbs
admin     0.000GB
config    0.000GB
local     0.000GB
```

由此可以看出，切换到 newdb 数据库后，使用 db.dropDatabase() 命令成功删除了数据库 newdb。

### 4.2.4 MongoDB 的集合

MongoDB 中的集合类似于关系型数据库中的表。关系型数据库中的一个表就是一个集合，多个文档组成一个集合，多个集合组成一个数据库。RDBMS 与 MongoDB 对应的术语如表 4-10 所示。

表 4-10　RDBMS 与 MongoDB 对应的术语

| RDBMS | MongoDB |
| --- | --- |
| 数据库 | 数据库 |
| 表格 | 集合 |
| 行 | 文档 |
| 列 | 字段 |
| 表联合 | 嵌入文档 |
| 主键 | 主键 (MongoDB 提供了 key 为 _id ) |

### 1. 创建集合

MongoDB 的 db.createCollection() 命令用于在 MongoDB 中创建集合。

createCollection() 命令的基本语法如下。

```
db.createCollection(name, options)
```

在命令中，name 是要创建的集合的名称，options 是一个文档，用于指定集合的配置，命令的
参数描述如表 4-11 所示。

表 4-11　db.createCollection() 命令的参数描述

| 参数 | 类型 | 描　　述 |
| --- | --- | --- |
| name | String | 要创建的集合名称 |
| options | Document | ( 可选 ) 指定有关内存大小和索引的选项 |

options 参数是可选的，因此只需要指定集合的名称。option 选项参数描述如表 4-12 所示。

表 4-12　db.createCollection() 命令的可选参数描述

| 字段 | 类型 | 描　　述 |
| --- | --- | --- |
| capped | Boolean | ( 可选 ) 如果为 true，则启用封闭的集合。上限集合是固定大小的集合，它在达到其最大值时自动覆盖其最旧的条目。如果指定 true，则还需要指定 size 参数 |
| autoIndexId | Boolean | ( 可选 ) 如果为 true，则在 _id 字段上自动创建索引。默认值为 false |
| size | 数字 | ( 可选 ) 指定上限集合的最大值 ( 以字节为单位 )。如果 capped 为 true，那么还需要指定此字段的值 |
| max | 数字 | ( 可选 ) 指定上限集合中允许的最大文档数 |

在插入文档时，MongoDB 首先检查上限集合 capped 字段的大小，然后检查 max 字段。

示例：在 test 数据库中创建 emp 集合。

```
MongoDB Enterprise > db.createCollection("emp")
{ "ok" : 1 }
```

可以使用命令 show collections 检查创建的集合。

```
MongoDB Enterprise > show collections
emp
```

在 MongoDB 中不需要创建集合。当插入一些文档时，MongoDB 会自动创建集合。

```
MongoDB Enterprise > db.student.insert({"name" : "xinping" })
WriteResult({ "nInserted" : 1 })
MongoDB Enterprise > show collections
emp
student
```

**2. 删除集合**

MongoDB 的 db.collection.drop() 命令用于从数据库中删除集合。

示例：删除 student 集合。

首先，检查数据库 test 中可用的集合。

```
MongoDB Enterprise > use test
switched to db test
MongoDB Enterprise > show collections
emp
student
```

其次，删除名称为 student 的集合。

```
MongoDB Enterprise > db.student.drop()
true
```

最后，检查当前数据库的集合列表。

```
MongoDB Enterprise > show collections
emp
```

由此可以看出，集合 student 已经成功删除了。如果选定的集合成功删除，那么 drop() 方法将返回 true，否则返回 false。

## 4.2.5 MongoDB 的文档

MongoDB 中的文档类似于关系型数据库中的行。关系型数据库中的一条记录就是一个文档，是一个数据结构，由 field 和 value 对组成。MongoDB 文档与 JSON 对象类似。字段的值有可能包括其他文档、数组及文档数组。多个文档组成一个集合，多个集合组成一个数据库。

文档的数据结构和 JSON 基本一样。所有存储在集合中的数据都是 BSON 格式。BSON 是类 json 的一种二进制形式的存储格式，简称 Binary JSON。

## 1. 插入文档

MongoDB 使用 insert() 方法向集合中插入文档，语法如下。

```
db.COLLECTION_NAME.insert(document)
```

示例：在 test 数据库中的 emp 集合插入文档。

```
MongoDB Enterprise > db.emp.insert({"name" : "jack"})
WriteResult({ "nInserted" : 1 })
MongoDB Enterprise > db.emp.insert({"name" : "scott", "age": 21})
WriteResult({ "nInserted" : 1 })
```

使用 find() 方法查看已插入文档。

```
MongoDB Enterprise > db.emp.find()
{ "_id" : ObjectId("5b3267136cc026616d500144"), "name" : "jack" }
{ "_id" : ObjectId("5b3268336cc026616d500145"), "name" : "scott", "age" : 21 }
```

格式化输出结果，在 find() 方法后直接追加 pretty() 方法。

```
MongoDB Enterprise > db.emp.find().pretty()
{ "_id" : ObjectId("5b3267136cc026616d500144"), "name" : "jack" }
{
        "_id" : ObjectId("5b3268336cc026616d500145"),
        "name" : "scott",
        "age" : 21
}
```

## 2. 更新文档

使用 update() 方法更新现有文档中的值。update() 方法的基本语法如下。

```
db.COLLECTION_NAME.update(SELECTION_CRITERIA, UPDATED_DATA)
```

示例 1：将 name 为 "jack" 的文档设置为 "scott"。

```
MongoDB Enterprise > db.emp.update({"name" : "jack"},{$set:{"name" :
"scott"}} )
WriteResult({ "nMatched" : 1, "nUpserted" : 0, "nModified" : 1 })
```

默认情况下，MongoDB 只会更新一个文档。要更新多个文档，需要将参数 "multi" 设置为 true。以下命令将 name 为 "scott" 的文档都设置为 "xinping"。

```
MongoDB Enterprise > db.emp.update({"name" : "scott"},{$set:{"name" :
"scott"}},{multi:true} )
WriteResult({ "nMatched" : 2, "nUpserted" : 0, "nModified" : 0 })
```

还可以使用save()方法中传递的文档数据替换现有文档。MongoDB中save()方法的基本语法如下。

```
db.COLLECTION_NAME.save({_id:ObjectId(),NEW_DATA})
```

示例2：将 _id 为"5b3267136cc026616d500144"的文档使用新的文档替换。

```
MongoDB Enterprise > db.emp.save({"_id" :
ObjectId("5b3267136cc026616d500144") , "name" : "xinping" })
WriteResult({ "nMatched" : 1, "nUpserted" : 0, "nModified" : 1 })
```

### 3. 查询文档

MongoDB 查询文档使用 find() 方法。find() 方法以非结构化的方式来显示所有文档。

如果需要以易读的方式来读取数据，可以使用 pretty() 方法，语法格式如下。

```
db.col.find().pretty()
```

pretty() 方法以格式化的方式来显示所有文档。

示例：查询集合 emp 中的文档。

```
MongoDB Enterprise > db.emp.insert({"name" : "python", "price":60, "author":
["user1"]})
WriteResult({ "nInserted" : 1 })
MongoDB Enterprise > db.emp.insert({"name" : "scott", "age":21})
WriteResult({ "nInserted" : 1 })
MongoDB Enterprise >db.emp.find().pretty()
{
        "_id" : ObjectId("5b327b0e6cc026616d500149"),
        "name" : "python",
        "price" : 60,
        "author" : [
                "user1"
        ]
}
{
        "_id" : ObjectId("5b327c6a6cc026616d50014a"),
        "name" : "scott",
        "age" : 21
}
```

除了 find() 方法之外，还有一个 findOne() 方法，它只返回一个文档。

```
MongoDB Enterprise > db.emp.findOne()
{
        "_id" : ObjectId("5b327b0e6cc026616d500149"),
```

```
        "name" : "python",
        "price" : 60,
        "author" : [
                "user1"
        ]
}
```

（1）MongoDB 与 RDBMS Where 语句比较。

如果读者熟悉常规的 SQL 数据，通过表 4-13 可以更好地理解 MongoDB 的条件语句查询。

表 4-13　MongoDB 的 SQL 语句

| 操作 | 格式 | 范例 | RDBMS 中的类似语句 |
|---|---|---|---|
| 等于 | {<key>:<value>} | db.col.find({"name":"python"}) | where name = 'python' |
| 小于 | {<key>:{$lt:<value>}} | db.col.find({"price":{$lt:50}}). | where price< 50 |
| 小于等于 | {<key>:{$lte:<value>}} | db.col.find({"likes":{$lte:50}}) | where price<= 50 |
| 大于 | {<key>:{$gt:<value>}} | db.col.find({"price":{$gt:50}}) | where price > 50 |
| 大于等于 | {<key>:{$gte:<value>}} | db.col.find({"price":{$gte:50}}) | where price > =50 |
| 不等于 | {<key>:{$ne:<value>}} | db.col.find({"price":{$ne:50}}) | where likes != 50 |

（2）MongoDB AND 条件。

MongoDB 的 find() 方法可以传入多个键，每个键以逗号隔开，即常规 SQL 的 AND 条件。
语法格式如下。

```
db.col.find({key1:value1, key2:value2})
```

示例 1：查询 emp 集合中 name 为"python"和 price 为"60"的文档。

```
MongoDB Enterprise > db.emp.find({"name" : "python" , "price":60})
{ "_id" : ObjectId("5b327b0e6cc026616d500149"), "name" : "python", "price" :
60, "author" : [ "user1" ] }
```

以上示例中类似于以下 SQL 语句：

```
select * from emp where name = "python" and price=60
```

（3）MongoDB 的 OR 条件。

MongoDB 的 OR 条件语句使用了关键字 $or, 语法格式如下。

```
db.col.find(
    {
        $or: [
            {key1: value1}, {key2:value2}
        ]
```

```
        }
    )
```

示例 2 ：查询 emp 集合中 name 为 "python" 或 price 为 "60" 的文档。

```
MongoDB Enterprise > db.emp.find({$or:[{ "name" : "python" , "price" :60 }]})
{ "_id" : ObjectId("5b327b0e6cc026616d500149"), "name" : "python", "price" :
60, "author" : [ "user1" ] }
```

（4）MongoDB 的 AND 和 OR 联合使用。

示例：查询 emp 集合中 price 大于 50 或 name 为 "python" 和 name="scott" 的文档。

```
MongoDB Enterprise > db.emp.find({"price":{$gt:50},$or:[{"name":"python"},{"name":"scott"}]  })
{ "_id" : ObjectId("5b327b0e6cc026616d500149"), "name" : "python", "price" :
60, "author" : [ "user1" ] }
```

### 4. 删除文档

MongoDB 中的 remove() 方法用于从集合中删除文档。 remove() 方法接受两个参数：一个参数是删除条件 "criteria"；另一个参数是标志 "justOne"。

- criteria ：（可选）符合删除条件的集合将被删除。
- justOne ：（可选）如果设置为 true 或 1，则只删除一个文档。

示例：删除 _id 为 "5b3267136cc026616d500144" 的文档。

```
MongoDB Enterprise > db.emp.remove({ "_id" :
ObjectId("5b3267136cc026616d500144") })
WriteResult({ "nRemoved" : 1 })
```

如果有多条记录，并且只想删除第一条记录，则在 remove() 方法中设置 justOne 参数。

```
db.COLLECTION_NAME.remove(DELETION_CRITERIA,1)
```

删除所有文档记录时，如果不指定删除条件，MongoDB 将删除集合中的所有文档。这相当于 SQL 的 truncate 命令。

```
MongoDB Enterprise > db.emp.remove({})
WriteResult({ "nRemoved" : 1 })
MongoDB Enterprise > db.emp.find()
```

## 4.2.6 使用 Python 操作 MongoDB

pymongo 是 Python 的一个操作 MongoDB 的库，通过 pymongo 操作 MongoDB 数据库，实现对 MongoDB 的增、删、改、查及排序等功能。

安装 Python 的 pymongo 模块，使用 pip install 命令安装 pymongo 模块，如图 4-44 所示。

图 4-44　安装 pymongo 模块

### 1. 使用 MongoClient 建立连接

使用 pymongo 时，首先创建一个 MongoClient 示例。本例文件名为"PythonFullStack\ Chapter04\ mongoDbDemo1.py"。

```
from pymongo import MongoClient
conn = MongoClient()
```
上述代码将连接默认主机（127.0.0.1）和端口（27017）。也可以明确指定主机和端口，如下所示。

```
from pymongo import MongoClient
conn = MongoClient('127.0.0.1',27017)
```
以上代码连接的是本地主机（127.0.0.1），端口为 27017 的 MongoDB 实例，也可以使用如下写法。

```
from pymongo import MongoClient
conn = MongoClient('mongodb://localhost:27017/')
```

### 2. 创建数据库

MongoDB 不需要提前创建好数据库，而是直接使用，如果发现没有则自动创建。

```
db = conn.mydb
```
上面的语句，会创建一个 mydb 的数据库。但是，在没有插入数据时，该数据库在管理工具中是不显示的。

### 3. 插入数据

当前使用的数据库是 mydb，在集合 users 中插入一条文档。

```
from pymongo import MongoClient
conn = MongoClient('mongodb://127.0.0.127017/')
db = conn.mydb
db.users.insert({"name":'xinping','province':' 北京 ','age':25})
```
运行以上脚本在控制台输出如下结果。

```
user insert:5b351d281ec3b7169c99357a
```
启动 mongo shell 查看数据库中的数据，可以看出已经在集合 users 中成功插入一条文档，_id 等于 ObjectId("5b351d281ec3b7169c99357a")，与控制台中的 id 是一致的。_id 是 MongoDB 自动生成的唯一值，如图 4-45 所示。

图 4-45　在集合 users 中插入一条记录

下面的操作中会忽略数据库连接操作，直接写核心代码，数据库连接操作要自行补上。

MongoDB 一次也可以插入多条文档。

```
rs = db.users.insert([
    {"name":'user1','province': '天津', 'age' : 25},
    {"name":'user2','province': '北京','age' : 24},
    {"name":'user3','province': '哈尔滨', 'age' : 25}
])
print('Multiple users: {0}'.format(rs ))
```

运行以上脚本，在控制台输出如下结果。

```
Multiple users: [ObjectId('5b3521a61ec3b71cb42b8ee5'),
ObjectId('5b3521a61ec3 b71cb42b8ee6'), ObjectId('5b3521a61ec3b71cb42b8ee7')]
```

在 mongo shell 中查看数据库 mydb 中 users 集合中的文档，如图 4-46 所示。

图 4-46　在 users 集合中一次插入 3 条文档

可以看到在 users 集合中成功插入了 3 条文档。

### 4. 查询数据

（1）单条查询。

可以使用 find_one() 来查询一条文档，这条文档也是 users 集合中的第 1 个文档。

```
rs = db.users.find_one()
print(rs)
print('name={0} ,province={1} ,age={2}'.format(rs['name'],rs['province'],rs['age']))
```

运行以上脚本，在控制台输出如下结果。

```
{'_id': ObjectId('5b35214d1ec3b721f00d31fc'), 'name': 'xinping', 'province': '
北京', 'age': 25}

name=xinping,province= 北京 ,age=25
```

上面的语句可以查询出一条 MongoDB 记录，返回的结果集是字典类型的。还可以加上查询条件进行查询。

查询集合中名称为"user1"的文档：

```
rs = db.users.find_one({"name" : "user1"})
```

查询集合中年龄小于 25 的文档：

```
rs = db.users.find_one({'age':{"$lt":25}})
```

（2）查询所有文档。

查询所有的文档，可以使用 db.users.find() 命令。

```
for item in db.users.find():
    print(item)
```

运行以上脚本，在控制台输出如下结果。

```
{'_id': ObjectId('5b35214d1ec3b721f00d31fc'), 'name': 'xinping', 'province': '
北京', 'age': 25}
{'_id': ObjectId('5b3521a61ec3b71cb42b8ee5'), 'name': 'user1', 'province': '天
津', 'age': 25}
{'_id': ObjectId('5b3521a61ec3b71cb42b8ee6'), 'name': 'user2', 'province': '北
京', 'age': 24}
{'_id': ObjectId('5b3521a61ec3b71cb42b8ee7'), 'name': 'user3', 'province': '哈
尔滨', 'age': 25}
```

（3）条件查询。

可以将查询条件组装成字典，这个查询字典可以嵌套。

查询集合 users 中 age 等于 25 的所有文档：

```
for item in db.users.find({"age" : 25 }):
    print(item)
```

查询集合 users 中 age 小于 25 的所有文档：

```
for item in db.users.find({"age":{"$lt":25}}):
    print(item)
```

查询集合 users 中 age 大于 25 的所有文档：

```
for item in db.users.find({"age":{"$gt":25}}):
    print(item)
```

（4）统计查询。

统计出 users 集合中所有的文档数量：

```
count = db.users.find().count()
print('count={0}'.format(count))
```

还可以加上查询条件，统计 age 小于 25 的文档：

```
count = db.users.find({"age":{"$lt":25}} ).count()
print('count={0}'.format(count))
```

（5）根据 _id 查询文档。

_id 是 MongoDB 自动生成的 id，其类型为 ObjectId，如果要使用就需要转换类型。Python 3 中提供了该方法，只需要导入 bson 库，就可以直接使用 _id 进行查询。

```
from bson.objectid import ObjectId
```

查询集合 users 中 _id 为 "5b35214d1ec3b721f00d31fc" 的文档：

```
rs = db.users.find_one({'_id':ObjectId('5b35214d1ec3b721f00d31fc')})
print(rs)
```

（6）结果排序。

可以对 MongoDB 的查询结果进行排序，将需要排序的字段放入 sort() 方法即可，MongoDB 默认为升序。

查询集合 users 中的文档，按照 age 升序排列：

```
for item in db.users.find().sort("age"):
    print(item)
```

如果要按照排序的字段降序排列，就需要导入 pymongo 库。查询集合 users 中的文档，按照 age 降序排列：

```
import pymongo
for item in db.users.find().sort("age", pymongo.DESCENDING):
    print(item)
```

也可以指定按照排序的字段升序排列。查询集合 users 中的文档，按照 age 升序排列：

```
import pymongo
for item in db.users.find().sort("age", pymongo.ASCENDING):
    print(item)
```

（7）更新文档。

更新数据需要一个条件和需要更新的数据。修改 _id 为 "5b3521a61ec3b71cb42b8ee5" 的文档，把 name 改为 "张三"。

```
db.users.update({'_id':ObjectId('5b3521a61ec3b71cb42b8ee5')},{'$set':{'name':'张三'}})
```

（8）删除文档。

删除数据使用 remove() 方法，如果方法带条件，则删除指定条件数据，否则删除全部。

删除集合 users 中 name 为 "张三" 的文档：

```
db.users.remove({'name':'张三'})
```

删除集合 users 中的全部文档：

```
db.users.remove()
```

# 4.3 操作 Redis 数据库

本节主要介绍 Redis 的基本使用和 Python 操作 Redis 数据库。

## 4.3.1 Redis 简介

Redis 是一个开源的，使用 C 语言编写，面向"键 / 值"（Key/Value）对类型数据的分布式 NoSQL 数据库系统，特点是高性能，持久存储，适应高并发的应用场景。因此，可以说 Redis 纯粹为应用而产生，它是一个高性能的 Key-Value 数据库，并且还提供了多种语言的 API 包括 Java、Python、PHP、C 和 C++ 等。

Redis 是一个 Key-Value 存储系统。 Redis 与另一个非常流行的缓存系统 Memcached 很类似，但它支持存储的 Value 类型相对更多，包括 string( 字符串 )、list( 链表 )、set( 集合 ) 和 zset( 有序集合 )。这些数据类型都支持 push/pop、add/remove 取交集和并集，以及更丰富的操作，而且这些操作都是原子性的，Redis 还支持各种不同方式的排序。

Redis 的所有数据都保存在内存中 , 然后不定期的通过异步方式保存到磁盘上（称为"半持久化模式"），也可以把每一次数据变化都写入一个 appendonly file(aof) 中（称为"全持久化模式"）。

## 4.3.2 安装 Redis

本小节介绍在 Windows 下安装并配置 Redis 开发环境。安装环境信息如表 4-14 所示。

表 4-14　Redis 的安装环境信息

| 操作系统 | Windows 10 64 位平台 |
|---|---|
| Redis-x64 | 3.2.100 |

### 1. 基于 Windows64 位的 Redis 安装

Redis 的官方网站为：http://Redis.io/ , 最新版本的 Redis 安装包都可以从官网下载，如图 4-47 所示。

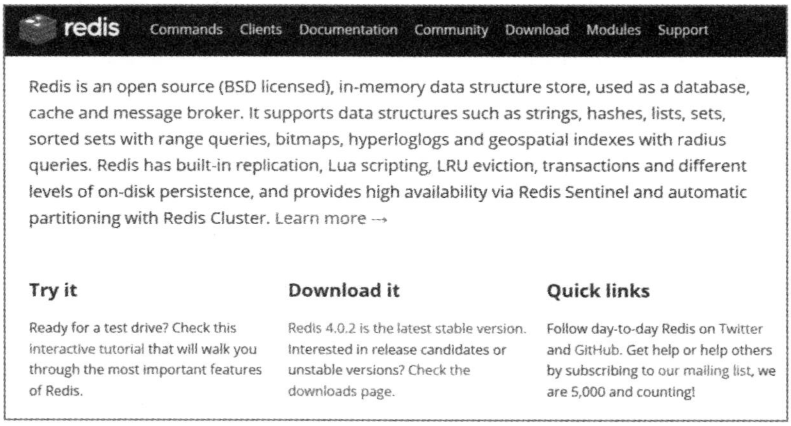

图 4-47　Redis 官网主页

Redis 没有官方的 Windows 版本，但是微软开源技术团队（Microsoft Open Tech group）长期开发和维护着这个 Redis Windows64 的版本，更多详细信息参考以下网址。

```
https://github.com/MicrosoftArchive/redis
```

进入网址，会发现有如图 4-48 所示的信息需要注意。

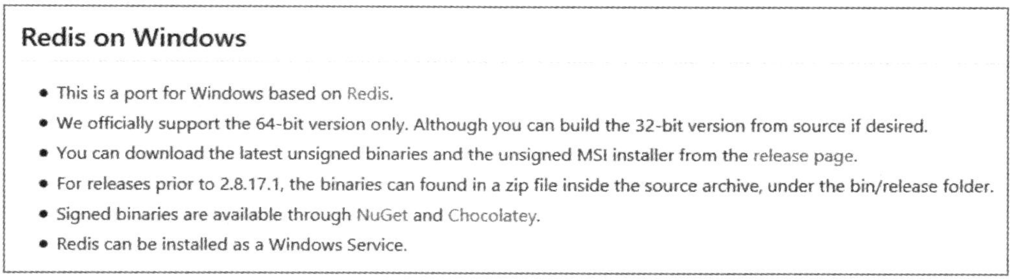

图 4-48　Redis 的 Windows 版本特点

简而言之，Redis 的 Windows 版本有以下特点。

（1）在 Windows 下，Redis 服务器使用一个默认端口 (6379)。

（2）团队只正式支持 64 位版本的 Redis。 如果需要，可以从源代码构建 32 位版本。

（3）可以从发布页面下载最新的未签名的二进制文件和未签名的 MSI 安装程序。

（4）对于 2.8.17.1 之前的版本，二进制文件可以在源文件中的 bin / release 文件夹下的 zip 文件中找到。

（5）签名的二进制文件可通过 NuGet 和 Chocolatey 获得。

（6）Redis 可以作为 Windows 服务安装。

本节中使用的是基于 Windows 64 位版本下的 Redis 安装包。Redis 安装包的下载地址为：

```
https://github.com/MSOpenTech/Redis/releases
```

访问 Redis 的下载地址找到最新版本的 Windows 64 位的 Redis 安装包，如图 4-49 所示。

图 4-49　下载 Windows 64 位的 Redis

Redis 支持 32 位和 64 位。这需要根据用户的操作系统的实际情况选择。这里下载 Redis-x64-3.2.100.zip 压缩包到 D 盘，解压后将文件夹重新命名为 Redis。当前 Redis 的存放路径为：D:\Redis。可以看到 Redis 文件夹中的主要文件，如图 4-50 所示。

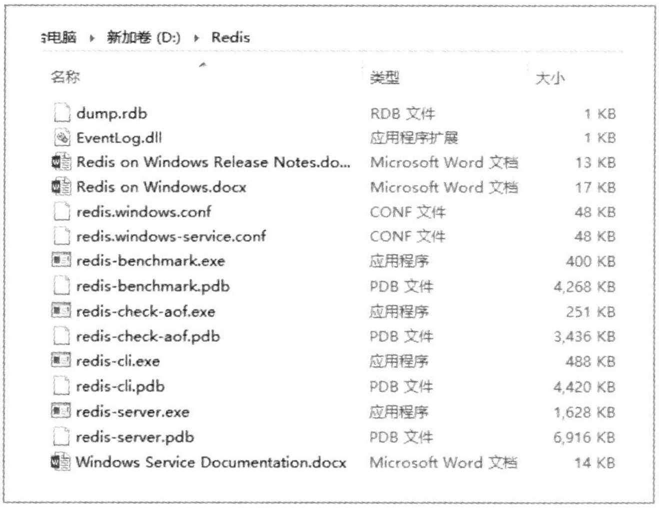

图 4-50　Redis 主要文件

Redis 的可执行命令和配置文件用途说明如下。

- redis-benchmark.exe：测试工具，测试 Redis 的读写性能情况。
- redis-check-aof.exe：数据导入，AOF 文件修复工具。
- redis-cli.exe：Redis 客户端程序。
- redis-server.exe：Redis 服务器程序。
- redis.windows.conf：Redis 在 Windows 下的配置文件，主要是一些 Redis 的默认服务配置，包括默认端口号 (6379) 等。

### 2. 启动 Redis 服务器

按【Win + R】组合键运行 cmd 命令，进入 DOS 模式，如图 4-51 所示。

图 4-51　运行 cmd 命令

使用 cmd 命令切换目录到 D:\Redis 目录下，运行以下命令。

```
redis-server.exe Redis.windows.conf
```

输入命令后，在窗口中会显示 Redis 服务器运行成功的信息，如在窗口提示中会带有 Redis 服务器的版本号、运行进程号 (PID)、运行端口信息 (Port)，默认的监听端口是 6379 ，如图 4-52 所示。

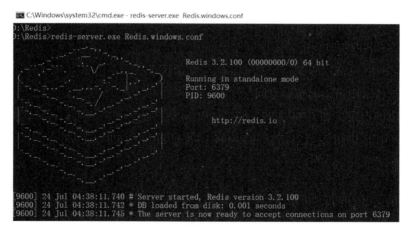

图 4-52　Redis 启动

在 Windows 平台下，可以新建一个批处理文件，命名为 "Run-Redis-Server.bat"，保存在 D:\Redis 目录下。把启动 Redis 客户端命令写在这个批处理文件中，以后只要单击这个文件就可以启动 Redis 服务器端，如图 4-53 所示。

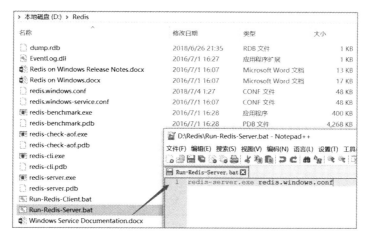

图 4-53　配置 Redis 启动的快捷方式

**注意**

这里运行 Redis-Server 命令启动的是 Redis 服务，是在前台直接运行的。也就是说，执行完该命令后，如果关闭当前命令行窗口，Redis 服务也会相应关闭。

还需要把 Redis 的安装目录添加到系统环境变量 Path 中，在桌面上右击【此电脑】图标，在弹出的快捷菜单中选择【属性】→【高级系统设置】→【高级】命令，然后单击【环境变量】按钮，在打开的对话框中进行设置，如图 4-54 所示。在系统变量 Path 中添加以下变量值，也就是 Redis 的安装目录。

```
D:/Redis;
```

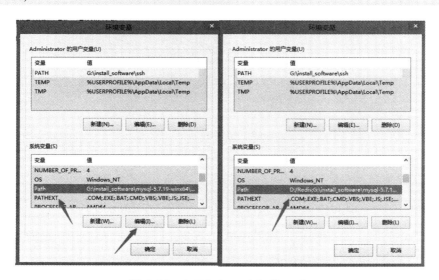

图 4-54　在 Windows 上配置 Redis

215

> **注意**
>
> （1）D:\Redis 是笔者在本计算机上安装 Redis 的位置，读者需要根据自己计算机上的实际情况进行修改。
>
> （2）D:\Redis 是安装目录的路径，为了避免字符串转义，路径分隔符使用 "\"。
>
> （3）系统变量 Path 中的变量之间使用分号 (;) 进行分隔。

### 3. 启动 Redis 客户端

另启动一个新的 cmd 窗口，原来的 cmd 窗口不要关闭，否则就无法访问 Redis 服务器端了。在新的 cmd 窗口运行以下命令启动 Redis 客户端。

```
redis-cli.exe -h 127.0.0.1 -p 6379
```

客户端基本参数介绍如下。

- -h 设置检测主机 IP 地址，默认为 127.0.0.1。
- -p 设置检测主机的端口号，默认为 6379。

每次启动 Redis 客户端都需要输入 redis-cli 命令不是很方便，在 Windows 平台下，可以新建一个批处理文件，命名为 "runRedisClient.bat"，保存在 D:\Redis 目录下。把启动 Redis 客户端命令写在这个批处理文件中，以后只要单击这个文件就可以启动 Redis 客户端了，如图 4-55 所示。

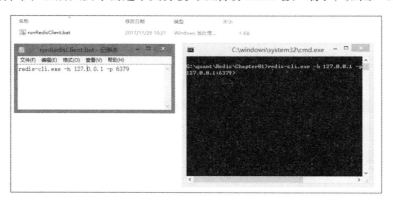

图 4-55　启动 Redis 客户端

### 4. 停止 Redis 服务

在 Redis 客户端输入 shutdown 命令，会关闭 Redis 服务器，持久化 Redis 内存中的数据到文件，如图 4-56 所示。

```
C:\Users\Administrator\Desktop>redis-cli.exe -h 127.0.0.1 -p 6379
127.0.0.1:6379> shutdown
not connected>
```

图 4-56　停止 Redis 服务器

### 4.3.3 Redis 开启远程访问

Redis 默认只允许本地访问，如果要 Redis 可以远程访问需要修改 redis.windows.conf，在 Redis 的配置文件 redis.windows.conf 中找到 bind localhost，将这一行注释掉，然后本机和局域网内的所有计算机都能访问 Redis。修改内容为：

```
#bind 127.0.0.1
```

bind 127.0.0.1 只能本机访问，局域网内其他计算机不能访问。

bind 局域网 IP 只能局域网内 IP 的机器访问，本地 localhost 都无法访问，如果允许多个局域网内 IP 访问，可以把多个局域网内的 IP 以空格分开，如 bind 192.168.1.11 192.168.1.12 。

### 4.3.4 Redis 可视化工具

Redis 是一个流行的 NoSQL 数据库，数据都保存在内存中，与传统的关系型数据库一样，Redis 也有图形化的管理工具：RedisDesktopManager。

RedisDesktopManager 是一款好用的 Redis 桌面管理工具，支持命令控制台操作，以及常用查询 key、rename、delete 等操作。官网地址为：

```
https://redisdesktop.com/download
```

RedisDesktopManager 启动界面如图 4-57 所示。

图 4-57　RedisDesktopManager 启动界面

然后单击【Connect to Redis Server】按钮创建连接 Redis。在新建连接页面中输入 Redis 服务器的 IP 和端口，Redis 的连接密码（如果没有可以不填写），如图 4-58 所示。

**图 4-58　输入连接 Redis 的信息**

按照上面的样式添加一个连接（连接密码如果没有可以不填写），打开 Redis 非关系型数据库后的界面，如图 4-59 所示。

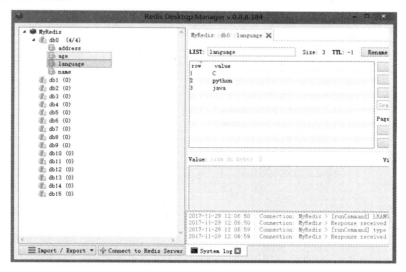

**图 4-59　打开 Redis 非关系型数据库后的界面**

### 4.3.5 Redis 数据类型与操作

Redis 支持 5 种数据类型：string（字符串）、hash（哈希）、list（列表）、set（集合）及 sorted set（有序集合）。

### 1. string 类型

string 是 Redis 最基本的类型，可以理解成与 Memcached 一模一样的类型，一个 Key 对应一个 Value。string 类型是二进制安全的，意思是 Redis 的 string 可以包含任何数据，如 jpg 图片或序列化的对象。

string 类型是 Redis 最基本的数据类型，一个键最大能存储 512MB。

下面是使用 set 和 get 命令操作 string 类型数据，示例如下。

```
127.0.0.1:6379> set name xinping
OK
127.0.0.1:6379> get name
"xinping"
```

以上示例使用了 Redis 的 set 和 get 命令。键为 name，对应的值为 xinping。

### 2. hash 类型

可以将 Redis 中的 hash 类型看成具有 String Key 和 String Value 的 map 容器。所以该类型非常适合于存储值对象的信息，如 Username、Password 和 Age 等。如果 hash 中包含很少的字段，那么该类型的数据也将仅占用很少的磁盘空间。

Redis 中每个 hash 可以存储 $2^{32} - 1$ 键 / 值对（40 多亿个）。

下面使用 hget、hmset 命令进行操作，示例如下。

```
127.0.0.1:6379> HMSET user name "xinping" age 25
OK
127.0.0.1:6379> HGET user name
"xinping"
127.0.0.1:6379> HGET user age
"25"
127.0.0.1:6379> HGET user address
(nil)
```

由于哈希表中没有 address 域，因此取到的是一个空值 nil。

```
127.0.0.1:6379> HMSET pet dog "wangwang" cat "miaomiao"  # 一次在哈希表中保存多个值
OK
127.0.0.1:6379> HMGET pet dog cat fake_pet  # 返回值的顺序和传入参数的顺序一样
1) "wangwang"
2) "miaomiao"
3) (nil)
```

由于哈希表中没有 fake_pet 域，因此取到的是一个空值 nil。

### 3. list 类型

在 Redis 中，list 类型是按照插入顺序排序的字符串链表。与数据结构中的普通链表一样，可

以在其头部 (left) 和尾部 (right) 添加新的元素。在插入时，如果该键并不存在，Redis 将为该键创建一个新的链表。与此相反，如果链表中所有的元素均被移除，那么该键也将被从数据库中删除。list 中可以包含的最大元素数量是 4294967295 个。

下面使用 lpush 和 lrange 命令进行操作，示例如下。

```
127.0.0.1:6379> del mykey    # 删除一个 key--mykey
(integer) 1
127.0.0.1:6379> lpush mykey a
(integer) 1
127.0.0.1:6379> lpush mykey b
(integer) 2
127.0.0.1:6379> lpush mykey c
(integer) 3
127.0.0.1:6379> lpush mykey d
(integer) 4
```

使用了 lpush 将 3 个值插入名为 mykey 的列表中，也可以一次插入多个值到列表中，实现效果是一样的。

```
127.0.0.1:6379> del mykey
(integer) 0
127.0.0.1:6379> lpush mykey a b c d
(integer) 4
```

显示索引从第 0 个到最后一个的列表元素：

```
127.0.0.1:6379> lrange mykey 0 -1
1) "d"
2) "c"
3) "b"
4) "a"
```

### 4. set 类型

Redis 的 set 是 String 类型的无序集合。集合成员是唯一的，这就意味着集合中不能出现重复的数据。

Redis 中集合是通过哈希表实现的，所以添加、删除、查找的复杂度都是 $O(1)$。

集合中最大的成员数为 $2^{32} - 1$ (4294967295, 每个集合可存储 40 多亿个成员 )。

下面使用 sadd 和 smembers 命令进行操作，示例如下。

```
# 添加单个元素
127.0.0.1:6379> SADD letter a
(integer) 1


# 添加重复元素
```

```
127.0.0.1:6379> SADD letter a
(integer) 0

# 添加多个元素
127.0.0.1:6379> SADD letter b c
(integer) 2

# 查看集合
127.0.0.1:6379> SMEMBERS letter
1) "c"
2) "b"
3) "a"
```

本例中，向 letter 中添加 3 个元素，但是重复元素 a 没有添加成功，最后用 smembers 命令查看集合的所有元素。

### 5.sorted set 类型

sorted set 是 set 的一个升级版本，它在 set 的基础上增加了一个顺序属性，这一属性在添加修改元素时可以指定，每次指定后 zset 会自动按照新的值调整顺序。

Redis 有序集合与集合一样也是 string 类型元素的集合，且不允许重复。不同的是每个元素都会关联一个 double 类型的分数。Redis 正是通过分数来为集合中的成员进行从小到大的排序的。有序集合的成员是唯一的，但分数却可以重复。

集合是通过哈希表实现的，所以添加、删除、查找的复杂度都是 $O(1)$。集合中最大的成员数为 $2^{32} - 1$ (4294967295，每个集合可存储 40 多亿个成员 )。

下面使用 zadd 和 zrange 命令进行操作，示例如下。

```
# 添加单个元素
127.0.0.1:6379> ZADD myzset1 1 "one"
(integer) 1

# 添加多个元素
127.0.0.1:6379> ZADD myzset1 2 "two" 3 "three"
(integer) 2

# 显示 zset 的有序集合
127.0.0.1:6379> ZRANGE myzset1 0 -1 WITHSCORES
1) "one"
2) "1"
3) "two"
4) "2"
```

```
5) "three"
6) "3"
```

使用 Redis 的内存可视化工具 RedisDesktopManager 查看 myzset1 在 Redis 的存储结构，如图 4-60 所示。

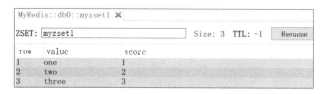

**图 4-60** 查看 myzset 在 redis 中的存储结构

```
# 添加已存在元素，但是改变 score 值
127.0.0.1:6379> ZADD myzset1 6 "one"
(integer) 0

127.0.0.1:6379> ZRANGE myzset1 0 -1 WITHSCORES
1) "two"
2) "2"
3) "three"
4) "3"
5) "one"
6) "6"
```

在本例中向 myzset1 中添加了 one、two 和 three 元素，并且 one 被设置了两次，那么将以最后一次的设置为准。最后将所有元素都显示出来并显示元素的 score，如图 4-61 所示。

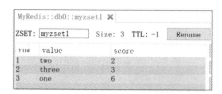

**图 4-61** myzset1 重新设置了 one 元素

```
#添加有序集成员
127.0.0.1:6379> ZADD salary6 3000 wangwu
(integer) 1
127.0.0.1:6379> ZADD salary6 10000 lisi
(integer) 1
127.0.0.1:6379> ZADD salary6 5000 zhangsan
(integer) 1
```

```
# 显示有序集内所有成员及其 score 值
127.0.0.1:6379> ZRANGE salary6 0 -1 WITHSCORES
1) "wangwu"
2) "3000"
3) "zhangsan"
4) "5000"
5) "lisi"
6) "10000"

# 解雇所有薪水在 2500 到 5500 内的员工
127.0.0.1:6379> ZREMRANGEBYSCORE salary6 2500 5500
(integer) 2

# 剩下的有序集成员
127.0.0.1:6379> ZRANGE salary6 0 -1 WITHSCORES
1) "lisi"
2) "10000"
```

在本例中将 salary6 中按从小到大排序结果的 score 在 2500~5500 的元素删除了。

## 4.3.6 使用 Python Redis 模块

Python 标准模块中没有连接 Redis 的模块，但已经有网友 Andy McCurdy 开发出了连接 Redis 的 Python 模块 Redis-py，详细信息可以访问 Redis 的 Python 模块作者博客，如图 4-62 所示。

图 4-62　Redis-py 模块在 github 的主页

安装 Python 的 Redis 模块，需要使用 pip 命令安装 Redis 模块。

```
pip install redis
```

也可以从 https://github.com/andymccurdy/Redis-py 下载源码，执行 python 命令安装 Redis 模块。

```
python setup.py install
```

最后可以在 Python 控制台输入以下脚本查看 Redis 模块的 api，如图 4-63 所示。

```
import redis
r = redis.Redis(host='127.0.0.1', port=6379, db=0)
help(r)
```

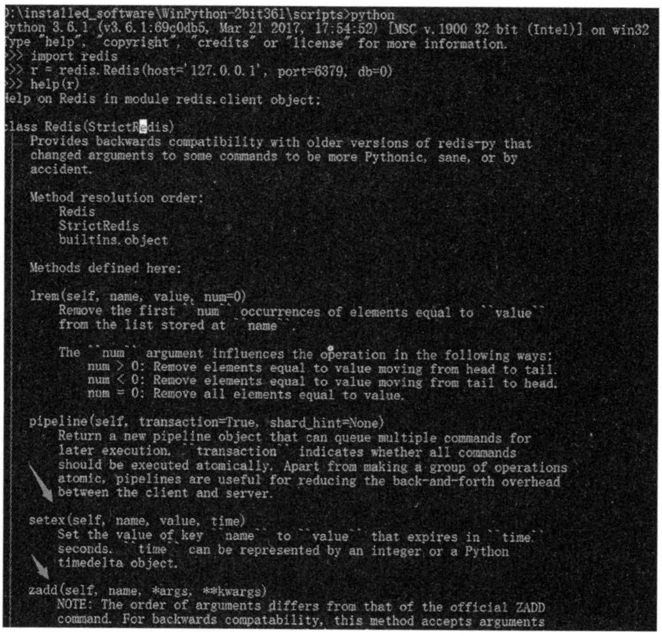

图 4-63　查看 Redis 模块的 api

从输出结果中，可以看到 Redis 模块中常用 api 的使用方法。

### 4.3.7 连接 Redis 服务器

首先确定 Redis 服务器已经正常启动，然后使用以下语句连接 Redis 服务器。

#### 1. 单连接

Redis-py 提供两个类 Redis 和 StrictRedis 用于实现 Redis 的命令。StrictRedis 用于实现大部分官方的命令，并使用官方的语法和命令；Redis 是 StrictRedis 的子类，用于向后兼容旧版本的 Redis-py。可以先导入 Redis 模块，通过制定主机和端口与 Redis 服务器建立连接，示例如下。

```
import redis
```

```
r = redis.Redis(host='127.0.0.1', port=6379, db=0)
r.set('name', 'xinping')
print( r.get('name'))     # 返回 b'xinping'
```

在本例中，连接 IP 地址为 "127.0.0.1"，端口为 "6379"，数据库为 "0" 的 Redis 服务器。

### 2. 连接池

Redis-py 使用 connection pool 来管理对一个 Redis server 的所有连接，避免每次建立、释放连接的开销。默认每个 Redis 实例都会维护一个自己的连接池。可以直接建立一个连接池，然后作为参数 Redis，这样就可以实现多个 Redis 实例共享一个连接池，示例如下。

```
import redis
pool = redis.ConnectionPool(host='127.0.0.1', port=6379, db=0)
r = redis.Redis(connection_pool=pool)
r.set('name', 'xinping')
print( r.get('name')) # 返回 b'xinping'
```

在本例中，连接 IP 地址为 "127.0.0.1"，端口为 "6379"，数据库为 "0" 的 Redis 服务器。

**注意**

> 下面的操作中会忽略数据库连接操作，直接写入核心代码，数据库连接操作需要自行补上。

## 4.3.8 操作 string 类型

下面介绍一下常用的操作 string 类型的方法。本例文件名为 "PythonFullStack\ Chapter04\redis_string.py"。

### 1. set(name, value,ex=None, px=None, nx=False,xx=False)

说明：用于设置键 / 值对。

参数说明如下。

- name：键。
- value：值。
- ex：过期时间，单位为秒。
- px：过期时间，单位为毫秒。
- nx：如果设置为 True，则只有 name 不存在时，当前 set 操作才能执行。
- xx：如果设置为 True，则只有 name 存在时，当前 set 操作才能执行。

实例如下。

```
import redis
```

```
pool = redis.ConnectionPool(host='127.0.0.1', port=6379)
r = redis.Redis(connection_pool=pool)
r.set('name', 'xinping', ex=30)
print( r.get('name'))# 输出结果为 b'xinping', 30 秒后, 清空 name 键
```

在本例中, 设置 name 这个 key 的有效时间为 30 秒, 30 秒后 name 键对应的值为 None。

### 2. setnx(name, value)

说明: 只有当 name 不存在时, 才能进行设置操作。

参数说明如下。

- name : 键。

- value : 值。

实例如下。

```
r.setnx('name2', 'xinping' )
print( r.get('name2'))# 输出结果为 b'xinping'
```

在本例中, 运行脚本后 name2 键对应的值为 "xinping"。如果修改值后, 再次运行脚本后得到的 key 键对应的值仍是 "xinping"。

### 3.setex(name, value, time)

说明: 设置 key 对应的值为 string 类型的 value, 并指定此键值对应的过期时间。

参数说明如下。

- name : 键。

- value : 值。

- time : 过期时间, 单位为秒。

实例如下。

```
r.setex('name3', 'xinping' , 30 )
print( r.get('name3'))# 输出结果为 b'xinping', 30 秒后, 清空 name3 键
```

在本例中运行脚本 30 秒后, name3 键的值变为 None。

### 4. psetex(name, time_ms, value)

说明: 设置 key 对应的值为 string 类型的 value, 并指定此键值对应的过期时间。

参数说明如下。

- name : 键。

- time_ms : 过期时间, 单位为毫秒。

- value : 值。

实例如下:

```
r.psetex('name4', 10000, 'xinping'  )
print( r.get('name4'))#输出结果为 b'xinping', 10 秒后，清空 name4 键
```

在本例中运行脚本 10 秒后，name4 键的值变为 None。

### 5. mset(*args, **kwargs)

说明：用于批量设置键 / 值对。根据映射设置键 / 值。映射可以作为一个单独的提供字典参数。完整实例参考 mget() 方法。

参数说明如下。

- *args：多个输入参数。
- **kwargs：一个字典参数。

核心代码：

```
# 批量设置键值对
# 输入多个参数，注意 key 不带引号，带引号会报错
r.mset(name5='wangwu', name6='lisi')
# 或输入字典参数
r.mset({'name5': 'wangwu', 'name6': 'lisi'})
```

### 6. mget(keys, *args)

说明：用于批量获取键 / 值。

参数说明如下。

- keys：多个键。
- *args：多个输入参数。

核心代码：

```
# 批量获取键值对
print(r.mget("name5","name6"))
# 或
print(r.mget(["name5","name6"]))
```

实例：

```
# 批量设置键值对
r.mset( name5='wangwu', name6='lisi'  )
r.mset({'name7': 'zhangsan' })
# 得到的结果为列表类型
print( r.mget("name5","name6","name7"))
# 输出结果为 [b'wangwu', b'lisi', b'zhangsan']
print( r.mget(["name5","name7","name7"]))
# 输出结果为 [b'wangwu', b'lisi', b'zhangsan']
```

### 7. getset(name, value)

说明：设置新值并获取原来的值。

参数说明如下。

• name：键。

• value：值。

实例如下。

```
r = redis.Redis(connection_pool=pool)
r.set('name', 'xinping')
print(r.getset('name', 'lisi'))     # 输出结果为 b'xinping'
print(r.get('name'))                # 输出结果为 b'lisi'
```

在本例中 r.getset('name', 'lisi') 打印出来的值为 "xinping"，也就是之前设置的值。

### 8. getrange(key, start, end)

说明：根据字节获取子字符串。

参数说明如下。

• key：键。

• start：起始位置，单位为字节。

• end：结束为止，单位为字节。

实例如下。

```
r = redis.Redis(connection_pool=pool)
r.set('email','xpws2006@163.com')
print(r.getrange('email',0,7) )
```

输出结果为 xpws2006，因为一个字母占用 1 个字节。

```
r.set('name','测试')
nameBytes = r.getrange('name',0,5)
print ( nameBytes )                    # 输出结果为 b'\xe6\xb5\x8b\xe8\xaf\x95'
print (bytes.decode(nameBytes ) )      # 输出结果为测试
```

nameBytes 是字节类型，转换成汉字，输出结果为 "测试"，因为一个汉字占用 3 个字节。

### 9. setrange(name, offset, value)

说明：修改字符串内容，从指定字符串索引开始向后替换字符串内容。

参数说明如下。

• name：键。

• offset：字符串的索引，单位为一个字母 1 个字节，一个汉字 3 个字节。

• value：值。

实例如下。

```
r.set('email', 'xpws2006@163.com')
r.setrange('email', 9, 'qq.com')
print(r.get('email')) # 输出结果为 b'xpws2006@qq.com'
```

在本例中修改指定 email 键对应的字符串内容，索引位置从 0 开始，从第 9 个位置开始替换字符串内容为 "qq.com"。

### 10. strlen(name)

说明：返回 name 键对应值的字节长度，一个字母占 1 个字节，一个汉字占 3 个字节。

参数说明如下。

name：键。

实例如下。

```
# 输出字母长度
r.set('email', 'xpws2006@163.com')
print(r.strlen('email'))# 输出结果为 16


# 输出汉字长度
r.set('name','测试')
print(r.strlen('name'))# 输出结果为 6
```

### 11. append(key, value)

说明：在 name 对应的值后面追加内容。

参数说明如下。

- key：键。
- value：要追加的字符串。

实例如下。

```
r.set('name','wang')
r.append('name' , 'wu')
print( r.get('name') )# 输出结果为 b'wangwu'
```

## 4.3.9 操作 hash 类型

下面介绍常用的操作 hash 类型的方法。本例文件名为 "Chapter04\redis_hash.py"。

### 1. hset(name, key, value)

说明：设置 name 对应 hash 中的一个键 / 值对，如果键 / 值对不存在则创建。如果键 / 值对存在，则修改。

参数说明如下。

- name：hash 中的 name。
- key：hash 中的 key。
- value：hash 中的 value。

实例如下。

```
import redis
pool = redis.ConnectionPool(host='127.0.0.1', port=6379)
r = redis.Redis(connection_pool=pool)
r.hset('user','name','aa')
```

### 2. hmset(name, mapping)

说明：在 name 对应的 hash 中批量设置键 / 值对。

参数说明如下。

- name：hash 中的 name.
- mapping：字典，如 {'k1':'v1', 'k2': 'v2'}。

实例如下。

```
r.hmset('user',{ 'name': 'lisi' ,'age':20 })
```

### 3. hget(name,key)

说明：获取 name 对应的 hash 中 key 的值。

参数说明如下。

- name：hash 中的 name。
- key：hash 中的 key。

实例如下。

```
r.hset('user','name','xinping')
print( r.hget('user', 'name') )# 输出结果为 b'xinping'
```

### 4. hmget(name,keys, *args)

说明：批量获取 name 对应的 hash 中多个 key 值。

参数说明如下。

- name：hash 中的 name。
- keys：要获取的 key 集合，如 ['k1','k2','k3']。
- *args：要获取的 key，如 k1、k2、k3。

实例如下。

```
r.hmset('user',{ 'name': 'lisi' ,'age':20 })
print( r.hmget('user', ['name', 'age']) )# 输出结果为 [b'lisi', b'20']
```

```
# 或者使用以下语句批量获取 user 对应的 hash 中多个 key 值
print( r.hmget('user', 'name', 'age') ) # 输出结果为 [b'lisi', b'20']
```

## 4.3.10 操作 list 类型

下面介绍常用的操作 list 类型的方法。本例文件名为 "Chapter04\redis_list.py"。

### 1. lpush(name, *values)

说明：在 name 对应的 list 添加元素，每个新的元素都添加到列表的最左边。

参数说明如下。

- name：list 对应的 name。
- values：要添加的元素

实例如下。

```
import redis
pool = redis.ConnectionPool(host='127.0.0.1', port=6379)
r = redis.Redis(connection_pool=pool)
print('\n#1')
r.lpush('nums' , 1,2,3)
```

在本例中，把多个元素添加到 nums 列表中，存储顺序为 3,2,1 添加到 list 右边使用 rpush(name,*values) 方法。

### 2. linsert(name, where, refvalue, value)

说明：name 对应的列表的某一个值前或后插入一个新值。

参数说明如下。

- name：list 的 name。
- where：before 或 after。
- refvalue：在 where 前后插入的数据。
- value：要插入的数据。

实例如下。

```
r.linsert('nums' , where= 'before', refvalue='2' , value='a')
```

在本例中向 nums 列表中左边第一个出现的元素 2 前插入元素 a。存储顺序为 3, a, 2, 1。

### 3. lset(name, index, value)

说明：对 name 对应的列表的某一个索引位置赋值。

参数说明如下。

- name：list 的 name。

- index：list 的索引位置。
- value：要设置的数据。

实例如下。

```
r.delete('nums')
r.lpush('nums' , 1,2,3)
r.lset('nums', 2, 'b')
```

在本例中向 nums 列表第 2 个索引位置设置值为 "b"。当前列表的存储顺序为 3,2,b。

### 4. lrem(name, value, num)

说明：在 name 对应的 list 中删除指定的值。

参数说明如下。

- name：list 的 name。
- value：要删除的值。
- num：第 num 次出现。当 num=0 时，删除列表中所有的指定值。

实例如下。

```
r.delete('nums')
r.lpush('nums' , 3,1,2,3)
r.lrem('nums', 3, 1)
print( r.lrange('nums',0,-1)  )# 输出结果为 [b'2', b'1', b'3']
```

在本例中删除 nums 列表中第 1 次出现的值 3。当前列表的存储顺序为 2,1,3。

### 5. lpop(name)

说明：在 name 对应列表的左侧获取第 1 个元素并在列表中移除和返回。

参数说明如下。

name：list 的 name。

实例如下。

```
r.delete('nums')
r.lpush('nums' , 1,2,3)
print( r.lpop('nums'))# 输出结果为 b'3'
print( r.lrange('nums',0,-1)   )# 输出结果为 [b'2', b'1']
```

在本例中获取 nums 列表中第 1 个元素并在列表中删除和返回。当前 nums 列表的存储顺序为 2，1。

### 6. lrange(name, start, end)

说明：在 name 对应的列表分片获取数据。

参数说明如下。

- name：list 的 name。

- start：索引的开始位置。

- end：索引的结束位置。

实例如下。

```
r.delete('nums')
r.lpush('nums' , 1,2,3)
print( r.lrange('nums',0,-1)  )# 输出结果为 [b'3', b'2', b'1']
```

在本例中获取 nums 列表 0~-1（最后一个元素索引）的数据。当前 nums 列表的存储顺序为 3,
2,1。

## 4.3.11 操作 set 类型

下面介绍常用的操作 set 类型的方法。本例文件名为 "Chapter04\redis_set.py"。

### 1. sadd(name, *values)

说明：为 name 集合添加元素。

参数说明如下。

- name：set 的 name。

- *values：要添加的一个或多个元素。

实例如下。

```
import redis
pool = redis.ConnectionPool(host='127.0.0.1', port=6379)
r = redis.Redis(connection_pool=pool)
r.sadd('sets', 1,2,3,4)
```

在本例中，把多个元素添加到 sets 集合中，存储顺序为 1,2,3,4。

### 2. scard(name)

说明：获取 name 对应集合中元素的个数。

参数说明如下。

name：set 的 name。

实例如下。

```
r.delete('sets')
r.sadd('sets', 1,2,3,4)
print( r.scard('sets') )# 输出结果为 4
```

在本例中 sets 集合的元素个数为 4。

### 3. smembers(name)

说明：获取 name 集合的所有元素成员。

参数说明如下。

name：set 的 name。

实例如下。

```
r.delete('sets')
r.sadd('sets', 1,2,3,4)
print( r.smembers('sets') )
# 输出结果为 {b'3', b'1', b'2', b'4'}
```

### 4. sdiff(keys, *args)

说明：获取多个 name 对应集合的差集。

参数说明如下。

- keys：多个键。
- *args：多个输入参数。

实例如下。

```
r.delete('sets1')
r.delete('sets2')
r.sadd('sets1', 1,2,3)
r.sadd('sets2', 2,3,4)
print( r.sdiff('sets1', 'sets2') )# 输出结果为 {b'1'}
```
在本例中 sets1 集合和 sets2 集合的差集为 {b'1'}。

### 5. sinter(keys, *args)

说明：获取多个 name 集合的交集。

参数说明如下。

- keys：多个键。
- *args：多个输入参数。

实例如下。

```
r.delete('sets1')
r.delete('sets2')
r.sadd('sets1', 1,2,3)
r.sadd('sets2', 2,3,4)
print( r.sinter('sets1', 'sets2') )# 输出结果为 {b'3', b'2'}
```
在本例中 sets1 集合和 sets2 集合的交集为 {b'3', b'2'}。

### 6. sunion(keys, *args)

说明：获取多个 name 对应集合的并集。

参数说明如下。

- keys：多个键。

- *args：多个输入参数。

实例如下。

```
r.delete('sets1')
r.delete('sets2')
r.sadd('sets1', 1,2,3)
r.sadd('sets2', 2,3,4)
print( r.sunion('sets1', 'sets2') )# 输出结果为 {b'4', b'2', b'1', b'3'}
```

在本例中 sets1 集合和 sets2 集合的并集为 {b'4', b'2', b'1', b'3'}。

## 4.3.12 操作 sorted set 类型

下面介绍常用的操作 sorted set 类型的方法。本例文件名为 Chapter04\redis_sorted set.py。

### 1. zadd(name, *args, **kwargs)

说明：在 name 对应的有序集合中添加元素和与元素对应的分数。

参数说明如下。

- name：sorted set 的 name。

- *args：要添加的元素和分数，如 'n1', 1, 'n2', 2。

- **kwargs：要添加的元素字典，如 n1=11, n2=22。

实例如下。

```
import redis
pool = redis.ConnectionPool(host='127.0.0.1', port=6379)
r = redis.Redis(connection_pool=pool)
r.zadd('zset1',num1=1,num2=2,num3=3)
```

### 2. zcard(name)

说明：获取与 name 对应的有序集合中的元素个数。

参数说明如下。

name：sorted set 的 name。

实例如下。

```
r.delete('zset1')
r.zadd('zset1',num1=1, num2=2, num3=3, num4=4)
```

```
print(r.zcard('zset1'))# 输出结果为 4
```

### 3. zrange(name, start, end, desc=False, withscores=False, score_cast_func=float)

说明：按照索引范围获取与 name 对应的有序集合的元素。

参数说明如下。

- name：Redis 的 name。
- start：有序集合索引起始位置（非分数）。
- end：有序集合索引结束位置（非分数）。
- desc：排序规则，默认按照分数从小到大排序。
- withscores：是否获取元素的分数，默认只获取元素的值。
- score_cast_func：对分数进行数据转换的函数。

实例如下。

```
r.delete('zset1')
r.zadd('zset1',num1=1, num2=2, num3=3, num4=4)
print(r.zrange('zset1',0,-1))# 输出结果为 [b'num1', b'num2', b'num3', b'num4']
```

在本例中输出 zset1 有序集合的第 1 个索引到最后 1 个索引元素，结果为 [b'num1', b'num2', b'num3', b'num4']。

### 4. zrem(name , *value)

说明：删除与 name 对应的有序集合中与 value 对应的元素。

参数说明如下。

- name：sorted set 的 name。
- *value：sorted set 的元素。

实例如下。

```
r.delete('zset1')
r.zadd('zset1',num1=1, num2=2, num3=3, num4=4)
r.zrem('zset1','num1', 'num2', 'num3')
```

在本例中删除 zset1 有续集的 num1，num2 和 num3 元素。

### 5. zscore(name, value)

说明：获取与 name 对应的有序集合中与 value 对应的分数

参数说明如下。

- name：sorted set 的 name。
- value：sorted set 的 value。

实例如下。

```
r.delete('zset1')
r.zadd('zset1',num1=1, num2=2, num3=3, num4=4)
print( r.zscore('zset1' , 'num2') )
# 输出结果为 2.0
```

## 4.3.13 其他操作

（1）列出所有的键：

```
r.keys()                # 输出结果为：[b'address', b'name']
```

（2）判断是否存在这个键：

```
r.exists('name')   # 输出结果为：True
```

使用 r.exists( 键 ) 判断是否存在这个键，存在返回 True，否则返回 False。

（3）删除键：

```
r.delete('name')   # 输出结果为：1
```

使用 r.delete( 键 ) 删除键，删除成功返回 1，失败返回 0。

（4）删除当前数据库的所有数据：

```
r.flushdb()             # 输出结果为：True
```

删除当前数据库的所有数据，操作成功返回 True, 操作失败返回 False。

# 第 5 章

# Python 网络编程

　　自从互联网诞生以来，一直都是在快速发展，现在几乎所有的程序都是网络程序，如手机应用、网站等。计算机网络就是把各个计算机连接到一起，让网络中的计算机可以互相通信。网络编程就是如何在程序中实现两台计算机的通信。

　　计算机除了安装浏览器外，还可以安装QQ、微信、网盘、邮件客户端等，不同的程序连接的计算机也会不同。确切地说，网络通信是两台计算机上的两个进程之间的通信。例如，浏览器进程和新浪服务器上的某个 Web 服务进程在通信，而 QQ 进程是与腾讯的某个服务器上的某个进程在通信。

　　本章将详细介绍网络中进程通信用到的技术。

# 5.1 网络编程的基本概念

## 5.1.1 网络基础知识

计算机和计算机之间是通过两个软件进程连接起来的。但如果要让这两个进程之间进行通信，还需解决很多问题。OSI 参考模型解决两个进程间通信问题的方法是先分层，简单来说，这两个进程之间的通信是通过七大部分来完成的，也就是 OSI 七层参考模型。

开放系统互联 (Open System Interconnection，OSI) 七层网络模型成为开放式系统互联参考模型，是把网络通信在逻辑上定义，也可以理解为定义了通用的网络通信规范。而数据在网络中传输的过程，实际就是封装和解封装的过程。发送方通过各种封装处理，把数据转换成比特流的形式，比特流在信号传输的硬件媒介中传输，接收方再把比特流进行解封装处理，如图 5-1 所示。

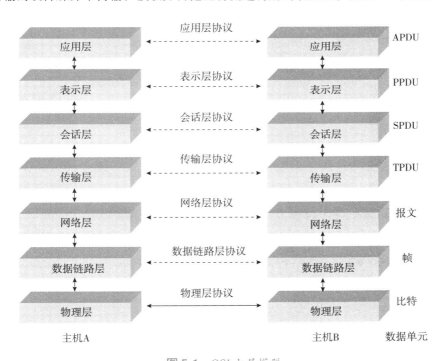

图 5-1　OSI 七层模型

把用户的应用程序作为最高层，把物理通信线路作为最底层，将其间的协议处理分为若干层，规定每层处理的任务，也规定每层的接口标准。但 OSI 模型是一个理论上的网络通信模型，目前主要用于教学理解。在实际使用中，网络硬件设备基本都是参考 TCP/IP 模型。可以把 TCP/IP 模型理解为 OSI 模型的简化版本。从概念上来讲，TCP/IP 协议族则把 7 层网络模型合并为 4 层，其对应关系如图 5-2 所示。

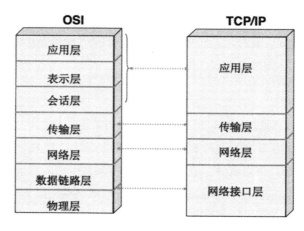

图 5-2　网络分层模型图

### 5.1.2 网络基本概念

本节主要介绍在网络环境中经常使用的几个网络基本概念

#### 1. IP 地址

IP 地址用来表示计算机等网络设备的网络地址。IP 地址分为 IPv4 与 IPv6 两大类，当前广泛应用的是 IPv4。目前 IPv4 几乎耗尽，下一阶段必然会进行版本升级到 IPv6。如果无特别注明，人们使用的 IP 地址所指的就是 IPv4。

IP 地址 (IPv4) 由 32 位二进制数组成，分为 4 段（4 个字节），每一段为 8 位二进制数（1 个字节）中间使用英文的标点符号 "." 隔开。由于二进制数太长，为了便于记忆和识别，把每一段 8 位二进制数转换为十进制，大小为 0~255。IP 地址的这种表示法称为 "点分十进制表示法"。IP 地址可以表示为 182.168.1.10。

（1）在 Windows 系统下查看本机 IP 地址。

①按【Win+R】组合键运行 cmd 命令，进入 Windows 的 DOS 模式，如图 5-3 所示。

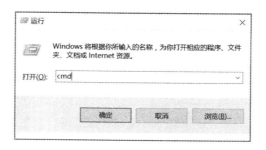

图 5-3　运行 cmd 命令进入 Windows 的 DOS 模式

②进入 Windows 命令提示符窗口，输入命令 "ipconfig"，如图 5-4 所示。

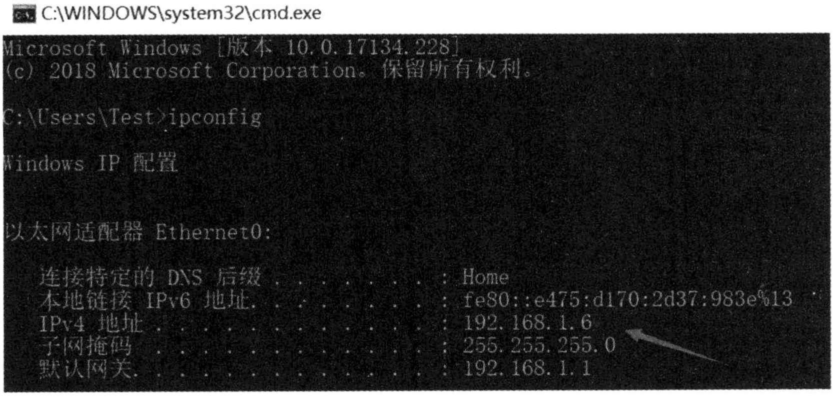

图 5-4　在 Windows 下输入 ipconfig 命令查看本机 IP 地址

从图 5-4 中可以看出，这台 Windows 下的主机 IP 地址是 192.168.1.6。

（2）在 Linux 系统下查看本机 IP 地址。

在 Linux 终端输入"ifconfig"命令用来查看和配置网络设备，如图 5-5 所示。

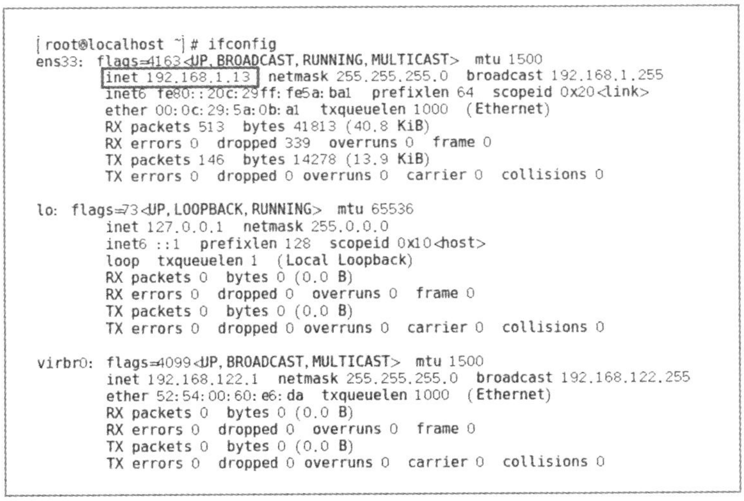

图 5-5　在 Linux 下输入 ifconfig 命令查看本机 IP 地址

从图 5-5 中可以看出，这台 Linux 下的主机 IP 地址是 192.168.1.13。

## 2. 主机名 (Host Name)

主机名是计算机的名称，因特网上的 Web 站点由主机名识别。主机名有时也称为域名。主机名映射到 IP 地址，如博客园的地址是 www.cnblogs.com。在因特网上 IP 地址和主机名是一一对应的，通过域名解析可以由主机名得到计算机的 IP 地址。可以使用 ping 域名命令得到域名映射的 IP 地址，如图 5-6 所示。

```
C:\Users\pc>ping www.cnblogs.com

正在 Ping www.cnblogs.com [42.121.252.58] 具有 32 字节的数据:
来自 42.121.252.58 的回复: 字节=32 时间=34ms TTL=87
来自 42.121.252.58 的回复: 字节=32 时间=34ms TTL=87
来自 42.121.252.58 的回复: 字节=32 时间=34ms TTL=87
来自 42.121.252.58 的回复: 字节=32 时间=41ms TTL=87

42.121.252.58 的 Ping 统计信息:
    数据包: 已发送 = 4，已接收 = 4，丢失 = 0 (0% 丢失)，
往返行程的估计时间(以毫秒为单位):
    最短 = 34ms，最长 = 41ms，平均 = 35ms
```

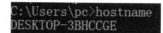

**图 5-6** 使用 ping 命令查看域名对应的 IP 地址

从图 5-6 中可以看出 www.cnblogs.com 域名映射的远程服务器 IP 地址是 42.121.252.58。在局域网内，可以修改主机名，让局域网内的 IP 地址和主机名一一对应。

（1）在 Windows 下修改主机名。

首先，查看 Windows 下的主机名。按【Win+R】组合键运行 cmd 命令，进入 DOS 模式。输入 hostname 命令，从图 5-7 中可以看出，这台 Windows 系统的主机名是 DESKTOP-3BHCCGE。

```
C:\Users\pc>hostname
DESKTOP-3BHCCGE
```

**图 5-7** 输入 hostname 命令查看主机名

然后，右击【此电脑】图标，在弹出的快捷菜单中选择【属性】命令，在打开的窗口中单击【更改设置】按钮，在弹出的【系统属性】窗口中单击【更改】按钮，弹出【计算机名 / 域更改】窗口，如图 5-8 和图 5-9 所示。

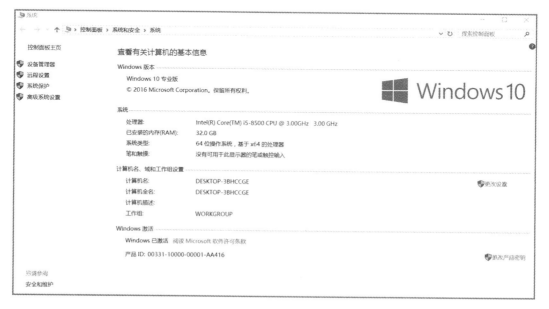

**图 5-8** 打开系统窗口

图 5-9　修改主机名

最后，在【计算机名】文本框中输入新的主机名即可。修改计算机名后，需要重启计算机使配置生效。

（2）在 Linux 下修改主机名。

在 Linux 下更改主机名需要以根用户 (root) 登录，或者登录后切换到根用户 (root)。本例以 CentOS 系统为例，安装环境信息如表 5-1 所示。

表 5-1　Linux 下的安装环境信息

| 操作系统 | CentOS 7 64 位平台 |
| --- | --- |
| IP 地址 | 192.168.1.14 |

首先，在 Linux 控制台下输入 hostname，查看当前系统的主机名。

```
root@localhost~]#  hostname
localhost.localdomain
```

Linux 系统安装好后，都会有默认的主机名。从返回结果可以看出，Linux 下默认的主机名为 localhost.localdomain。

其次，修改 /etc/sysconfig/network 文件，在 Linux 提示符下输入命令。

```
$vi /etc/sysconfig/network
```

修改内容为：

```
NETWORKING=yes
HOSTNAME=master01
```

将 HOSTNAME 后面的值改为需要设置的主机名。本例修改 Linux 下的主机名为 master01。

再次，修改 /etc/hosts 文件，命令如下。

```
$vi /etc/hosts
```

/etc/hosts 文件的初始内容为：

```
127.0.0.1    localhost localhost.localdomain localhost4 localhost4. localdomai4
::1          localhost localhost.localdomain localhost6 localhost6. localdomai6
```

在下面添加一行 192.168.1.14 master01，修改后内容为：

```
127.0.0.1    localhost localhost.localdomain localhost4 localhost4. localdomai4
::1          localhost localhost.localdomain localhost6 localhost6. localdomai6
192.168.1.14 master01
```

本例使用的 Linux 下主机 IP 地址是 192.168.1.14，主机 IP 映射的主机名是 master01。修改后保存 /etc/hosts 文件。

最后，输入 reboot 命令后，重新启动 Linux 主机，使配置生效。

```
$reboot
```

重新登录 Linux 主机后，使用 hostname 命令查看主机名，可以看到主机名已经变更为 master01。

```
[root@master01 ~]# hostname
master01
```

### 3. 端口号 (Port Number)

端口号是网络通信时同一机器上的不同进程的标识，如 21、25 和 80。端口号是为了在一台主机上提供更多的网络资源而采取的一种手段。其中 0~1023 是公认端口号，是为已经公认定义的软件保留的。例如，21 端口分配给 FTP 服务，25 端口分配给 SMTP（简单邮件传输协议）服务，80端口分配给 HTTP 服务。

1024~65535 是没有公共定义的端口号，用户可以自己定义这些端口的作用。

（1）在 Windows 下查看端口的占用情况。

在 Windows 下查看端口的占用情况，需要在 DOS 模式下输入 netstat -ano | findstr 端口名查看指定端口的占用情况，因为 MySQL 数据库默认占用的端口是 3306，如果要在 Windows 下查看 MySQL 端口的占用情况，需要输入命令：

```
netstat -ano | findstr 3306
```

输入命令的返回结果如图 5-10 所示。

图 5-10　查看 MySQL 端口使用的进程号

从图 5-10 中可以看到，每行记录有 5 个字段，其格式和具体含义如下。

| 协议 | 本地地址 | 外部地址 | 状态 | PID |
| --- | --- | --- | --- | --- |

从返回结果可以看出，在 Windows 系统下 MySQL 端口 3306 使用的 PID( 进程号 ) 是 2876。在 Windows 系统下，按【Ctrl +Shift + Delete】组合键，打开任务管理器，切换到【详细信息】选项卡。可以看出进程 mysqld.exe 占用的 PID 是 2876，与 netstat -ano|findstr 3306 命令返回的结果一致，如图 5-11 所示。

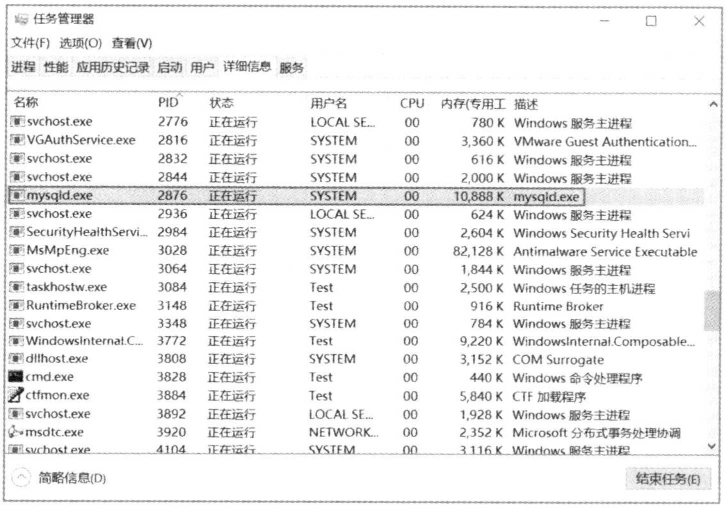

图 5-11　查看与 MySQL 服务对应的进程号 (PID)

（2）在 Linux 下查看端口的占用情况。

在 Linux 下查看某端口的占用情况，需要使用 netstat -ano | grep 端口号，如查看 MySQL 数据库占用端口 3306 的使用情况，需要使用命令 netstat -ano | grep 3306。

```
[root@master01 ~]# netstat - ano  | grep 3306
tcp6      0      0 :::3306              :::*           LISTEN  off(0.00/0/0)
```

从返回结果可以看出，在 Linux 下的 3306 端口已经被使用。如果要查询哪个进程占用了 3306 端口，可以使用 ps -ef |grep 3306 命令进行查询。

```
[root@master01 ~]# ps - ef  | grep 3306
root      3820   2624   0 04:49 pts/0  00:00:00 grep -- color=auto 3306
```

从返回结果可以看出，在 Linux 下进程 3820 占用了 3306 端口。

### 5.1.3 网络传输协议

TCP/IP（Transmission Control Protocol/Internet Protocol）即传输控制协议 / 网间协议，定义了主机如何连入因特网及数据如何在它们之间传输的标准。从字面意思来看 TCP/IP 是 TCP 和 IP 协

议的合称，但实际上 TCP/IP 协议是指因特网整个 TCP/IP 协议族。不同于 ISO 模型的 7 个分层，
TCP/IP 协议参考模型把所有的 TCP/IP 系列协议归类到 4 个抽象层中。

- 应用层：TFTP、HTTP、SNMP、FTP、SMTP、DNS、Telnet 等。
- 传输层：TCP、UDP。
- 网络层：IP、ICMP、OSPF、EIGRP、IGMP。
- 数据链路层：SLIP、CSLIP、PPP、MTU。

每一个抽象层是建立在低一层提供的服务上，同时又为高一层提供服务，如图 5-12 所示。

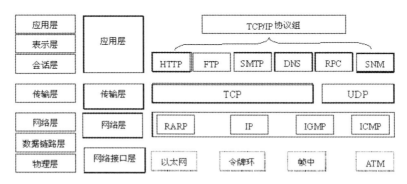

图 5-12　TCP/IP 协议

TCP/IP 协议在传输层有两个重要协议：传输控制协议 TCP（Transmission Control Protocol）和
用户数据报协议 UDP（User Datagram Protocol）。

TCP 是传输控制协议，是面向连接的，并且是一种可靠的协议。在基于 TCP 进行通信时，通
信双方需要先建立一个 TCP 连接。建立连接时需要经过 3 次握手，握手成功才可以进行通信。使
用 TCP 协议传输，每次收发数据之前必须通过 Connect() 建立连接，这也是双向的，即任何一方都
可以收发数据。协议本身提供了一些保障机制以保证它是可靠的、有序的，即每个包按照发送的顺
序到达接收方，如图 5-13 所示。

UDP（User Datagram Protocol）是用户数据报协议，是无连接的，不可靠的传输协议。UDP 和
TCP 位于同一个传输层，但是 UDP 不保证数据包的传输顺序。也就是说，UDP 传输不保证数据的
正确性，UDP 可能会丢包。当一个 Socket( 通常是 Server Socket) 等待建立连接时，另一个 Socket
可以要求进行连接，一旦两个 Socket 连接起来，就可以用 Sendto 发送数据，也可以用 Recvfrom 接
收数据。根本不关心对方是否存在，是否发送了数据。它的特点是传递数据时比较快，如图 5-14
所示。

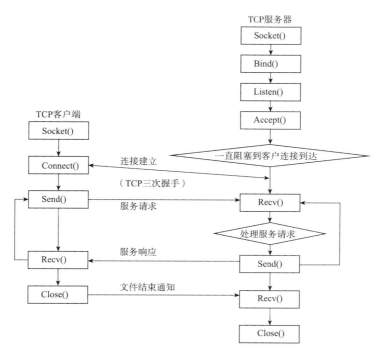

**图 5-13** TCP 服务器 / 客户端程序设计基本框架

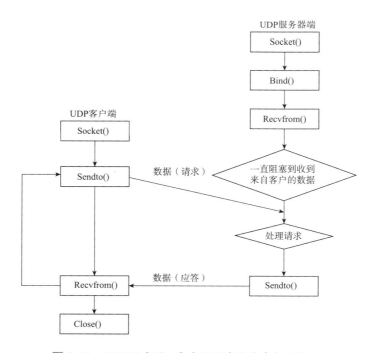

**图 5-14** UDP 服务器 / 客户端程序设计基本框架

以下是对这两种协议做的简单比较。

（1）TCP 面向连接（如打电话要先拨号建立连接）;UDP 是无连接的，即发送数据之前不需要建立连接。

（2）TCP 提供可靠的服务，也就是说，通过 TCP 连接传送的数据，无差错、不丢失、不重复，且按序到达；UDP 则尽最大努力交付，但不保证可靠交付。

（3）TCP 面向字节流，实际上是 TCP 把数据看成一连串无结构的字节流；UDP 是面向报文的，UDP 没有拥塞控制，因此网络出现拥塞不会使源主机的发送速率降低（对实时应用很有用，如 IP 电话、实时视频会议等）。

（4）每一条 TCP 连接只能是点到点的；UDP 则支持一对一、一对多、多对一和多对多的交互通信。

（5）TCP 的逻辑通信信道是全双工的可靠信道；UDP 则是不可靠信道。

> **总结**
>
> 网络中进程之间进行通信，首先要解决的问题是如何唯一地标识一个进程，在本地服务器可以通过进程 PID 来标识唯一一个进程，但是在网络中多台服务器的情况下就无法用 PID 来标识唯一一个进程了。在 TCP/IP 协议族中，网络层的"IP 地址"可以唯一标识网络中的主机，而传输层的"协议＋端口"可以唯一标识主机中的应用程序（进程）。这样利用三元组（IP 地址、协议、端口）就可以标识网络的进程了，网络中的进程通信就可以利用这个标识与其他进程进行交互。

# 5.2 Python 3 网络编程

网络编程是使用程序实现两台计算机之间的通信，使用 Python 进行网络编程时，就是在 Python 程序本身的进程内，连接到指定服务器进程的通信端口进行通信，所以网络通信也可以看作是两个进程之间的通信。

Python 3 提供了以下两个基本的 Socket 模块。

- socket：提供了标准的 BSD Sockets API，可以访问底层操作系统 Socket 接口的全部方法。
- socketerver：提供了服务器中心类，可以简化网络服务器的开发。

本节主要介绍 Python 3 的 Socket 模块的开发。

## 5.2.1 Socket() 函数

Socket( 套接字 ) 函数，是支持 TCP/IP 协议的网络通信的基本操作单元，可以看作是网络上不同主机之间的进程进行双向通信的端点，简单来说，就是通信双方的一种约定，用套接字中的相关函数来完成通信过程。

Socket 的本质是编程接口 (API)，基于 TCP/IP 协议的实现。Socket 的英文原义是"孔"或"插座"，作为 BSD Uuix 的进程通信机制，取后一种意思。通常也称为"套接字"，用于描述 IP 地址和端口，是一个通信链的句柄，可以用来实现不同虚拟机或不同计算机之间的通信。在 Internet 上的主机一般运行了多个服务软件，同时提供几种服务。每种服务都打开一个 Socket，并绑定到一个端口上，不同的端口对应不同的服务。

在 Python 3 中，使用创建 socket 对象的语法格式如下。

```
import socket
socket.socket(family, type, proto)
```

参数说明如下。

• family：可选参数，表示使用的地址类型，默认值是 AF_INET。表示 IPv4 网络协议，用于服务器与服务器之间的网络通信。

• type：可选参数，是套接字类型，默认值为 socket.SOCK_STREAM。套接字的类型有面向连接的套接字（socket.SOCK_STREAM）和无连接的套接字（socket.SOCK_DGRAM）两种。面向连接的主要协议就是传输控制协议 TCP，是基于 TCP 协议的流式 socket 通信，套接字类型必须使用 socket.SOCK_STREAM；无连接的主要协议是用户数据报文协议 UDP，是基于 UDP 协议的数据报文式通信，套接字类型必须使用 socket.SOCK_DGRAM。

• proto：可选参数，一般默认为 0。

为了创建 TCP 套接字对象，可以用下面的方式调用 socket.socket()。

```
import socket
tcpSock = socket.socket(socket.AF_INET,socket.SOCK_STREAM)
```

查看 Socket 模块的 socket 类的源码会发现，使用 socket.socket() 创建套接字对象时，可以使用 socket 类的构造函数 __init__ 的默认值，如图 5-15 所示。

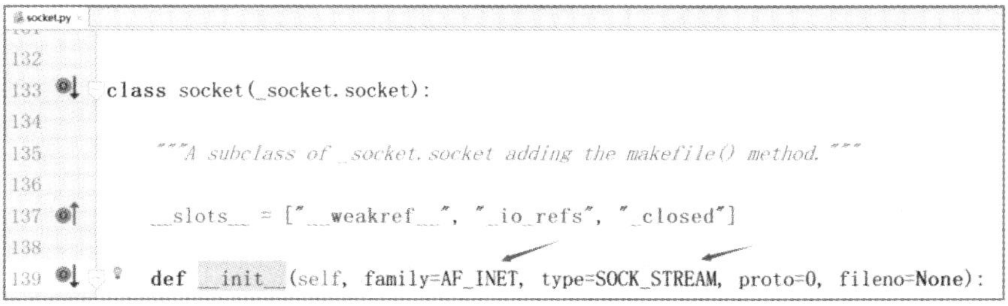

图 5-15　查看 socket 类的构造函数 __init__

可以使用以下语句创建基于 TCP 协议的 socket 对象。

```
tcpSock = socket.socket()
```

为了创建 UDP 套接字对象，可以使用语句：

```
import socket
udpSock = socket.socket(socket.AF_INET, socket.SOCK_DGRAM)
```

## 5.2.2 TCP 程序设计

TCP 是一种面向连接的传输层协议。TCP Socket 是基于一种 Client-Server 的编程模型，服务端监听客户端的连接请求，一旦建立连接即可进行传输数据。对于 TCP Socket 编程的介绍也可以分为客户端和服务端。必须先启动 Server，然后再启动 Client 才可以实现 TCP 通信双方的数据发送和接收。

### 1. 简单的 TCP socket 示例

创建服务器端代码，本例文件名为"PythonFullStack\Chapter05\tcpServer1.py"。使用 Socket 模块的 socket() 函数来创建一个 socket 对象。socket 对象可以通过调用其他函数来设置一个 socket 服务。可以通过调用 socket.bind( (ip, port)) 函数来指定服务的 IP 地址和 port（端口）。然后使用调用 socket 对象的 accept() 方法。该方法等待客户端的连接，并返回 connection 对象，则表示已连接到客户端，内容如下。

```
import socket

# 创建一个服务器端的 socket 对象
serversocket = socket.socket(socket.AF_INET, socket.SOCK_STREAM)
# 设置端口号
port = 12345

# 绑定端口号
serversocket.bind(("127.0.0.1", port))

# 设置最大连接数，监听最多 10 个连接请求
serversocket.listen(10)
print('start Socket Server ...')

while True:
    # 建立客户端连接
    clientSocket,addr  = serversocket.accept()
    msg = '成功连接到服务器 socket message'

    clientSocket.send(msg.encode('utf8'))
    clientSocket.close()
```

```
# 关闭连接
serversocket.close()
```

运行脚本，得到以下结果。

```
start Socket Server ...
```

创立客户端代码，写一个简单的客户示例连接到以上创建的服务，端口号为 12345。使用 socket.connect((ip, port)) 方法打开一个 TCP 连接到 IP 为 127.0.0.1，端口 port 为 12345 的服务。连接后就可以从服务端获取数据，在操作完成后需要关闭连接。本例文件名为 "PythonFullStack\Chapter05\tcpClient1.py"，内容如下。

```
import socket

# 创建一个客户端的 socket 对象
socket = socket.socket(socket.AF_INET, socket.SOCK_STREAM)
# 设置端口号
port = 12345

# 连接服务，指定主机和端口
socket.connect(("127.0.0.1", port))
print('start Socket client ...')

# 接收消息，接收小于 1024 字节的数据
msg = socket.recv(1024).decode('utf8')
print("client receive message={0}".format(msg))

# 关闭连接
socket.close()
```

运行脚本，得到以下结果。

```
start Socket client ...
client receive message= 成功连接到服务器 socket message
```

从返回结果可以看出，启动服务器端脚本后，等待客户端连接上，然后发送一条消息。再启动客户端脚本，客户端连接上服务器端后会接收一条消息。在实际开发中，一般需要服务器端和客户端都实现发送消息和接收消息的功能，再对代码进行优化，实现 TCP 的聊天室。

### 2.TCP 聊天室

创建服务器端，本例文件名为 "PythonFullStack\Chapter05\tcpServer2.py"，内容如下。

```
import socket
import time
# 创建一个服务器端的 socket 对象
```

```
serversocket = socket.socket(socket.AF_INET, socket.SOCK_STREAM)
# 设置端口号
port = 12345

# 绑定端口号
serversocket.bind(("127.0.0.1", port))
# 设置最大连接数，监听最多 10 个连接请求
serversocket.listen(10)
print('start Socket Server ...')

while True:
    # 阻塞等待链接，创建套接字 clientSocket 链接和地址信息 addr
    tcpCliSock,addr = serversocket.accept()
    print("从 {0} 连接上客户端 ".format(addr))

    while True:
        # 接收客户端数据
        client_data = tcpCliSock.recv(1024).decode("utf8")
        print("服务器端接收消息：", client_data)

        # 如果客户端输入空格或 quit，就退出循环，释放掉客户端连接
        if not client_data or client_data == 'quit' :
            break

        msg = "服务器当前时间 ={0}".format(time.ctime())
        tcpCliSock.send(msg.encode("utf8"))

    tcpCliSock.close()

# 关闭连接
serversocket.close()
```

创建客户端，本例文件名为 "PythonFullStack\Chapter05\tcpClicent2.py"，内容如下。

```
import socket

# 创建一个客户端的 socket 对象
tcpCliSock = socket.socket(socket.AF_INET, socket.SOCK_STREAM)
# 设置端口号
port = 12345
```

```python
# 连接服务，指定主机和端口
tcpCliSock.connect(("127.0.0.1", port))
print('start Socket client ...')

while True:
    data = input("请在客户端输入发送的内容：")

    if not data :
        break
    tcpCliSock.send(data.encode("utf8"))
    client_data = tcpCliSock.recv(1024)
    if not client_data:
        break

    print("客户端接收的消息为：",client_data.decode("utf8"))

# 关闭连接
tcpCliSock.close()
```

打开两个命令行窗口，一个运行服务器端程序，另一个运行客户端程序，就可以看到效果了，如图 5-16 所示。

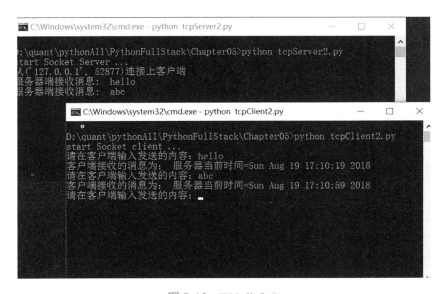

图 5-16　TCP 聊天室

253

### 5.2.3 UDP 程序设计

TCP 是建立可靠的连接，并且通信双方都可以以数据流的方式发送数据。相对于 TCP，UDP 是面向无连接的协议。使用 UDP 协议时，不需要建立连接，只需要知道服务器的 IP 地址和端口号，就可以直接发送数据包，但是能否到达客户端就不知道了。虽然 UDP 传输数据不可靠，但是 UDP 的优点是比 TCP 的传输速度快，对于不要求可靠到达的数据，就可以使用 UDP 协议。本节介绍使用 UDP 协议传输数据。

使用 UDP 的通信双方也分为 Serer（服务器端）和 Client（客户端），必须先启动 Server（服务器端），然后再启动 Client（客户端）才可以实现 UDP 通信双方的数据发送和接收。

创建 UDP 服务器端，本例文件名为 "PythonFullStack\Chapter05\udpServer1.py"，内容如下。

```python
import socket

HostPort = ('127.0.0.1',7777)
# 创建 UDP 套接字
udpSerSock = socket.socket(socket.AF_INET,socket.SOCK_DGRAM)
# 服务器端绑定端口
udpSerSock.bind(HostPort)

while True:
    # 接收数据和端口
    data,addr = udpSerSock.recvfrom(1024)
    # 打印数据
    print("服务器接收消息: ",data.decode('utf8'))
    sendMsg = "hello {0}".format(data.decode('utf8'))
    udpSerSock.sendto(sendMsg.encode("utf8") , addr)
```

本例中使用 socket.SOCK_DGRAM 指定了 socket 的类型。

```python
sock = socket.socket(socket.AF_INET,socket.SOCK_DGRAM)
```

通过 udpSerSock.recvfrom() 方法返回数据和客户端的地址与端口，这样在服务器收到数据后，直接调用 udpSerSock.sendto() 方法就可以把数据使用 UDP 协议发送给客户端了。本例中得到客户端的消息后，在接收的消息前面添加字符串 "hello" 后再发送给客户端。

创建 UDP 客户端，本例文件名为 "PythonFullStack\Chapter05\udpClient1.py"，内容如下。

```python
import socket

HostPort = ('127.0.0.1',7777)
udpClisock = socket.socket(socket.AF_INET,socket.SOCK_DGRAM)

while True:
```

```
user_input = input('请输入要发送给对方的消息: ')
if user_input == 'quit':
    break
# 指定地址端口发送数据, 数据必须 encode
udpClisock.sendto(user_input.encode('utf8'),HostPort)
data,addr = udpClisock.recvfrom(1024)
msg = data.decode("utf8")
print("客户端接收消息 {0}".format(msg))
```

udpClisock.close()

客户端使用 UDP 编程时, 必须先创建基于 UDP 的 Socket, 就可以直接通过 udpClisock.sendto() 方法给服务器端发送数据了。在本例中输入 "quit" 停止客户端。

打开两个命令行窗口, 一个运行服务器端程序, 另一个运行客户端程序, 就可以看到效果了, 如图 5-17 所示。

图 5-17　运行 UDP 的服务器端和客户端

## 5.2.4 Socket 实现文件传输

在前几节的案例中, 服务器端和客户端的 TCP/UDP 通信都是以字符串流单工、双工的方式进行传输通信的。传输文件也是一样的, 主要方法是在服务器端通过文件迭代器遍历文件流, 并将其转换为字符串流, 然后将字符串流从服务器端发送。客户端在缓冲区中接收数据流, 并把它写入文件中, 从而实现文件的传输。

### 1. 使用 Socket 发送图片

本例的服务器端和客户端使用 TCP 协议进行文件传输通信。为了更好地看到传输效果, 本例使用的传输文件是图片, 读者也可以替换成其他的大文件, 如音频和视频文件。首先浏览要传输的图片 photo.jpg, 可以看到图片大小是 85KB, 如图 5-18 所示。

图 5-18　传输的图片和图片大小

服务器端代码，本例文件名为"PythonFullStack\Chapter05\fileServer1.py"，内容如下。

```
import socket

# 创建 socket 对象
sSocket = socket.socket(socket.AF_INET, socket.SOCK_STREAM)
# 连接服务，指定主机和端口
sSocket.bind(('127.0.0.1', 5000))
sSocket.listen(10)

while True:
    cSocket, addr = sSocket.accept()
    with open('photo.jpg', 'rb') as file:
        # 一次性读取整个文件内容到内存
        content = file.read()
        cSocket.send(content)
    print('===send file ok===')
```

在命令行窗口运行 fileServer1.py 脚本启动服务器，命令如下。

```
python fileServer1.py
```

本例是 TCPSocket 的服务器端，创建的 socket 绑定监听的地址和端口。本例的监听地址是127.0.0.1，表示绑定到本机地址。服务器端如果绑定到这个地址，客户端必须同时在本机运行才能连接。

```
sSocket = socket.socket(socket.AF_INET, socket.SOCK_STREAM)
# 连接服务，指定主机和端口
sSocket.bind(('127.0.0.1', 5000))
```

在服务器端以二进制形式读取文件，这是一次性读取整个文件的数据，然后给客户端发送文件数据。

```
    with open('photo.jpg', 'rb') as file:
        # 一次性读取整个文件
```

```
        content = file.read()
        cSocket.send(content)
```

客户端代码，本例文件名为"PythonFullStack\Chapter05\fileClient1.py"，内容如下。

```
import socket

# 创建 socket 对象
cSocket = socket.socket(socket.AF_INET, socket.SOCK_STREAM)
cSocket.connect(('127.0.0.1', 5000))
# 配置 5MB 缓存
content = cSocket.recv(1024 * 1024 * 5)

with open('photo2.jpg', 'wb') as file:
    file.write(content)

print('===recv file ok===')
```

在命令行窗口运行 fileClient1.py 脚本启动客户端，命令如下。

```
python fileClient1.py
```

本例是 TCPSocket 的客户端，创建的 socket 打开一个 TCP 连接到地址为 127.0.0.1 和端口为 5000 的服务。建立连接后客户端在缓冲区中接收数据流，并把它写入图片文件中，从而实现文件的传输。运行客户端脚本 fileClient1.py 后，如果一切运行正常，客户端将成功从服务器端接收图片文件 photo2.jpg，图片保存在与客户端脚本 fileClient1.py 同一级目录下。可以成功浏览图片 photo2.jpg，图片大小也是 85KB，如图 5-19 所示。

| photo2.jpg | 2018/8/20 16:11 | JPG 文件 | 85 KB |

图 5-19　使用 TCPSocket 客户端接收的图片和图片大小

> **注意**
>
> 客户端与服务器端建立 TCP 连接后，客户端的 socket 在缓冲区接收数据流，缓冲区大小设置为 5MB，把从服务器接收的数据流一次性放入缓冲区中，然后把缓冲区的数据流写入图片中，核心代码如下。
>
> ```
> content = cSocket.recv(1024 * 1024 * 5)
> ```

本例中客户端接收数据的缓冲区的大小设置为5MB，而接收的图片文件photo2.jpg只有85KB，这种情况下客户端接收数据是没有问题的。如果接收的图片文件大小不是85KB而是85MB，在这种客户端接收数据的缓冲区容量小于图片大小的情况下，那么客户端还能正常接收文件数据流吗？

下面做个试验，在接收图片文件大小不变的情况下，把客户端接收数据的缓冲区设置为50KB，模拟客户端接收数据的缓冲区容量小于图片文件大小的情况。

```
content = cSocket.recv(1024 * 50 )
```

再运行客户端脚本fileClient1.py，发现接收的图片photo2.jpg只能显示部分内容，图片大小是50KB，与客户端接收数据时设置的缓冲区大小是一致的，如图5-20所示。

图 5-20　残缺的图片和大小

这是因为在本例中客户端与服务器端建立TCP连接后，客户端在不知道接收文件大小的情况下，把从服务器端接收的数据流一次性放入缓冲区中，再把缓冲区的数据流写入图片文件。当客户端接收数据的缓冲区大于传输文件的大小时，客户端接收数据是没有问题的，但是如果客户端接收数据的缓冲区小于传输的文件大小时，就会出现上面的问题。针对这个问题，将在下一节给出解决方案。以上就是服务器端和客户端使用TCP协议进行文件传输通信的核心代码，接下来的就是性能上的优化了。

### 2. 优化 socket 发送图片

在上例中演示了在服务器端和客户端使用TCP协议进行文件传输通信，只是实现了基本的功能，但是在性能上有以下两个问题。

问题1：服务器端一次性读取整个图片文件的数据，然后给客户端一次性发送全部文件数据，在发送大文件时效率低下。

问题2：客户端不知道要接收的图片文件大小，在接收数据时设置的缓冲区小于接收文件的大小时，客户端一次性把接收的数据流写入缓冲区，再从缓冲区写入文件，就会出现图片残缺问题。

针对这两个问题，可以对服务器端和客户端代码进行优化，以提高代码的质量。

（1）服务器端代码。服务器端发送文件时，首先获取传输文件的大小，然后发送文件大小给客户端。最后等待客户确认，在收到客户的确认信息后，通过文件迭代器遍历要发送的文件，边读取文件边发送数据给客户端。本例文件名为"PythonFullStack\Chapter05\fileServer2.py",内容如下。

```python
import socket
import os

sSocket = socket.socket(socket.AF_INET, socket.SOCK_STREAM)
sSocket.bind(('127.0.0.1', 5000))
sSocket.listen(10)

fileName = 'photo.jpg'
while True:
    cSocket, addr = sSocket.accept()
    with open(fileName, 'rb') as file:
        # Step1: 获取文件大小
        fileSize = os.stat(fileName).st_size
        # Step2: 发送文件大小给客户端
        cSocket.send(str(fileSize).encode("utf8"))
        # Step3: 等待客户端确认
        data = cSocket.recv(1024).decode("utf8")
        # Step4: 通过文件迭代器遍历发送的文件，边读文件边发送数据给客户端
        for line in file:
            cSocket.send(line)
```

在命令行窗口运行 fileServer1.py 脚本启动服务器,命令如下。

```
python fileServer1.py
```

(2)客户端代码。客户端在接收图片前,首先获取服务器端要发送的图片文件大小,然后发送确认信息给服务器端,最后开始接收图片的数据流。因为服务器端是通过文件迭代器读取发送的图片,是以分批的方式读取图片内容的,读取后再分批的发送给客户端。所以客户端接收图片时,也需要分批读取。客户端读取文件的缓冲区可以根据业务需要设置一个合理的值。

通过缓冲区读取文件后,就可以把缓冲区的内容分批写入本地文件。

客户端每次通过缓冲区读取的图片数据大小都需要与图片文件的总大小做比较,统计读取图片的大小直到与图片文件的总大小一样时,才可以停止读取文件内容,本例文件名为"PythonFullStack\Chapter05\fileClient2.py",内容如下。

```python
import socket
import os

cSocket = socket.socket(socket.AF_INET, socket.SOCK_STREAM)
cSocket.connect(('127.0.0.1', 5000))
# Step1: 获得接收文件的大小
serverResponse =  cSocket.recv(1024).decode('utf8')
```

```
fileTotalSize = int(serverResponse)
print("fileTotalSize={0}".format(fileTotalSize))
# Step2：发送确认信息
cSocket.send("ready to recv file".encode("utf8"))
# 初始化接收大小
revivedSize = 0
fileName = 'photo3.jpg'
with open(fileName, 'wb') as file:
    # Step3：判断是否已经接收完文件，对接收文件大小和接收文件总大小进行比较
    while revivedSize < fileTotalSize:
        # 配置5KB 缓存
        data = cSocket.recv(1024 * 50)
        # 接收文件大小
        revivedSize = revivedSize + len(data)
        #print("revivedSize={0},data={1}".format(revivedSize,len(data)) )
        file.write(data)
    else:
        print("fileTotalSize={0},revivedSize={1}".format(fileTotalSize,
revivedSize))

print('===recv file ok===')
```

在命令行窗口运行 fileClient2.py 脚本启动客户端，命令如下。

```
python fileClient2.py
```

得到的返回结果如下。

```
fileTotalSize=86509
fileTotalSize=86509,revivedSize=86509
===recv file ok===
```

从返回结果可以看出，客户端接收图片文件的数据流总大小为 86509 字节。可以正常浏览客户端读取的图片 photo3.jpg，图片大小是 85KB，与服务器端发送的图片大小是一样的，如图 5-21 所示。

图 5-21　优化代码后接收的文件和大小

## 5.2.5 多线程与网络编程

以前的 C/S 例子中只能实现同一个时刻只有一台客户端和服务器端进行数据交互，其实服务器端还可以同时响应多个客户端的请求，但每个连接都需要一个新的线程来处理。

本例使用 TCP 编程实现服务器端和客户端的交互，用多线程实现简单的聊天室功能。

服务器端代码，本例文件名为 "PythonFullStack\Chapter05\tcpChatServer.py"，内容如下。

```python
import socket
import threading          # 使用多线程模块


def main():
    # 创建 socket 对象。调用 socket 构造函数
    sSocket = socket.socket(socket.AF_INET, socket.SOCK_STREAM)
    # 将 socket 绑定到指定地址，第一个参数为 IP 地址，第二个参数为端口号
    sSocket.bind(('127.0.0.1', 5000))
    # 设置最多连接数量
    sSocket.listen(10)
    print('开始启动服务器 ...')

    while True:
        # 服务器套接字通过 socket 的 accept 方法等待客户请求一个连接
        cSocket, address = sSocket.accept()
        print("客户端 {0} 连接到服务器 ".format(address))
        thr1 = threading.Thread(target=recvMsg, args=(cSocket, address))
        thr1.start()


def recvMsg(cSocket,addr):
    while True:
        msg_bytes = cSocket.recv(1024)
        msg = msg_bytes.decode('utf8')
        print('从 {0} 客户端收到消息：{1}'.format(addr,msg) )
        if not msg or  msg == "exit":
            print("关闭客户端 {0} 连接 ".format(addr))
            cSocket.close()
            break

        # 将接收到的信息原样的返回到客户端中
        cSocket.send(msg_bytes)

if __name__ == '__main__':
```

```
    main()
```

在命令行窗口运行 tcpChatServer.py 脚本启动服务器，命令如下。

```
python tcpChatServer.py
```

在本例中服务器端每接收一个客户端的 TCP 请求，都会启动一个线程来接收客户端发送的消息。

```
while True:
    # 服务器套接字通过 socket 的 accept 方法等待客户请求一个连接
    cSocket, address = sSocket.accept()
    print("客户端 {0} 连接到服务器 ".format(address))
    thr1 = threading.Thread(target=recvMsg, args=(cSocket, address))
    thr1.start()
```

客户端代码，本例文件名为 "PythonFullStack\Chapter05\tcpChatClient.py"，内容如下。

```
import threading
import socket
import time


cSocket = socket.socket(socket.AF_INET, socket.SOCK_STREAM)
cSocket.connect(('127.0.0.1', 5000))
msg = ''
running = True


def recvMsg():
    global running

    while running:
        msg_bytes = cSocket.recv(1024)
        msg = msg_bytes.decode('utf8')
        print('\n 从服务器端接收的消息: {0}\n'.format(msg) )
        time.sleep(1)


def sendMsg():
    global running
    while running:
        # print('msg')
        msg = input('\n 请输入要发送给服务器的消息: ')
        msg_bytes = msg.encode('utf8')
        cSocket.send(msg_bytes)

        if msg == "exit":
```

```
                running = False
                break

if __name__ == '__main__':
    thr1 = threading.Thread(target=recvMsg, args=(), name='recv_thread')
    thr2 = threading.Thread(target=sendMsg, args=(), name='send_thread')
    thr1.start()
    thr2.start()
```

在命令行窗口运行 tcpChatServer.py 脚本启动服务器，命令如下。

```
python tcpChatServer.py
```

在本例中客户端启动两个线程，向服务器端发送消息和接收服务器端发来的消息。实现发完消息后继续读取，读取完消息后继续发的效果。在客户端输入字符串 exit 后停止客户端与服务器端的 TCP 连接。

打开两个命令行，一个运行服务器端脚本，另一个运行客户端脚本就可以看到效果了，如图 5-22 所示。

图 5-22 用多线程实现简单的聊天室功能

# 第 6 章

# Python 自动化运维

Python 是一个功能强大的、跨平台的脚本语言，能满足绝大部分自动化运维的需要，既能做后端 C/S 架构，也能做 B/S 架构，使用 Web 框架开发出功能强大的 Web 应用。Python 在系统运维上的优势在于其强大的开发能力和完整的工业链，它的开发能力强于 LinuxShell。Python 可以系统化地将各种管理工具结合，对各类工具进行二次开发，可以开发出功能强大的服务器管理系统。

## 6.1 自动化运维简介

自动化运维，是指将 IT 运维中日常的、大量的重复性工作自动化，把过去的手工执行转为自动化操作。相对于自动化运维理念，许多公司还是采用传统的运维。传统的 IT 运维是等到 IT 故障出现后再由运维人员采取相应的补救措施。

### 1. 传统运维的弊端

（1）由人来发起运维事件，运维人员被动、效率低。

（2）系统异构性大，缺乏高效的运维流程。

（3）随着云计算大数据的爆发带来更大的困难，极度缺乏一套高效的运维工具。

由于这些问题的存在，就有了自动化运维。以笔者的观点，自动化应该遵循四化原则，即管理体系化、工作流程化、人员专业化、任务自动化。

### 2. 自动化运维的优势

（1）消除无效率。运维工作中的手动工作如果可以实现自动化，将显著提升效率水平。

（2）减少错误。面对重复性工作，即使最谨慎的人也会犯错。通过运维自动化工具来完成这样的工作，错误率将大大降低。

（3）降低成本。系统中断、人为错误、重复工作，会导致不菲的费用和代价，而自动化运维几乎可以将这些成本完全消除。

（4）最大化员工使用。通过运维自动化，运维专家的精力可以集中在更复杂、更有战略意义的业务问题上。同时也降低了雇佣更多员工来应对工作量增加的需求。同样数量的人，有自动化运维帮助，才会有更大的能量来创造价值。

（5）提高满意度水平。自动化运维工具帮助 IT 运维，为内部和外部客户提供高水平支持。

本书由于篇幅所限，在自动化运维方面主要介绍系统监控。主要涉及以下 3 个方面。

- Python 对 Weblogic 服务器的自动化部署。

在 WebLogic 的部分中，主要是通过编写脚本来进行 WebLogic 的配置，部署 Web 服务，查看 WebLogic 连接池使用。

- Python 在 Linux 运维中的常见应用。

在 Linux 部分中，主要是通过编写脚本来监控 Linux 的 CPU 使用、内存使用情况和监控 MySQL 数据库的运行状况。

- 第三方 psutil 库的使用。

使用 psutil 库统计操作系统的 CPU、内存和磁盘信息。

## 6.2 WebLogic 简介

WebLogic 是美国 Oracle 公司出品的一个 Application Server，确切来说是一个基于 JavaEE 架构的中间件，Webserver 是构建网站的必要软件，用来解析发布网页等功能，它是用纯 Java 开发的。

WebLogic 是用于开发、集成、部署和管理大型分布式 Web 应用、网络应用和数据库应用的 Java 应用服务器（Application Server）。将 Java 的动态功能和 Java Enterprise 标准的安全性引入大型网络应用的开发、集成、部署和管理中。

WebLogic 是美国 Oracle 公司的主要产品之一，是由并购 BEA 得来，是商业市场上主要的 Java（J2EE）应用服务器软件之一，是世界上第一个成功商业化的 J2EE 应用服务器，已推出 12c(12.2.1.3) 版。而此产品也延伸出 WebLogic Portal、WebLogic Integration 等企业用的中间件（但当下 Oracle 主要以 Fusion Middleware 融合中间件来取代这些 WebLogic Server 之外的企业包），以及 OEPE(Oracle Enterprise Pack for Eclipse) 开发工具。

WebLogic 的主要概念如下。

（1）Domain。域是作为单元进行管理的一组相关的 WebLogic Server 资源。一个域包含一个或多个 WebLogic Server 实例，一个域可以包含多个群集。Domain 中包含一个特殊的 WebLogic 服务器实例，称为 Administration Server，这是配置、管理 Domain 中所有资源的核心。

（2）Server。服务器，也就是一个应用服务器的实例，用来部署和运行各种 J2EE 应用程序，也可以用来配置各种服务程序。它是 WebLogic 应用服务器的基本服务单元。一个 WebLogic 域中一般有一个管理服务器和多个被管理服务器。

（3）WLST。WebLogic 脚本工具是一种命令行脚本界面，系统管理员和操作员用它来监视和管理 WebLogic Server 实例及域。WLST 脚本环境基于 Java 脚本解释器 Jython。除 WebLogic 脚本功能外，还可以使用解释语言的常用功能。WebLogic Server 开发人员和管理员可以按照 Jython 语言语法扩展 WebLogic 脚本语言，以满足其环境需要。

## 6.3 安装 WebLogic

本节介绍在 Windows 下安装并配置 WebLogic Server。安装环境信息如表 6-1 所示。

表 6-1　WebLogic 的安装环境信息

| 操作系统 | Windows 10 64 位平台 |
| --- | --- |
| WebLogic | 10.3.6 |
| JDK | 1.6.0_29 |
| 账号 | weblogic |
| 密码 | Weblogic0 |

访问 Oracle 官网下载 WebLogic 10.3.6，选择 Generic 版本，Oracle Weblogic 的下载地址：

`http://www.oracle.com/technetwork/middleware/weblogic/downloads/wls-main-097127.html`

下载 WebLogic 10.3.6 的安装文件：wls1036_win32.exe。

## 6.3.1　安装 WebLoigc Server

安装 WebLogic Server 的操作步骤如下。

### 1. 双击文件

双击 wls1036_win32.exe 安装 WebLogic Server 10.3.6.0，如图 6-1 所示。

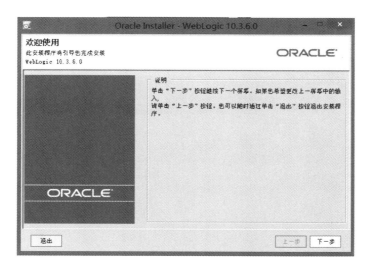

图 6-1　安装 WebLogic Server 10.3.6.0

### 2. 选择安装路径

安装在 D:\install_software\Oracle\Middleware 目录下，如图 6-2 所示。

图 6-2　选择中间件主目录

### 3. 开始安装

注册安全更新时，可以不设置电子邮件和 My Oracle Support 口令，如图 6-3 所示。

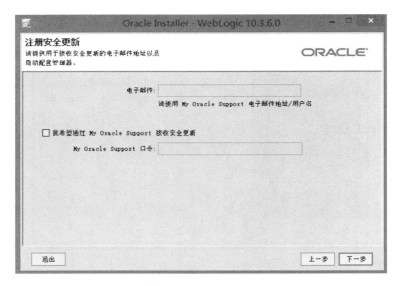

图 6-3　注册安全更新

选中【典型】单选按钮，单击【下一步】按钮继续安装，如图 6-4 所示。

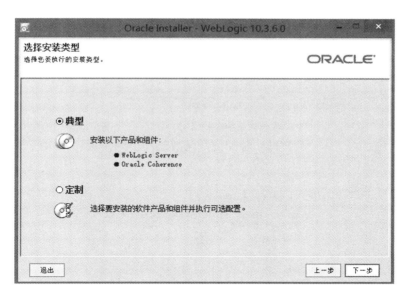

图 6-4　选择安装类型

按照默认值，单击【下一步】按钮继续安装，如图 6-5 所示。

图 6-5　选择产品安装目录

选中【所有用户（A）开始菜单文件夹（推荐）】单选按钮，如图 6-6 所示。

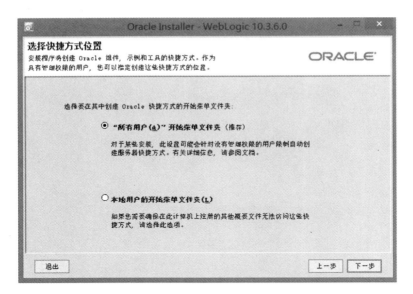

图 6-6　选择快捷方式位置

单击【下一步】按钮继续安装，如图 6-7 所示。

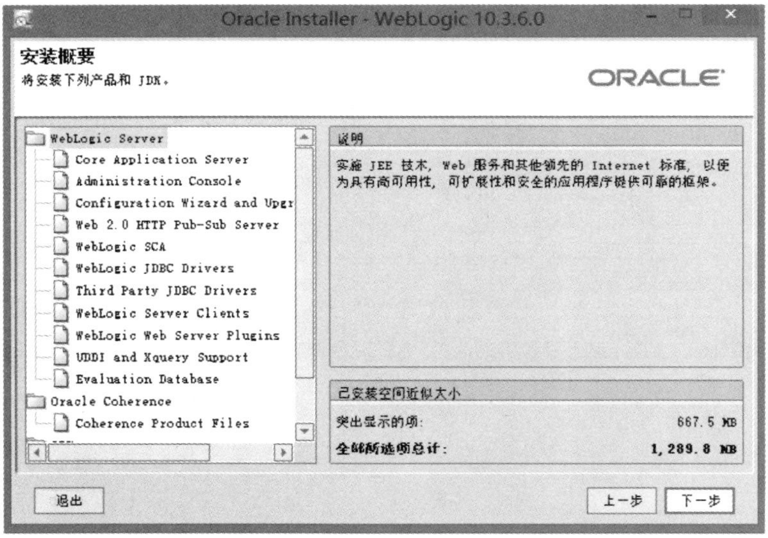

图 6-7　安装概要

单击【下一步】按钮继续安装，如图 6-8 所示。

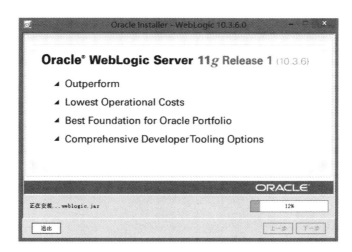

图 6-8　安装 WebLogic Server 10.3.6.0

等待 WebLogic Server 的安装，安装成功后如图 6-9 所示。

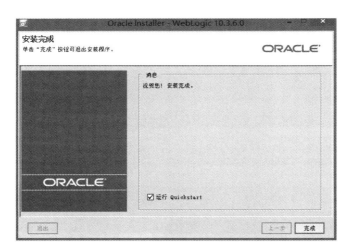

图 6-9　成功安装 WebLogic Server 10.3.6.0

经过以上步骤，Weblogic Server 安装完成。

## 6.3.2 配置域 (Domain)

### 1. 配置域 (Domain)

双击 %\Middleware\wlserver_10.3\common\bin\config.cmd 创建域，笔者的安装路径为 D:\install_software\Oracle\Middleware\wlserver_10.3\common\bin\config.cmd，读者则需要根据自己计算机的实际情况进行修改。

选中【创建新的 WebLogic 域】单选按钮，单击【下一步】按钮继续安装，如图 6-10 所示。

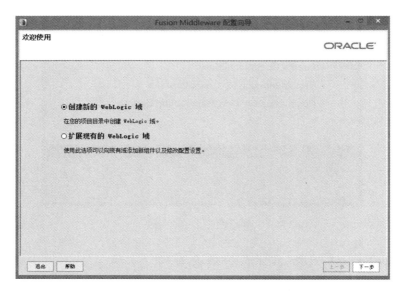

图 6-10　创建新的 WebLogic 域

选中【生成一个自动配置的域以支持下列产品】单选按钮，单击【下一步】按钮继续安装，如图 6-11 所示。

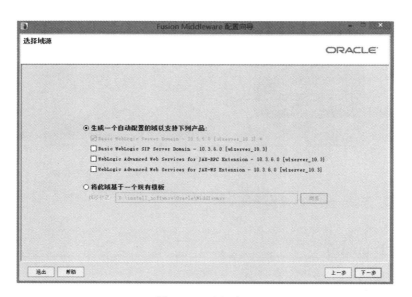

图 6-11　选择域源

## 2. 指定域名和位置

使用默认的域名和域位置即可，域名配置信息如图 6-12 所示。

域名：base_domain。

域位置：D:\install_software\Oracle\Middleware\user_projects\domains。

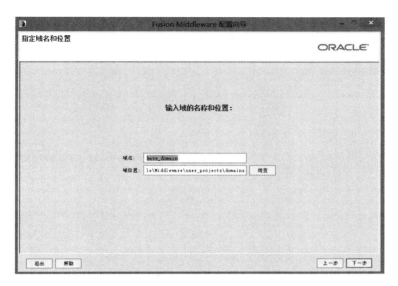

图 6-12　指定域名和域位置

### 3. 配置管理员用户名和口令

设置管理控制页面登录的用户名和口令，本书中使用的用户名和口令如图 6-13 所示。

用户名：weblogic。

口令：weblogic0。

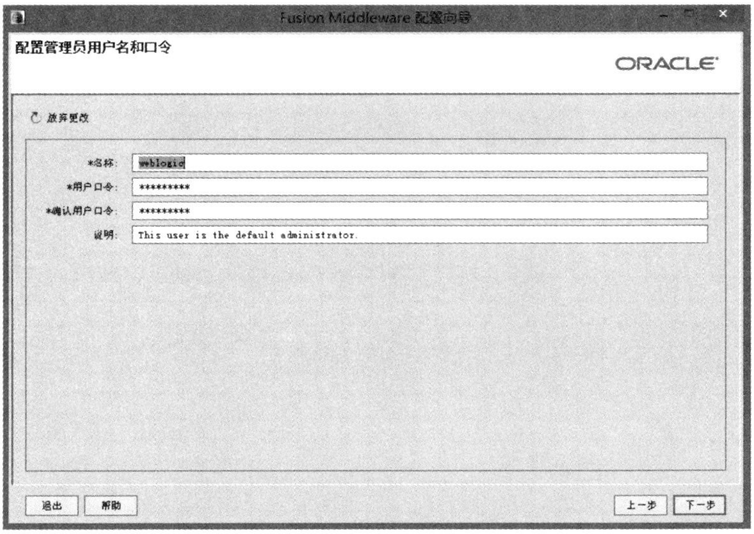

图 6-13　配置管理员用户名和口令

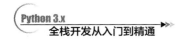

### 4. 选择开发域模式和默认的 JDK

选择可用 JDK 为"Sun SDK 1.6.0_29",如图 6-14 所示。

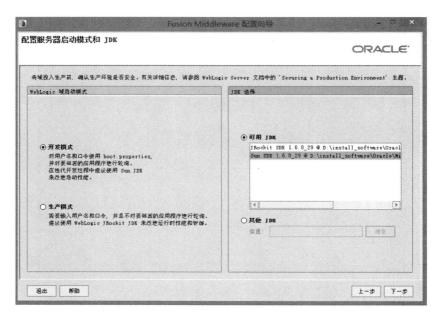

图 6-14　配置服务器启动模式和 JDK

单击【下一步】按钮继续安装 WebLogic,如图 6-15 所示。

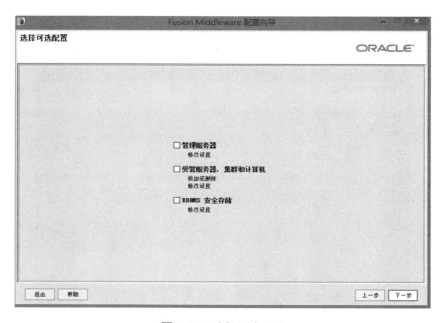

图 6-15　选择可选配置

### 5. 开始安装

在【配置概要】界面，单击【创建】按钮继续安装 WebLogic，如图 6-16 所示。

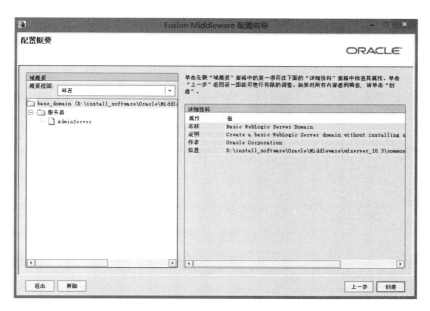

图 6-16    WebLogic 的【配置概要】界面

单击【创建】按钮后，开始 WebLogic 的域配置，如图 6-17 所示。

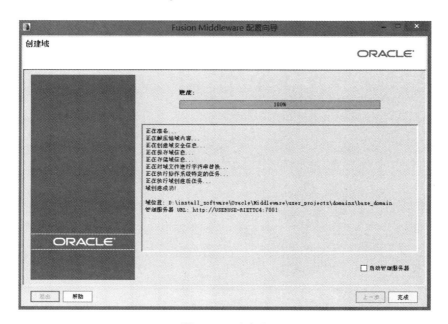

图 6-17    创建域

经过以上步骤，WebLogic 的域配置完成。

### 6.3.3 启动 WebLogic Server

（1）双击启动 WebLogic Server 域安装路径下的 startWebLogic.cmd，启动 WebLogic Server 服务。笔者的 WebLogic Server 域的安装路径为：

```
D:\install_software\Oracle\Middleware\user_projects\domains\base_domain\
```

WebLogic Server 的域安装路径下的文件如图 6-18 所示。

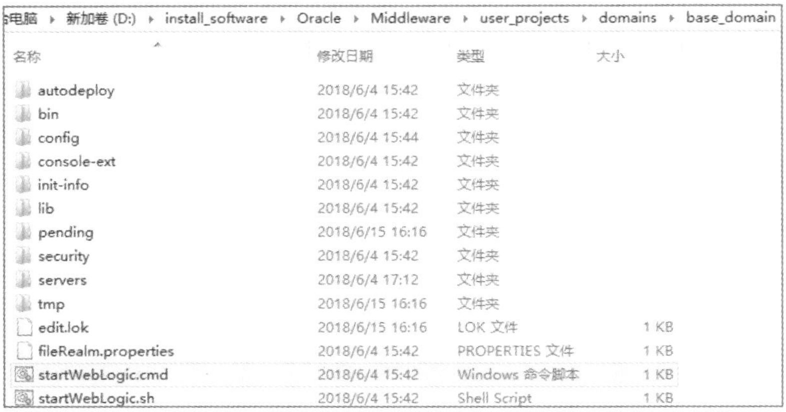

图 6-18　WebLogic Server 的域安装路径

双击 Oracle\Middleware\user_projects\domains\base_domain 目录下的 startWebLogic.cmd，会弹出一个新的窗口，开始启动 WebLogic Server 服务器，如图 6-19 所示。

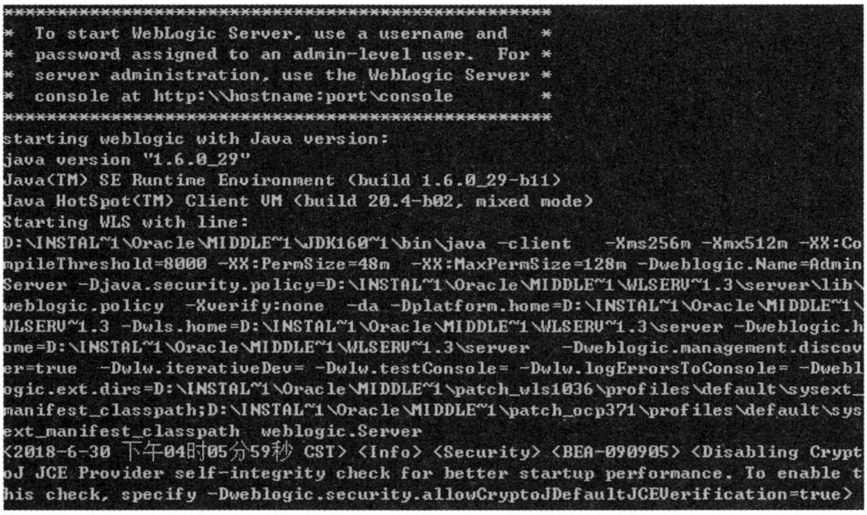

图 6-19　启动 WebLogic Server 服务器

（2）在浏览器地址栏输入 "http://localhost:7001/console"，进入 WebLogic Server 管理控制台登

录界面，输入用户名、口令，如图 6-20 所示。

使用 6.3.2 小节配置域时创建的用户名 weblogic，口令：weblogic0。读者可以根据自己计算机的实际情况进行配置。

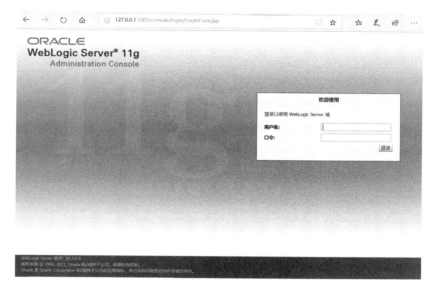

图 6-20　登录 WebLogic Server 管理控制台

（3）登录成功后，进入 WebLogic Server 管理控制台主界面，如图 6-21 所示。

图 6-21　显示 WebLogic Server 管理控制台主界面

选择【域结构】→【环境】→【服务器】选项，可以看到服务器名称为 AdminServer，如图 6-22 所示。

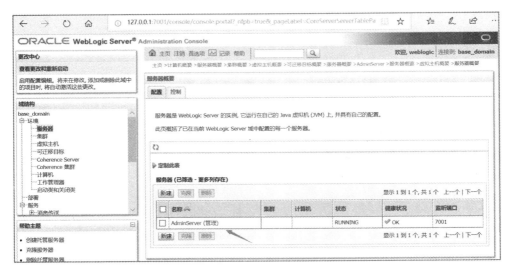

图 6-22　查看服务器

### 6.3.4　配置 JDK 环境变量

安装 WebLogic 后，会自动安装 JDK，WebLogic 自带的 JDK 是在工程包部署后编译使用的。当用户把 War 项目打包部署到 Weblogic 上时，运行该项目的 Java 环境就是用的 WebLogic 自带的 JDK，工程中的 JDK 和编译时的 JDK 是调试时用的，既然要部署到 Weblogic 上，就要用自带的 JDK 来编译，所以开发时就要选好环境，否则编译好的 class 无法在 Weblogic 容器中运行。本书使用的是 WebLogic 10.3.6，它自带了 JDK 1.6，如图 6-23 所示。

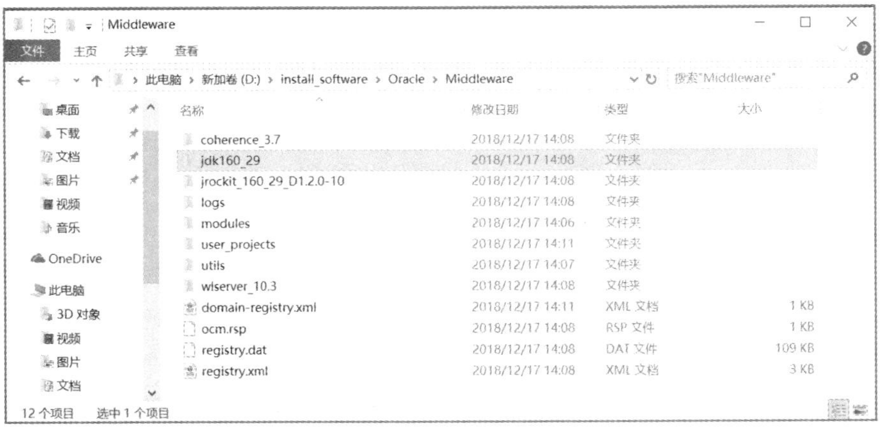

图 6-23　配置 WebLogic 下的 JDK

在桌面上右击【此电脑】图标，在弹出的快捷菜单中选择【属性】→【高级系统设置】→
【高级】命令，单击【环境变量】按钮，新建环境变量 JAVA_HOME，在系统变量 JAVA_HOME 中
添加变量值。

D:\install_software\Oracle\Middleware\jdk160_29

在系统变量 Path 中添加变量值。

%JAVA_HOME%\bin;.;

新建系统变量 CLASS_PATH，添加变量值。

%JAVA_HOME%\lib;.;

配置 JDK 完成后如图 6-24 所示。

图 6-24　配置 JDK

● D:\install_software\Oracle\Middleware 是笔者在本机上安装 WebLogic 10.3.6 的位置，读者需要根
据自己计算机上的实际情况进行修改。

● 路径之间使用分号（;）相连。

现在，检验一下 JDK 是否安装成功。按【Win+R】组合键运行 cmd 命令，进入 DOS 模式，如图 6-25 所示。

图 6-25　运行 cmd 命令

输入命令 java -version 查看 JDK 的版本，如果返回如图 6-26 所示的信息说明安装 JDK 成功了。

```
C:\Users\Test>java -version
java version "1.6.0_29"
Java(TM) SE Runtime Environment (build 1.6.0_29-b11)
Java HotSpot(TM) Client VM (build 20.4-b02, mixed mode)
```

图 6-26　查看 JDK 版本

# 6.4 WebLogic 部署和配置

本节介绍在 WebLogic 中，通过网页和 Python 脚本部署 Java Web 应用和配置 JNDI 数据源。

## 6.4.1 启动 WebLogic 脚本工具（WLST）

WebLogic Server 通过名为 WLST 的脚本工具提供了绝大部分管理功能，WLST（WebLogic Scripting Tools）是启动 WebLogic 的脚本工具，是一种命令行脚本界面，系统管理员可以用它来监视和管理 WebLogic 实例和域。也就是说，除了在 WebLogic 管理控制后台进行操作管理外，还可以通过使用 WLST 以 Command 命令行的方式在管理控制台进行管理。WLST 使用 Jython 作为它的脚本语言。

### 1. Jython 简介

Jython 是 Python 脚本语言的 Java 实现，Jython 不仅提供了 Python 的库，同时也提供了所有的 Java 类。Jython 出现的目的是让 Python 的模块运行在 JVM 虚拟机上。有关 Jython 的详细信息，需要访问 Jython 官网：http://jython.org ，如图 6-27 所示。

图 6-27　jython 官网

本书下载的是 jython-standalone-2.5.4-rc1.jar。下载完成后保存在 C:\Users\Test\Desktop\Python 目录下，进入 DOS 模式运行以下命令。

```
cd C:\Users\Test\Desktop\python
java -jar jython-standalone-2.5.4-rc1.jar
```

进入 Jython 模式，可以运行 Python 脚本和 Java 类，如图 6-28 所示。

```
C:\Users\Test\Desktop\python>cd C:\Users\Test\Desktop\python

C:\Users\Test\Desktop\python>java -jar jython-standalone-2.5.4-rc1.jar
Jython 2.5.4rc1 (2.5:723492dbab02, Feb 8 2013, 10:13:55)
[Java HotSpot(TM) Client VM (Sun Microsystems Inc.)] on java1.6.0_29
Type "help", "copyright", "credits" or "license" for more information.
>>>
```

图 6-28　进入 Jython 模式

（1）Jython 运行 Python 脚本。

```
import os
rint(os.getcwd())
```

在 Jython 的解释器中运行上面代码，得到如图 6-29 所示的结果。

图 6-29　使用 Jython 解释器运行 Python 脚本

os 是 Python 的一个模块，os.getcwd() 函数返回当前的工作目录。从输出结果可以看到，Jython 的语法和 Python 的语法完全一致。

（2）Jython 运行 Java 类。

```
from java.util import Date
date = Date()
print(date)
```

在 Jython 的解释器中运行上面代码，得到如图 6-30 所示的结果。

图 6-30　使用 Jython 解释器运行 Java 类

Date 是 java.util 包下的一个类，可以显示当前的系统时间。从输出结果可以看到，在 Jython 中可以使用 Java 自带的类库。

　　在安装 Jython 前一定要安装好 JDK，因为 Jython 是基于 JVM 的。JVM 就是常说的 Java 虚拟机，它是整个 Java 实现跨平台的最核心的部分，所有的 Java 程序会首先被编译为后缀为 ".class" 的类文件。这种类文件可以在虚拟机上执行，也就是说 class 类文件并不直接与机器的操作系统相对应，而是经过虚拟机间接与操作系统交互，由虚拟机将程序解释给本地系统执行，而 JDK 包含 JVM。

### 2. 进入 WLST 管理控制台

进入目录 D:\install_software\Oracle\Middleware\wlserver_10.3\server\bin\，执行 setWLSEnv.cmd 命令，如图 6-31 所示。

图 6-31　进入 WLST 管理控制台

以上操作将环境设置好后，就可以启动 WLST 的 shell 脚本。

### 3. 启动 WLST 的 shell 脚本

将操作环境设置好后，启动 WLST 的 shell 脚本有以下两种方式。

第一种方式：进入 D:\install_software\Oracle\Middleware\wlserver_10.3\common\bin 目录，执行 wlst.cmd 命令，如图 6-32 所示。

图 6-32　启动 WLST 的 shell 脚本

第二种方式：运行 java weblogic.WLST 命令，如图 6-33 所示。

```
D:\install_software\Oracle\Middleware\wlserver_10.3\server\bin>java weblogic.WLST
Initializing WebLogic Scripting Tool (WLST) ...

Welcome to WebLogic Server Administration Scripting Shell

Type help() for help on available commands

wls:/offline>
```

图 6-33　通过 java 命令启动 WLST 的 shell 脚本

以上两种方式都可以启动 WLST 的 shell 脚本，这里的脚本没有提供登录验证信息。这是因为 WLST 有两种操作状态：在线状态和离线状态。在离线状态下使用命令 connect() 连接 WebLogic Server 实例。一旦连接上 WLST 就会运行在在线模式下，直到断开连接位置。

### 4. 常用 WLST 命令

（1）connect( username，password, url)。

说明：将 WLST 连接 WebLogic Server 实例。

参数说明如下。

- username：将 WLST 连接服务器操作员的用户名。
- password：正在将 WLST 连接服务器操作员的密码。
- url：服务器实例的监听地址和监听端口，通过以下格式指定：[protocol://]listen-address:listen-port。如果未指定，则此参数默认为 T3://localhost:7001。T3 也称为丰富套接字，是 BEA 内部协议，功能丰富，可扩展性好。T3 是多工双向和异步协议，经过高度优化只使用一个套接字和一条线程。借助这种方法，基于 Java 的客户端可以根据服务器方需求使用多种 RMI 对象，但仍使用一个套接字和一条线程。

示例 1：要启动连接 WebLogic Server，可以运行以下 WLST 命令。使用账号 weblogic，密码 weblogic0 连接本地的 WebLogic Server。

```
wls:/offline> connect('weblogic' , 'weblogic0' ,'t3://localhost:7001')
Connecting to t3://localhost:7001 with userid weblogic …
Successfully connected to Admin Server 'AdminServer' that belongs to domain
'base_domain'.

Warning: An insecure protocol was used to connect to the
server. To ensure on-the-wire security, the SSL port or
Admin port should be used instead.
```

（2）deploy(appName, path，targets)。

说明：将 Java Web 应用部署到 WebLogic Server 实例。

参数说明如下。

- appName：要部署的 Java 应用程序的名称。
- path：要部署的应用程序目录。
- targets：可选参数，以逗号分隔的目标列表。

示例 2：将在 c:\web1 目录的 Java Web 应用部署到 WebLogic Server 实例。

```
wls:\base_domain\serverConfig> deploy('web1','c:\web1','AdminServer')
Deploying application from c:\web1 to targets AdminServer (upload=false) …
<2018-9-23 下午02时36分01秒 CST><Info><J2EE Deployment SPI><BEA-
260121><Initiating deploy operation for application, web1 [archive: c:\web1],
to AdminServer .>
.Completed the deployment of Application with status completed
Current Status of your Deployment:
Deployment command type: deploy
Deployment State       : completed
Deployment Message     : [Deployer:149194]Operation 'deploy' on application
'web1' has succeeded on 'AdminServer'
```

（3）ls(moPath)。

说明：列出指定管理对象的特性、操作和子管理对象。

参数说明如下。

moPath：要为其列出特性、操作和子管理对象的路径名。如果不指定此参数，此命令就列出当前管理对象的项目。

示例 3：列出服务器运行时部署的 Java Web 应用。

```
wls:/base_domain/serverConfig> ls("AppDeployments")
dr--    web1
dr--    web2
```

（4）disconnect(force)。

说明：断开 WLST 与 WebLogic Server 实例的连接。

参数说明如下。

force：可选参数，一个布尔值，可指定 WLST 是否应不等待活动会话完成就断开连接。此参数默认为 false，表示在断开连接之前，必须完成所有活动会话。

示例 4：断开 WLST 与 WebLogic Server 实例的连接，进入离线状态。

```
wls:/base_domain/serverConfig> disconnect()
Disconnected from weblogic server: AdminServer
wls:/offline>
```

## 6.4.2 通过网页部署 Java Web 应用

本节使用 WebLogic 应用服务器，通过网页部署一个 Java Web 应用。因为 WebLogic 是一个
Java 应用服务器，它全面实现了 J2EE 1.5 规范。本书因为篇幅所限不再过多介绍 J2EE 的相关知识，
用户有兴趣的可以自行研究。

Web 应用是一种可以通过 Web 访问的应用程序，在 J2EE 领域下，Java Web 应用就是遵守
基于 Java 技术的一系列标准应用程序。新建一个项目目录 web1，本例文件名为 "PythonFullStack\
Chapter06\web1"，本例中的文件结构如下。

```
web1
    |— index.jsp
    └─ WEB-INF
        └─ web.xml
```

在 web1 目录下新建 index.jsp，内容如下。

```
<%@ page language="java" contentType="text/html; charset=UTF-8"
    pageEncoding="UTF-8"%>
<!DOCTYPE html>
<html>
<head>
<title></title>
</head>
<body>
<%= new java.util.Date() %>
</body>
</html>
```

index.jsp 是一个 jsp 网页。jsp 网页是在传统的网页 HTML 文件中加入 Java 程序片段和 JSP 标签。
在本例中 index.jsp 在页面中显示的是当前服务器的系统时间。

在 web1 目录下新建一个 WEB_INF 文件夹，在该文件夹下新建 web.xml，它是用来配置应用
信息的，内容如下。

```
<web-app >


</web-app>
```

登录 WebLoigc Server。下面把 web1 部署在 WebLogic 应用服务器上，双击 %\Oracle\Middleware\user_projects\domains\base_domain 目录下的 startWebLogic.cmd 启动 WebLogic Server，访问 http://127.0.0.1:7001/console，如图 6-34 所示。

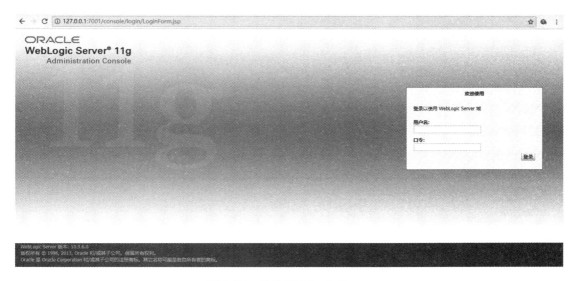

图 6-34  登录 WebLogic Server

在页面上部署 Java Web。登录 WebLogic 系统后，选择【域结构】→【部署】命令，如图 6-35 所示。

图 6-35  安装 Java Web 应用程序

单击【安装】按钮安装应用程序。

选择部署的 Java Web 应用。把 web1 复制到 C 盘下，在页面的部署路径输入 C: 后按【Enter】键，如图 6-36 所示。

图 6-36　选择要安装的 Java Web 应用

选择要部署的 web1 应用，单击【下一步】按钮继续部署 web 工程，如图 6-37 所示。

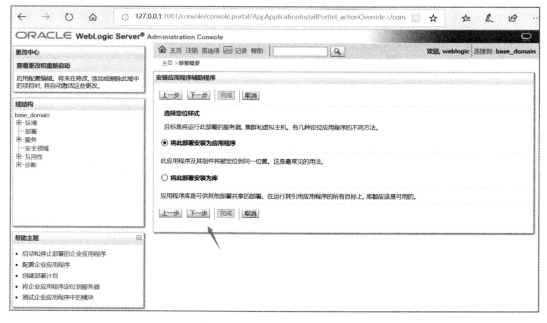

图 6-37　安装 Java Web 应用

继续单击【下一步】按钮继续部署 web 工程。

确认要部署的 web 应用，如图 6-38 所示。

图 6-38　确认要部署的 web 应用

单击【完成】按钮继续部署 web 工程，页面部署成功后如图 6-39 所示。

图 6-39　成功部署 Java Web 应用

查看部署应用。选择【域结构】→【部署】命令，在部署概要中可以看到已经成功部署的 web 应用列表，如图 6-40 所示。

图 6-40　查看已部署成功的 Java Web 应用

最后，通过 http://127.0.0.1:7001/web1/index.jsp 访问部署的 web1 应用，如图 6-41 所示。

图 6-41　访问部署的 web1 应用

综上所述，通过以上 5 步就可以在网页部署 Java Web 应用了。6.4.3 小节中将使用 WLST 命令部署 Web 应用。

### 6.4.3 通过命令行部署工程

进入目录 %\Oracle\Middleware\wlserver_10.3\server\bin\，执行 setWLSEnv.cmd 将操作环境设置好，运行 java weblogic.WLST 命令启动 WLST 的 shell 脚本后，先运行 setWLSEnv.cmd 命令，再运行 java weblogic.WLST。

```
C:\Users\Test>cd C:\Oracle\Middleware\wlserver_10.3\server\bin
```

```
C:\Oracle\Middleware\wlserver_10.3\server\bin>setWLSEnv.cmd
    CLASSPATH="C:\Oracle\MIDDLE~1\patch_wls1036\profiles\default\sys_
manifest_classpath\weblogic_patch.jar;C:\Oracle\MIDDLE~1\patch_
ocp371\profiles\default\sys_manifest_classpath\weblogic_patch.jar;C:\
Oracle\MIDDLE~1\JROCKI~1.0-1\lib\tools.jar;C:\Oracle\MIDDLE~1\WLSERV~1.3\
server\lib\weblogic_sp.jar;C:\Oracle\MIDDLE~1\WLSERV~1.3\server\lib\
weblogic.jar;C:\Oracle\MIDDLE~1\modules\features\weblogic.server.
modules_10.3.6.0.jar;C:\Oracle\MIDDLE~1\WLSERV~1.3\server\lib\webservices.
jar;C:\Oracle\MIDDLE~1\modules\ORGAPA~1.1/lib/ant-all.jar;C:\Oracle\MIDDLE~1\
modules\NETSFA~1.0_1\lib\ant-contrib.jar;"


    PATH="C:\Oracle\MIDDLE~1\patch_wls1036\profiles\default\native;C:\Oracle\
MIDDLE~1\patch_ocp371\profiles\default\native;C:\Oracle\MIDDLE~1\WLSERV~1.3\
server\native\win\32;C:\Oracle\MIDDLE~1\WLSERV~1.3\server\bin;C:\Oracle\
MIDDLE~1\modules\ORGAPA~1.1\bin;C:\Oracle\MIDDLE~1\JROCKI~1.0-1\jre\bin;C:\
Oracle\MIDDLE~1\JROCKI~1.0-1\bin;C:\Oracle\Middleware\jdk160_29\bin;.;E:\
installed_software\mongodb\bin;C:\WINDOWS\system32;C:\WINDOWS;C:\WINDOWS\
System32\Wbem;C:\WINDOWS\System32\WindowsPowerShell\v1.0\;C:\software\mysql5\
bin;C:\WINDOWS\System32\OpenSSH\;C:\Users\Test\AppData\Local\Microsoft\
WindowsApps;;C:\Oracle\MIDDLE~1\WLSERV~1.3\server\native\win\32\oci920_8"


    Your environment has been set.


    C:\Oracle\Middleware\wlserver_10.3\server\bin>java weblogic.WLST


    Initializing WebLogic Scripting Tool (WLST) ...


    Welcome to WebLogic Server Administration Scripting Shell


    Type help() for help on available commands


    wls:/offline>
```
运行 connect() 命令连接 WebLogic 实例进入在线状态。

```
    wls:/offline> connect('weblogic' , 'weblogic0' ,'t3://localhost:7001')
    Connecting to t3://localhost:7001 with userid weblogic ...
    Successfully connected to Admin Server 'AdminServer' that belongs to domain
'base_domain'.


    Warning: An insecure protocol was used to connect to the
    server. To ensure on-the-wire security, the SSL port or
```

```
Admin port should be used instead.
```

使用 WLST 的 deploy() 命令部署 Java Web 应用，复制 web1 应用一份，重命名为 web2，保存在 C 盘下。

```
wls:/base_domain/serverConfig>deploy("web2","c:\web2")
Deploying application from c:\web2 to targets  (upload=false) ...
<2018-7-1 上午 02 时 22 分 26 秒 CST><Info><J2EE Deployment SPI><BEA-
260121><Initiating deploy operation for application, web2 [archive:
c:\web2], to AdminServer .>
.Completed the deployment of Application with status completed
Current Status of your Deployment:
Deployment command type: deploy
Deployment State      : completed
Deployment Message    : [Deployer:149194]Operation 'deploy' on application
'web2' has succeeded on 'AdminServer'
```

查看发布的 Java Web 应用：

```
wls:/base_domain/serverConfig> ls("AppDeployments")
dr--    web1
dr--    web2
```

通过命令行已经部署 web2 成功了。可以通过 http://127.0.0.1:7001/web2/index.jsp 访问部署的 web2 应用，如图 6-42 所示。

图 6-42　访问已部署好的 web2 应用

### 6.4.4 通过脚本部署 Java Web 应用

在 6.4.3 小节通过命令行部署工程中，使用 WLST 命令部署 Java Web 应用，除此之外还可以把 WLST 命令放在 Python 脚本中部署 Web 应用。

首先新建 wlst1.py，用来查看已经部署在 WebLogic Server 上的 web 应用列表。

```
import re

# webLogic Server 用户
username = 'weblogic'
# webLogic Server 密码
password = 'weblogic0'
# URL 地址
adminUrl = 't3://localhost:7001'
# 连接到 WebLogic Server 实例
connect(username,password,adminUrl)

p1 = 'web.*'
# 使用正则表达式，匹配已经部署的 java web 应用名称，以 web 命名
apps = re.findall(p1,ls('AppDeployments'))
# 显示 apps 的类型
print("type(apps)= %s" % type(apps))
# 显示 apps 的数量
print("len(apps)=%s" % len(apps))
print(apps)


# 断开 WLST 与 WebLogic Server 实例的连接
disconnect()
```

其次，进入目录 %\Oracle\Middleware\wlserver_10.3\server\bin\，执行 setWLSEnv.cmd 将操作环境设置好。

最后，把 wlst1.py 放到 C 盘下，输入 "java weblogic.WLST c:\wlst1.py"，查看已经部署的 Web 应用列表。

```
C:\>java weblogic.WLST c:\wlst1.py

Initializing WebLogic Scripting Tool (WLST) ...

Welcome to WebLogic Server Administration Scripting Shell

Type help() for help on available commands

Connecting to t3://localhost:7001 with userid weblogic ...
Successfully connected to Admin Server 'AdminServer' that belongs to domain
'base_domain'.

Warning: An insecure protocol was used to connect to the
```

```
server. To ensure on-the-wire security, the SSL port or
Admin port should be used instead.


dr--    web1
dr--    web2


type(apps)= <type 'list'>
len(apps)=2
['web1   ', 'web2   ']
```

可以看到在 WebLogic Server 服务器上已经部署了 web1 和 web2 引用。

然后修改 %\web2\index.jsp，加上一行 html 标签 <h1>from web2</>，改为如下内容。

```
<%@ page language="java" contentType="text/html; charset=UTF-8"
    pageEncoding="UTF-8"%>
<!DOCTYPE html>
<html>
<head>
<title></title>
</head>
<body>
    <%= new java.util.Date() %>
    <h1>from web2</>
</body>
</html>
```

重新部署 web2 应用，新建 wlst2.py，内容如下。

```
import re

# WebLogic Server IP 地址
ip = '127.0.0.1'
# 部署的 web 应用名称
webAppName = r'web2'
# webLogic Server 用户
username = 'weblogic'
# webLogic Server 密码
password = 'weblogic0'
# URL
adminUrl = 't3://' +ip + ':7001'
# webLogic 目标服务器
targetServer = 'AdminServer'
```

```
# 部署的 web 应用地址
webAppPath = r'c:\web2'

# 连接到 WebLogic Server 实例
connect(username,password,adminUrl)

p1 = webAppName
apps = re.findall(p1, ls('AppDeployments'))

# 判断是否已经部署了 web 应用，如果部署了先卸载应用再部署应用
if len(apps)> 0:
    # 卸载 web 应用
    undeploy(webAppName)
    print('deployed ',webAppName)

# 部署 web 应用
deploy(appName=webAppName,path = webAppPath,targets=targetServer)
print('*** deploy web app Successfly ***')
```

输入命令 java weblogic.WLST c:\wlst2.py：

```
C:\>java weblogic.WLST c:\wlst2.py


Initializing WebLogic Scripting Tool (WLST) ...


Welcome to WebLogic Server Administration Scripting Shell


Type help() for help on available commands


Connecting to t3://127.0.0.1:7001 with userid weblogic ...
Successfully connected to Admin Server 'AdminServer' that belongs to domain
'base_domain'.


Warning: An insecure protocol was used to connect to the
server. To ensure on-the-wire security, the SSL port or
Admin port should be used instead.


dr--    web1
dr--    web2
Undeploying application web2 ...
```

```
    <2018-7-1 下午 04 时 48 分 46 秒 CST><Info><J2EE Deployment SPI><BEA-
260121><Initiating undeploy operation for application, web2 [archive:
null], to AdminServer .>
    .Completed the undeployment of Application with status completed
    Current Status of your Deployment:
    Deployment command type: undeploy
    Deployment State      : completed
    Deployment Message      : [Deployer:149194]Operation 'remove' on application
'web2' has succeeded on 'AdminServer'
    ('deployed ', 'web2')
    Deploying application from c:\web2 to targets AdminServer (upload=false) ...
    <2018-7-1 下午 04 时 48 分 50 秒 CST><Info><J2EE Deployment
SPI><BEA-260121><Initiating deploy operation for application, web2 [archive:
c:\web2], to AdminServer .>
    .Completed the deployment of Application with status completed
    Current Status of your Deployment:
    Deployment command type: deploy
    Deployment State      : completed
    Deployment Message      : [Deployer:149194]Operation 'deploy' on application
'web2' has succeeded on 'AdminServer'
    *** deploy web app Successfly ***
    Disconnected from weblogic server: AdminServer
    <2018-7-1 下午 04 时 48 分 53 秒
CST><Warning><JNDI><BEA-050001><WLContext.close()
was called in a different thread than the one in which it was created.>
```

通过命令行重新部署 web2 成功了。可以通过 http://127.0.0.1:7001/web2/index.jsp 访问部署的
web2 应用，如图 6-43 所示。

图 6-43　访问已部署好的 web2 应用

可以看到在 web2 应用中修改的 index.jsp，已经产生效果了。

## 6.4.5 通过网页配置 JNDI 数据源

本小节使用网页配置 JNDI。JNDI 是 Java 命名和目录接口，英文全称为 Java Naming and Directory Interface。在 J2EE 容器中配置 JNDI 参数，需定义一个数据源，也就是 JDBC 引用参数，给这个数据源设置一个名称，然后在程序中通过数据源名称引用数据源，从而访问后台数据库。在 J2EE 服务器上保存着一个数据库的多个连接；每一个连接通过 DataSource 可以找到。DataSource 被绑定在 JNDI 树上（为每一个 DataSource 提供一个名称）客户端通过名称找到在 JNDI 树上绑定的 DataSource，再由 DataSource 找到一个连接，如图 6-44 所示。

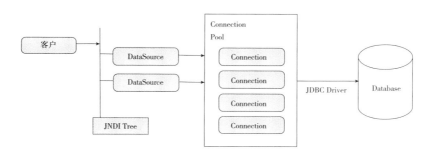

图 6-44　JNDI 数据源模型

本小节在 WebLogic Server 中配置一个 JNDI 数据源，在 Java Web 应用中通过指定名称获取数据库连接进行操作，这样可以省去每次连接数据库的步骤。

### 1. 环境准备

本节使用的数据库是 MySQL，关于 MySQL 的使用方法请参考本书的 4.1 节。

开发环境信息如表 6-2 所示。

表 6-2　配置 JNDI 数据源的开发环境信息

| 操作系统 | Windows 10 64 位平台 |
| --- | --- |
| WebLogic | 10.3.6 |
| JDK | 1.6.0_29 |
| WebLogic 账号 | weblogic |
| WebLogic 密码 | Weblogic0 |
| MySQL | 5.7 |
| MySQL 账号 | root |
| MySQL 密码 | 123456 |

这里使用 Nativecat Premium 连接 MySQL 服务器，使用以下数据库脚本创建数据库 mytestdb，

在 mytestdb 数据库下新建表 user, 并插入 3 条测试记录。

```
create database mytestdb character set utf8 ;

use mytestdb;

DROP TABLE IF EXISTS 'user';

CREATE TABLE 'user' (
  'id' int(11) NOT NULL AUTO_INCREMENT,
  'name' varchar(200) DEFAULT NULL,
  PRIMARY KEY ('id')
) ENGINE=InnoDB DEFAULT CHARSET=utf8;

insert into user(name) values('user1');
insert into user(name) values('user2');
insert into user(name) values('user3');
```

使用 Navicat Premium 查看新建的数据库 mytestdb 和表 user, 如图 6-45 所示。

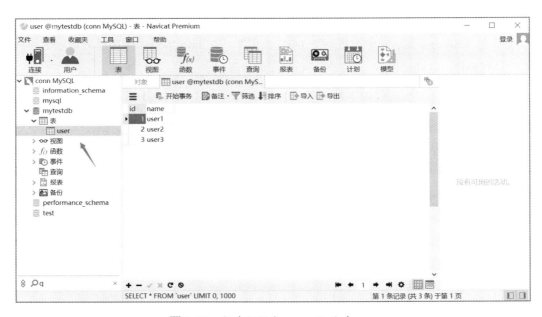

图 6-45  新建数据库 mytestdb 和表 user

### 2. 准备部署的 Java Web 应用

新建一个项目目录 ds1, 本例文件名为 "PythonFullStack\Chapter06\ds1", 使用 WebLogic 配置的名称为 jdbc/mysql 的 JNDI 连接 MySQL 数据库, 本例中的脚本结构如下。

```
web1
    | — index.jsp
    └── WEB-INF
         └── web.xml
```

在 ds1 目录下新建 index.jsp, 内容如下。

```jsp
<%@ page language="java" contentType="text/html; charset=utf-8"
    pageEncoding="utf-8"%>
<%@page import="java.sql.ResultSet"%>
<%@page import="java.sql.PreparedStatement"%>
<%@page import="java.sql.Connection"%>
<%@page import="javax.sql.DataSource"%>
<%@page import="javax.naming.InitialContext"%>
<%@page import="javax.naming.Context"%>
<%
String path = request.getContextPath();
String basePath =
request.getScheme()+"://"+request.getServerName()+":"+request.getServerPort(
)+path+"/";
%>
<!DOCTYPE HTML>
<html>
<head>
<base href="<%=basePath%>">
<title>jndi 例子 </title>
</head>
<body>
<%
Context ctx = new InitialContext();
DataSource ds = (DataSource)ctx.lookup("jdbc/mysql");
Connection conn = ds.getConnection();
PreparedStatement ps = conn.prepareStatement("select count(*) from user");
ResultSet rs = ps.executeQuery();
if (rs.next()) {
    out.print(" 学生记录总数为:" + rs.getInt(1));
}
conn.close();
ps.close();
rs.close();
%>
</body>
```

```
</html>
```

在 ds1 目录下新建一个 WEB_INF 文件夹，在该文件夹下新建 web.xml。web.xml 是用来配置
web 应用信息的配置文件，内容如下。

```
<web-app >

</web-app>
```

### 3. 在页面中配置 JNDI 数据源

登录 WebLogic Server。双击 startWebLogic.cmd 启动 WebLogic Server 后，访问 http://127.0.0.1:7001/
console，输入 Weblogic Server 的用户名和口令登录服务器，如图 6-46 所示。

图 6-46　登录 WebLogic Server

在【域结构】中选择【服务】→【数据源】命令，单击【新建】按钮创建数据源，如图 6-47
所示。

图 6-47　创建数据源

创建 JDBC 数据源。设置名称为 mysql_ds、JNDI 名称为 jdbc/mysql、数据库类型为 MySQL，单击【下一步】按钮继续创建 JDBC 数据源，如图 6-48 所示。

图 6-48　新建数据源

选择数据库驱动程序。选择【数据库驱动程序】为 MySQL's Driver(Type4) Versions: using com.mysql.jdbc.Driver，单击【下一步】按钮继续创建 JDBC 数据源，如图 6-49 所示。

图 6-49　选择数据库驱动程序

确认事务处理选项。查看事务处理选项，单击【下一步】按钮继续创建 JDBC 数据源，如图 6-50 所示。

图 6-50　查看事务处理选项

设置数据库连接信息。设置数据库名称为 mytestdb、主机名为 127.0.0.1、端口为 3306、数据库用户名为 root、口令和确认口令为 123456，单击【下一步】按钮继续创建 JDBC 数据源，如图 6-51所示。

图 6-51　设置数据库连接信息

测试数据库配置信息。单击【测试配置】按钮，如果页面出现绿色的"连接测试成功"信息，说明配置的数据库信息是正确的，可以通过程序进行连接了，然后单击【下一步】按钮继续创建 JDBC 数据源，如图 6-52 所示。

图 6-52　测试 JDBC 数据源配置

选择目标服务器。在页面中选中已经配置好的目标服务器【AdminServer】复选框，然后单击【完成】按钮继续创建 JDBC 数据源，如图 6-53 所示。

图 6-53　选择目标服务器

在【服务】→【数据源】下可以看到数据源"mysql_ds"已经配置成功了，如图 6-54 所示。

图 6-54　查看数据源

通过以上几步就可以成功创建 JNDI 数据源 mysql_ds 了。

### 4. 在网页上部署 ds1 应用

选择【域结构】→【部署】命令，单击【安装】按钮部署 Java Web 应用，如图 6-55 所示。

图 6-55　部署 Java Web 应用

把 ds1 项目复制到 C 盘，在安装应用程序和辅助程序页面的路径中输入 "C:"，选中要部署的
ds1 项目应用，如图 6-56 所示。

图 6-56　选中要部署的 ds1 应用

单击【下一步】按钮，按照提示就可以成功部署应用了，如图 6-57 所示。

图 6-57　成功部署 ds1 用

最后，通过 http://127.0.0.1:7001/ds1/index.jsp 访问部署的 ds1 应用，如图 6-58 所示。

图 6-58　访问 ds1 应用

在 index.jsp 页面中，从上下文句柄中通过数据源 jdbc/mysql 获得数据库连接，执行 sql 语句 select count(*) from use，获得当前学生记录总数为 3。

在 6.4.5 小节中将使用 Python 脚本来创建 JNDI 数据源。需要在网页中把已经创建好的数据源 mysql_ds 删除掉，在【域结构】中选择【服务】→【数据源】命令，选中数据源【mysql_ds】复选框，单击【删除】按钮，如图 6-59 所示。

图 6-59　删除已创建好的数据源 mysql_ds

成功删除已经选中的数据源 mysql_ds，如图 6-60 所示。

图 6-60　成功删除数据源

## 6.4.6 通过脚本配置 JNDI 数据源

本小节使用 Python 脚本配置 JNDI 数据源。

### 1. 设置环境

首先进入目录 %\Oracle\Middleware\wlserver_10.3\server\bin\，运行 setWLSEnv.cmd 命令，将环境设置好后，再运行 Python 脚本。

### 2. 创建 Python 脚本

新建 createDataSource.py 脚本保存在 C 盘下，使用 Python 脚本创建数据源 mysql_ds，内容如下。

```
### WebLogic 数据源配置信息
# weblogic 的服务器地址
url = 'localhost:7001'
# 登录用户名
username = 'weblogic'
# 登录密码
password = 'weblogic0'
# 数据源名称
dsName = 'mysql_ds'
# JNDI 名称
dsJNDIName = 'jdbc/mysql'
# 目标服务器名称
targetName = 'AdminServer'
initialCapacity = 1
maxCapacity = 10
capacityIncrement = 1
driverName = 'com.mysql.jdbc.Driver'
driverURL = 'jdbc:mysql://localhost:3306/mytestdb'
driverUsername = 'root'
driverPassword = '123456'

# 连接到 WebLogic Server
connect(username, password, url)

# 检查数据源是否已经存在
try:
  cd('/JDBCSystemResources/' + dsName)
  print 'The JDBC Data Source ' + dsName + ' already exists.'
  exit()
except WLSTException:
```

```
    pass

print('Creating new JDBC Data Source named ' + dsName + '.')

edit()
startEdit()
cd('/')

# 保存引用的目标服务器
targetServer = getMBean('/Servers/' + targetName)

# 创建数据源 JDBCSystemResource
jdbcSystemResource = create(dsName, 'JDBCSystemResource')
jdbcResource = jdbcSystemResource.getJDBCResource()
jdbcResource.setName(dsName)

# 设置 JNDI 名称
jdbcResourceParameters = jdbcResource.getJDBCDataSourceParams()
jdbcResourceParameters.setJNDINames([dsJNDIName])
jdbcResourceParameters.setGlobalTransactionsProtocol('TwoPhaseCommit')

# 创建连接池
connectionPool = jdbcResource.getJDBCConnectionPoolParams()
connectionPool.setInitialCapacity(initialCapacity)
connectionPool.setMaxCapacity(maxCapacity)
connectionPool.setCapacityIncrement(capacityIncrement)

# 创建驱动设置
driver = jdbcResource.getJDBCDriverParams()
driver.setDriverName(driverName)
driver.setUrl(driverURL)
driver.setPassword(driverPassword)
driverProperties = driver.getProperties()
userProperty = driverProperties.createProperty('user')
userProperty.setValue(driverUsername)

# 保存目标数据源
jdbcSystemResource.addTarget(targetServer)

# 保存已完成但尚未保存的编辑
```

```
save()
# 激活在当前编辑会话期间已保存但尚未部署的更改
activate(block='true')
print( 'Data Source created successfully.')
exit()
```

## 3. 运行 Python 脚本

把 createDataSource.py 放入 C 盘下，输入 java weblogic.WLST c:/createDataSource.py，查看已经部署 Web 应用列表，内容如下。

```
C:\>java weblogic.WLST c:\createDataSource.py

Initializing WebLogic Scripting Tool (WLST) ...

Welcome to WebLogic Server Administration Scripting Shell

Type help() for help on available commands

Connecting to t3://localhost:7001 with userid weblogic ...
Successfully connected to Admin Server 'AdminServer' that belongs to domain
'base_domain'.

Warning: An insecure protocol was used to connect to the
server. To ensure on-the-wire security, the SSL port or
Admin port should be used instead.

No stack trace available.
Creating new JDBC Data Source named mysql_ds.
Location changed to edit tree. This is a writable tree with
DomainMBean as the root. To make changes you will need to start
an edit session via startEdit().

For more help, use help(edit)

Starting an edit session ...
Started edit session, please be sure to save and activate your
changes once you are done.
MBean type JDBCSystemResource with name mysql_ds has been created
successfully.
Saving all your changes ...
```

```
Saved all your changes successfully.
Activating all your changes, this may take a while …
The edit lock associated with this edit session is released
once the activation is completed.
Activation completed
Data Source created successfully.


Exiting WebLogic Scripting Tool.
```

执行脚本成功后，访问 Weblongic 控制台，输入 http://127.0.0.1:7001/console，在【域结构】→【服务】→【数据源】命令下可以看到数据源 mysql_ds 已经配置成功了，如图 6-61 所示。

图 6-61　查看配置的 mysql_ds 数据源

## 6.5 Python 在 Linux 运维中的常见应用

本节介绍在 Linux 操作系统下，使用 Python 脚本来监控 Linux 系统和 MySQL 数据库进行日常的运维操作。本节使用的查询 Linux 操作系统的 CPU、磁盘和内存等数据，是在笔者的计算机上进行试验返回的数据，每台计算机的硬件配置不一样，返回的统计数据也不一样，特此说明。

安装环境信息如表 6-3 所示。

表 6-3　Python 的安装环境信息

| 操作系统 | CentOS 7 64 位平台 |
| --- | --- |
| Python | 3.6.4 |
| MySQL | 5.7.22 |

为了测试方便，本节中的所有 Python 脚本都保存在 Linux 的 /test 目录下，在 Linux Shell 下使用 mkdir 命令来创建 /test 目录。

```
[root@localhost test]# mkdir /temp
```

创建 /test 目录成功后，还需要使用 cd 命令切换到 /temp 目录下。

```
[root@localhost test]# cd /temp
[root@localhost temp]#
```

使用 python 3 命令来运行这些 python 脚本。例如：

```
[root@localhost temp]# python 3 calDisk.py
```

## 6.5.1　统计磁盘使用情况

在 Linux 下可以使用 df -h 命令统计磁盘的使用情况。

```
[root@localhost temp]# df -h
文件系统容量已用可用已用%  挂载点
    /dev/mapper/centos_bogon-root   47G   6.8G  41G    15%  /
    devtmpfs                        473M  0     473M   0%   /dev
    tmpfs                           488M  0     488M   0%   /dev/shm
    tmpfs                           488M  7.2M  481M   2%   /run
    tmpfs                           488M  0     488M   0%   /sys/fs/cgroup
    /dev/sda1                       1014M 198M  817M   20%  /boot
    tmpfs                           98M   4.0K  98M    1%   /run/user/42
    tmpfs                           98M   40K   98M    1%   /run/user/0
```

用户可以使用 Python 脚本按照指定的日期格式（年 - 月 - 日）每日生成一个日志文件，如今天生成的文件为 2018-07-02.log，并且把磁盘的使用情况写入这个文件中。本例文件名为"PythonFullStack/Chapter06/calDisk.py"，内容如下。

```python
import time
import os


new_time = time.strftime('%Y-%m-%d')
disk_status = os.popen('df -h').readlines()
str1 = ''.join(disk_status)
f = open(new_time+'.log','w')
```

```
f.write('%s' % str1)
f.flush()
f.close()
```

在 Linux Shell 输入以下 python 3 命令，运行 calDisk.py 脚本。

```
[root@localhost temp]# python 3 calDisk.py
```

在当前目录下会生成一个指定日期的日志文件，如 2018-07-02.log。使用 Linux 下的 gedit 打开日志文件，可以看到已经把 Linux 磁盘的使用情况写入日志文件了，如图 6-62 所示。

图 6-62　查看日志文件

## 6.5.2 统计内存使用情况

在 Linux 下可以使用 free 命令查看内存使用情况，一般用 free -m 命令查看内存占用情况，参数 -m 的意思是以 M 字节为单位来显示内容。执行 free -m 的返回结果如下。

```
[root@localhost ~]# free -m
            total        used        free      shared  buff/cache   available
Mem:          975         760          74           2         140          51
Swap:        2047         137        1910
```

下面是对 free -m 命令的输出结果中各个指标的解释。

- total 列：两个数据分别表示物理内存和 Swap 分区的总大小，即物理内存为 975MB，内存交换分区 (Swap) 为 2047MB。

- used 列：第 1 行的 760，表示正在使用的物理内存大小；第 2 行的 137，表示正在使用的内存交换分区 (Swap)。

- free 列：第 1 行的 74，表示未被使用的空闲物理内存的大小；第 2 行的 1910，表示未被使用的交换分区 (Swap)。

- shared 列：第 1 行的 2，表示共享内存。

- buff/cache 列：在 CentOS7 后，buffers 和 cached 被合成一组 buff/cache，buffers 表示用于数

据写入缓存的内存大小，cache 表示用于数据读取缓存的内存大小。第 1 行的 140，表示缓存的内存为 140MB。

- available 列：在 CentOS7 后，加入了一个 available 列，表示系统可用内存。第 1 行的 51 表示当前的系统可用内存。

在 Linux 下还可以使用 cat /proc/meminfo 命令查看内存的更多信息，感兴趣的读者可以自行实验这个命令。

使用 Python 脚本查看 Linux 下内存的实际使用情况。本例文件名为 "PythonFullStack/ Chapter06/calMemory.py"，内容如下。

```
import os


memData = os.popen('free -m').read()
print(memData)
```

在 Linux Shell 输入以下 python 3 命令运行 calMemory.py 脚本。

```
[root@localhost test]# python 3 calMemory.py
```

在控制台得到的返回结果如下。

```
              total        used        free      shared  buff/cache   available
Mem:            975         652          65           2         256         136
Swap:          2047         217        1830
```

可以看出返回结果与在 Linux Shell 中输入 free-m 命令的结果一致。

### 6.5.3 读取 passwd 文件中的用户名和 shell 信息

在 Linux 中进行文本搜索或字符串处理时，经常用到字符串模式匹配，使用 awk 命令正则表达式在文本中查找包含某个特定字符串模式的行。awk 是一种处理文本文件的语言，是一个强大的文本分析工具。awk 用于在选取文本文件中满足某个条件的指定列。

在 Linux /etc/passwd 文件中每个用户都有一个对应的记录行，它记录了这个用户的一些基本属性。系统管理员经常会遇到对这个文件的修改以完成对用户的管理工作。这个文件对所有用户都是可读的。查看 Linux 下 /etc/passwd 文件的内容：

```
root:x:0:0:root:/root:/bin/bash
bin:x:1:1:bin:/bin:/sbin/nologin
daemon:x:2:2:daemon:/sbin:/sbin/nologin
adm:x:3:4:adm:/var/adm:/sbin/nologin
lp:x:4:7:lp:/var/spool/lpd:/sbin/nologin
```

以上是 /etc/passwd 文件中的部分内容，从内容可以看到 /etc/passwd 中的一行记录对应着一条用户信息，每行记录又被冒号 (:) 分隔为 7 个字段，其格式和具体含义如下。

```
用户名 : 口令 : 用户标识号 : 组标识号 : 注释性描述 : 主目录 : 登录 Shell
```

使用 awk -F: '{print $1,$7}' /etc/passwd 命令打印 /etc/passwd 文件的第 1 列用户名和第 7 列登录 Shell 内容，使用的分隔符是冒号 (:)，awk 的参数 -F 表示指定的分隔符。打印的部分内容如下。

```
[root@localhost temp]# awk -F: '{print $1,$7}' /etc/passwd
root /bin/bash
bin /sbin/nologin
daemon /sbin/nologin
adm /sbin/nologin
lp /sbin/nologin
sync /bin/sync
shutdown /sbin/shutdown
```

使用 Python 脚本读取 \etc\passwd 的用户名和登录 Shell 内容，并统计用户数量。本例文件名为"PythonFullStack\Chapter06\calUsers.py"，内容如下。

```python
import os

users = os.popen('awk -F ":" \'{ print $1 , $7}\' /etc/passwd').readlines()
userCount = 0

for user in users:
    username, shell = user.split()
    userCount = userCount + 1
    print("username={0},shell={1}".format(username, shell) )
print("总用户数为 ={0}".format(userCount) )
```

在 Linux Shell 输入以下 python 3 命令，运行 calUsers.py 脚本。

```
[root@localhost temp]# python 3 calUsers.py
```

打印的部分返回结果如下。

```
username=rpcuser,shell=/sbin/nologin
username=nfsnobody,shell=/sbin/nologin
username=gnome-initial-setup,shell=/sbin/nologin
username=avahi,shell=/sbin/nologin
username=postfix,shell=/sbin/nologin
username=sshd,shell=/sbin/nologin
username=tcpdump,shell=/sbin/nologin
username=xinping,shell=/bin/bash
username=unbound,shell=/sbin/nologin
总用户数为 =43
```

### 6.5.4 统计 Linux 系统的平均负载

Linux 的 uptime 命令能够打印系统总共运行了多长时间和系统的平均负载。uptime 命令可以显示的信息依次为：现在时间、系统已经运行了多长时间、目前有多少登录用户、系统在过去的 1 分钟、5 分钟和 15 分钟内的平均负载。使用 uptime 命令为：

```
[root@localhost temp]# uptime
 20:44:09 up  2:54,  4 users,  load average: 0.85, 0.20, 0.10
```

使用 Python 脚本统计 Linux 系统在过去的 1 分钟、5 分钟和 15 分钟的平均负载，本例文件名为 "PythonFullStack\Chapter06\loadAvg.py"，内容如下。

```
import os
import re


loadAvg = os.popen('uptime').readlines()
# 把返回的列表数据转换成字符串
loadAvgStr = ''.join(loadAvg)
# 去掉字符串中所有的空格
loadAvgStr = loadAvgStr.replace(' ', '')
# 匹配 loadverage 字符串中的数字
pattern =
re.compile(r'loadaverage:\s*(\d+\.*\d+),\s*(\d+\.*\d+),\s*(\d+\.*\d+)')
match = pattern.search(loadAvgStr)
output = ''
sep = ','
if match:
    #print(match.groups())
    data = match.groups()
    avg1 = data[0]
    avg5 = data[1]
    avg15 = data[2]
    output = 'Instance' + sep + 'LoadAvg1' + sep + 'LoadAvg5' + sep +
'LoadAvg15' + '\n';
    output += 'total' + sep + avg1 + sep + avg5 + sep + avg15
print(output)
```

在 Linux Shell 输入以下 python 3 命令运行 loadAvg.py 脚本。

```
[root@localhost temp]# python 3 loadAvg.py
```

在控制台得到的返回结果如下。

```
Instance,LoadAvg1,LoadAvg5,LoadAvg15
total,2.99,2.64,2.57
```

## 6.5.5 查看 CPU 信息

在 Linux 系统中，提供了 proc 文件显示系统的软硬件信息。如果想了解系统中 CPU 的提供商和相关配置信息，则可以通过 /proc/cpuinfo 文件得到。在 Linux 下可以通过 cat /proc/cpuinfo 命令查看 CPU 信息。

```
[root@localhost temp]# cat /proc/cpuinfo
processor       : 0
vendor_id       : GenuineIntel
cpu family      : 6
model           : 158
model name      : Intel(R) Core(TM) i5-8500 CPU @ 3.00GHz
stepping        : 10
microcode       : 0x84
cpu MHz         : 3000.005
cache size      : 9216 KB
physical id     : 0
siblings        : 1
core id         : 0
cpu cores       : 1
apicid          : 0
initial apicid  : 0
fpu             : yes
fpu_exception   : yes
cpuid level     : 22
wp              : yes
flags           : fpu vme de pse tsc msr pae mce cx8 apic sep mtrr pge mca
cmov pat pse36 clflush dts mmx fxsr sse sse2 ss syscall nx pdpe1gb rdtscp lm
constant_tsc arch_perfmon pebs bts nopl xtopology tsc_reliable nonstop_tsc
aperfmperf eagerfpu pni pclmulqdq ssse3 fma cx16 pcid sse4_1 sse4_2 x2apic
movbe popcnt tsc_deadline_timer aes xsave avx f16c rdrand hypervisor lahf_lm
abm 3dnowprefetch epb invpcid_single fsgsbase tsc_adjust bmi1 hle avx2 smep
bmi2 invpcid rtm rdseed adx smap xsaveopt dtherm ida arat pln pts hwp hwp_
notify hwp_act_window hwp_epp
bogomips        : 6000.01
clflush size    : 64
cache_alignment : 64
address sizes   : 42 bits physical, 48 bits virtual
power management:
```

```
processor       : 1
vendor_id       : GenuineIntel
cpu family      : 6
model           : 158
model name      : Intel(R) Core(TM) i5-8500 CPU @ 3.00GHz
stepping        : 10
microcode       : 0x84
cpu MHz         : 3000.005
cache size      : 9216 KB
physical id     : 2
siblings        : 1
core id         : 0
cpu cores       : 1
apicid          : 2
initial apicid  : 2
fpu             : yes
fpu_exception   : yes
cpuid level     : 22
wp              : yes
flags           : fpu vme de pse tsc msr pae mce cx8 apic sep mtrr pge
mca cmov pat pse36 clflush dts mmx fxsr sse sse2 ss syscall nx pdpe1gb rdtscp
lm constant_tsc arch_perfmon pebs bts nopl xtopology tsc_reliable nonstop_
tsc aperfmperf eagerfpu pni pclmulqdq ssse3 fma cx16 pcid sse4_1 sse4_2 x2apic
movbe popcnt tsc_deadline_timer aes xsave avx f16c rdrand hypervisor lahf_lm
abm 3dnowprefetch epb invpcid_single fsgsbase tsc_adjust bmi1 hle avx2 smep
bmi2 invpcid rtm rdseed adx smap xsaveopt dtherm ida arat pln pts hwp hwp_
notify hwp_act_window hwp_epp
bogomips        : 6000.01
clflush size    : 64
cache_alignment : 64
address sizes   : 42 bits physical, 48 bits virtual
power management:
```

以上输出项的含义如表 6-4 所示。

表 6-4　CPU 信息

| 输出项 | 指标含义 |
| --- | --- |
| processor | 逻辑 CPU 的个数，系统中逻辑处理核的编号。对于单核处理器，可认为是其 CPU 编号，对于多核处理器则可以是物理核或使用超线程技术虚拟的逻辑核 |
| vendor_id | CPU 制造商 |

317

续表

| 输出项 | 指标含义 |
|---|---|
| cpu family | CPU 产品系列代号 |
| model | CPU 属于其系列中的哪一代的代号 |
| model name | CPU 属于的名称及其编号、标称主频 |
| stepping | CPU 属于的制作更新版本 |
| cpu MHz | CPU 的实际使用主频 |
| cache size | CPU 二级缓存大小 |
| physical id | 物理 CPU 个数，单个 CPU 的标号 |
| siblings | 单个 CPU 逻辑物理核数 |
| core id | 当前物理核在其所处 CPU 中的编号，这个编号不一定连续 |
| cpu cores | 每个物理 CPU 中 core 的核数，该逻辑核所处 CPU 的物理核数 |
| apicid | 用来区分不同逻辑核的编号，系统中每个逻辑核的此编号必然不同，此编号不一定连续 |
| fpu | 是否具有浮点运算单元（Floating Point Unit） |
| fpu_exception | 是否支持浮点计算异常 |
| cpuid level | 执行 cpuid 指令前，eax 寄存器中的值，根据不同的值 cpuid 指令会返回不同的内容 |
| wp | 表明当前 CPU 是否在内核态支持对用户空间的写保护（Write Protection） |
| flags | 当前 CPU 支持的功能 |
| bogomips | 在系统内核启动时粗略测算的 CPU 速度（Million Instructions Per Second） |
| clflush size | 每次刷新缓存的大小单位 |
| cache_alignment | 缓存地址对齐单位 |
| address sizes | 可访问地址空间位数 |
| power management | 对能源管理的支持 |

使用 Python 脚本统计每个物理 CPU 中 core 的核数和物理 CPU 个数，本例文件名为
"PythonFullStack\Chapter06\calCpuInfo.py"，内容如下。

```python
import os

cpuData = os.popen("cat /proc/cpuinfo").readlines()
sep = ','
output = ''
title = ''
value = ''

# 对返回的 CPU 信息字符串匹配指标
for item in cpuData:
```

```
    if( item.find('cpu cores') > -1 or item.find('physical id') > -1 ):
        title = title + item.split(":")[0].strip() + sep
        value = value + item.split(":")[1].strip() + sep

output = title + '\r\n'+ value
print(output)
```

在 Linux Shell 输入以下 python 3 命令运行 calCpuInfo.py 脚本。

```
[root@localhost temp]# python 3 calCpuInfo.py
```

在控制台得到的返回结果如下。

```
physical id,cpu cores,physical id,cpu cores,
0,2,0,2,
```

## 6.5.6 查看 MySQL 的慢日志 (slow-query-log)

在 MySQL 中有 4 种不同的日志，分别为错误日志、二进制日志、查询日志和慢查询日志。这些日志记录着 Mysql 数据库不同方面的踪迹。本节主要介绍慢查询日志。MySQL 的常用操作请参考 4.1 节。

MySQL 慢查询日志用来记录在 MySQL 中响应时间超过阈值的 SQL 语句，具体指 SQL 语句运行时间超过 long_query_time 值的 SQL，则会被记录到慢查询日志文件中。long_query_time 的默认值为 10 秒，意思是运行 10 秒以上的 SQL 语句都会被 MySQL 数据库记录到慢日志文件中去。MySQL 慢查询日志可以找到执行慢的 SQL，方便用户对这些 SQL 进行优化。

默认情况下，MySQL 没有启用慢查询日志，需要手工来设置这个参数。需要注意的是，如果不是调优需要，一般不建议启动该参数，因为开启慢查询日志会或多或少带来一定的性能影响。

首先，以 root 账号连接 MySQL 服务器，然后输入密码就可以登录 MySQL 服务器了。

```
mysql -u root -p
```

查看 MySQL 数据库默认的阈值时间 (long_query_time)。

```
mysql> show variables like 'long_query_time';
+-----------------+-----------+
| Variable_name   | Value     |
+-----------------+-----------+
| long_query_time | 10.000000 |
+-----------------+-----------+
1 row in set (0.00 sec)
```

可以看到 long_query_time 的默认值为 10 秒。

其次，查询 MySQL 的慢日志使用命令 show variables like '%slow%'。

```
mysql>  show variables like '%slow%';
```

```
+---------------------------+------------------------------------+
| Variable_name             | Value                              |
+---------------------------+------------------------------------+
| log_slow_admin_statements | OFF                                |
| log_slow_slave_statements | OFF                                |
| slow_launch_time          | 2                                  |
| slow_query_log            | OFF                                |
| slow_query_log_file       | /var/lib/mysql/localhost-slow.log  |
+---------------------------+------------------------------------+
5 rows in set (0.00 sec)
```

可以看到 slow_query_log 的值为 OFF，意思是 MySQL 的慢日志没有开启，使用以下命令开启
MySQL 慢查询日志。

```
mysql>set @@global.slow_query_log = on;
Query OK, 0 rows affected (0.11 sec)
```

查看 MySQL 的日志状态：

```
mysql>show variables like '%slow%';
+---------------------------+------------------------------------+
| Variable_name             | Value                              |
+---------------------------+------------------------------------+
| log_slow_admin_statements | OFF                                |
| log_slow_slave_statements | OFF                                |
| slow_launch_time          | 2                                  |
| slow_query_log            | ON                                 |
| slow_query_log_file       | /var/lib/mysql/localhost-slow.log  |
+---------------------------+------------------------------------+
5 rows in set (0.00 sec)
```

可以看到 slow_query_log 的值定为 ON，已经开启 MySQL 的慢日志查询。慢查询日志（slow_
query_log_file）的存储路径为 \var\lib\mysql\localhost-slow.log。

下面测试一下慢查询日志。慢查询日志在开发中可以记录一些执行时间比较长的 SQL 语句，
可以通过它来优化哪些检索语句。这里简单模拟一下慢查询，使用 MySQL 数据库的 sleep(N) 函数
来假设让执行语句停留 10 秒。

```
mysql> select sleep(10);
+-----------+
| sleep(10) |
+-----------+
|         0 |
+-----------+
1 row in set (10.71 sec)
```

然后可以使用 "cat /var/lib/mysql/localhost-slow.log" 命令查看慢查询日志，在记录慢查询日志的数据表中可以看到如下记录：

```
[root@localhost test]# cat /var/lib/mysql/localhost-slow.log
/usr/sbin/mysqld, Version: 5.7.22 (MySQL Community Server (GPL)). started with:
Tcp port: 3306  Unix socket: /var/lib/mysql/mysql.sock
Time                 Id Command    Argument
/usr/sbin/mysqld, Version: 5.7.22 (MySQL Community Server (GPL)). started with:
Tcp port: 3306  Unix socket: /var/lib/mysql/mysql.sock
Time                 Id Command    Argument
# Time: 2018-07-21T09:31:59.306429Z
# User@Host: root[root] @ localhost []  Id:       3
# Query_time: 10.210373  Lock_time: 0.000000 Rows_sent: 1  Rows_examined: 0
SET timestamp=1532165519;
select sleep(10);
```

使用 Python 脚本查看 MySQL 的慢查询日志内容。本例文件名为 "PythonFullStack\Chapter06\displaySlowQueryLog.py"，内容如下。

```python
output = ''
with open ('/var/lib/mysql/localhost-slow.log','r') as file:
    for content in file:
        output = output + content + '\n'

print(output)
```

在 Linux Shell 输入以下 python 3 命令运行 displaySlowQueryLog.py 脚本。

```
[root@localhost temp]# python 3 displaySlowQueryLog.py
```

在控制台得到的返回结果如下。

```
/usr/sbin/mysqld, Version: 5.7.22 (MySQL Community Server (GPL)). started with:
Tcp port: 3306  Unix socket: /var/lib/mysql/mysql.sock
Time                 Id Command    Argument
/usr/sbin/mysqld, Version: 5.7.22 (MySQL Community Server (GPL)). started with:
Tcp port: 3306  Unix socket: /var/lib/mysql/mysql.sock
Time                 Id Command    Argument
# Time: 2018-07-21T09:31:59.306429Z
# User@Host: root[root] @ localhost []  Id:       3
# Query_time: 10.210373  Lock_time: 0.000000 Rows_sent: 1  Rows_examined: 0
SET timestamp=1532165519;
select sleep(10);
```

可以看到返回结果与使用 cat /var/lib/mysql/localhost-slow.log 命令查询的结果一样。

### 6.5.7 监控 MySQL 的状态

Linux 操作系统因为其稳定性、安全性、自由度和硬件支持等优势，成为当今中高端服务器的主要操作系统。很多商业公司在生产环境下，为了保证 7×24 小时的稳定性，都会选择在商用服务器上安装 Linux 操作系统，然后在 Linux 环境下安装各种常用的软件，如数据库和 Web 应用服务器。

Linux 服务器是以其稳定性著称的。一般情况下，Linux 服务器不需要重启，只有在硬件设备更换，核心软件包升级等情况下才需要进行重启。以笔者的经验，如果是运行了很多年的 Linux 服务器，轻易不能重启。因为一旦重新启动，那么很有可能安装的数据库和 Web 应用服务器将无法正常启动。针对这种情况，可以使用 Python 脚本来监控数据库和 Web 应用服务器的状态，当服务停止时，可以使用 Python 脚本来重新启动服务。

本节使用的是安装在 Linux 操作系统下的 MySQL 数据库。在 Linux 下安装 MySQL 数据库，请参考本书的 4.1.3 小节。下面介绍在 Linux 下 MySQL 运维的常用知识。

在 MySQL 中 mysqld 是基于 socket 的一个服务器端程序，它运行在 MySQL 的服务器端，始终监听 MySQL 的默认端口 3306，也就是说，当 MySQL 正常启动后就存在一个 mysqld 进程。用户可以在 Linux Shell 中输入 ps -C mysqld 命令来查看 MySQL 在 Linux 占用的进程号 (PID)，ps 命令的 -C 参数后面是查找的进程名，使用 ps -C mysqld 命令显示 mysqld 进程信息，如图 6-63 所示。

```
[root@localhost ~]# ps -C mysqld
  PID TTY          TIME CMD
 1324 ?        00:00:25 mysqld
```

图 6-63　查看 MySQL 的进程号

从图 6-63 中可以看出 mysqld 命令占用的进程号 (PID) 为 1324，ps 命令默认会显示很多其他的内容，可以使用 ps 命令的 -o 参数来输出用户定义的格式，如让 ps 命令只显示 mysqld 进程的进程号 (PID) 和命令 (CMD)。在 Linux Shell 中输入 ps -C mysqld -o pid,cmd 命令。

```
[root@localhost ~]# ps -C mysqld -o pid,cmd
  PID CMD
 1324 /usr/sbin/mysqld --daemonize --pid-file=/var/run/mysqld/mysqld.pid
```

在 Linux 下，如果希望停止 MySQL 服务有以下两种方法。

第 1 种方法：使用 systemctl stop mysqld 命令来关闭 MySQL 数据库。

第 2 种方法：在 Linux 下杀掉 mysqld 进程来关闭 MySQL 数据库。

在 Linux Shell 中可以使用 killall mysqld 命令来杀掉所有以 mysqld 命名的进程，也可以使用 kill-9 MySQL 进程号命令来实现相同的功能。例如，本例中 MySQL 占用的进程号是 1324，在 Linux Shell 中输入 kill -9 1324 命令来杀掉 mysqld 进程。

```
[root@localhost ~]# kill -9 1324
```

停止 MySQL 服务后，如果希望重新启动 MySQL 数据库，可以在 Linux Shell 中使用 systemctl start mysqld 命令。

介绍完 MySQL 的相关运维知识后，使用 Python 脚本来查看 MySQL 数据库是否已经正常启动。如果是非正常关闭，就需要使用 Python 脚本重新启动 MySQL 数据库。每 3 秒查询一下 MySQL 的状态，监控 MySQL 服务是否异常退出，如果是异常退出，则自动启动 MySQL 数据库。本例的文

件名为 "PythonFullStack\Chapter06\monitorMySQL.py", 内容如下。

```
import os
import time

# 在 Linux 下启动 MySQL 数据库命令
cmd = 'systemctl start mysqld'
print('*** 监听 MySQL 服务开始了')

while True:
    # 查看 MySQL 占用的进程号和命令
    mysqld_status = os.popen('ps -C mysqld -o pid,cmd').read()
    mysqld_status_list = mysqld_status.split('\n')
    #print(mysqld_status_list)

    # 使用 ps 命令查询 MySQL 占用进程的返回内容，如果返回内容的行数等于小于 2 时，可以判定
为 MySQL 服务异常退出
    if len(mysqld_status_list) <= 2:

        # 使用 os.system() 命令启动 MySQL，如果返回值为 0 说明启动 MySQL 成功，否则启动
    MySQL 失败
        status = os.system(cmd)
        if status == 0:
            print('mysqld started...')
        else:
            print('error')

    # 每 3 秒查询一次 MySQL 的状态
    time.sleep(3)
```

在 Linux 下打开一个终端，在 Linux Shell 输入以下 python 3 命令运行 monitorMySQL.py 脚本。

```
[root@localhost temp]# python 3 monitorMySQL.py
```

在第 1 个终端的控制台得到的返回结果如下。

```
*** 监听 MySQL 服务开始了
```

为了模拟 MySQL 服务异常退出，在 Linux 下重新打开一个终端，在 Linux Shell 中使用 killall mysqld 命令来杀掉所有进程名为 mysqld 的进程，以停止 MySQL 服务。

此时切换到第 1 个终端的控制台，可以看到返回结果如下。

```
[root@localhost temp]# python 3 monitorMySQL.py
*** 监听 MySQL 服务开始了
mysqld started...
```

说明 Python 脚本已经监听到 MySQL 服务异常退出，然后 Python 脚本会运行 systemctl start mysqld 命令来启动 MySQL 数据库，如果启动 MySQL 成功，在控制台上打印出 "mysqld started..." 提示信息。

在 Linux 下，使用 python 3 命令运行一个 Python 脚本会产生一个新的 Python 3 进程，当 Python 脚本的程序执行完毕后，Linux 会自动销毁这个进程。在本例中，为了实时监控 MySQL 的状态，在 while True 循环语句中放入查询 MySQL 状态的代码，在 while True 循环语句中使用 time. sleep(3) 语句，每 3 秒使 python 3 命令运行 monitorMySQL.py 脚本产生的进程挂起，也就是说，程序每 3 秒轮训一次，以查询 MySQL 的最新状态，而且程序永远也不会执行完毕，使用 python 3 命令运行 monitorMySQL.py 脚本产生的进程也永远不会被销毁。

如果要销毁 Python 3 命令运行 Python 脚本产生的进程，可以使用 ps 命令来查看所产生的 Python 3 进程号。

```
[root@localhost temp]# ps -ef | grep python3
root       58282    7150   0 05:40 pts/1    00:00:00 python3 monitorMySQL.py
root       58360   27835   0 05:42 pts/3    00:00:00 grep --color=auto python3
```

从上面的反馈结果可以看出，Python 3 命令运行 monitorMySQL 脚本产生的进程号为 58282，然后使用 kill 命令来销毁该 Python 3 进程。Kill 命令的 -9 参数表示强制杀掉该进程。

```
[root@localhost temp]# kill -9 58282
```

## 6.6 psutil 的使用

在 6.5 节中，为了获得 Linux 下的系统资源使用情况，可以使用 Python 脚本运行 Linux 命令（如 ps、free），然后对 Linux 命令的返回结果进行解析。为了获得一个指标的结果，需要写很多 Python 解析代码，稍显烦琐。在 Python 中获取操作系统信息的另一个方法是使用 psutil 这个第三方模块库，它不仅可以通过几行代码实现系统监控，还可以跨平台使用。

psutil 是一个跨平台库，能够轻松实现获取系统运行的进程和系统利用率（包括 CPU、内存、磁盘、网络等）信息。它主要应用于系统监控，分析和限制系统资源及进程的管理。它实现了同等命令行工具提供的功能，如 ps、top、lsof、netstat、ifconfig、who、df、kill、free、nice、ionice、iostat、iotop、uptime、pidof、tty、taskset、pmap 等。目前支持 32 位和 64 位的 Linux、Windows、OSX、FreeBSD 和 Sun Solaris 等操作系统。

Windows、Linux 和 Mac 这 3 种操作系统都可以安装 psutil 库。本书在 Windows 系统上使用 pip 命令来安装 psutil 库，其他系统也是类似的，如图 6-64 所示。

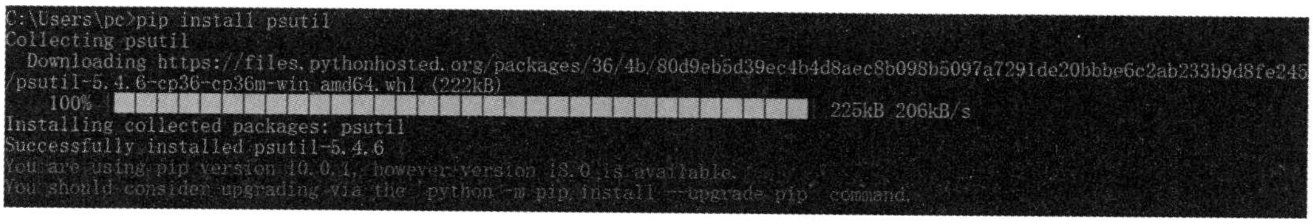

```
C:\Users\pc>pip install psutil
Collecting psutil
  Downloading https://files.pythonhosted.org/packages/36/4b/80d9eb5d39ec4b4d8aec8b098b5097a7291de20bbbe6c2ab233b9d8fe245
/psutil-5.4.6-cp36-cp36m-win_amd64.whl (222kB)
    100% |████████████████████████████████| 225kB 206kB/s
Installing collected packages: psutil
Successfully installed psutil-5.4.6
You are using pip version 10.0.1, however version 18.0 is available.
You should consider upgrading via the 'python -m pip install --upgrade pip' command.
```

图 6-64 使用 pip 命令安装 psutil 库

本节介绍在 Windows 下，使用 psutil 获得系统资源信息，安装环境信息如表 6-5 所示。

表 6-5 Python 的安装环境信息

| 操作系统 | Windows 10 64 位平台 |
|---|---|
| Python | 3.6.4 |

## 6.6.1 获取 CPU 信息

使用 psutil 获得 CPU 的使用情况，本例文件名为“PythonFullStack\Chapter06\psutil_cpu1.py”。

```
import psutil

print('获取cpu的完整信息 =', psutil.cpu_times() )
print('获取cpu的所有逻辑信息 =', psutil.cpu_times_percent() )
print('CPU逻辑数量 =', psutil.cpu_count())
print('CPU物理核心 =', psutil.cpu_count(logical=False))
```

运行脚本得到如下返回结果。

```
获取cpu的完整信息 = scputimes(user=4459.609375, system=1898.296875,
idle=87141.515625, interrupt=147.546875, dpc=96.890625)
获取cpu的所有逻辑信息 = scputimes(user=0.0, system=0.0, idle=0.0,
interrupt=0.0, dpc=0.0)
CPU逻辑数量 = 6
CPU物理核心 = 6
```

还可以使用 psutil 实时获得 CPU 的使用率，类似于 Linux 的 top 命令，如实时获得 CPU 使用率，每秒刷新一次，累计 5 次，本例文件名为“PythonFullStack\Chapter06\psutil_cpu2.py”。

```
import psutil

# 获得CPU使用率，每秒刷新一次，累计5次
for x in range(5):
    # 获取系统cpu使用率（每隔1秒）
    cpus = psutil.cpu_percent(interval=1, percpu=True)
    print(cpus)
```

运行脚本得到如下返回结果。

```
[18.5, 7.8, 0.0, 0.0, 1.6, 14.1]
[17.9, 6.2, 7.8, 6.2, 10.9, 6.2]
[13.8, 9.4, 12.5, 10.9, 6.2, 16.9]
[15.2, 9.4, 10.9, 10.9, 15.6, 12.5]
[9.1, 0.0, 6.2, 7.8, 1.6, 4.7]
```

从返回结果可以看到 cpus 返回的数据是 list 类型。笔者使用的主机采用的是 Intel 酷睿 i5-8500，内核数/线程数为 6，所以 cpus 返回的队列中有 6 个数据，如图 6-65 所示。

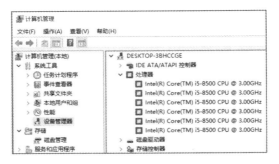

图 6-65　主机 CPU 处理器信息

## 6.6.2 获取内存信息

使用 psutil 获取物理内存信息的实际使用情况，本例文件名为 "PythonFullStack\Chapter06\psutil_mem.py"，内容如下。

```python
import psutil


memory = psutil.virtual_memory()
print( memory )
print('物理总内存 =' , memory.total)
print('可使用内存 =' , memory.available)
print('已使用内存百分比 =' , memory.percent)
print('已使用内存 =' , memory.used)
print('空闲的内存数 =' , memory.free)
```

运行脚本得到如下返回结果。

```
svmem(total=34286395392, available=28329725952, percent=17.4,
used=5956669440, free=28329725952)
物理总内存 = 34286395392
可使用内存 = 28329725952
已使用内存百分比 = 17.4
已使用内存 = 5956669440
空闲的内存数 = 28329725952
```

从返回结果可以看到，返回的是以字节为单位的整数，总内存 (totla) 为 34286395392 字节 = 32 GB，已使用内存 (used) 为 5956669440 字节 =6 GB，内存已经使用了 17.4%。在 Windows 平台下，使用 psutil 获得内存的 available 和 free 是一样的，在 Linux 平台下，psutil 计算 available 的方法是把 free 的内存区域与 buffer 和 cached 占用的内存空间加在一起，即 available= free + buffer + cached。

使用 psutil 获取交换分区的内存信息的实际使用情况，本例文件名为 "PythonFullStack\Chapter06\psutil_swap.py"，内容如下。

```python
import psutil


swapMemory = psutil.swap_memory()
print( swapMemory)
print('交换分区总内存 =' , swapMemory.total)
print('已使用的交换分区内存 =' , swapMemory.used)
print('空闲的交换分区内存 =' , swapMemory.free)
print('已使用的空闲交换分区百分比 =' , swapMemory.percent)
```

运行脚本得到如下返回结果。

```
sswap(total=39386669056, used=7734718464, free=31651950592, percent=19.6,
sin=0, sout=0)
交换分区总内存 = 39386669056
已使用的交换分区内存 = 7734718464
空闲的交换分区内存 = 31651950592
已使用的空闲交换分区百分比 = 19.6
```

从返回结果可以看到，返回的是以字节为单位的整数，交换分区总内存（total）为 39386669056 字节 = 36 GB，已使用的交换分区 (used) 内存为 7734718464 字节 =7 GB。

## 6.6.3 获取磁盘信息

可以通过 psutil 获取磁盘分区、磁盘使用率和磁盘 I/O 信息，本例文件名为 "PythonFullStack\Chapter06\psutil_disk.py"，内容如下。

```python
import psutil


print('获取磁盘的详细信息 =',psutil.disk_partitions())
print( '磁盘中 C: 盘的使用情况 =',psutil.disk_usage('c:\'))
print('磁盘 I/O 总个数 =',psutil.disk_io_counters())
print('单个分区磁盘 I/O 个数 =',psutil.disk_io_counters(perdisk=True) )
```

运行脚本得到如下返回结果。

```
获取磁盘的详细信息 = [sdiskpart(device='C:\\', mountpoint='C:\\',
```

fstype='NTFS', opts='rw,fixed'), sdiskpart(device='D:\\', mountpoint='D:\\',

fstype='NTFS', opts='rw,fixed'), sdiskpart(device='E:\\', mountpoint='E:\\',

fstype='NTFS', opts='rw,fixed'), sdiskpart(device='F:\\', mountpoint='F:\\',

fstype='NTFS', opts='rw,fixed'), sdiskpart(device='G:\\', mountpoint='G:\\',

fstype='NTFS', opts='rw,fixed')]

磁盘中 C: 盘的使用情况 = sdiskusage(total=127441825792, used=30160920576, free=97280905216, percent=23.7)

磁盘 I/O 总个数 = sdiskio(read_count=212432, write_count=276943, read_bytes=7903300608, write_bytes=9632214016, read_time=619, write_time=5021)

单个分区磁盘 I/O 个数 = {'PhysicalDrive0': sdiskio(read_count=88044, write_count=86536, read_bytes=4389161472, write_bytes=4216794624, read_time=479, write_time=4822), 'PhysicalDrive1': sdiskio(read_count=124388, write_count=190407, read_bytes=3514139136, write_bytes=5415419392, read_time=140, write_time=199)}

# 第 7 章

# 数据分析与可视化

由于互联网的飞速发展，人们正式迎来了大数据的时代。Python 用于处理大数据非常理想，不管是在数据采集与处理方面，还是在数据分析和可视化方面都有独特的优势。Python 被大量应用于数据分析和机器挖掘方面，其中使用比较广泛的是被称为数据分析"三剑客"的 Python 模块——NumPy、Pandas 和 Matplotlib。

## 7.1 NumPy

NumPy 是 Python 的一个科学计算库，提供了矩阵运算的功能，一般与 Scipy、Matplotlib 一起使用。Pandas 对 NumPy 库进行了二次封装，提供了更强大的功能，以用于数据分析。

NumPy 可用来存储和处理大型矩阵，比 Python 自身的数据结构 ( 序列 ) 要高效。Python 序列包括字符串、队列、元组和字典。

NumPy 的主要对象是一个多维度的、均匀的多维数组 ( ndrray )，可以进行矩阵运算（ +、-、*和 / )。NumPy 提供了各种函数方法，可以非常方便灵活地操作数组，如生成矩阵函数、线性代数函数和随机函数等。

NumPy 的官网地址：http://www.numpy.org/NumPy 官网如图 7-1 所示。

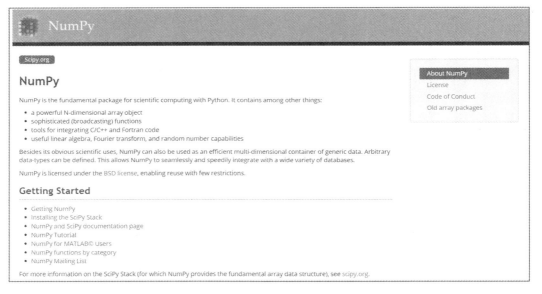

图 7-1　NumPy 官网

更详细的信息请参考 NumPy 的官网指导手册：

```
https://docs.scipy.org/doc/numpy-1.13.0/user/quickstart.html。
```

### 7.1.1 安装 NumPy

Windows、Linux、Mac 3 种操作系统都可以安装 NumPy。以 Windows 为例，进入 CMD 窗口中，使用 pip 命令安装 NumPy，系统会自动进行安装，如图 7-2 所示。命令格式如下。

```
pip install numpy
```

图 7-2　使用 pip 命令安装 NumPy

## 7.1.2 创建矩阵

使用列表创建矩阵，对于 Python 中的 NumPy 模块，一般用它提供的 Ndarray 对象。创建一个 Ndarray 对象很简单，只要将一个 list 作为参数即可。示例代码如下。

```
# 引入 NumPy 库
import numpy as np


# 创建一维的 Narray 对象
arr1 = np.array([1,2,3,4,5])
print(arr1.shape)# 输出一维数组的维度，结果为 (5,)，数组包含 5 个元素


# 创建二维的 Narray 对象
arr2 = np.array([[1,2,3,4,5],[6,7,8,9,10]])
print(arr2.shape)# 输出二维数组的维度，结果为 (2, 5)，是一个 2 行 5 列的二维数组
```

获得矩阵长度的行数和列数：

```
print("二维数组的行数为:{0}".format(arr2.shape[0]))
# 输出结果为二维数组的行数为:2
print("二维数组的列数为:{0}".format(arr2.shape[1]))
# 输出结果为二维数组的列数为:5
```

修改一维矩阵和二维矩阵：

```
# 修改一维数组第 4 个元素的值
arr1[4] = 1


# 修改二维数组第 0 行、第 0 列元素的值
arr2[0:0] =1


# 修改二维数组第 1 行、第 2 列元素的值
arr2[1:2] =2


# 对二维数组 arr2 第 0 行进行修改
arr2[0] = (2,2,2,2,2)
```

对矩阵求和：

```
arr2 = np.array([[1,2,3,4,5],[6,7,8,9,10]])
```

```
# 对二维数组 arr2 求和
print(arr2.sum())
# 输出结果为：55
```

按列对矩阵求和：

```
# 按列对二维数组 arr2 求和
print(arr2.sum(axis=0))
# 输出结果为：[ 7  9 11 13 15]
```

按行对矩阵求和：

```
# 按行对二维数组 arr2 求和
print(arr2.sum(axis=1))
# 输出结果为：[15 40]
```

NumPy 数组的 sum() 函数声明如下。

```
sum(a, axis=None, dtype=None, out=None, keepdims=<class 'numpy._globals._
NoValue'>)
```

其中，axis 就是轴、数轴的意思，对应多维数组里的维。如 axis=None 就是对数组里的所有元素求和。

上面的例子中 arr2 是一个 2×5 的二维数组，有两个轴：0 轴和 1 轴。

- 使用 0 值（轴）表示沿着每一列（行标签）索引值向下执行对应的方法。
- 使用 1 值（轴）表示沿着每一行（列标签）索引值向右执行对应的方法。

图 7-3 所示为在 NumPy 的数组和 Pandas 的 DataFrame 当中 axis 为 0 和 1 时分别代表的含义。

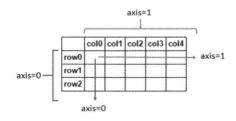

图 7-3　NumPy 数组的 axis

NumPy 对关键字 axis 的用法，在 NumPy 库的词汇表当中有过解释：轴是用来为超过一维的数组定义的属性，二维数据拥有两个轴。

- 当 axis = 1 时，对 NumPy 的数组沿着列水平方向进行操作。
- 当 axis = 0 时，对 NumPy 的数组沿着行垂直方向进行操作。

NumPy 数组的 axis（轴）就像一个平面直角坐标系，也可以看作是一个 Excel 表格，如图 7-4 和图 7-5 所示。

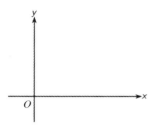

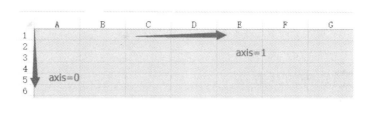

图 7-4 平面直角坐标系              图 7-5 Excel 表格

## 7.1.3 ndarray 对象属性

ndarray.ndim：数组的维数，也称为秩 rank。

ndarray.shape：数组各维的大小，是 tuple 元组类型。对一个 $n$ 行、$m$ 列的矩阵来说，shape 为 $(n,m)$。一般矩阵都是二维的，只有长和宽。要对矩阵进行遍历时，一般先获取矩阵的行数和列数。要获取 ndarray 对象各维的长度，可以通过 ndarray 对象的 shape 属性得到。

ndarray.size：数组中元素的总数。

ndarray.dtype：数组每个元素的类型，可以通过创造或指定 dtype 使用标准 Python 类型。另外，NumPy 提供它自己的数据类型，可以是 numpy.int32、numpy.int16 和 numpy.float64 等。

ndarray.itemsize：数组中每个元素占用的字节数。

示例：展示 ndarray 对象属性。

```
import numpy as np

arr = np.array([[1,2,3,4,5],[6,7,8,9,10] ])
print('数组各维的大小 =', arr.shape )
print('数组的行数 =', arr[0])
print('数组的列数 =', arr[1])
print('数组的维数 =', arr.ndim )
print('数组总数 =', arr.size )
print('数组中元素的类型 =', arr.dtype )
print('数组中每个元素占用的字节数 =', arr.itemsize )
```

运行脚本得到如下返回结果。

```
数组各维的大小 = (2, 5)
数组的行数 = [1 2 3 4 5]
数组的列数 = [ 6  7  8  9 10]
数组的维数 = 2
数组总数 = 10
```

```
数组中元素的类型 = int32
数组中每个元素占用的字节数 = 4
```

## 7.1.4 矩阵的截取

### 1. 按行列截取矩阵

矩阵的截取和 list 相同，可以通过方括号 [] 来截取。首先创建二维的 NumPy 数组：

```
import numpy as np
arr = np.array([[1,2,3,4,5],
                [6,7,8,9,10]])
```

截取矩阵第 0~1 行的数据：

```
print(arr[0:1])
# 输出结果为 [[1 2 3 4 5]]
```

截取矩阵第 0 行的数据：

```
print(arr[0])
# 输出结果为 [1 2 3 4 5]
```

截取矩阵第 1 行的数据：

```
print(arr[1])
# 输出结果为 [ 6  7  8  9 10]
```

截取矩阵第 0 行的数据：

```
print(arr[1])
# 输出结果为 [ 6  7  8  9 10]
```

截取矩阵第 1 行的第 2~4 列的数据：

```
print(arr[1 , 2:5])
# 输出结果为 [ 8  9 10]
```

截取矩阵第 1 行中所有列的数据：

```
print(arr[1 , : ])
# 输出结果为 [ 6  7  8  9 10]
```

截取矩阵前两列的数据：

```
print(arr[:,0:2] )
# 输出结果为
[[1 2]
 [6 7]]
```

### 2. 按条件截取矩阵

按条件截取其实是在方括号 [] 中传入自身的布尔语句。首先创建二维的 NumPy 数组：

```
import numpy as np
```

```
arr = np.array([[1,2,3,4,5],
                [6,7,8,9,10]])
```

截取矩阵 arr 中大于 6 的元素，返回的是一维数组：

```
arr2 = arr[ arr > 6 ]
print(arr2)
# 输出结果为
[ 7  8  9 10]
```

对矩阵进行比较运算会生成一个布尔矩阵，将布尔矩阵传入 NumPy 数组的方括号 [] 实现截取。打印 arr 矩阵大于 6 的元素生成的布尔矩阵：

```
print(arr > 6)
# 输出结果为
[[False False False False False]
 [False  True  True  True  True]]
```

按条件截取数组，使用较多的是对矩阵中满足一定条件的元素变成特定的值。例如，将矩阵中大于 6 的元素变成 0，示例如下。

```
arr[arr>6] = 0
print(arr)
# 输出结果为
[[1 2 3 4 5]
 [6 0 0 0 0]]
```

### 3. 遍历矩阵

遍历矩阵中大于 6 的元素，并将元素的值设置为 0，可以使用循环来遍历矩阵，示例如下。

```
import numpy as np

data = np.array( [[1,2,3,4,5],[6,7,8,9 ,10] ])
rowNum = data.shape[0]
colNum = data.shape[1]

for x in range( rowNum ):
    for y in range( colNum ):
        if data[x,y] > 6 :
            data[x,y] = 0
# 输出结果为
[[1 2 3 4 5]
 [6 0 0 0 0]]
```

### 7.1.5 矩阵的合并

矩阵的合并可以通过 NumPy 中的 hstack() 函数和 vstack() 函数实现，示例如下。

```
import numpy as np

arr1 = np.array([[1,2],[3,4]])
arr2 = np.array([[5,6],[7,8]])
```

hstack() 函数和 vstack() 函数参数传入时要以列表 list 或元组 tuple 的形式传入。矩阵横向合并：

```
print(np.hstack( [arr1 , arr2] ) )
# 输出结果为
[[1 2 5 6]
 [3 4 7 8]]
```

矩阵纵向合并：

```
print(np.vstack((arr1,arr2)))
# 输出结果为
[[1 2]
 [3 4]
 [5 6]
 [7 8]]
```

### 7.1.6 通过函数创建矩阵

NumPy 模块中自带了一些创建 Ndarray 对象的函数，可以很方便地创建常用的或有规律的矩阵。

#### 1. NumPy 的 range() 函数

np.arange([start,] stop[, step,], dtype=None) 函数有 4 个参数，其中 start、step 和 dtype 可以省略，分别是起始点、步长和返回类型。

示例 1：起始点为 0、结束点为 5、步长为 1 和返回类型 array 的一维矩阵。

```
import numpy as np

arr = np.arange(5)
print(arr)
# 输出结果为
[0 1 2 3 4]
```

示例 2：生成一个一维矩阵，重置为 2 行 3 列的二维矩阵。

```
import numpy as np
```

```
arr = np.arange(6).reshape(2,3)
print(arr)
# 输出结果为
[[0 1 2]
 [3 4 5]]
```

示例 3：生成一个从 5 开始到 20（不包括 20），步长为 2 的一维矩阵。

```
import numpy as np
arr = np.arange(5,20, step = 2)
print(arr)
# 输出结果为
[ 5  7  9 11 13 15 17 19]
```

### 2. NumPy 的随机函数

NumPy 中有一些常用的、用来产生随机数的函数，如 randn() 和 rand() 就属于这种。它们的样本值符合正态分布。

使用 numpy.random 模块生成测试样本数据。主要使用的函数如下。

- np.random.randn(d0, d1, …, dn) 是从标准正态分布中返回一个或多个样本值。这个函数的作用就是从标准正态分布中返回一个或多个样本值。
- np.random.rand(d0, d1, …, dn) 的随机样本位于 [0, 1] 中。
- np.random.randint(1, 100 ,10) 随机样本是从 1 到 100 随机取 10 个数。

np.random.randn() 函数的作用就是从标准正态分布中返回一个或多个样本值。正态分布图形的趋势表现为一个从下到上的、再从上到下的抛物线趋势，即两头低，中间高，左右对称，如图 7-6 所示。

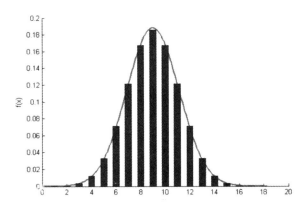

图 7-6　正态分布图形

示例 1：生成随机数。

```
import numpy as np

print( 'rand=',np.random.rand(5) )
print('randint=', np.random.randint(10 ) )
print('randn=', np.random.randn( 4, 5) )
```

运行脚本得到如下返回结果。

```
rand= [0.69879356 0.41193981 0.53736038 0.0698993  0.21232734]
randint= 3
randn= [[ 1.23931452  0.89901643 -0.25216521 -2.2472346  -0.18557678]
 [-0.04105689 -0.80009117 -1.70805897 -0.07891794 -1.1537835 ]
 [-2.46220657 -0.76692025  0.58448596 -0.84185884  0.86989973]
 [ 0.09138405 -1.24281822 -0.22566942 -0.45572225  0.89788911]]
```

再次运行脚本，会发现每次的返回结果都不一样。如果希望每次获得的随机数是一样的，就需要设置随机数种子，这样再次运行脚本时，会发现每次的返回结果都是一样的。

```
import numpy as np

# 设置随机数种子
np.random.seed(1)

print( 'rand=',np.random.rand(5) )
print('randint=', np.random.randint(10 ) )
print('randn=', np.random.randn( 4, 5) )
```

设置好随机数种子后，当别人运行此代码后，会得到完全相同的结果，重复出现和之前一样的过程。需要注意的是，当设置了相同的随机数种子（seed）后，每次生成的随机数都相同。如果不设置随机数种子，则每次会生成不同的随机数。

示例 2：使用 np.randn() 随机函数创建一个 3×3 的矩阵。矩阵中元素的值是随机产生的，每次运行脚本产生的随机数也都不一样。

```
import numpy as np
arr = np.random.randn(3,3)
print(arr)
# 输出结果为
[[-1.78840968  1.21233292 -1.27971979]
 [ 1.19690908  0.3064643   1.12560044]
 [ 1.63557061 -0.61473318 -1.06459654]]
```

### 3. NumPy 的 linespace() 函数

np.linespace() 函数用于创建指定数量等间隔的序列，实际是生成一个等差数列。

示例：生成首位是 0，末位是 10，含 7 个数的等差数列。

```
import numpy as np

arr = np.linspace(0,10,7)  # 生成首位是 0，末位是 10，含 7 个数的等差数列
print(arr)
# 输出结果为
[ 0.          1.66666667  3.33333333  5.          6.66666667  8.33333333
 10.        ]
```

### 4. NumPy 的 logspace() 函数

np.logspace() 函数用于生成等比数列。在 np.logspace() 函数中，开始点和结束点是 10 的幂，0 代表 10 的 0 次方，9 代表 10 的 9 次方。

示例：生成首位是 0，末位是 9，含 10 个数的等比数列。

```
import numpy as np

arr = np.logspace(0,9,10)
print(arr)
# 输出结果为
[1.e+00 1.e+01 1.e+02 1.e+03 1.e+04 1.e+05 1.e+06 1.e+07 1.e+08 1.e+09]
```

np.logspace() 函数可以改变基数，不让它以 10 为底数，也可以改变 base 参数，将其设置为 2。

```
import numpy as np

arr = np.logspace(0,9,10,base=2)
print(arr)
# 输出结果为
[  1.   2.   4.   8.  16.  32.  64. 128. 256. 512.]
```

## 7.1.7 矩阵的运算

### 1. 矩阵的普通运算

NumPy 中的 Ndarray 对象重载了许多运算符，使用这些运算符可以完成矩阵间对应元素的运算，如表 7-1 所示。

表 7-1　NumPy 矩阵的普通运算符及说明

| 运算符 | 说　　明 |
| --- | --- |
| + | 矩阵对应元素相加 |
| − | 矩阵对应元素相减 |
| * | 矩阵对应元素相乘 |
| / | 矩阵对应元素相除，如果都是整数则取商 |
| % | 矩阵对应元素相除后取余数 |
| ** | 矩阵的每个元素都取 $n$ 次方，如 **2,：每个元素都取平方。 |

例如，矩阵的运算。首先生成两个二维的 NumPy 矩阵：

```
import numpy as np
arr1 = np.array([[4,5,6],[1,2,3]])
arr2 = np.array([[6,5,4],[3,2,1]])
```

两个矩阵相加：

```
print(arr1+arr2) # 相加
# 输出结果为
[[10 10 10]
 [ 4  4  4]]
```

两个矩阵相除：

```
print(arr1/arr2)
# 输出结果为
[[0.66666667 1.          1.5        ]
 [0.33333333 1.          3.        ]]
```

两个矩阵相除取余数：

```
print(arr1%arr2)
# 输出结果为
[[4 0 2]
 [1 0 0]]
```

### 2. 矩阵相乘

矩阵乘法必须满足矩阵乘法的条件，即第 1 个矩阵的列数等于第 2 个矩阵的行数。矩阵乘法的函数为 np.dot()。

例如，矩阵相乘运算。首先生成一个 2 行 3 列的矩阵 arr1 和一个 3 行 2 列的矩阵 arr2。

```
import numpy as np

arr1 = np.array([[1,2,3],[4,5,6]]) # arr1 为 2×3 矩阵
arr2 = np.array([[1,4],[2,5],[3,6]]) # arr2 为 3×2 矩阵
```

```
print(arr1.shape[1]==arr2.shape[0]) # True, 满足矩阵乘法条件
print(arr1.dot(arr2))
# 输出结果为
True
[[14 32]
 [32 77]]
```

矩阵相乘是指两个矩阵相乘。它只有在第 1 个矩阵的列数（column）和第 2 个矩阵的行数（row）相同时才可以使用矩阵相乘。

例如，设 $A$ 为 $m \times p$ 的矩陈，$B$ 为 $p \times n$ 的矩阵，那么称 $m \times n$ 的矩阵 $C$ 为矩阵 $A$ 与 $B$ 的乘积，记作 $C=AB$，其中矩阵 $C$ 中的第 $i$ 行、第 $j$ 列元素可以表示为

$$(AB)_{ij} = \sum_{k-1}^{p} a_{ik}b_{kj} = a_{i1}b_{1j} + a_{i2}b_{2j} + \cdots + a_{ip}b_{pj}$$

即：

$$C = AB = \begin{pmatrix} 1 & 2 & 3 \\ 4 & 5 & 6 \end{pmatrix} \begin{pmatrix} 1 & 4 \\ 2 & 5 \\ 3 & 6 \end{pmatrix} = \begin{pmatrix} 1 \times 1 + 2 \times 2 + 3 \times 3 & 1 \times 4 + 2 \times 5 + 3 \times 6 \\ 4 \times 1 + 5 \times 2 + 6 \times 3 & 4 \times 4 + 5 \times 5 + 6 \times 6 \end{pmatrix} = \begin{pmatrix} 14 & 32 \\ 32 & 77 \end{pmatrix}$$

当矩阵 $A$ 的列数等于矩阵 $B$ 的行数时，矩阵 $A$ 与矩阵 $B$ 可以相乘。

矩阵 $C$ 的行数等于矩阵 $A$ 的行数，矩阵 $C$ 的列数等于矩阵 $B$ 的列数。

矩阵 $C$ 的第 $m$ 行、第 $n$ 列的元素等于矩阵 $A$ 的第 $m$ 行的元素与矩阵 $B$ 的第 $n$ 列对应元素乘积之和。

### 3. 矩阵的转置

使用矩阵的 transpose() 转置函数可以对数组进行重置，返回的是源数据的视图，适用于一维和二维矩阵。

```
import numpy as np

arr = np.array([[1,2,3],[4,5,6]])
print(arr.transpose())
# 输出结果为
[[1 4]
 [2 5]
 [3 6]]
```

矩阵的转置还有更简单的方法，就是 arr.T。

```
print(arr.T)
# 输出结果为
[[1 4]
```

```
 [2 5]
 [3 6]]
```

## 7.1.8 保存和加载数据

在科学计算中，往往需要将运算结果保存到本地，以便进行后续的数据分析。可以使用
NumPy 的 savetxt() 函数保存矩阵到本地文件。savetxt() 函数的一般用法为：

```
np.savetxt(fname, X, fmt='%.18e', delimiter=' ', newline='\n', header='', footer='',
comments='#', encoding=None)
```

参数说明如下。

- fname：保存的文件名。

- X：要存取的一维和二维矩阵。

- fmt：输入序列的格式。默认采用 '%.18e'。

- delimiter：用于分隔值的字符，默认值为任何空白字符，如空格、制表符。

- newline：换行值，默认值为 '\n'。

- header：保存在文件头部的注释信息，注释使用 '#'。

- footer：保存在文件尾部的注释信息，注释使用 '#'。

- comments：用于指示注释开头的字符，默认值为 '#'。

- encoding：对输入的文件进行编码，默认为 None。

示例 1：保存矩阵到 ".txt" 文件。

本例文件名为 "PythonFullStack\Chapter07\npSaveTxt.py"，代码如下。

```
import numpy as np
np.random.seed(1)
arr = np.random.randn(3,4)


# 保存数据到 .txt 文件
np.savetxt('test1.txt', arr ,delimiter=',' , fmt=%0.8f,
           header='rand1,rand2,rand3,rand4' )
```

运行 npSaveData.py 脚本，在脚本的同级目录下会生成文本文件 test1.txt。使用记事本方式打开
文件，内容如图 7-7 所示。

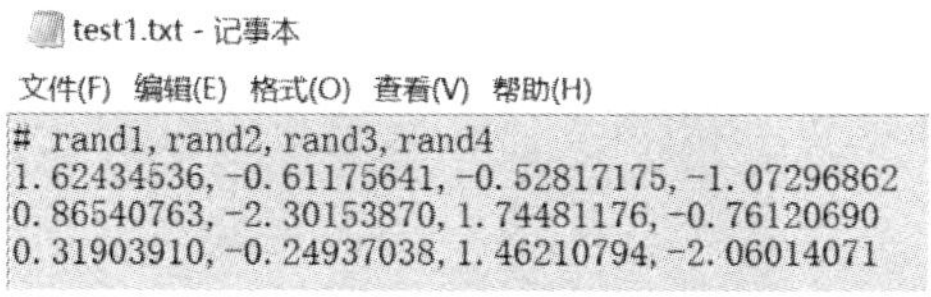

```
 test1.txt - 记事本
文件(F) 编辑(E) 格式(O) 查看(V) 帮助(H)
# rand1, rand2, rand3, rand4
1. 62434536, -0. 61175641, -0. 52817175, -1. 07296862
0. 86540763, -2. 30153870, 1. 74481176, -0. 76120690
0. 31903910, -0. 24937038, 1. 46210794, -2. 06014071
```

图 7-7　使用记事本方式打开 test1.txt 文件

在上面的代码中，最关键的是如下两行代码。

```
arr = np.random.randn(3,4)
np.savetxt('test1.txt', arr ,delimiter=',' , fmt=%0.8f,
           header='rand1,rand2,rand3,rand4' )
```

此行代码的意思是，使用 NumPy 的随机函数生成一个二维矩阵 arr，也就是 3 行 4 列矩阵。然后把矩阵保存在 test1.txt 文件中，保存矩阵的分隔符 (delimiter) 为 (,)。输入的矩阵保存格式为 %0.8f，也就是保存数据为浮点型，精度保留到小数点后 8 位。保存在文件开始部分的注释信息为 rand1,rand2,rand3,rand4。

在上例中，使用 np.savetxt() 函数可以把矩阵保存在 ".txt" 文本文件里，也可以把矩阵保存在 CSV 文件中。CSV 被称为字符分隔值，其文件以纯文本形式存储表格数据（数字和文本）。纯文本意味着该文件是一个字符序列，

示例 2：保存矩阵到 CSV 文件。

本例文件名为 "PythonFullStack\Chapter07\npSaveCsv.py"，代码如下。

```
import numpy as np
np.random.seed(1)
arr = np.random.randn(3,4)


# 保存数据到 CSV 文件
np.savetxt('test1.csv', arr , delimiter=',' , fmt='%0.8f', header='rand1,ra
nd2,rand3,rand4')
```

运行 npSaveCsv.py 脚本，在脚本的同级目录下会生成文本文件 test1.csv。文件内容如图 7-8 所示。

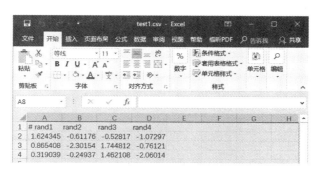

图 7-8 把二维矩阵保存到 CSV 文件

使用记事本方式打开 test1.csv 文件，显示的内容和 test1.txt 是一样的，如图 7-9 所示。

test1.csv - 记事本

文件(F) 编辑(E) 格式(O) 查看(V) 帮助(H)

```
# rand1, rand2, rand3, rand4
1.62434536, -0.61175641, -0.52817175, -1.07296862
0.86540763, -2.30153870, 1.74481176, -0.76120690
0.31903910, -0.24937038, 1.46210794, -2.06014071
```

图 7-9 使用记事本方式打开 test1.csv 文件

使用 np.savetxt() 函数保存矩阵到文本文件后，可以使用 np.loadtxt() 函数读取文本文件，将数据读出为 NumPy 的 array 类型。loadtxt() 函数的一般用法为：

```
np.loadtxt(fname, dtype=<class 'float'>, comments='#', delimiter=None,
converters=None, skiprows=0, usecols=None, unpack=False, ndmin=0,
encoding='bytes')
```

参数说明如下。

- fname：读取的文件名。
- dtype：生成数据的数据类型，默认是浮点数。如果是记录类型，将返回一维数组，文本文件中的每一行都是数组的一个元素，文本文件的列数必须匹配记录类型的字段数。
- comments：用于指示注释开头的字符，默认值为 '#'。
- delimiter：用于分隔值的字符，默认值为任何空白字符，如空格、制表符。
- converters：用来定义将对应的列转换为浮点数的函数。
- skiprows：跳过开始的"skiprows"行数，默认值为 0。
- usecols：确定哪几列被读取。从 0 开始，如"usecols=(1,4,5)"，将读取第 1 列、第 4 列和第 5 列。默认值为 None，读取所有的列。
- unpack：如果是 True，返回的数组将被转置。当与记录数据类型一起使用时，每个字段都返回数组。默认值为 False。
- ndmin：返回的数组将至少具有"ndmin"维度。
- encoding：对输入的文件进行解码。

示例 3：读取".txt"文件为 NumPy 的矩阵。

读取的文件还使用前面生成的 test1.txt 和 test1.csv 文件。本例文件名为"PythonFullStack\Chapter07\npLoadTxt.py"，代码如下。

```
import numpy as np


arr1= np.loadtxt('test1.txt' ,delimiter=',')
print(arr1)
```

运行脚本得到如下返回结果。

```
[[ 1.62434536 -0.61175641 -0.52817175 -1.07296862]
```

```
[ 0.86540763 -2.3015387    1.74481176 -0.7612069 ]
[ 0.3190391  -0.24937038   1.46210794 -2.06014071]]
```

示例 4：读取 CSV 文件为 NumPy 的矩阵。

```
import numpy as np


arr2 = np.loadtxt('test1.csv' , delimiter=',')
print(arr2)
```

运行脚本得到如下返回结果。

```
[[ 1.62434536 -0.61175641 -0.52817175 -1.07296862]
 [ 0.86540763 -2.3015387    1.74481176 -0.7612069 ]
 [ 0.3190391  -0.24937038   1.46210794 -2.06014071]]
```

从示例 3 和示例 4 的返回结果可以看到，矩阵 arr1 和 arr2 的返回结果是相同的。

## 7.2 Pandas

Pandas 是建立在 NumPy 基础上的高效数据分析处理库，是 Python 的重要数据分析库。

Pandas 最初由 AQR Capital Management 于 2008 年 4 月开发，并于 2009 年年底开源出来，目前由专注于 Python 数据包开发的 PyData 开发团队继续开发和维护，属于 PyData 项目的一部分。Pandas 最初被作为金融数据分析工具而开发出来，为时间序列分析提供了很好的支持。从 Pandas 的名称就可以看出，它是面板数据（Panel Data）和 Python 数据分析（Data Analysis）的集合。在 Pandas 出现之前，Python 数据分析的主力军是 NumPy；在 Pandas 出现之后，它基本上占据了 Python 数据分析的霸主地位，在处理基础数据尤其是金融时间序列数据方面非常高效。Pandas 提供了众多的高级函数，极大地简化了数据处理的流程，尤其是被广泛地应用于金融领域的数据分析。

更详细的信息请登录 Pandas 的官网查看，地址为 http://pandas.pydata.org/pandas-docs/stable/api.html。

### 7.2.1 安装 Pandas

Windows、Linux、Mac 3 种操作系统都可以安装 Pandas 库。以 Windows 为例，进入 CMD 窗口中，使用 pip 命令安装 Pandas 库，系统会自动进行安装，如图 7-10 所示。命令格式如下。

```
pip install pandas
```

在 Pandas 中有两个非常重要的基本数据结构，即序列 Series 和数据框 DataFrame。Series 类似于 NumPy 中的一维数组，可以使用一维数组的函数，而且可通过索引标签的方式获取数据，还具有索引的自动对齐功能。DataFrame 类似于 NumPy 中的二维数组，同样可以通用 NumPy 数组中的函数和方法。

如果直接使用 Series 和 DataFrame 这两个数据结构，需要导入以下模块。

```
from pandas import Series, DataFrame
```

也可以导入 Pandas 模块，给它起个别名为 pd。

```
import pandas as pd
```

## 7.2.2　Series

Series 也被称为序列，是一个类似数组的数据结构，同时带有索引和数值。Series 的创建可以通过一维数组来创建，也可以通过字典来创建。

### 1. 创建 Series

示例 1：通过一维数组来创建序列。

生成一个最简单的 Series 对象，因为没有给出 Series 对象的指定索引，所以会使用默认索引，默认索引值从 0 开始，代码如下。

```
import pandas as pd


ser = pd.Series([1, 2, 3, 4])
print(ser)
# 输出结果为
0    1
1    2
2    3
```

```
3      4
dtype: int64
```

Series 对象包含两个主要的属性：index 和 values，显示 Series 对象的索引和数据值，代码如下。

```
print('Series 对象的索引 =',ser.index)
# 输出结果为
Series 对象的索引 = RangeIndex(start=0, stop=4, step=1)

print('Series 对象的数据值 =',ser.values)
# 输出结果为
Series 对象的数据值 = [1 2 3 4]
```

当要生成一个指定索引的 Series 对象时，可以设置 Series 对象的 index 属性，代码如下。

```
import pandas as pd

ser = pd.Series([1, 2, 3, 4],index=["a","b","c","d"] )
print(ser)
# 输出结果为
a      1
b      2
c      3
d      4
dtype: int64
```

示例 2：**使用字典来创建 Series 对象。**

如果传入的是一个字典的键 / 值对结构，就会生成与 index-value 对应的 Series，或者在初始化时以关键字参数显式指定的一个 index 对象，代码如下。

```
import pandas as pd

course = {'python': 80 , 'java':90 , 'c++' :85   }
ser =pd.Series( course )
print(ser)
# 输出结果为
python       80
java         90
c++          85
dtype: int64
```

索引可以自定义。如果自定义了索引，它会自动寻找原来的索引，如果一样就取原来索引对应的值，可以简称"自动索引"，代码如下。

```
import pandas as pd
```

```
course = { 'python': 80 , 'java':90 , 'c++':85 }
# 通过 idx1 调整 series 的索引顺序
idx1 =['java','python','c++' ]
ser = pd.Series( course , index=idx1 )
print(ser)
```

Series 对象的元素会严格按照给出的 index 构建。如果 data 参数也是有键 / 值对的，那么只有 index 中含有的键会被使用。如果 data 中缺少响应的键，即使给出 NaN 值，那么这个键也会被添加，代码如下。

```
import pandas as pd

course = {'python': 80 , 'java':90 , 'c++' :85   }
idx = ['python' , 'java' , 'perl' ]

ser = pd.Series( course , index=idx )
print(ser )
# 输出结果为
python      80.0
java        90.0
perl         NaN
dtype: float64
```

还可以配合 np.sort() 函数对 Series 对象进行排序，代码如下。

```
import numpy as np

# 升序排列 Series 对象
print( np.sort(ser) )
# 输出结果为
[1 2 3 4]

# 降序排列 Series 对象
print( -np.sort(-ser ))
# 输出结果为
[4 3 2 1]
```

## 2. 访问 Series 中的元素和索引

Series 对象的每个元素都有了索引，可以向 list 一样访问，代码如下。

```
import pandas as pd
```

```
ser = pd.Series(data=[1,3,5,7],index = ['a','b','c','d'])
```

访问序列的第 0 个元素：

```
print(ser[0] )
# 输出结果为
1
```

输出序列的长度：

```
print( len(ser) )
# 输出结果为
4
```

修改序列第 0 个元素值为 2：

```
ser[0] = 2
print(ser)
# 输出结果为
a    2
b    3
c    5
d    7
dtype: int64
```

通过枚举的方式访问 Series 对象：

```
for i,v in enumerate(ser):
    print('idx=',i,'value=', v)
# 输出结果为
idx= 0 ,value= 1
idx= 1 ,value= 3
idx= 2 ,value= 5
idx= 3 ,value= 7
```

也可以直接遍历 Series 对象的值：

```
for i in ser :
    print('value=',i)
# 输出结果为
value= 1
value= 3
value= 5
value= 7
```

### 3. 对 Series 对象进行简单运算

在 Pandas 的 Series 对象中，会保留 NumPy 的数组操作（用布尔过滤数组数据，标量乘法），并同时保持引用的使用。

示例：可以对 Series 对象的数据进行选择，如打印大于 81 的 Series 数据。

代码如下。

```python
import pandas as pd

course = {'python': 80 , 'java':90 , 'c++' :85  }
ser = pd.Series( course )
print( ser[ser > 81])
# 输出结果为
java    90
c++     85
dtype: int64
```

还可以直接对 Series 对象进行逻辑运算。对 Series 对象的每个值乘以 2：

```python
print( ser * 2)
# 输出结果为
python    160
java      180
c++       170
dtype: int64
```

### 4. 查看序列的数据

使用 np.head() 函数查看序列的前几行数据，也可以使用 np.tail() 函数查看序列的后几行数据：

```python
import pandas as pd
import numpy as np

ser1 = pd.Series(np.arange(0,100) )
```

使用 np.head() 函数查看序列的前 3 行数据，默认显示前 5 行的数据：

```python
print(ser1.head(3))
# 输出结果为
0    0
1    1
2    2
dtype: int32
```

使用 np.tail() 函数查看序列的后 3 行数据，默认显示后 5 行的数据：

```python
print(ser1.tail(3))
# 输出结果为
97    97
98    98
99    99
```

```
dtype: int32
```

## 7.2.3 DataFrame

Pandas 的 DataFrame 是一种二维的数据结构，非常接近电子表格 Excel 或类似数据库中表的形式。它的横行称为 columns（列）；竖行和 Series 对象一样，称为 index（索引），可以将其想象成一个 Excel 表格，如图 7-11 所示。

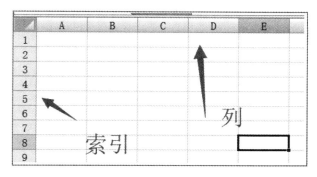

图 7-11　Excel 表格的索引和列

Pandas 保持了 NumPy 对关键字 axis 的用法，这个用法在 NumPy 库的词汇表中有过解释，如图 7-12 所示。轴用来为超过一维的数组定义属性，二维的数组拥有两个轴。

- 第 0 轴沿着行的方向垂直向下，第 1 轴沿着列的方向水平向右。
- 当 axis＝1 时，对 NumPy 的数组沿着列水平方向进行操作。
- 当 axis＝0 时，对 NumPy 的数组沿着行垂直方向进行操作。

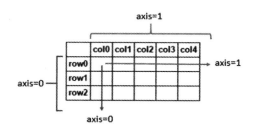

图 7-12　DataFrame 的轴 (axis)

### 1. 创建 DataFrame

使用列表创建 DataFrame，让 Pandas 创建默认整数索引。

（1）使用队列创建 Pandas 的 DataFrame 对象，代码如下。

```
import pandas as pd
```

```
data1 = ['a' ,'b', 'c']
df1 = pd.DataFrame(data1 )
print(df1)
# 输出结果为
    0
0   a
1   b
2   c
```

示例：使用嵌套的队列创建 Pandas 的 DataFrame 对象。

```
data2 = [ ['a' ,'b','c'] ,['d','e','f']]
df1 = pd.DataFrame(data2 )
print(df1)
# 输出结果为
   0  1  2
0  a  b  c
1  d  e  f
```

（2）使用字典创建 DataFrame 对象，代码如下。

```
import pandas as pd

data= {'name': ['baidu','taobao','163'], 'marks':[100,101,102] ,
'price':[9,3,7]}
df1 = pd.DataFrame(data)
print(df1)
# 输出结果为
     name   marks   price
0    baidu   100      9
1    taobao  101      3
2    163     102      7
```

在上面的数据展示中，DataFrame 对象的 columns 属性的顺序没有规定，就如同字典中键的顺序一样，但是 DataFrame 对象中，columns 属性的顺序是可以改变的，代码如下。

```
import pandas as pd

data= {'name': ['baidu','taobao','163'], 'marks':[100,101,102] , 'price':[9,3,7]}
df1 = pd.DataFrame(data, columns=['marks' , 'name' , 'price'])
print(df1)
# 输出结果为
    marks    name   price
```

```
0     100    baidu      9
1     101    taobao     3
2     102    163        7
```

创建 DataFrame 对象时，index 属性也可以自定义，代码如下。

```
import pandas as pd

data= {'name': ['baidu','taobao','163'], 'marks':[100,101,102] ,
'price':[9,3,7]}
df1 = pd.DataFrame(data, index=['a','b','c'])
print(df1)
# 输出结果为
     name   marks  price
a    baidu   100     9
b    taobao  101     3
c    163     102     7
```

创建 DataFrame 对象时，可以自定义它的 data、index 和 columns 属性，代码如下。

```
import pandas as pd

data =[[ 'baidu', 100  ,  9], [ 'taobao', 101 ,  3], ['163' , 102 , 7]]
index = ['a' , 'b' ,'c']
columns = ['name' , 'marks' , 'price']
df2 = pd.DataFrame(data=data, index=index, columns=columns)
print(df2)
# 输出结果为
     name   marks  price
a    baidu   100     9
b    taobao  101     3
c    163     102     7
```

（3）使用 NumPy 的随机函数生成矩阵，代码如下。

```
import numpy as np
import pandas as pd


# 生成一个 3 行 4 列的 df
df = pd.DataFrame( np.random.randn(3 ,4))
# 对 DataFrame 的行索引赋值
df.index = ['a' , 'b' ,'c']
# 对 DataFrame 的列索引赋值
df.columns = ['a' , 'b' , 'c' , 'd']
print(df)
```

```
# 输出结果为
          a         b         c         d
a  0.480455  1.075996  1.557192  2.539231
b -0.263581  0.571528 -1.122710 -1.182556
c -0.158933  1.597426 -0.710902  0.074659
```

### 2. 查看 DataFrame 信息

DataFrame 对象有 3 个重要的属性，即 df.index、df.columns、df.values：

```
# 获得行索引信息
df.index

# 获得列索引信息
df.columns

# 查看 DataFrame 的值
df.values

# 获得 df 的 size
df.shape

# 获得 df 的行数
df.shape[0]

# 获得 df 的列数
df.shape[1]
```

### 3. 选取 DataFrame 的行或列

初始化一个 DataFrame 对象，如 6 行 4 列：

```
import pandas as pd

# 生成一个 6 行 4 列的 DataFrame 对象
data = np.arange(24).reshape(6,4)
df = pd.DataFrame( data  )
df.columns = ['a' , 'b' , 'c' , 'd']
print(df)
# 输出结果为
    a   b   c   d
0   0   1   2   3
1   4   5   6   7
```

```
2    8    9    10   11
3    12   13   14   15
4    16   17   18   19
5    20   21   22   23
```

df['a']，选取 df 中第 a 列数据，这是一个 Series 对象，也可以简写为 df.a：

```
print(df['a'])
# 输出结果为
0     0
1     4
2     8
3    12
4    16
5    20
Name: a, dtype: int32
```

选取 df 中第 a、b 列的数据：

```
df[ [ 'a' ,'b' ] ]
```

获取 df 前 5 行的数据：

```
df.head()
```

获取 df 后 5 行的数据：

```
df.tail()
```

获取 df 前 3 行的数据：

```
df[0:3]
```

获取 df 第 1、2 行的数据，从 0 开始：

```
df[1:3]
```

获取 df 第 1、2 行的数据，第 a、b 列的数据。需要先选择 df 的行数据，再选择列数据：

```
df[1:3]  [ ['a','b' ]]
```

访问第 a 列，第 0 行的数据：

```
df['a' ][0]
```

获取第 1 行的数据：

```
df.loc[1]
```

df.loc[1:3]，获取第 1~3 行的数据，也包括第 3 行的数据：

```
df.loc[1:3]
```

df.iloc[1:3]，获取第 1~2 行的数据，不包括第 3 行的数据：

```
df.iloc[1:3]
```

## 7.2.4 常用操作

### 1. 使用 DataFrame 对象的 apply() 函数，应用于 df 上每一行或列

```python
import pandas as pd
import numpy as np

# 设置随机数种子
np.random.seed(1)
# 生成一个 6 行 4 列的 DataFrame 对象
df = pd.DataFrame(np.random.randn(4,3),columns = list('abc'))
print(df)
# 输出结果为
          a         b         c
0  1.624345 -0.611756 -0.528172
1 -1.072969  0.865408 -2.301539
2  1.744812 -0.761207  0.319039
3 -0.249370  1.462108 -2.060141
```

使用 Python 的 lambda 表达式生成一个匿名函数 fun，用来获得输入数据的最大值：

```python
fun = lambda x:x.max()
```

使用 Pandas 的 df.apply() 函数默认应用在 DataFrame 对象的每一列上：

```python
print( df.apply(fun) )
# 输出结果为
a    1.744812
b    1.462108
c    0.319039
dtype: float64
```

也可以让 df.apply() 函数应用在 DataFrame 对象的每一行上：

```python
print( df.apply(fun,axis = 1) )
# 输出结果为
0    1.624345
1    0.865408
2    1.744812
3    1.462108
dtype: float64
```

### 2. 通过 DataFrame 对象的 loc 来获取行数据

DataFrame 对象的 loc[1] 表示索引的是第 1 行，这里的索引是整数，代码如下。

```python
import pandas as pd
```

```
data = [[1,2,3],[4,5,6]]
index = [0,1]
columns=['a','b','c']
df = pd.DataFrame(data=data, index=index, columns=columns)
print( df.loc[1] )
# 输出结果为
a    4
b    5
c    6
Name: 1, dtype: int64
```

DataFrame 对象的 loc['d'] 表示索引的是第 'd' 行，这里的索引是字符，代码如下。

```
import pandas as pd

data = [[1,2,3],[4,5,6]]
index = ['d','e']
columns=['a','b','c']
df = pd.DataFrame(data=data, index=index, columns=columns)
print( df  )
# 输出结果为
   a  b  c
d  1  2  3
e  4  5  6
print( df.loc['d'] )
# 输出结果为
a    1
b    2
c    3
Name: d, dtype: int64
```

使用 DataFrame 对象的 loc 可以获取多行数据，如获得 DataFrame 对象的第 'd' 行，所有列的数据：

```
df.loc['d':]
```

使用 DataFrame 对象的 loc 索引获取指定行列的数据，如获得 DataFrame 对象第 'd' 行，第 'b'、'c' 列的所有数据：

```
df.loc['d',['b','c'] ]
```

使用 DataFrame 对象的 loc 索引获取指定列的数据，如获得 DataFrame 对象第 'c' 列的所有数据：

```
df.loc[ : , ['c'] ]
```

## 7.2.5 Pandas 操作 CSV 文件

在 7.1.8 小节中，已经使用 NumPy 的 savetxt() 函数来保存数据了，保存数据的格式可以是纯文本的 ".txt" 文件，也可以是 CSV 文件。CSV 文件格式是一种通用的电子表格和数据库导入、导出格式。在本节中，将使用 Pandas 来读取 CSV 文件和导出数据到 CSV 文件。

### 1. 读取 CSV 文件

首先，新建一个 CSV 文件并命名为 marks.csv，内容如下。

```
name,address,mark
wangwu,beijing,91
lisi,haierbin,89
zhangsan,tj,90
```

读取 CSV 文件的方法有多种。

第 1 种方法是以 Python 原生读取 CSV 文件，内容如下。

```
with open('marks.csv') as file:
    for line in file:
        print(line.strip())
```

运行脚本得到如下返回结果。

```
name,address,mark
wangwu,beijing,91
lisi,haierbin,89
zhangsan,tj,90
```

从返回结果可以看出，从 marks.csv 文件中读取的每行数据是字符串，每行内容以 (,) 进行分隔。如果打开的 CSV 文件包含中文，打开文件时需要指明编码方式。

```
open('marks.csv', encoding='utf-8')
```

第 2 种方法是使用 Pyhton 3 自带的 CSV 模块读取 CSV 文件，代码如下。

```
import csv

with open('marks.csv') as file :
    reader = csv.reader(file)

    for line in reader:
        print(line)
```

运行脚本得到如下返回结果。

```
['name', 'address', 'mark']
['wangwu', 'beijing', '91']
['lisi', 'haierbin', '89']
['zhangsan', 'tj', '90']
```

从返回结果可以看出，从 marks.csv 文件中读取的每行数据是队列 (list), 队列里的元素和每行的内容是一一对应的。

第 3 种方法是使用 Pandas 读取 CSV 文件。

使用 Pandas 读取 CSV 文件中的数据要简单得多，即使用 Pandas 的 read_csv() 函数就可以。

```
import pandas as pd
df = pd.read_csv('marks.csv')
print(df)
```

运行脚本得到如下返回结果。

```
        name     address   mark
0     wangwu     beijing    91
1       lisi    haierbin    89
2   zhangsan          tj    90
```

从返回结果可以看出，从 marks.csv 文件中读取的内容直接转化为 Pandas 的 DataFrame 对象。生成的 DataFrame 对象的 columns 属性与 marks.csv 文件里的列名是同样对应的。如果要忽略列名，可以设置 DataFrame 对象的 header、skipwors 属性。

```
df= pd.read_csv('marks.csv' , header=None ,skiprows=1 )
print(df )
```

运行脚本得到如下返回结果。

```
            0           1     2
0     wangwu     beijing    91
1       lisi    haierbin    89
2   zhangsan          tj    90
```

pd.read_csv('marks.csv' , header=None ,skiprows=1 ) 函数里 header=None 表示没有头部，skiprows=1，表示忽略第 1 行。

## 2. 导出到 CSV 文件

DataFrame 对象可以使用 to_csv() 函数方便地导出数据到 CSV 文件中，如果数据中含有中文，需要设置 encoding 参数。encoding 参数决定了写入 CSV 文件所用的编码方式。一般地，encoding 指定为 'utf-8'，否则导出时程序会因为不能识别相应的字符串而抛出异常；index 指定为 False，表示不用导出 dataframe 的 index 数据。

```
df.to_csv(file_path, encoding='utf-8', index=False)
```

示例：把 DataFrame 对象导出到 CSV 文件。

```
import pandas as pd
df1 = pd.DataFrame({ 'name' : ['王五','李四'], 'address':['beijing','tianji
ng']})
```

```
df1.to_csv('marks2.csv' , index=False)
```

运行脚本，在脚本的同级目录下会生成一个 marks2.csv 文件。使用记事本方式打开 marks2.csv
文件，文件内容如图 7-13 所示。

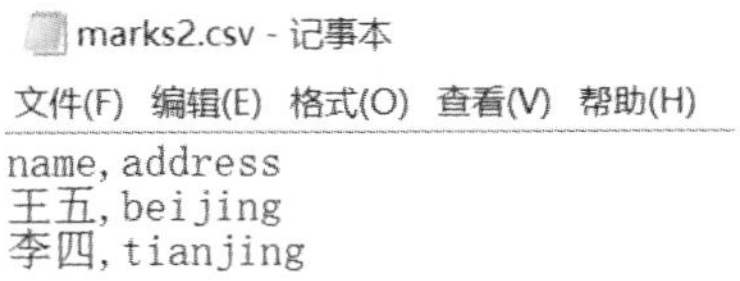

```
marks2.csv - 记事本
文件(F)  编辑(E)  格式(O)  查看(V)  帮助(H)
name,address
王五,beijing
李四,tianjing
```

图 7-13　使用记事本方式打开 marks2.csv 文件

同样地，当调用 pd.read_csv() 函数来将 CSV 文件读取成 DataFrame 对象时，也要传入一个与
之对应的 encoding 参数。

```
df2 = pd.read_csv ('marks2.csv' , encoding = 'utf-8')
print (df2)
```

运行脚本得到如下返回结果。

```
   name    address
0  王五    beijing
1  李四    tianjing
```

从返回结果可以看出，读取 marks2.csv 文件生成的 DataFrame 对象 df2 的值是中文的。

## 7.2.6 SQLAlchemy 操作数据库

在生产环境下，不可能总是通过 Excel 的 CSV 文件来读取或存储数据。对于大量的数据来
说，这种方式的效率十分低下。更好的方法是通过连接数据库来进行存储和读取操作，如可以使用
SQLAlchemy 库来操作数据库。使用 SQLAlchemy 库的好处是以面向对象的方式来操作数据库，既
可以将 Pandas 的 DataFrame 对象保存到数据库中的表，也可以读取数据库中表里的记录并将其转
换成 DataFrame 对象。下面介绍 SQLAlchemy 库的使用。

### 1. SQLAlchemy 简介

SQLAlchemy 是 Python 编程语言下的一款开源库，提供了 SQL 工具包及对象关系映射（Object
Relational Mapping，ORM）工具。简单地说，ORM 将数据库中的表与面向对象语言中的类建立了
一种对应关系。这样要操作数据库中表里的一条记录就可以直接通过操作 Python 类的实例来完成，
如图 7-14 所示。

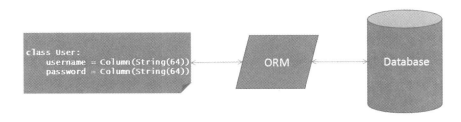

图 7-14　ORM 持久化

使用 pip 命令安装 SQLAlchemy 库，如图 7-15 所示。命令格式如下。

```
pip install sqlalchemy
```

```
C:\Users\pc>pip install sqlalchemy
Collecting sqlalchemy
  Using cached https://files.pythonhosted.org/packages/b4/9c/411a9bac1a471bed54ec447dc183aeed12a75c1b648307e18b56e382936
3/SQLAlchemy-1.2.8.tar.gz
Installing collected packages: sqlalchemy
  Running setup.py install for sqlalchemy ... done
Successfully installed sqlalchemy-1.2.8
```

图 7-15　使用 pip 命令安装 SQLAlchemy 库

SQLAlchemy 支持大部分主流数据库，如 SQLite、MySQL、Oracle 等。为了连接数据库，需要安装数据库驱动。本文以 MySQL 为例，可以通过 pip install PyMySQL 命令来安装 MySQL 的数据库驱动，这部分的详细内容请参见 4.1.6 小节。

使用 SQLAlchemy 连接 MySQL 的写法是：

```
mysql+pymysql://user:password@host:port/dbname
```

主要连接参数说明如下。

- user：连接解读 MySQL 的账号。
- password：连接解读 MySQL 的账号密码。
- host：MySQL 所在服务器的 IP 地址。
- port：MySQL 使用的端口，默认使用 3306。
- dbname：连接 MySQL 的数据库名称。

如果访问 MySQL 数据库中表里的记录包含有中文的话，一般在 SQLAlchemy 连接 MySQL 的 URL 后面加上参数 "?charset=utf8"，以避免出现字符乱码问题。示例代码如下。

```
mysql+pymysql://root:123456@localhost:3306/mytestdb?charset=utf8
```

**2. 环境准备**

在 Windows 环境下，使用 SQLAlchemy 操作 MySQL 数据库，安装环境信息如表 7-2 所示。

表 7-2　SQLAlchemy 操作 MySQL 数据库的安装环境信息

| 操作系统 | Windows 10 64 位平台 |
| --- | --- |
| Python | 3.6.4 |
| MySQL | 5.7 |
| MySQL 账号 | root |
| MySQL 账号密码 | 123456 |

成功安装 MySQL 数据库后，使用以下脚本创建 MySQL 数据库的 mytestdb。

```
CREATE DATABASE IF NOT EXISTS mytestdb character set utf8 ;
```

### 3. 保存 Pandas 数据到数据库

Pandas 的 DataFrame 是一种二维的数据结构，非常类似于数据库中表的形式。使用 DataFrame 对象的 to_sql() 函数可以很方便地将 DataFrame 的数据存储到数据库中。

本例文件名为 "PythonFullStack\Chapter07\sql_saveData.py"，保存 DataFrame 的数据到 MySQL 数据库中。其完整代码如下。

```
from sqlalchemy import create_engine
import pandas as pd

# 初始化引擎
engine = create_engine('mysql+pymysql://root:123456@localhost:3306/
mytestdb?charset=utf8')

sdata1 = {'name' : ['王五 1','王五 2'], 'age' : [20, 21],
'sex':['female','male'] , 'income':[5000,6000]    }
df1 = pd.DataFrame(sdata1 )

# 使用 DataFrame 对象的 to_sql 方法将 DataFrame 的数据直接入库
df1.to_sql('employee', con=engine,index=False, if_exists='append')
```

运行脚本，会发现在 MySQL 数据库的 mytestdb 中自动创建了 employee 表。该表中插入了两条记录，如图 7-16 所示。

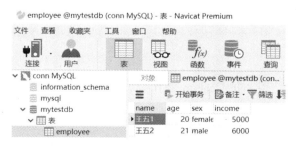

图 7-16　存储 DataFrame 的数据到 employee 表

DataFrame 对象的 to_sql() 函数可以很方便地将 DataFrame 的数据插入 MySQL 数据库的表中。to_sql() 函数的 index=False 表示插入 DataFrame 的数据到数据库时，忽略 DataFrame 对象的 index 属性。

特别要注意的是，to_sql() 函数的 if-exists 属性的设置，if_exists 属性可以设置为 fail、replace 和 append。

- fail：如果表存在，就什么也不做。
- replace：如果表存在，就删除表，再重新建立表，然后把数据插入。
- append：如果表存在，就把数据插入；如果表不存在，则创建一个表，然后把数据插入。

#### 4. 从数据库中读取数据

使用 Pandas 的 read_sql() 函数可以查询数据库中表里的数据，并直接返回 DataFrame 对象，在 read_sql() 函数里可以插入 SQL 语句。本例文件名为 "PythonFullStack\Chapter07\sql_loadData.py"，内容如下。

```
from sqlalchemy import create_engine
import pandas as pd


# 初始化引擎
engine = create_engine('mysql+pymysql://root:123456@127.0.01:3306/mytestdb?
charset=utf8')


df1 = pd.read_sql('select name,age,sex,income from employee',engine)
print(df1)
```

运行脚本得到如下返回结果。

```
   name  age     sex  income
0  王五1   20  female    5000
1  王五2   21    male    6000
```

## 7.3 Matplotlib

**matplotlib**

Matplotlib 是一个主要用于绘制二维图形的 Python 库。数据可视化是数据分析的重要环节，借助图形能够更加直观地表达出数据背后的"东西"。Matplolib 最初主要模仿 Matlab 的画图命令，但是它是独立于 Matlab 的，可以自由、免费使用的绘图包。Matplotlib 依赖前面介绍的 NumPy 库来提供出色的绘图能力。

Matplotlib 的官网地址：http://matplotlib.org/。

MatplotlibAPI 的详细介绍请参考官网地址：http://matplotlib.org/api/index.html。

## 7.3.1 安装 Matplotlib

Windows、Linux、Mac 3 种操作系统库都可以安装 Matplotlib 库。以 Windows 为例，进入 CMD 窗口中，使用 pip 命令安装 Matplotlib 库，系统会自动进行安装。命令格式如下。

```
pip install matplotlib
```

如果安装失败，可以使用国内的镜像来安装 Matplotlib 库，代码格式如下。

```
pip install matplotlib -ihttps://pypi.tuna.tsinghua.edu.cn/simple/
```

正常情况下，系统还会下载其他关联安装包并完成安装，最后系统会提示已经安装成功 Matplotlib 库，如图 7-17 所示。

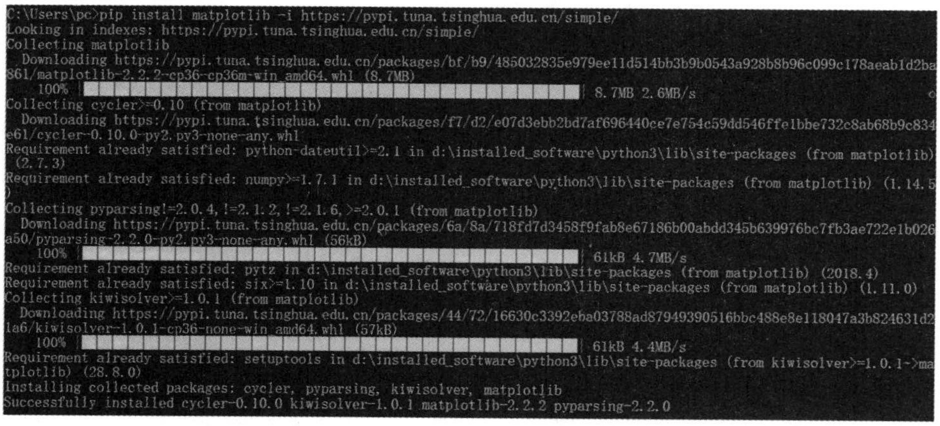
```
C:\Users\pc>pip install matplotlib -i https://pypi.tuna.tsinghua.edu.cn/simple/
Looking in indexes: https://pypi.tuna.tsinghua.edu.cn/simple/
Collecting matplotlib
  Downloading https://pypi.tuna.tsinghua.edu.cn/packages/bf/b9/485032835e979ee11d514bb3b9b0543a928b8b96c099c178aeab1d2ba
861/matplotlib-2.2.2-cp36-cp36m-win_amd64.whl (8.7MB)
    100% |████████████████████████████████| 8.7MB 2.6MB/s
Collecting cycler>=0.10 (from matplotlib)
  Downloading https://pypi.tuna.tsinghua.edu.cn/packages/f7/d2/e07d3ebb2bd7af696440ce7e754c59dd546ffe1bbe732c8ab68b9c834
e61/cycler-0.10.0-py2.py3-none-any.whl
Requirement already satisfied: python-dateutil>=2.1 in d:\installed_software\python3\lib\site-packages (from matplotlib)
 (2.7.3)
Requirement already satisfied: numpy>=1.7.1 in d:\installed_software\python3\lib\site-packages (from matplotlib) (1.14.5
)
Collecting pyparsing!=2.0.4,!=2.1.2,!=2.1.6,>=2.0.1 (from matplotlib)
  Downloading https://pypi.tuna.tsinghua.edu.cn/packages/6a/8a/718fd7d3458f9fab8e67186b00abdd345b639976bc7fb3ae722e1b026
a50/pyparsing-2.2.0-py2.py3-none-any.whl (56kB)
    100% |████████████████████████████████| 61kB 4.7MB/s
Requirement already satisfied: pytz in d:\installed_software\python3\lib\site-packages (from matplotlib) (2018.4)
Requirement already satisfied: six>=1.10 in d:\installed_software\python3\lib\site-packages (from matplotlib) (1.11.0)
Collecting kiwisolver>=1.0.1 (from matplotlib)
  Downloading https://pypi.tuna.tsinghua.edu.cn/packages/44/72/16630c3392eba03788ad87949390516bbc488e8e118047a3b824631d2
1a6/kiwisolver-1.0.1-cp36-none-win_amd64.whl (57kB)
    100% |████████████████████████████████| 61kB 4.4MB/s
Requirement already satisfied: setuptools in d:\installed_software\python3\lib\site-packages (from kiwisolver>=1.0.1->ma
tplotlib) (28.8.0)
Installing collected packages: cycler, pyparsing, kiwisolver, matplotlib
Successfully installed cycler-0.10.0 kiwisolver-1.0.1 matplotlib-2.2.2 pyparsing-2.2.0
```

图 7-17 使用 pip 命令安装 Matplotlib 库

使用 Matplotligb 画一个简单的直线图。本例的文件名为“PythonFullStack/Chapter07/pl_linechart.py”，内容如下。

```
# 导入 Pyplot 模块，并起一个别名 plt
import matplotlib.pyplot as plt
# 设置 X 轴的坐标为 [1,2,3]，设置 Y 轴的坐标为 [3,2,1]
plt.plot( [1,2,3],[3,2,1] )
# 画图
plt.show()
```

运行脚本，如果可以显示如图 7-18 所示的图形，说明 Matplotlib 的环境安装成功了。

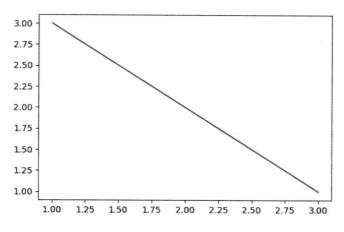

图 7-18　测试在 Matplotlib 环境下绘制直线图

在本例中使用 Matplotlib 绘制了一个静态的直线图，是通过纯 Python 脚本实现的。

## 7.3.2 散点图

散点图显示两组数据的值，如图 7-19 所示。每个点的坐标位置由变量的值决定，并由一组不连接的点完成，用于观察两种变量的相关性。例如，身高—体重、温度—维度。

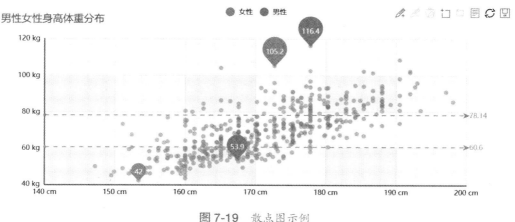

图 7-19　散点图示例

使用 Matplotlib 的 scatter() 函数绘制散点图，其中 *x* 和 *y* 是相同长度的数组序列。scatter() 函数的一般用法为：

```
scatter(x, y, s=None, c=None, marker=None, cmap=None, norm=None, vmin=None,
vmax=None, alpha=None, linewidths=None, verts=None, edgecolors=None, hold=None,
data=None, **kwargs)
```

主要参数说明如下。

- x,y：数组。
- s：散点图中点的大小，可选。
- c：散点图中点的颜色，可选。
- marker：散点图的形状，可选。
- alpha：表示透明度，在 0~1 取值，可选。
- linewidths：表示线条粗细，可选。

示例 1：绘制身高—体重的散点图。

```
import matplotlib.pyplot as plt

height=[161,170,182,175,173,165]
weight=[50,58,80,70,69,55]

# 画图
plt.scatter(height,weight , alpha=0.7)
# 设置 X 轴标签
plt.xlabel( 'height')
# 设置 Y 轴标签
plt.ylabel( 'weight ')
# 添加图的标题
plt.title('scatter demo')
# 图形显示
plt.show()
```

运行脚本输出如图 7-20 所示的图形。

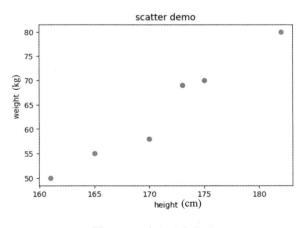

图 7-20　基本的散点图

散点图主要演示两个变量的相关性：正相关、负相关、不相关。下面先介绍无相关性的散点图。

示例 2：无相关性的散点图。

```
import numpy as np
import matplotlib.pyplot as plt

# 设置随机数种子
np.random.seed(10)
# 使用 NumPy 的随机函数，产生 X 轴和 Y 轴的数据，具有相同长度的数据
N= 100
x = np.random.randn(N)
y1=np.random.randn(N)
# 画图
plt.scatter(x,y1 )
# 图形显示
plt.show()
```

运行脚本输出如图 7-21 所示的图形。

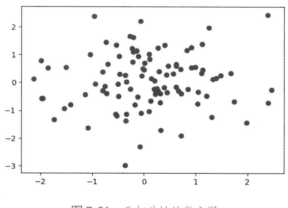

图 7-21　无相关性的散点图

示例 3：有相关性的散点图。

```
import numpy as np
import matplotlib.pyplot as plt

N=1000
x=np.random.randn(N)
# 正相关性的 Y 轴数据
```

```
y2=x+np.random.randn(len(x))*0.1
# 负相关性的 Y 轴数据
#y2= - x+np.random.randn(len(x))*0.1

#画图
plt.scatter(x,y2)
# 图形显示
plt.show()
```

运行脚本输出如图 7-22 和图 7-23 所示的图形。

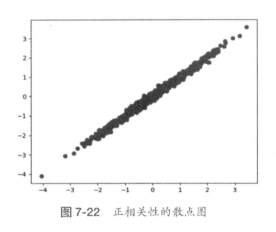

图 7-22  正相关性的散点图

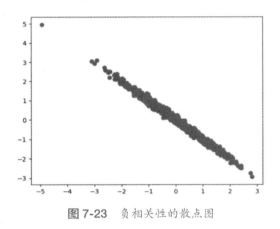

图 7-23  负相关性的散点图

从图 7-22 正相关性的散点图可以看出，沿着 $x$ 轴，$y$ 轴对应的数据越来越大。为了节约篇幅，把代码 $y2= - x + np.random.randn(len(x)) \times 0.1$ 前的注释符 "#" 去掉，再运行脚本会输出如图 7-23 所示的负相关性的散点图。观察负相关性的散点图会发现，沿着 $x$ 轴，$y$ 轴对应的数据越来越小。

示例 4：显示股票价格的开盘价和收盘价的相关性。

读取 stack01.csv 文件，数据集放在 PythonFullStack\Chapter07\stack01.csv 文件中，这是一个股票统计数据集，即 2015 年 5~12 月的股票统计数据。以记事本方式打开 stack01.csv 文件展示的部分数据，如图 7-24 所示。

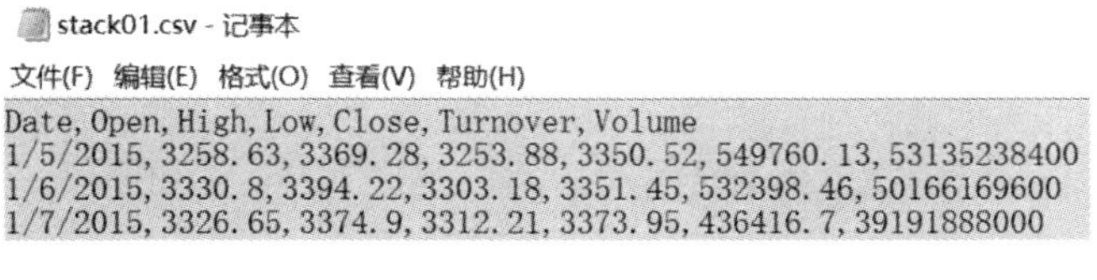

stack01.csv - 记事本
文件(F) 编辑(E) 格式(O) 查看(V) 帮助(H)
Date, Open, High, Low, Close, Turnover, Volume
1/5/2015, 3258. 63, 3369. 28, 3253. 88, 3350. 52, 549760. 13, 53135238400
1/6/2015, 3330. 8, 3394. 22, 3303. 18, 3351. 45, 532398. 46, 50166169600
1/7/2015, 3326. 65, 3374. 9, 3312. 21, 3373. 95, 436416. 7, 39191888000

图 7-24  以记事本方式打开 stack01.csv 文件

从上面的内容可以看出，stack01.csv 文件中第 1 行记录是标题，标题之间使用 (,) 分隔成 7 个字段。标题下面的记录对应着一条股票统计数据，标题的格式和具体含义如下。

Date，Open，High，Low，Close，Turnover，Volume
交易时间，开盘价，最高价，最低价，收盘价，交易金额，成交量

使用散点图来显示股票的开盘价格 (Open) 和收盘价格 (Close) 的相关性。本例的文件名为 "PythonFullStack\Chapter07\scott01.py"，内容如下。

```
import numpy as np
import matplotlib.pyplot as plt

open,close=np.loadtxt('stack01.csv',delimiter=',',skiprows=1,usecols=(1,4),
unpack=True)
# 提取一维数组的前 150 条数据
#open = open[0:150]

# 设置 X 轴标签
plt.xlabel('open')
# 设置 Y 轴标签
plt.ylabel('close')
# 画图
plt.scatter(open,close )
# 图形显示
plt.show()
```

运行脚本输出如图 7-25 所示的图形。

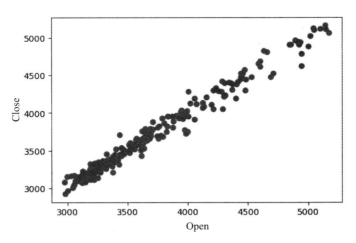

图 7-25　显示股票数据的开盘价和收盘价的散点图

从图 7-25 中可以看出，股票的开盘价格 (Open) 和收盘价格 (Close) 是密切相关的，两个价格互相影响，是正相关性的。

散点图中点的形状 (marker) 可以调整，仍以上例中股票涨幅的散点图为例。关键代码如下。

```
plt.scatter(open,close, alpha=0.5 )
plt.scatter(open,close , s=100, marker='o', c='red', alpha=0.5)
plt.scatter(open,close , s=10, marker='v', c='green', alpha=1)
```

plt.scatter() 函数的 s 属性表示点的大小，marker 属性表示点的外观，c 属性表示点的颜色，alpha 属性表示点的透明度 ( 取值范围在 0~1)。

### 7.3.3 折线图

折线图也称条形图，是用直线将各个数据连接起来组成的图形，如图 7-26 所示。常用来观察数据随时间变化的趋势。例如，股票价格、温度变化等。

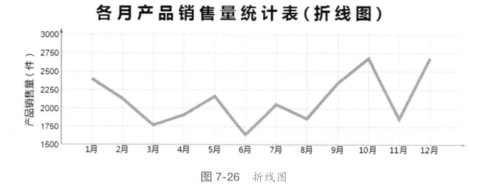

图 7-26　折线图

图 7-26 所示的折线图是某公司近 5 年的汽车销售数据，折线图的横坐标是时间，纵坐标是销售量，表示随着时间的推移，销售量的变化趋势。

使用 Matplotlib 的 plot() 函数绘制折线图，其中 x 和 y 是相同长度数组序列。plot () 函数的使用方法可以参考其官网介绍，地址为 http://matplotlib.org/api/_as_gen/matplotlib.pyplot.plot.html#matplotlib.pyplot.plot。

示例 1：显示 $y = 2x + 1$ 的图形。

Matplotlib 中最基础的模块是 Pyplot，下面从最简单的线图开始讲解。例如，有一组数据，还有一个拟合模型，通过编写代码来实现数据与模型结果的可视化。

假设一个线性函数具有形式 $y = ax + b$，自变量是 $x$，因变量是 $y$，$y$ 轴截距为 $b$，斜率为 $a$。

下面用简单的数据来描述线性方程 $y = 2x + 1$，代码如下。

```
import matplotlib.pyplot as plt
import numpy as np


# 生成等区间的 NumPy 数组 Ndarray 对象，从 -1~1 分成 50 份
```

```
x = np.linspace( -1 , 1, 50  )
# 线性方程为 y = 2x + 1
y = 2*x + 1

# 设置 X 轴标签
plt.xlabel('X')
# 设置 Y 轴标签
plt.ylabel('Y ')
# 画图
plt.plot(x,y)
# 图形显示
plt.show()
```

运行脚本输出如图 7-27 所示的图形。

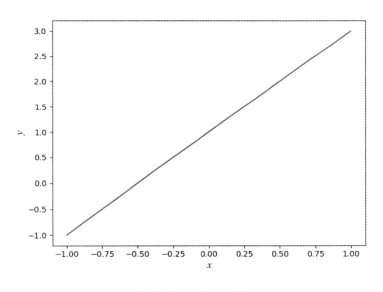

图 7-27　基本直线图

在图 7-27 中，使用线性方程 $y = 2x +1$ 画出的是直线图。如果想画出曲线图，则只需更改线性方程为 $y = x^2$，完整代码如下。

```
import matplotlib.pyplot as plt
import numpy as np

# 设置 X 轴标签
plt.xlabel('X')
# 设置 Y 轴标签
plt.ylabel('Y ')
```

```
# 取 5 个点可以看到折线的效果
#x = np.linspace( -1 , 1, 5 )
x = np.linspace( -1 , 1, 50  )

# 线性方程为 y = x²
y = x**2

# 画图
plt.plot (x,y)
# 图形显示
plt.show()
```

运行脚本输出如图 7-28 所示的图形。

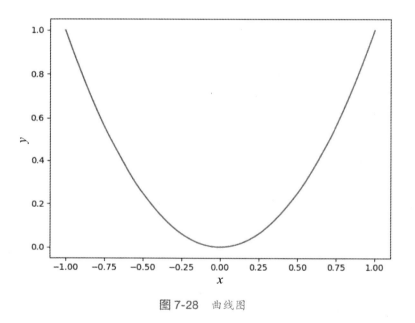

图 7-28　曲线图

示例 2：使用折线图显示股票的涨幅趋势。

使用 Matplotlib 的 plot() 函数的横坐标是数字，如果要显示时间，如使用折线图显示股票的涨幅趋势，可以使用 Matplotlib 的 plot_date() 函数。此时，横坐标是时间数据，纵坐标是开盘价。仍是读取 7.3.2 小节中使用的 stack01.csv 文件，是 2015 年 5~12 月的股票统计数据。以记事本方式打开 stack01.csv 文件，展示的部分数据，如图 7-29 所示。

stack01.csv - 记事本
文件(F) 编辑(E) 格式(O) 查看(V) 帮助(H)
Date, Open, High, Low, Close, Turnover, Volume
1/5/2015, 3258. 63, 3369. 28, 3253. 88, 3350. 52, 549760. 13, 53135238400
1/6/2015, 3330. 8, 3394. 22, 3303. 18, 3351. 45, 532398. 46, 50166169600
1/7/2015, 3326. 65, 3374. 9, 3312. 21, 3373. 95, 436416. 7, 39191888000

图 7-29　以记事本方式打开 stack01.csv 文件

使用 Matplotlib 绘制折线图显示股票的涨幅趋势，横坐标是时间数据，纵坐标是开盘价。本例文件名为 "PythonFullStack\Chapter07\mpl_line.py"，其完整代码如下。

```
import numpy as np
import matplotlib.pyplot as plt
import matplotlib.dates as mdates

# 对第一列的日期数据进行时间转换,指定转换的日期格式,对转换的数据需要进行解码
def datestr2num(s):
    return mdates.strpdate2num( "%m/%d/%Y")(s.decode('gb2312') )

date,open,close=np.loadtxt('stack01.csv',delimiter=',',
                                converters={0:datestr2num} ,
                                skiprows=1,usecols=(0,1,4),unpack=True)
# 显示横坐标为时间，纵坐标为开盘价的曲线图
plt.plot_date(date,open,'y-')
plt.gcf().autofmt_xdate()    # 自动旋转日期标记

# 设置 X 轴标签
plt.xlabel('date')
# 设置 Y 轴标签
plt.ylabel('open')
# 图形显示
plt.show()
```

运行脚本输出如图 7-30 所示的图形。

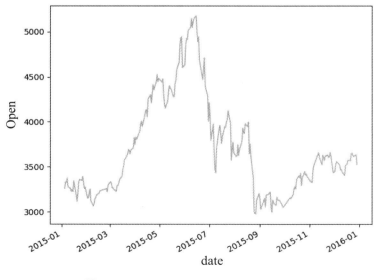

图 7-30　显示股票数据的日期和开盘价

本例的核心代码如下，使用 NumPy 的 loadtxt() 函数读取 stack01.csv 文件的第 0 列、第 1 列和第 4 列分别得到日期、开盘价 (Open) 和收盘价 (Close)。读取的股票交易日期是字符串类型，如 1/5/2015。这个日期类型的字符串是按照指定的日期格式（月 / 日 / 年）排列的。需要自定义一个函数 datestr2num() 把指定格式的时间字符串转换成数字类型的数据，最后把数字类型的数据和开盘价 (Open) 用 Matplotlib 的 plot_date() 函数绘制成曲线图表示。其中，$x$ 轴显示日期，$y$ 轴显示股票的开盘价。

```
def datestr2num(s):
    return mdates.strpdate2num( "%m/%d/%Y")(s.decode('gb2312') )


date,open,close= np.loadtxt('stack01.csv',delimiter=',',
                            converters={0:datestr2num} ,
                            skiprows=1,usecols=(0,1,4),unpack=True)
```

也可以显示股票交易数据的收盘价 (Close) 和交易日期的曲线图，并定义线条分格 (fmt)、颜色 (color) 和线条粗细 (linewidth)。核心代码如下。

```
plt.plot_date(date,close,fmt='-', color='g' ,linewidth=1)
```

### 7.3.4 柱状图

柱状图也称条形图，以长方形的长度为变量的统计视图，如图 7-31 所示。用来比较多个类别的数据大小，通常用来比较两个或以上的变量。如果只有一个变量，通常用于较小的数据集分析。例如，不同季度的销量、不同国家的人口等。

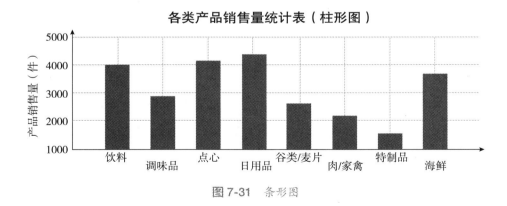

图 7-31　条形图

使用 Matplotlib 的 bar() 函数绘制柱状图，其中 $x$ 和 $y$ 是相同长度数组序列。bar() 函数的一般用法为：

```
bar(left , height , alpha=1 , width=0.8 , color , edgecolor, label , lw=3)
```

参数说明如下。

- left：$x$ 轴的位置序列，是横坐标。一般采用 NumPy 的 arange 函数产生一个序列。
- height：$y$ 轴的数值序列，也就是柱形图的高度。一般是需要展示的数据。
- alpha：透明度。
- width：柱形图的宽度。
- color：柱形图填充的颜色。
- edgecolor：图形边缘颜色。
- label：解释每个图形代表的含义。
- lw：线的宽度。

示例 1：垂直柱状图。

本例文件名为 "PythonFullStack\Chapter07\mpl_bar01"，显示垂直柱状图。其完整代码如下。

```python
import numpy as np
import matplotlib.pyplot as plt


# 柱的个数，生成一个数组，从 0~4
index = np.arange(5)
# 柱的高度
y=[20,10,30,25,15]


# 画图，生成 5 个高度为 y，柱的宽度为 0.5，颜色为红色的柱体
p1 = plt.bar(left=index, height=y , width=0.5 , color='r' )
# 添加图的标题
plt.title("bar demo")
plt.show()
```

运行脚本输出如图 7-32 所示的图形。

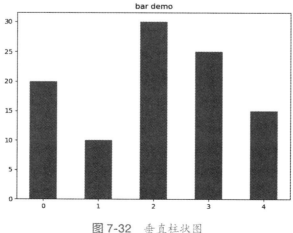

图 7-32　垂直柱状图

示例 2：水平柱状图。

本例文件名为 "PythonFullStack\Chapter07\mpl_bar02"，显示水平柱状图。其完整代码如下。

```python
import numpy as np
import matplotlib.pyplot as plt


N = 5
# 图中柱的高度
y=[20,10,30,25,15]
# 图中柱的个数
index = np.arange(N)

#  画图，生成5个高度为y，方向是水平的，柱的宽度为0.8，颜色为蓝色的柱体
p2 = plt.bar(left=0,bottom=index, width=y,height=0.8, color='b',
orientation ='horizontal' )
# 添加图的标题
plt.title("bar demo")
plt.show()
```

运行脚本输出如图 7-33 所示的图形。

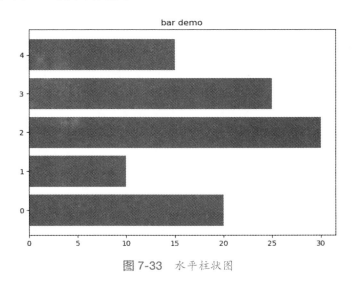

图 7-33　水平柱状图

本例的核心代码如下，首先使用 NumPy 生成一个矩阵 index；其次需要设置 Matplotlib 的 bar() 函数的 bottom 属性为 index，表示柱状图的底部变成了 index，垂直柱状图的横坐标变成了纵坐标；最后设置 plt.bar() 函数的 left 属性为 0，还要设置 orientation 属性为 'horizontal'。orientation 表示条形图的方向，设定的值 'horizontal' 表示水平显示。虽然看起来比较复杂，但正是这种灵活性，才可以定制出复杂图形。

```python
plt.bar(left=0,bottom=index, width=y,height=0.8,orientation ='horizontal' )
```

示例 3：两条并列的柱状图。

可以在柱状图中显示多个类别的项目，如使用柱状图显示某商品在北京和上海的月销售额。

本例文件名为"PythonFullStack\Chapter07\mpl_bar03"，显示两条并列的柱状图。其完整代码如下。

```python
import numpy as np
import matplotlib.pyplot as plt

# 生成一个数组，从 0~4
index= np.arange(4)

# 某商品在北京的月销售额
sales_BJ=[52,55,63,53]
# 某商品在上海的月销售额
sales_SH=[44,66,55,41]

# 设置柱体的宽度
bar_width=0.3

plt.bar(index,sales_BJ, width=bar_width,color='b' ,label='sales_BJ')
plt.bar(index+bar_width, sales_SH,
width=bar_width,color='r',label='sales_SH')
# 设置图例
plt.legend(loc = 0 )
plt.title("bar demo")
plt.show()
```

运行脚本输出如图 7-34 所示的图形。

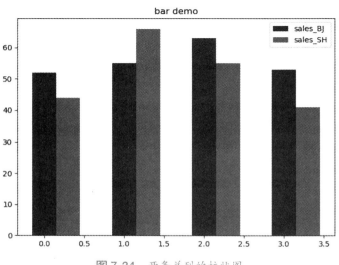

图 7-34　两条并列的柱状图

377

示例 4：层叠的柱状图。

本例文件名为 "PythonFullStack\Chapter07\mpl_bar04"，显示层叠的柱状图。其完整代码如下。

```python
import numpy as np
import matplotlib.pyplot as plt

# 生成一个数组，从 0~4
index=np.arange(4)

# 某商品在北京的月销售额
sales_BJ=[52,55,63,53]
# 某商品在上海的月销售额
sales_SH=[44,66,55,41]

# 设置柱体的宽度
bar_width=0.3

plt.bar(index,sales_BJ,bar_width,color='b' ,label='sales_BJ')
plt.bar(index,sales_SH,bar_width,color='r',bottom=sales_BJ ,label='sales_
SH')

# 设置图例
plt.legend(loc = 0 )
plt.title("bar demo")
plt.show()
```

运行脚本输出如图 7-35 所示的图形。

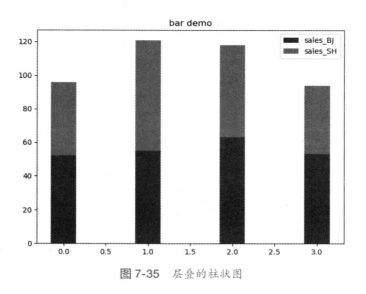

图 7-35　层叠的柱状图

本例的核心代码如下，展示 sales_SH 的主图的底部不是从 0 开始，而是从高度 sales_BJ 开始。

```
plt.bar(index,sales_SH,bar_width,color='r',bottom=sales_BJ)
```

### 7.3.5 直方图

直方图由一系列高度不等的纵向条形组成，表示数据分布的情况。例如，某年级学生的身高分布情况，如图 7-36 所示。

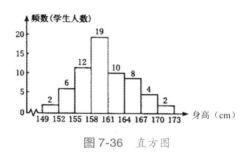

图 7-36　直方图

直方图与柱状图的区别有以下几点。

（1）柱状图是用条形的长度表示各类别频数的多少，其宽度（表示类别）是固定的，主要是展示不同类别的数据。

（2）直方图是用面积表示各组频数的多少，矩形的高度表示每一组的频数 ( 或频率 )，宽度则表示各组的组距，因此其高度与宽度均有意义。

（3）由于分组数据具有连续性，因此直方图的各矩形通常是连续排列，而柱状图则是分开排列。

（4）柱状图主要用于展示分类型数据，而直方图主要用于展示数据型数据。

使用 Matplotlib 的 hist() 函数绘制直方图，hist() 函数的一般用法为：

```
hist(x, bins=None, range=None, density=None, weights=None, cumulative=False,
bottom=None, histtype='bar', align='mid', orientation='vertical', rwidth=None,
log=False, color=None, label=None, stacked=False, normed=None, hold=None,
data=None, **kwargs)
```

主要参数说明如下。

- bins：直方图中箱子 (bin) 的总个数。个数越多，条形带越紧密。
- color：箱子的颜色。
- normed：对数据进行正则化。决定直方图 $y$ 轴的取值是某个箱子中的元素的个数 (normed=False), 还是某个箱子中的元素的个数占总体的百分比 (normed=True)。

在介绍直方图之前，先来了解什么是正太分布。

正态分布也称常态分布，是连续随机变量概率分布的一种，自然界、人类社会、心理和教育中的大量现象均按正态形式分布。例如，能力的高低、学生成绩的好坏等都属于正态分布。正态分布曲线呈钟形，两头低，中间高，左右对称。因其曲线呈钟形，所以人们又经常称之为钟形曲线，如图 7-37 所示。

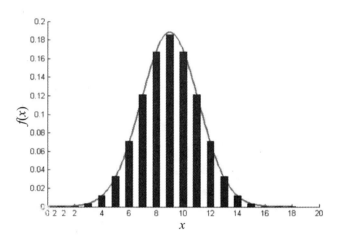

**图 7-37**　正态分布的钟形曲线

正态分布有两个参数，即均值和标准差。均值是正态分布的位置参数，描述正态分布的集中趋势位置。概率规律为：取与均值越近的值的概率越大，而取离均值越远的值的概率越小。

标准差描述正态分布资料数据分布的离散程度，标准差越大，数据分布越分散；标准差越小，数据分布越集中。标准差也是正态分布的形状参数，标准差越大，曲线越扁平；反之，标准差越小，曲线越瘦高。

绘制直方图，需要使用 NumPy 的 np.random.randn(N) 函数，这个函数的作用就是从标准正态分布中返回 $n$ 个样本值。

示例 1：直方图。
本例文件名为 "PythonFullStack\Chapter07\mpl_hist01"，显示直方图。其完整代码如下。

```
import numpy as np
import matplotlib.pyplot as plt


mu = 100   # 均值
sigma = 20   # 标准差


# 设置随机数种子，是为了使每次随机数组生成的结果是一样的
np.random.seed(1)
```

```
x = mu + sigma * np.random.randn(2000)

# 画直方图，图中箱子的个数为 50
plt.hist(x, bins=50,color='green',normed=True)
plt.title("hist demo")
plt.show()
```

运行脚本输出如图 7-38 所示的图形。

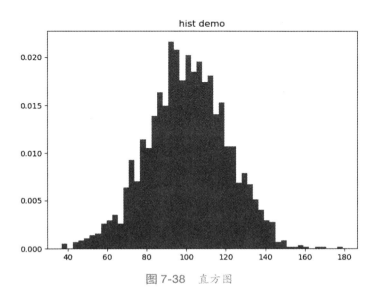

图 7-38　直方图

示例 2：直方图可以可视化分析变量之间的关系，如分析某国外餐馆数据集的小费和付款总额的关系，在国外餐馆给小费的一般标准是享受服务价格的 10%~15 %。

加载数据集 tips.csv, 数据集放在 PythonFullStack/Chapter07/tips.csv 文件中。这是某餐馆中顾客的消费统计数据。使用 Excel 方式打开 tips.csv 文件展示的部分数据，如图 7-39 所示。

| | A | B | C | D | E | F | G |
|---|---|---|---|---|---|---|---|
| 1 | total_bill | tip | sex | smoker | day | time | size |
| 2 | 16.99 | 1.01 | Female | No | Sun | Dinner | 2 |
| 3 | 10.34 | 1.66 | Male | No | Sun | Dinner | 3 |
| 4 | 21.01 | 3.5 | Male | No | Sun | Dinner | 3 |
| 5 | 23.68 | 3.31 | Male | No | Sun | Dinner | 2 |
| 6 | 24.59 | 3.61 | Female | No | Sun | Dinner | 4 |
| 7 | 25.29 | 4.71 | Male | No | Sun | Dinner | 4 |
| 8 | 8.77 | 2 | Male | No | Sun | Dinner | 2 |
| 9 | 26.88 | 3.12 | Male | No | Sun | Dinner | 4 |
| 10 | 15.04 | 1.96 | Male | No | Sun | Dinner | 2 |

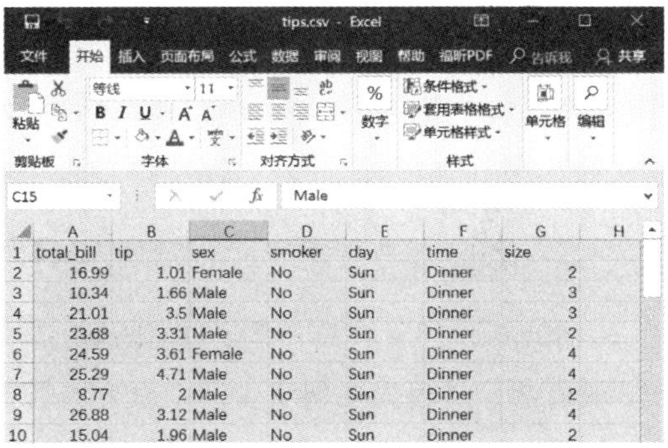

图 7-39　使用 Excel 方式打开 tips.csv 文件

从上面的内容可以看出，tips.csv 文件中第 1 行记录是标题，标题之间使用逗号 (,) 分隔成 7 个字段。标题下面的记录对应着一条顾客消费统计数据，标题的格式和具体含义如下。

```
total_bill, tip, sex, smoker, day, time, size
付款总额，消费，顾客性别，是否抽烟，消费时间，消费耗时，一桌顾客人数
```

使用直方图来分析小费 (tip) 和付款总额 (total_bill) 的关系，本例的文件名为 "PythonFullStack\ Chapter07\mpl_hist02"，内容如下。

```python
import numpy as np
import matplotlib.pyplot as plt


total_bill, tip  = np.loadtxt('tips.csv', delimiter=',' , skiprows=1
                                    , usecols=[0,1] , unpack=True )


#print(total_bill)
plt.hist( tip /total_bill , bins=50  )
plt.show()
```

运行脚本输出如图 7-40 所示的图形。

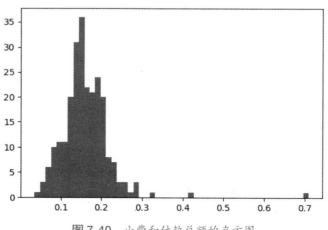

**图 7-40** 小费和付款总额的直方图

从图 7-40 中可以看出，描述小费和付款总额的直方图是符合正态分布的，消费数据主要集中在 x 轴的 0.1~0.3，消费金额在 y 轴的 5~20 美元。

从图 7-40 中还可以看出，x 轴的 0.3、0.4 和 0.7 部分对应的数据不符合正态分布，这部分对应的数据就是离群点 ( 噪声 )。出现离群点是因为在现实生活中顾客去餐馆消费有两种不正常的行为：一种是顾客在餐馆消费的金额低，但给的小费高；另一种是顾客在餐馆消费的金额高，但给的小费低。所以在进行数据分析前，就需要排除不正常的顾客消费记录。

使用直方图可以可视化地分析变量之间的关系，进行数据的离群点检测。

## 7.3.6 饼状图

饼状图显示一个数据系列中各项的大小与各项总和的比例。饼状图中的数据点显示为整个饼状图的百分比。例如，2018 年第一季度虚拟的全国手机各品牌出货量市场份额图，如图 7-41 所示。

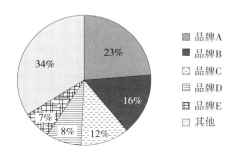

图 7-41　手机品牌占市场份额图

使用 Matplotlib 的 pie() 函数绘制饼状图，pie() 函数的一般用法为：

pie(x, explode=None, labels=None, colors=None, autopct=None, pctdistance=0.6, shadow=False, labeldistance=1.1, startangle=None, radius=None, counterclock=True, wedgeprops=None, textprops=None, center=(0, 0), frame=False, rotatelabels=False, hold=None, data=None)

主要参数说明如下。

- x：每一块饼状图的数据。

- labels：每一块饼状图外侧显示的说明文字。

- autopct：控制饼状图内百分比设置，可以使用 format 字符串或者 format function，如 "%1.1f" 指小数点前 1 位数，小数点后 1 位数。

- shadow：是否阴影，可选值 True 和 False。

- explode：每一块饼状图离开中心的距离。

示例 1：饼状图。

本例文件名为 "PythonFullStack\Chapter07\mpl_pie01"，显示饼状图。其完整代码如下。

```
import matplotlib.pyplot as plt

# 每一块饼状图外侧显示的说明文字
labels = 'A', 'B', 'C', 'D'
# 每一块饼状图的数据
fracs = [15, 30, 45, 10]

#plt.axes(aspect=1)
```

383

```
# 画图
plt.pie(fracs, labels=labels )
plt.title("pie demo")
plt.show()
```

运行脚本输出如图 7-42 所示的图形。

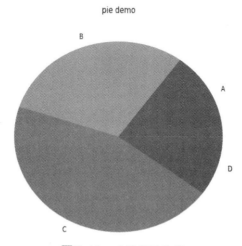

图 7-42　不规则饼状图

从图 7-42 中可以发现，这个饼状图不是正圆的，因为在绘图的时候，它的 $x$ 轴和 $y$ 轴的比例不是 1∶1。为了节省篇幅，把上例代码 plt.axes(aspect=1)　前的注释符 "#" 省略，并保证它在 plt.pie() 函数前，再运行脚本就得到完美的正圆饼状图了，如图 7-43 所示。

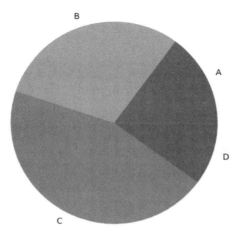

图 7-43　正圆的饼状图

示例 2：显示饼状图内百分比。

本例文件名为 "PythonFullStack\Chapter07\mpl_pie02"，其完整代码如下。

```
import matplotlib.pyplot as plt


labels = 'A', 'B', 'C', 'D'
fracs = [15, 30, 45, 10]
plt.axes(aspect=1)


# 显示饼状图的百分比
plt.pie(fracs, labels=labels, autopct='%.0f%%'    )
plt.show()
```

plt.pie() 函数的 autopct=' %.0f%%' 表现显示饼状图内百分比，前面的 '%.f' 精确到小数点后 0 位，所以只显示整数；后面的 'f%%' 表示在饼状图上显示百分比符号 % ，做转义字符用。设置完成后就可以看到每一块饼状图所占的比例值。运行脚本输出如图 7-44 所示的图形。

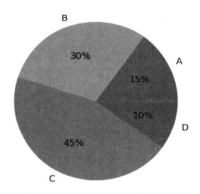

图 7-44　显示饼状图内百分比

示例 3：突出显示饼状图中的某几块。

本例文件名为 "PythonFullStack\Chapter07\mpl_pie03"，其完整代码如下。

```
import matplotlib.pyplot as plt


labels = 'A', 'B', 'C', 'D'
fracs = [15, 30, 45, 10]
plt.axes(aspect=1)


# 每一块饼状图离开中心的距离
explode=[0, 0.1 , 0, 0 ]
plt.pie(fracs, labels=labels, autopct='%.0f%%' ,explode=explode   )
plt.show()
```

运行脚本输出如图 7-45 所示的图形。

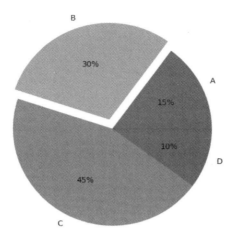

图 7-45  突出显示饼状图内某几块

## 7.3.7 Matplotlib 常用设置

### 1. Matplotlib 图表正常显示中文

使用 Matplotlib 绘制图表的时候，显示的中文会变成小方格子。为了在图表中能够显示中文和负号等，需要使用下面一段代码进行设置。

```
from pylab import mpl
# 指定默认字体
mpl.rcParams['font.sans-serif'] = ['FangSong']
# 解决保存图表时，图表中负号 '-' 显示为方块的问题
mpl.rcParams['axes.unicode_minus'] = False
```

Windows 的字体及对应名称如表 7-3 所示，可以根据需要自行更换。

表 7-3  Windows 的字体及对应名称

| Windows 字体 | Windows 名称 |
| --- | --- |
| 黑体 | SimHei |
| 微软雅黑 | Microsoft YaHei |
| 微软正黑体 | Microsoft JhengHei |
| 新宋体 | NSimSun |
| 新细明体 | PMingLiU |
| 细明体 | MingLiU |
| 标楷体 | DFKai-SB |
| 仿宋 | FangSong |
| 楷体 | KaiTi |
| 仿宋_GB2312 | FangSong_GB2312 |
| 楷体_GB2312 | KaiTi_GB2312 |

## 2. 线条相关属性标记设置

linestyle 的线条风格中 '-.' 表示点划线，如表 7-4 所示。

表 7-4    linestyle 的线条风格

| 线条风格 linestyle | 描　述 |
| --- | --- |
| '-' | 实线 |
| '--' | 破折线 |
| '-.' | 点划线 |
| ':' | 虚线 |
| 'None' | 什么都不画 |

线条标记 (marker) 是线条上的点形状，如表 7-5 所示。

表 7-5    线条标记

| 线条标记 marker | 描述 | 线条标记 marker | 描述 |
| --- | --- | --- | --- |
| 'o' | 圆圈 | '.' | 点 |
| 'D' | 菱形 | 's' | 正方形 |
| 'h' | 六边形 1 | '*' | 星号 |
| 'H' | 六边形 2 | 'd' | 小菱形 |
| '_' | 水平线 | 'v' | 一角朝下的三角形 |
| '8' | 八边形 | '<' | 一角朝左的三角形 |
| 'p' | 五边形 | '>' | 一角朝右的三角形 |
| ',' | 像素 | '^' | 一角朝上的三角形 |
| '+' | 加号 | '\|' | 竖线 |
| 'None' | 无 | 'x' | X |

## 3. 颜色

Matplotlib 内置了 8 种默认颜色，如表 7-6 所示。

表 7-6    Matplotlib 内置的 8 种默认颜色

| 别名 | 颜色 | 别名 | 颜色 |
| --- | --- | --- | --- |
| b | blue, 蓝色 | g | green，绿色 |
| r | red, 红色 | y | yellow，黄色 |
| c | cyan，青色 | k | black, 黑色 |
| m | magenta, 洋红色 | w | white, 白色 |

如果 8 种默认颜色不够用，则可以使用 HTML 十六进制字符串，如图 7-46 所示。可以参考

HTML 的颜色名：

http://www.w3school.com.cn/html/html_colornames.asp

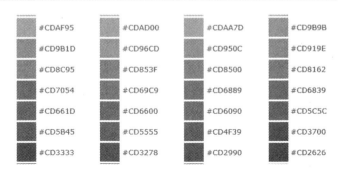

**图 7-46**　*颜色使用 HTML 十六进制字符串*

示例 1：画基本线条的颜色。

```
import numpy as np
import matplotlib.pyplot as plt

x=np.arange(1,5)
y=np.arange(1,5)
plt.plot(x, y )
plt.plot(x, y + 1 , color='b')
plt.plot(x, y + 2 , color='#A52A2A')

plt.show()
```

运行脚本输出如图 7-47 所示的图形。

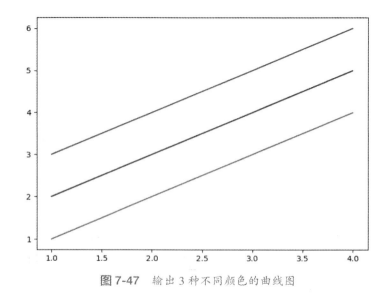

**图 7-47**　*输出 3 种不同颜色的曲线图*

示例 2：画基本线条的点形状。

```
import numpy as np
import matplotlib.pyplot as plt

x= np.arange(1,5)
y= np.arange(1,5)

# 设置 X 轴标签
plt.xlabel('X')
# 设置 Y 轴标签
plt.ylabel('Y ')
# 绘制的曲线图线条是破折线，线条中点的标记是圆圈
plt.plot(x, y,linestyle='--', marker='o')
# 绘制的曲线图线条，线条中点的标记是 * 号
plt.plot(x,y+1, marker='*')

plt.show()
```

运行脚本输出如图 7-48 所示的图形。

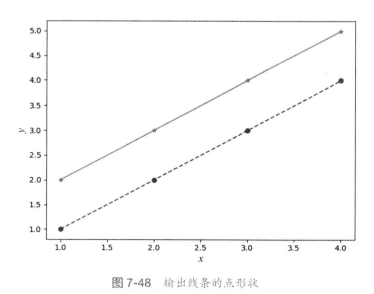

图 7-48　输出线条的点形状

从图 7-48 中可以看出，两条线条的点是由不同形状组成的，可以是圆圈，也可以是星号。

示例 3：样式字符串。

可以将颜色（color,c）、点形 (marker)、线形 (linestyle) 写成一个字符串来描述画出的曲线图。

- cx-- 表示画一个青色的，线条上的节点是 x 的破折线。

- kp 表示画一个黑色的，线条上的节点是五边形的虚线。
- mo-. 表示画一个洋红色的，线条上的节点是圆形的点划线。

```python
import numpy as np
import matplotlib.pyplot as plt


x=np.arange(1,5)
y=np.arange(1,5)


plt.plot(x,y,'cx--');
plt.plot(x,y+1,'kp:');
plt.plot(x,y+2,'mo-.');


plt.show()
```

运行脚本输出如图 7-49 所示的图形。

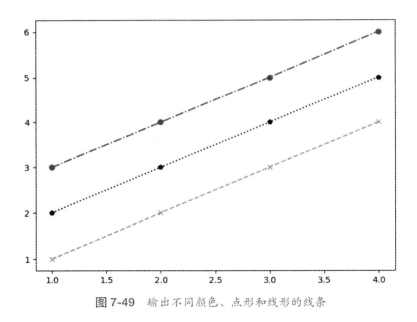

图 7-49　输出不同颜色、点形和线形的线条

## 7.3.8 子图 subplot

在 Matplotlib 中，整个图形为一个 Figure 对象。在 Figure 对象中可以包含一个或多个 Axes 对象，每个 Axes 对象都是一个拥有自己坐标系统的绘图区域，如图 7-50 所示。其逻辑关系如下。

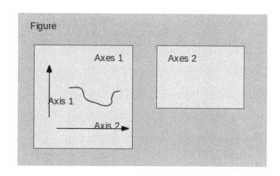

图 7-50 Axes 对象的绘图区域

## 1 . 在一张图里生成多个子图

子图：就是在一张图（Figure) 里面生成的多个子图。

Matplotlib 对象简介如下。

- FigureCanvas ：画布。
- Figure ：图。
- Axes ：坐标轴 ( 实际画图的地方 )。

## 2. 绘制子图

使用 Matplotlib 的 subplot() 函数绘制子图，subplot() 函数的一般用法为：

```
ax = plt.subplot(nrows, ncols, plot_number)
```

主要参数说明如下。

- nrows ：子图总行数。
- ncols ：子图总列数。
- plot_number ：子图位置。

Matplotlib 的子图如图 7-51 所示。

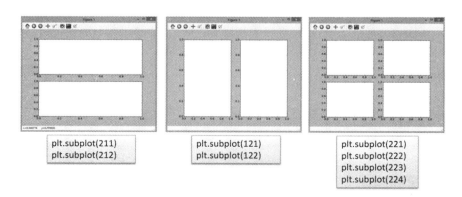

图 7-51 Matplotlib 的子图

示例：绘制多个子图。

```python
import matplotlib.pyplot as plt
import numpy as np

x= np.arange(1,100)

plt.subplot(221)
plt.plot(x,x)

plt.subplot(222)
plt.plot(x,-x)

plt.subplot(223)
plt.plot(x,x*x)

plt.subplot(224)
plt.plot(x,x*-x)

plt.show()
```

运行脚本输出如图 7-52 所示的图形。

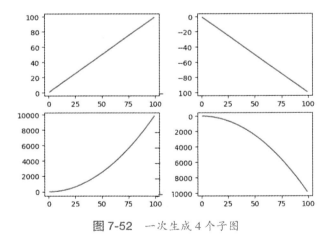

图 7-52　一次生成 4 个子图

从图 7-52 中可以看出，使用 Matplotlib 在一张大图中生成每个是 2 行 2 列的 4 个子图，在每个子图上面分别再画出一个曲线图。

### 7.3.9 多张图像 Figure

上一个示例是在一张图 (Figure) 里生成多个子图 (Axes)，在下面的示例中将直接生成多个图形

(Figure)，这二者是有区别的。

示例 1：直接生成多个图形，分别画出两种线在两个图形里。

```
import matplotlib.pyplot as plt
import numpy as np

x = np.linspace( -1 , 1, 50  )
y1 = 2 * x + 1
y2 = x**2 + 1

plt.figure()
plt.plot (x,y1)

plt.figure(num=3,figsize=(8,5))
plt.plot (x,y2)
plt.plot (x,y1,color='red', linewidth=1.0, linestyle='--' )
plt.show()
```

运行脚本显示两种图形，有一条线在 Figure1 里，有两条线在 Figure2 里。试改变虚线宽度。

运行脚本输出如图 7-53 所示的图形。

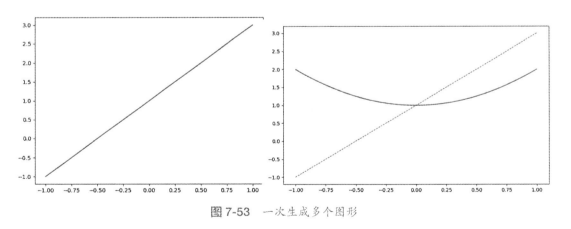

**图 7-53** 一次生成多个图形

示例 2：在多个图里生成子图。

```
import matplotlib.pyplot as plt

fig1=plt.figure()
ax1=fig1.add_subplot(111)
ax1.plot([1,2,3],[3,2,1])
```

```
fig2=plt.figure()
ax2=fig2.add_subplot(111)
ax2.plot([1,2,3],[1,2,3])

plt.show()
```

运行脚本输出如图 7-54 所示的图形。

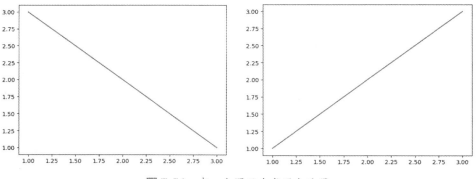

图 7-54　在一个图里生成两个子图

## 7.3.10　显示网格

在显示的图形中，以网格的形式作为整张图的背景。使用 Matplotlib 的 grid() 函数在显示的图形中显示网格，grid() 函数的一般用法为：

```
grid(b=None, which='major', axis='both', **kwargs)
```

主要参数说明如下。

- b：True 显示网格。

- **kwargs 设置图表属性，如 linestyle 属性设置图表中线的显示类型，color 属性设置网格的颜色，linewidth 属性设置网格的宽度。

示例：显示网格。

```
import numpy as np
import matplotlib.pyplot as plt

x = np.arange(0, 21)
plt.plot(x, x * 2)
plt.grid(True, linestyle = "-." )

plt.show()
```

运行脚本输出如图 7-55 所示的图形。

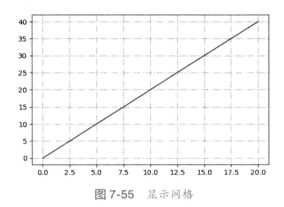

图 7-55　显示网格

## 7.3.11　图例 legend

可以使用 plt.legend() 显示图中的标签。plt.legend() 函数的一般用法为：

```
legend(*args, **kwargs)
```

主要参数说明如下。

- loc：设置图例显示的位置，0 是自适应。loc 参数及其含义如表 7-7 所示。
- ncol: 设置列的数量，使显示扁平化，当要表示的线段特别多时会有用。

表 7-7　loc 参数及其含义

| loc 参数 | 含义 | loc 参数 | 含义 |
| --- | --- | --- | --- |
| 0 | 图例根据图形自适应，显示在最佳位置 | 6 | 图例显示在图形中部左边 |
| 1 | 图例显示在图形右上角 | 7 | 图例显示在图形中部右边 |
| 2 | 图例显示在图形左上角 | 8 | 图例显示在图形下部中心 |
| 3 | 图例显示在图形左下角 | 9 | 图例显示在图形上部中心 |
| 4 | 图例显示在图形右下角 | 10 | 图例显示在图形中部中心 |
| 5 | 图例显示在图形右边 | | |

示例：画图例。

```
import matplotlib.pyplot as plt
import numpy as np


x = np.arange(1,11,1)
y = x * x


plt.plot(x,x*2,label='Normal')
plt.plot(x,x*3,label='Fast')
plt.plot(x,x*4,label='Faster')
```

```
# loc 设置显示的位置，0 是自适应
# ncol 设置显示的列数
plt.legend(loc = 0, ncol = 2)


plt.show()
```

运行脚本输出如图 7-56 所示的图形。

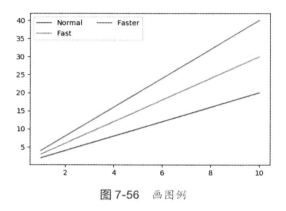

图 7-56　画图例

也可以这样指定 label，实现同样的显示效果。

```
import matplotlib.pyplot as plt
import numpy as np


x = np.arange(1,11,1)
y = x * x


label = ["First", "Second", "Third"]
plt.plot(x,x*2 )
plt.plot(x,x*3 )
plt.plot(x,x*4 )


plt.legend(label, loc = 0 , ncol=2 )


plt.show()
```

## 7.3.12　坐标轴范围

根据需求调整坐标轴的范围。设置坐标轴的范围可以通过 Matplotlib 的 axis()、xlim() 和 ylim()3 个函数来设置，axis() 函数用来同时设置 $x$ 轴和 $y$ 轴，xlim() 函数和 ylim() 函数都是针对特定的坐标轴而言。

示例：调整坐标轴范围。

```
import numpy as np
import matplotlib.pyplot as plt

x = np.arange(-10, 10, 1)

plt.plot(x, x ** 2)
# 查看此时的 X 轴的最大值和最小值及 Y 轴的最大值和最小值
print( ' plt.axis()=', plt.axis()    )

# 设置 4 个最值，列表传入
plt.axis([-11, 10, 0, 105])

# 查看此时 X 轴的最大值和最小值
print( 'plt.xlim()=', plt.xlim()    )
# 设置 X 轴的最大值和最小值（可以两个都设置，也可以只设置一个，只设置一个时要显式声明）
#plt.xlim(-12, 11)
## 显示在图片上设置 X 轴的最大值和最小值
#plt.xlim(xmin = -12, xmax = 11)
#plt.xlim(xmin = -12)
#plt.xlim(xmax = 11)

# 对于 Y 轴的 ylim 方法，xlim 具备的方法 ylim 都具备
#print( 'plt.ylim()=', plt.ylim()    )

plt.show()
```

运行脚本输出如图 7-57 所示的图形。

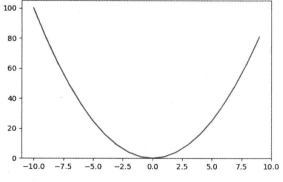

图 7-57　绘制指定坐标轴范围的折线图

### 7.3.13 坐标轴刻度

在 Matplotlib 中，可以使用 plt.locator_params() 进行对坐标轴刻度的调整。通过 nbins 设置坐标轴一共平均分为几份，也可以显示指定要调整的坐标轴。

```python
import numpy as np
import matplotlib.pyplot as plt


x = np.arange(0, 50, 1)
plt.plot(x, x)

# 设置把 X 轴和 Y 轴都平均分成 20 份
plt.locator_params("x", nbins = 20)
plt.locator_params("y", nbins = 20)


plt.show()
```

运行脚本输出如图 7-58 所示的图形。

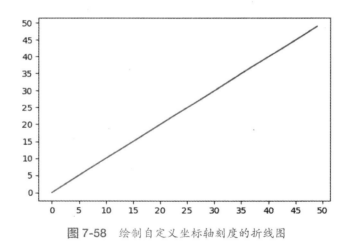

图 7-58　绘制自定义坐标轴刻度的折线图

### 7.3.14 调整坐标中日期刻度的显示

在 Matplotlib 中，可以使用 fig.autofmt_xdate() 调整日期的排列根据图像的大小自适应。本例使用 Matplotlib 绘制从 2018 年 1 月 1 日到 2018 年 6 月 1 日的折线图。

```python
import numpy as np
import matplotlib as mpl
import matplotlib.pyplot as plt
import datetime
# 生成画布
```

```
fig = plt.figure()

start = datetime.datetime(2018, 1, 1)
end = datetime.datetime(2018, 6, 1)
# 设置日期的间隔为 1
delta = datetime.timedelta(days=1)

# 生成一个 Matplotlib 可以识别的日期对象
dates = mpl.dates.drange(start, end, delta)
# Y 轴产生随机数
y = np.random.rand(len(dates))

# 获取当前的坐标
ax = plt.gca()
# 使用 plot_date 绘制日期图像
ax.plot_date(dates, y, linestyle="-", marker=".")

# 设置日期的显示格式
date_format = mpl.dates.DateFormatter("%Y-%m-%d")
ax.xaxis.set_major_formatter(date_format)

# 日期的排列根据图像的大小自适应
fig.autofmt_xdate()


plt.show()
```

运行脚本输出如图 7-59 所示的图形。

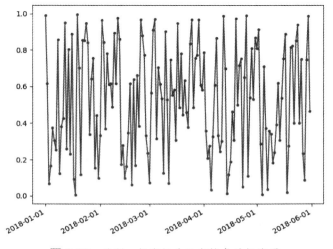

**图 7-59** 绘制 $x$ 轴坐标为日期格式的折线图

# 7.4 金融绘图

Python 量化的关键是金融数据可视化，无论是传统的 K 线图，还是现在的策略分析，都需要大量的可视化图表。具体到编程代码，就是使用 Python 绘图模块库绘图，如传统的 Python 绘图模块库有 Matplotlib、Seaborn 等。

对于股票和财经的金融数据源，可以使用 TuShare 库来获取和分析股票财经数据。在获得财经数据源后，就可以使用 Pandas 对金融数据的各种指标进行定制化的分析了。最后让数据可视化，可以使用 Matplotlib 来绘制出美观大方的金融图形，为企业的决策提供便利。金融绘图的主要步骤如图 7-60 所示。

图 7-60　金融绘图

## 7.4.1 获得股票数据源

TuShare 是一个免费的、开源的 Python 财经数据接口包，如图 7-61 所示。这款工具主要实现对股票等金融数据从数据采集、清洗加工到数据存储的过程，能够为金融分析人员快速提供整洁、多样便于分析的数据，极大地减轻了他们在数据获取方面的工作量，使他们能更加专注于策略和模型的研究与实现上。考虑到 Python 的 Pandas 包在金融量化分析中体现出的优势，TuShare 返回的绝大部分数据的格式都是 Pandas 的 DataFrame 类型，有利于用 Pandas、NumPy 和 Matplotlib 进行数据分析和可视化。

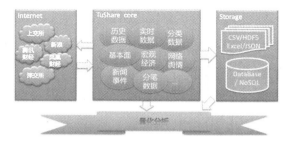

图 7-61　TuShare 功能概览

TuShare 的官网地址为 http://tushare.org。

在 TuShare 中使用的股票代码，可以参考东方财富网提供的股票代码查询页面，如图 7-62 所示。其网址为 http://quote.eastmoney.com/stocklist.html。

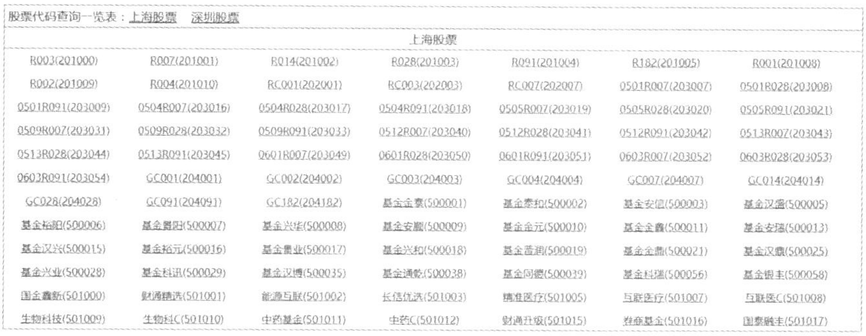

| 股票代码查询一览表：上海股票 深圳股票 | | | | | | |
|---|---|---|---|---|---|---|
| 上海股票 | | | | | | |
| R003(201000) | R007(201001) | R014(201002) | R028(201003) | R091(201004) | R182(201005) | R001(201008) |
| R002(201009) | R004(201010) | RC001(202001) | RC003(202003) | RC007(202007) | 0501R007(203007) | 0501R028(203008) |
| 0501R091(203016) | 0504R007(203009) | 0504R028(203017) | 0504R091(203018) | 0505R007(203019) | 0505R028(203020) | 0505R091(203021) |
| 0509R007(203031) | 0509R028(203032) | 0512R007(203033) | 0512R028(203040) | 0512R091(203042) | 0513R007(203043) |
| 0513R028(203044) | 0513R091(203045) | 0601R007(203049) | 0601R028(203050) | 0601R091(203051) | 0603R007(203052) | 0603R028(203053) |
| 0603R091(203054) | GC001(204001) | GC002(204002) | GC003(204003) | GC004(204004) | GC007(204007) | GC014(204014) |
| GC028(204028) | GC091(204091) | GC182(204182) | 基金金泰(500001) | 基金泰和(500002) | 基金安信(500003) | 基金汉盛(500005) |
| 基金裕阳(500006) | 基金普惠(500007) | 基金兴华(500008) | 基金安顺(500009) | 基金金元(500010) | 基金金鑫(500011) | 基金安瑞(500013) |
| 基金景宏(500015) | 基金裕元(500016) | 基金普丰(500017) | 基金兴和(500018) | 基金普润(500019) | 基金金盛(500021) | 基金汉鼎(500025) |
| 基金兴业(500028) | 基金科讯(500029) | 基金汉博(500035) | 基金通乾(500038) | 基金同德(500039) | 基金科瑞(500056) | 基金银丰(500058) |
| 国企鑫新(501000) | 财通精选(501001) | 能源互联(501002) | 长信优选(501003) | 精准医疗(501005) | 互联连行(501007) | 互联网C(501008) |
| 生物科技(501009) | 生物科C(501010) | 中药基金(501011) | 中药C(501012) | 财通升级(501015) | 诚卓基金(501016) | 国票稀土(501017) |

图 7-62　股票代码查询页面

使用 pip 命令安装 TuShare 包，如图 7-63 所示。命令代码如下。安装 TuShare 之前，需要使用 pip 命令先安装好 lxml、requests 和 bs4 模块。

```
pip install tushare
```

```
C:\Users\pe>pip install tushare
Collecting tushare
  Using cached https://files.pythonhosted.org/packages/70/81/7fcef732c77d024f39bd97eb5c5b785f7d003ec74ec7ee520e2c43ef3fb
d/tushare-1.2.4.tar.gz
Installing collected packages: tushare
  Running setup.py install for tushare ... done
Successfully installed tushare-1.2.4
```

图 7-63　使用 pip 命令安装 TuShare 包

## 7.4.2 显示股票历史数据

TuShare 里的 get_hist_data() 函数用于获取到目前为止 3 年的历史数据。获取个股历史交易数据（包括均线数据），可以通过参数设置获取日 K 线、周 K 线、月 K 线，以及 5 分钟、15 分钟、30 分钟和 60 分钟 K 线数据。本接口只能获取近 3 年的日线 K 数据，适合搭配均线数据进行选股和分析。get_hist_data() 函数的一般用法为：

```
get_hist_data(code=None, start=None, end=None,
              ktype='D', retry_count=3,
              pause=0.001)
```

参数说明如下。

• code：股票代码，即 6 位数字代码，或者指数代码（sh= 上证指数，sz= 深圳成指，hs300= 沪深 300 指数，sz50= 上证 50，zxb= 中小板，cyb= 创业板）。

• start：开始日期，格式 YYYY-MM-DD。

• end：结束日期，格式 YYYY-MM-DD。

• ktype：数据类型，D= 日 K 线，W= 周 K 线，M= 月 K 线，5=5 分钟 K 线，15=15 分钟 K 线，30=30 分钟 K 线，60=60 分钟 K 线，默认为 D。

• retry_count：当网络异常后重试次数，默认为 3。

- pause：重试时停顿秒数，默认为 0。

返回值说明如下。

- date：日期。
- open：开盘价。
- high：最高价。
- close：收盘价。
- low：最低价。
- volume：成交量。
- price_change：价格变动。
- p_change：涨跌幅。
- ma5：5 日均价。
- ma10：10 日均价。
- ma20：20 日均价。
- v_ma5：5 日均量。
- v_ma10：10 日均量。
- v_ma20：20 日均量。
- turnover：换手率。

查看编号为 600848 的股票代码在 2018 年 3 月的历史数据，使用 TuShare 的 get_hist_data() 函数返回的是 Pandas 的 DataFrame 对象。这个 DataFrame 对象的 columns 比较多，在控制台显示不全，所以使用 Pandas 的 to_csv() 函数将其保存到 hist_data.csv 文件中。

```
import tushare as ts
data = ts.get_hist_data('600848',start='2018-03-01',end='2018-03-31')
data.to_csv('hist_data.csv' )
```

运行脚本，使用记事本打开 hist_data.csv 文件，如图 7-64 所示。

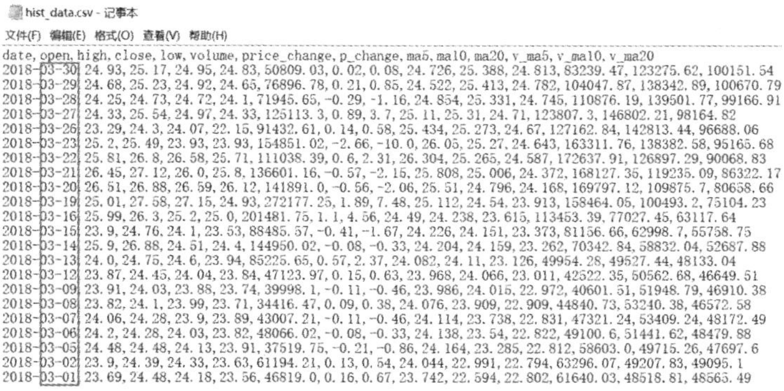


```
date,open,high,close,low,volume,price_change,p_change,ma5,ma10,ma20,v_ma5,v_ma10,v_ma20
2018-03-30,24.93,25.17,24.95,24.83,50809.03,0.02,0.08,24.726,25.388,24.813,83239.47,123275.62,100151.54
2018-03-29,24.68,25.23,24.92,24.65,76896.78,0.21,0.85,24.522,25.413,24.782,104047.87,138342.89,100670.79
2018-03-28,24.25,24.73,24.72,24.1,71945.65,-0.29,-1.16,24.854,25.331,24.745,110876.19,139501.77,99166.91
2018-03-27,24.33,25.54,24.97,24.33,125113.3,0.89,3.7,25.11,25.31,24.71,123807.3,146802.21,98164.82
2018-03-26,23.29,24.3,24.07,22.15,91432.61,0.14,0.58,25.434,25.273,24.67,127162.84,142813.44,96688.06
2018-03-23,25.2,25.49,23.93,23.93,154851.02,-2.66,-10.0,26.05,25.27,24.643,163311.76,138382.58,95165.68
2018-03-22,25.81,26.8,26.58,25.71,111038.39,0.6,2.31,26.304,25.265,24.587,172637.91,126897.29,90068.83
2018-03-21,26.45,27.12,26.0,25.8,136601.16,-0.57,-2.15,25.808,25.006,24.372,168127.35,119235.09,86322.17
2018-03-20,26.51,26.88,26.59,26.12,141891.0,-0.56,-2.06,25.51,24.796,24.168,169797.12,109875.7,80658.66
2018-03-19,25.01,27.58,27.15,24.93,272177.25,1.89,7.48,25.112,24.54,23.913,158464.05,100493.2,75104.23
2018-03-16,25.99,26.3,25.2,25.0,201481.75,1.1,4.56,24.49,24.238,23.615,113453.39,77027.45,63117.64
2018-03-15,23.9,24.76,24.1,23.53,88485.57,-0.41,-1.67,24.226,24.151,23.373,81156.66,62998.7,55758.75
2018-03-14,25.9,26.88,24.51,24.4,144950.02,-0.08,-0.33,24.204,24.159,23.262,70342.84,58832.04,52687.88
2018-03-13,24.0,24.75,24.6,23.94,85225.65,0.57,2.37,24.082,24.11,23.126,49954.28,49527.44,48133.04
2018-03-12,23.87,24.45,24.04,23.84,47123.97,0.15,0.63,23.968,24.066,23.011,42522.35,50562.68,46649.51
2018-03-09,23.91,24.03,23.88,23.74,39998.1,-0.11,-0.46,23.986,24.015,22.972,40601.51,51948.79,46910.38
2018-03-08,23.82,24.1,23.99,23.71,34416.47,0.09,0.38,24.076,23.909,22.909,44840.73,53240.38,46572.58
2018-03-07,24.06,24.28,23.9,23.89,43007.21,-0.11,-0.46,24.114,23.738,22.831,47321.24,53409.24,48172.49
2018-03-06,24.2,24.28,24.03,23.82,48066.02,-0.08,-0.33,24.138,23.54,22.822,49100.6,51441.62,48479.88
2018-03-05,24.48,24.48,24.13,23.91,37519.75,-0.21,-0.86,24.164,23.285,22.812,58603.0,49715.26,47697.6
2018-03-02,23.9,24.39,24.33,23.63,61194.21,0.13,0.54,24.044,22.991,22.794,63296.07,49207.83,49095.1
2018-03-01,23.69,24.48,24.18,23.56,46819.0,0.16,0.67,23.742,22.594,22.802,61640.03,48518.81,48565.49
```

图 7-64　使用记事本打开 hist_data.csv 文件

查看 hist_data.csv 文件时会发现，编号为 600848 的股票代码在 2018 年 3 月的历史交易数据是按照交易日期降序排列的。但展示在折线图上的日期一般要按升序排列，所以还要对 DataFrame 对象的 index 属性进行排序。使用 Pandas 的 DataFrame 对象的 sort_index() 函数，使交易日期按照从小到大的升序排列。这样画出的折线图就符合人们查看历史交易数据的正常习惯了，其完整代码如下。

```
import tushare as ts

data = ts.get_hist_data('600848',start='2018-03-01',end='2018-03-31')
# 对交易时间进行升序排列
data = data.sort_index()
data.to_csv('hist_data.csv' )
```

获得编号为 600848 的股票代码在 2018 年 3 月的历史交易数据后，就可以使用 Maplotlib 画出股票历史数据的折线图了。折线图的横坐标是股票历史数据的交易日期，纵坐标是股票交易数据的开盘价 (open)。本例的文件名为 "PythonFullStack\Chapter07\tushare01.py"。

```
import tushare as ts
import matplotlib.pyplot as plt
from datetime import datetime

data = ts.get_hist_data('600848',start='2018-03-01',end='2018-03-31')
# 对时间进行升序排列
data = data.sort_index()

xs = [datetime.strptime(d, '%Y-%m-%d').toordinal() for d in data.index ]
plt.plot_date( xs , data['open'] , 'b-')
plt.gcf().autofmt_xdate()   # 自动旋转日期标记
plt.show()
```

运行脚本输出如图 7-65 所示的图形。

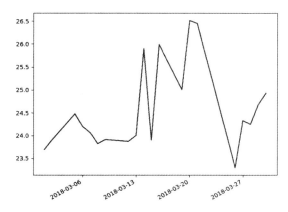

图 7-65　编号为 600848 的股票代码在 2018 年 3 月的历史交易数据折线图

以上代码的核心代码如下，使用 TuShare 的 get_hist_data() 函数返回股票交易代码的股票历史数据，也就是 Pandas 的 DataFrame 对象 data，data.index 索引值是日期型字符串，使用 Matplotlib 的 plot_date() 画图函数，需要转换成函数可以识别的 Gregoian Calendar 类型数据。

```
xs = [datetime.strptime(d, '%Y-%m-%d').toordinal() for d in data.index ]
```

以上表达式语句等同于以下语句。

```
xs = []
for date in data.index:
    print( date )
    transDate = datetime.strptime( date , '%Y-%m-%d')
    xs.append( transDate.toordinal())
```

绘制折线图 x 轴的日期也可以使用 mdates.strpdate2num() 函数进行转换，其完整代码如下。本例的文件名为 "PythonFullStack/Chapter07/tushare02.py"。

```
import tushare as ts
import matplotlib.pyplot as plt
import matplotlib.dates as mdates

data = ts.get_hist_data('600848',start='2018-03-01',end='2018-03-31')
# 对时间进行升序排列
data = data.sort_index()

xs = [mdates.strpdate2num('%Y-%m-%d')(d ) for d in data.index ]

plt.plot_date( xs , data['open'] , 'b-')
plt.gcf().autofmt_xdate()   # 自动旋转日期标记
plt.show()
```

运行脚本输出如图 7-66 所示的图形。

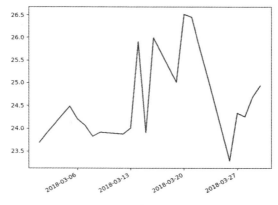

图 7-66　编号为 600848 的股票代码在 2018 年 3 月的历史交易数据折线图

获取 60 分钟 K 线数据：

```
import tushare as ts
import matplotlib.pyplot as plt
import matplotlib.dates as mdates


data = ts.get_hist_data('600848', ktype='60')
xs = [mdates.strpdate2num('%Y-%m-%d %H:%M:%S')(d ) for d in data.index ]

#设置时间标签显示格式
ax = plt.gca()
ax.xaxis.set_major_formatter(mdates.DateFormatter('%Y-%m-%d %H:%M:%S'))

plt.plot_date(xs, data['open'],'-' , label='open')
plt.legend(loc=0  )

plt.gcf().autofmt_xdate()
plt.show()
```

运行脚本输出如图 7-67 所示的图形。

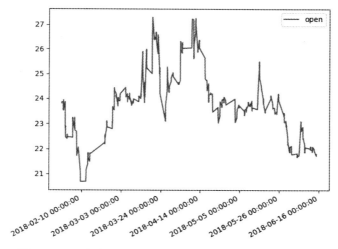

图 7-67 编号为 600848 的股票代码的 60 分钟内的 K 线图

# 第 8 章

# Python Web
# 开发框架

本章介绍 Flask 框架的基本用法，
结合 Flask 与 ECharts 来绘制图形。

# 8.1 Flask 简介

Flask 是一个非常优秀的 Web 应用框架，有着众多的拥护者，其文档齐全、社区活跃度高、功能强大。Flask 的官网地址是 http://docs.jinkan.org/docs/flask/，读者可自行查看。

Flask 是一个使用 Python 语言编写的免费的轻量级 Web 应用框架，其中 WSGI 工具箱采用 Werkzeug，模板引擎则使用 Jinja2，如图 8-1 所示。Flask 也被称为 "microframework"，因为它使用简单的核心，用 extension 增加其他功能。Flask 没有默认使用的数据库与窗体验证工具。

Flask 处理一个请求的流程是：首先根据 URL 决定由哪个函数来处理；然后在函数中进行操作，取得所需的数据；再将数据传给相应的模板文件，由 Jinja2 负责渲染得到 HTTP 响应内容；最后由 Flask 返回响应内容。

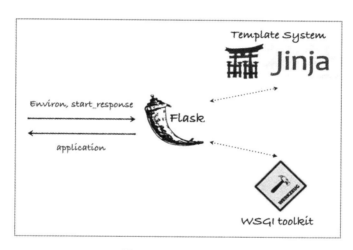

图 8-1　Flask 示意图

Flask 底层使用 Werkzeug 来做路由分发。在实际应用中，不同的请求可能会调用相同的处理逻辑。有着相同业务处理逻辑的 HTTP 请求可以用同一类 URL 来标识，如在论坛站点中，对于所有获取 topic 内容的请求而言，可以用 "topic/&lt;topic_id&gt;/" 这类 URL 来表示，这里的 topic_id 用以区分不同的 topic，接着在后台定义一个 get_topic（topic_id）函数，用来获取 topic 相应的数据。此外，还需要建立 URL 和函数之间的一一对应关系，这就是 Web 开发中所谓的路由分发，如图 8-2 所示。

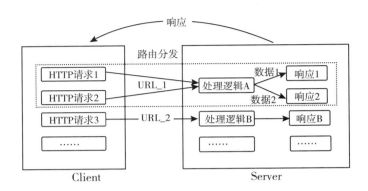

图 8-2　Web 开发中的路由分发

Flask 使用 Jinja2 模板渲染引擎来做模板渲染，通过业务逻辑函数得到数据后，需要根据这些数据生成 HTTP 响应（对于 Web 应用来说，HTTP 响应一般是一个 HTML 文件）。Web 开发中的一般做法是提供一个 HTML 模板文件，然后将数据传入模板，经过渲染后得到最终需要的 HTML 响应文件。

一种比较常见的场景是：请求虽然不同，但响应中数据的展示方式是相同的。仍以论坛为例，对于不同的主题而言，其具体主题内容虽然不同，但页面展示的方式是一样的，都有标题栏、内容栏等。也就是说，对于主题来说，只需提供一个 HTML 模板，然后传入不同的主题数据，即可得到不同的 HTTP 响应，这就是所谓的模板渲染，如图 8-3 所示。

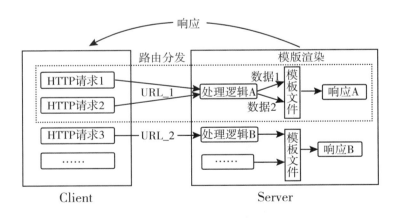

图 8-3　模板渲染

## 8.1.1 安装 Flask

安装 Flask 的方法特别简单，直接使用 pip 命令安装即可，如图 8-4 所示。命令格式如下。

```
pip install flask
```

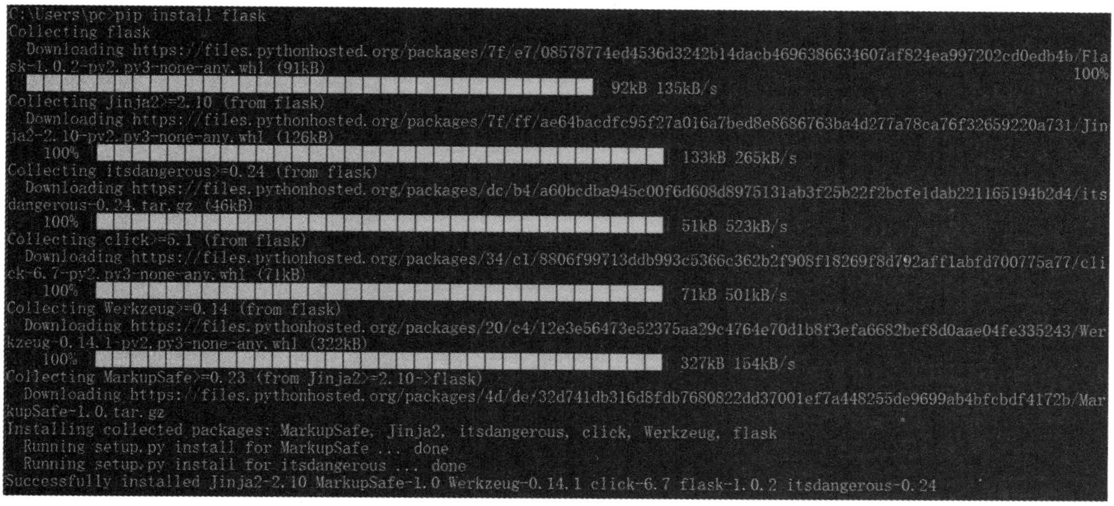

图 8-4　使用 pip 命令安装 Flask 库

检查是否安装成功，可以在 Python 控制台输入以下命令查看 Flask 版本。

```
>>> import flask
>>> flask.__version__
'0.12'
```

## 8.1.2 最简单的 Web 应用

新建项目目录 flask_demo1，本例中的脚本结构如下。

```
flask_demo1
    |— hello.py
    └─ static
        └─ index.html
```

在 flask_demo1 目录下新建一个 hello.py 文件，具体代码如下。

```python
from flask import Flask
app = Flask(__name__, static_url_path='', static_folder='')


@app.route('/')
def hello_world():
    return 'Hello World!'


if __name__ == '__main__':
    app.debug = True
    app.run(host='0.0.0.0', port=80)
```

在 flask_demo1 目录下新建一个 static 文件夹，在 %\flask_demo1\static 目录下新建一个

index.html 文件，内容如下。

```
<!DOCTYPE html>
<html lang="en">
<head>
<meta charset="UTF-8">
<title></title>
</head>
<body>
hello Flask
</body>
</html>
```

然后在命令行运行以下 hello.py 脚本启动服务器，访问 http://127.0.0.1/，就会看见"Hello World!"问候语，如图 8-5 所示。

```
python hello.py
```

图 8-5　显示"Hello World"问候语

在本例中，使用 @ap.route() 装饰器告诉 Flask 什么样的 URL 能触发函数。这个函数的名称也在生成 URL 时被特定的函数采用，这个函数返回想要显示在用户浏览器中的信息。

访问 http://127.0.0.1/static/index.html，就是访问 %/flask_demo1/static 文件夹下的 index.html 页面，如图 8-6 所示。

图 8-6　访问 %/flask_demo1 文件夹下的 index.html 页面

最后用 run() 函数让应用运行在本地服务器上，其中 "if __name__ == '__main__'" 确保服务器只会在该脚本被 Python 解释器直接执行时运行，而不是作为模块导入时运行。

如果要关闭服务器，可以按【Ctrl + C】组合键。

### 1. 静态文件

Web 程序中常常需要处理静态文件，通常是 CSS 文件和 JavaScript 文件。Flask 默认使用 static 文件夹存放静态文件。修改的 Flask 默认 static 文件夹只需要在创建 Flask 实例时，把 static_folder 和 static_url_path 参数设置为空字符串即可。

```
app = Flask(__name__, static_url_path='', static_folder='')
```

### 2. 设定外部可访问的服务器

运行了这个服务器，就会发现它只能从用户自己的计算机上访问，网络中其他任何的地方都不能访问，如果用户禁用了 debug 或信任其所在网络的用户，则可以简单修改调用 run() 的方法使其服务器公开可用，这会让操作系统监听所有公网 IP。代码如下。

```
app.run(host='0.0.0.0')
```

### 3. 调试模式

虽然 run() 方法适用于启动本地的开发服务器，但是每次修改代码后都要手动重启它，Flask 则可以做到更好。如果启用了调试支持，服务器会在代码修改后自动重新载入，并在发生错误时提供一个相当有用的调试器。

有两种途径来启用调试模式。一种是直接在应用对象上设置：

```
app.debug = True
app.run()
```

另一种是作为 run() 方法的一个参数传入：

```
app.run(debug=True)
```

在生产环境下如果启用了调试模式，则可以执行任意修改的代码，从而使它成为一个巨大的安全隐患，因此调试模式绝不能用于生产环境。

Flask 默认占用的端口是 5000，可以自定义对外发布服务器使用的端口，需要修改 run() 方法的 port 属性，本例中对外发布服务器使用的端口是 80。代码如下。

```
app.run(host='0.0.0.0', port=80)
```

## 8.1.3 路由

从 hello.py 可以看出路由的作用，如果读者熟悉 Spring MVC 架构，则会对路由很熟悉，类似于 Java 的注解。@app.route() 装饰器把一个函数绑定到对应的 URL 上。

在 flask_demo1 目录下新建一个 flaskRouter.py 文件：

```
from flask import Flask
app = Flask(__name__, static_url_path='', static_folder='')

@app.route('/')
@app.route('/index')
def index():
    return 'Index Page'
```

```
@app.route('/hello')
def hello():
    return 'Hello World'


if __name__ == '__main__':
    app.debug = True
    app.run(host='0.0.0.0', port=80)
```

然后在命令行运行以下 flaskRouter.py 脚本启动服务器：

```
python flaskRouter.py
```

使用浏览器来测试 Flask 项目对外发布的 URL 网络请求，如表 8-1 所示。

表 8-1　Flask 项目对外发布的 URL 网络请求

| URL | 输出内容 |
| --- | --- |
| http://127.0.0.1/ | Index Page |
| http://127.0.0.1/index | Index Page |
| http://127.0.0.1/hello | Hello World |

Flask 可以构造含有动态部分的 URL，也可以在一个函数上附着多个规则，如上例中的 index()
方法。所以访问 http://127.0.1/ 和 http://127.0.0.1/index 的返回结果是相同的，如图 8-7 所示。

图 8-7　通过路由访问页面

路径变量的语法为"/path/<converter:varname>"。在路径变量前还可以使用可选的转换器，有
以下几种转换器，如表 8-2 所示。

表 8-2　Flask 的转换器

| 转换器 | 作　　用 |
| --- | --- |
| string | 默认选项，接受除了斜杠之外的字符串 |
| Int | 接受整数 |
| Float | 接受浮点数 |
| Path | 和 String 类似，不过可以接受带斜杠的字符串 |

在 flask_demo1 目录下新建一个 flaskRouter2.py 文件，内容如下。

```
from flask import Flask
app = Flask(__name__, static_url_path=", static_folder=")
```

```
@app.route('/user/<username>')
def sayHello(username):
    # 在页面中显示输入的姓名
    return '姓名是 %s' % username


@app.route('/post/<int:post_id>')
def show_post(post_id):
    # 在页面中显示输入的邮编
    return '邮编是 %d' % post_id


if __name__ == '__main__':
    app.debug = True
    app.run(host='0.0.0.0', port=80)
```

然后在命令行运行以下 flaskRouter2.py 脚本启动服务器：

```
python flaskRouter2.py
```

测试 Flask 项目对外发布的 URL 网络请求，如表 8-3 所示。

表 8-3 Flask 项目对外发布的 URL 网络请求

| URL | 输出内容 |
| --- | --- |
| http://127.0.0.1/user/xinping | 姓名是 xinping |
| http://127.0.0.1/user/ 信平 | 姓名是 信平 |
| http://127.0.0.1/post/1234 | 邮编是 1234 |
| http://127.0.0.1/post/4567 | 邮编是 4567 |

从本例中可以看出，Flask 的 URL 可以接受对应 URL 规则变量部分的命名参数，未知变量部分会添加到 URL 末尾作为查询参数。

然后打开浏览器，在地址栏中输入 "http://127.0.0.1/user/ 信平"，可以看到相应的输出内容，如图 8-8 所示。

图 8-8 访问带参数的网络请求（1）

打开浏览器，在地址栏中输入 "http://127.0.0.1/post/1234"，如图 8-9 所示。

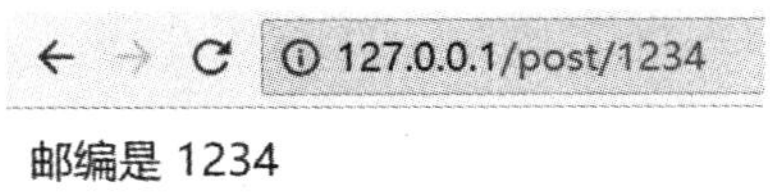

图 8-9 访问带参数的网络请求（2）

413

## 8.1.4 HTTP 方法

HTTP 有许多不同的访问 URL 方法。默认情况下，路由只回应 GET 请求，但是通过 route() 装饰器传递 methods 参数可以改变这个行为。HTTP 方法（也经常被称为"谓词"）告知服务器客户端想对请求的页面做些什么。表 8-4 列出的是常见的 HTTP 方法及其作用。

表 8-4　常见的 HTTP 方法及其作用

| 方法名称 | 作　　用 |
|---|---|
| GET | GET 可以说是最常见的，它的本质就是发送一个请求来取得服务器上的某一资源。资源通过一组 HTTP 头和呈现数据（如 HTML 文本、图片或者视频等）返回给客户端。GET 请求中永远不会包含呈现数据 |
| POST | 向服务器提交数据。这个方法用途广泛，几乎目前所有的提交操作都是靠这个完成 |
| PUT | PUT 和 POST 极为相似，都是向服务器发送数据，但它们之间有一个重要区别：PUT 通常指定了资源的存放位置；而 POST 没有。POST 的数据存放位置由服务器自己决定 |
| DELETE | 删除某一个资源 |

在 flask_demo1 目录下新建一个 flaskRouter3.py 文件，内容如下。

```python
from flask import Flask
from flask import request

app = Flask(__name__)

@app.route('/login', methods=['GET', 'POST'])
def login():
    msg = ''
    if request.method == 'POST':
        msg = '响应 post 请求'
    else:
        msg = '响应 get 请求'
    return msg

if __name__ == '__main__':
    app.debug = True
    app.run(host='0.0.0.0', port=80)
```

然后在命令行运行以下 flaskRouter3.py 脚本启动服务器。

```
python flaskRouter3.py
```

在本例中对外发布的 URL：http://127.0.0.1/login 既可以接受 GET 请求，也可以接受 POST 请求，如图 8-10 与图 8-11 所示。因为浏览器输入 URL 默认发送的是 GET 请求，所以要模拟发送 POST 请求，需要使用专门的 HTTP 请求软件。本书使用 Postman 发送网络请求，有关 Postman 的具体使用方法，请参考 10.1 节。

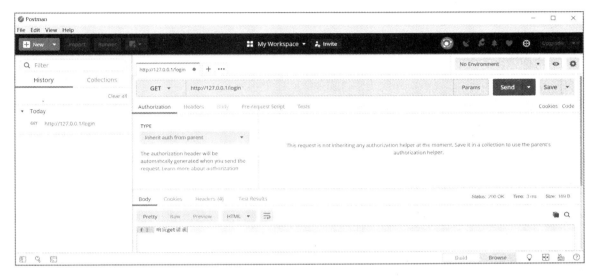

图 8-10　响应 GET 请求

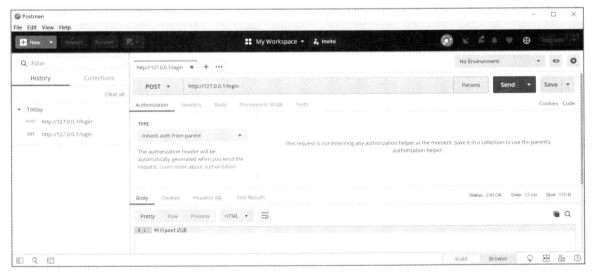

图 8-11　响应 POST 请求

## 8.1.5 静态文件

Web 应用中常常提供静态文件给用户更好的访问体检，静态文件主要包括 CSS 样式文件，JavaScript 脚本文件和图片等。Flask 也支持静态文件访问，默认情况下只需要在项目根目录下创建名为 static 的文件夹，在 Web 应用中使用 "/static" 开头的路径就可以访问静态文件了。

```
app = Flask(__name__, static_url_path='', static_folder='')
```

在 Flask 中的模板文件需要引入静态文件时，需要使用 url_for 函数并指定 static 端点名和文件名。在下面的例子中，实际的文件应放在 static\ 文件夹下。在开发中、在包中或模块的所在目录中创建一个名为 static 的文件夹，在应用中使用 \static 即可访问。

给静态文件生成 URL ，使用特殊的 "static" 端点名，使用的 style.css 文件放在 static 文件夹下。

```
url_for('static', filename='style.css')
```

在 Web 程序中，需要在模板文件中引入 static 文件夹下的 style.css 文件，代码如下。

```
<link href="{{ url_for('static', filename='style.css') }}" rel="stylesheet" />
```

## 8.1.6 模板渲染

现在的网站很少有全静态页面了，而动态页面靠的就是模板渲染。Flask 默认的模板引擎是 Jinja2，它有一套自己的模板语言。

示例 1：模板渲染。

新建 flask_demo2 目录，在本例中实现模板功能。本例中的脚本结构如下。

```
flask_demo2
    |— template.py
    └— templates
        └— index.html
```

在 flask_demo2 目录下新建文件夹 templates，在该文件夹中保存模板文件。建立一个简单的模板文件 index.html，这个模板文件应该放在主脚本的同目录下的 templates 目录中。具体代码如下。

```
<html>
<head>
<meta charset="utf-8" />
</head>
<body>
    {% if name %}
<h1>Hello,{{name}}!</h1>
    {% else %}
```

```
<h1>Hello,Stranger!</h1>
    {% endif %}
</body>
</html>
```

在 flask_demo2 目录下新建主文件并命名为"template.py",代码如下。

```
from flask import render_template
from flask import Flask


app = Flask(__name__)


@app.route('/hello')
@app.route('/hello/<name>')
def hello(name=None):
    return render_template('index.html', name=name)


if __name__ == '__main__':
    app.debug = True
    app.run(host='0.0.0.0', port=80)
```

从上面这段代码中可以看出以下几点。

(1)路由可以是不固定的,用<变量名>的形式可以制作动态路由。

(2)函数的第 1 个参数只写了模板的文件名而不是模板的路径,这就是把模板放在固定的 templates 目录下的意思。

(3)使用 Jinja 模板,只需要使用 render_template 函数并传入模板文件名和参数名即可。Flask 会在 templates 目录中寻找模板。因此,如果用户的应用是一个模块,则这个文件夹应该与模块同级;如果用户的应用是一个包,则这个文件夹作为包的子目录。

(4)一个响应函数可以关联多个路由,使这几个路由都定向到这个函数。

在命令行窗口运行 template.py 脚本,代码如下。

```
python template.py
```

然后打开浏览器,在地址栏中输入"http://127.0.0.1/hello",就可以看到网页渲染的模板文件了,如图 8-12 所示。

**Hello,Stranger!**

图 8-12 网页渲染的模板文件

如果请求的 URL 带参数，则会得到不同的结果，如访问"http://127.0.0.1/hello/xinping"，会得到如图 8-13 所示的结果。

图 8-13　URL 带参数的模板文件

示例 2：静态文件。

在 flask_demo2 目录下新建文件夹 static，在该文件夹中保存样式文件 style.css，内容如下。

```
body {color:red;}
```

修改 template/index.html 文件，修改后的内容如下。

```
<html>
<head>
<meta charset="utf-8" />
<link href="{{ url_for('static', filename='style.css') }}" rel="stylesheet" />
</head>
<body>
    {% if name %}
<h1>Hello,{{name}}!</h1>
    {% else %}
<h1>Hello,Stranger!</h1>
    {% endif %}
</body>
</html>
```

本例的关键代码是下面这一行。

```
<link href="{{ url_for('static', filename='style.css') }}" rel="stylesheet"
/>
```

这行代码作用是模板文件动态加载 static 文件夹下的 style.css 样式文件。本例中的脚本结构如下。

```
flask_demo2
    |— template.py
    └— templates
        └— index.html
            └— static
                └— style.css
```

在命令行窗口运行 template.py 脚本，代码如下。

```
python template.py
```

然后打开浏览器，在地址栏中输入"http://127.0.0.1/hello/xinping"，就可以看到网页渲染的模板文件，如图 8-14 所示。

图 8-14 访问渲染的模板页面

从本例中可以看出，模板文件 index.html 已经成功加载 style.css 样式文件。

## 8.1.7 Request 对象

在进行 Flask 开发中，前端需要发送不同的请求到后端，请求中可以带各种参数，如 GET 请求方法在 URL 后面带参数提交数据到后台，POST 请求方法是以表单方式提交数据到后台。这时候就需要使用 Request 对象从请求中获取提交的数据。

method 属性与返回 HTTP 的方法类似，如 POST 和 GET。form 属性是一个字典，如果数据是 POST 类型的表单，就可以从 form 属性中获取。

新建 flask_demo3 目录，并在目录下新建 static 文件夹。在本例中实现一个表单注册功能。本例中的脚本结构如下。

```
flask_demo3
    |— register.py
    └── static
         └── register.html
```

### 1. 注册页面

创建用户注册表单，在 flask_demo3 目录的 static 文件夹下新建模板文件 register.html。

```
<!DOCTYPE html>
<html lang="en">
<head>
<meta charset="UTF-8">
<title>注册页面</title>
</head>
<body>
<form name="loginForm" action="/register_get" method="get">
```

```
用户名:<input type="text" name="username" id="username"/><br/>
密码:<input type="password" name="password" id="password"/><br/>
确认密码:<input type="password" name="password2" id="password2"/><br/>
<input type="submit" value=" 提交 ">
 
<input type="reset" value=" 重置 ">
</form>
</body>
</html>
```

从本例中可以看出，表单的 action 属性设置的后台响应地址为 "/register_get",method 属性为 get，向后台发送 GET 请求。

### 2. 后台路由

在 flask_demo3 目录下新建路由文件 register.py。

```python
from flask import Flask
from flask import request          # 接收数据

app = Flask(__name__, static_url_path='', static_folder='')

@ app.route('/register_get', methods=['GET' ])
def register_get():
    print(" 返回请求类型 =", request.method)

    if request.method == "GET":
        username = request.args.get('username')
        password = request.args.get('password')    # 返回 index 中输入的 password
        password2 = request.args['password2']
        print("username={0},password={1},password2={2}".format(username ,
password, password2))

        # 输入密码要和确认密码一样，输入密码要大于等于 3
        if password and len(password) >= 3 and password == password2:
            print(' 注册成功 ')
        else:
            print(' 失败 ')
            return ' 注册失败，输入密码要和确认密码一样，输入密码要大于等于 3'

        # 姓名长度不能小于 3
        if len(username) < 3:
            print(' 注册失败，注册用户名长度不能小于 3')
```

```
            return '注册失败,注册用户名长度不能小于 3'
        else:
            print('注册成功')
    return '注册成功'


if __name__ == '__main__':
    app.debug = True
    app.run(host='0.0.0.0', port=80)
```

本例的代码需要注意以下几点。

（1）通过 request.method 可以获得前台页面提交的请求类型。常用的前台页面请求类型有两种：GET 和 POST。本例中前台表单页面的 method 属性名为 get，所以后台 request.method 获得的值为 get。

（2）通过 request.args 获得前台表单提交的 GET 请求数据，通过 request.args.get() 函数获得的参数名称要与表单组件的名称一样。例如，前台表单页面中用户名组件如下。

```
用户名:<input type="text" name="username" id="username"/>
```

后台应用通过如下代码获得表单中用户名组件提交的数据。

```
username = request.args.get('username')
```

也可以使用如下代码获得提交的用户名。

```
username =request.args[username]
```

（3）后台校验。获得用户名、密码和确认密码后还可以对获得值进行校验，在本例中设置了两条校验规则：一条是要求输入密码要和确认密码一样，输入密码要大于等于 3；另一条是要求对姓名长度不能小于 3。核心代码如下。

```
        if password and len(password) >= 3 and password == password2:
            print('注册成功')
        else:
            print('失败')
        return '注册失败, 输入密码要和确认密码一样, 输入密码要大于等于 3'
```

在命令行窗口运行 register.py 脚本，代码如下。

```
python register.py
```

然后打开浏览器，在地址栏中输入"http://127.0.0.1/static/register.html"，就可以看到登录页面，如图 8-15 所示。

图 8-15　表单以 GET 方式提交

在页面中输入用户名、密码和确认密码后，单击【提交】按钮，后台就会响应前台页面提交的请求。例如，可以输入以下用户注册信息，如表 8-5 所示。

表 8-5　表单的用户注册信息

| 用户名 | wangwu |
| --- | --- |
| 密码 | 123 |
| 确认密码 | 234 |

本例中设置了两条校验规则，其中一条是要求输入的密码要和确认密码一样。为了检测这条规则，把输入的密码和确认密码故意设为不一样的。提交表单后，可以看到页面有如下反馈信息。

注册失败，输入密码要和确认密码一样，输入密码要大于等于3

图 8-16　在表单中输入不正确的密码，在页面中出现的反馈信息

从图 8-16 中可以看出，页面中的表单使用 GET 方式向后台提交数据，GET 请求的参数通过 URL 明文传递给后台，后台响应前台请求并获得表单提交的用户名、密码和确认密码。因为输入的密码和确认密码不一样，违反了校验规则，所以错误提示信息显示在页面。

以上请求是对表单的 GET 请求做出的响应，也可以对表单的 POST 请求做出响应。

### 3. 注册页面

创建用户注册表单，在 flask_demo3 目录的 static 文件夹下新建 HTML 文件 register2.html。

```html
<!DOCTYPE html>
<html lang="en">
<head>
<meta charset="UTF-8">
<title>login</title>
</head>
<body>
<form name="loginForm" action="/register_post" method="post">
用户名:<input type="text" name="username" id="username"/><br/>
密码:<input type="password" name="password" id="password"/><br/>
确认密码:<input type="password" name="password2" id="password2"/><br/>
<input type="submit" value=" 提交 ">
 
<input type="reset" value=" 重置 ">
```

```
</form>
</body>
</html>
```

在本例中代码基本与 reigster1.html 一样，除了个别参数，修改表单的 action 属性设置的后台响应地址为 "/register_post"，method 属性为 post，向后台发送 POST 请求。

### 4. 后台路由

在 flask_demo3 目录下 register.py 文件中添加以下内容，处理页面发送的 POST 请求。

```
@app.route('/register_post', methods=['POST'])
def register_post():
    username = request.form.get('username')
    password = request.form.get('password')
    password2 = request.form.get('password2')
    print("username={0},password={1},password2={2}".format(username ,
password, password2))

    return 'ok'
```

在命令行窗口运行 register2.py 脚本，代码如下。

```
python register2.py
```

然后打开浏览器，在地址栏中输入"http://127.0.0.1/static/register2.html"，就可以看到登录页面，如图 8-17 所示。

图 8-17  表单以 POST 方式提交

本例也使用了两条校验规则，与上一例的业务逻辑规则是一样的，但是前台页面的表单是以 POST 方式向后台提交数据的。本例的代码需要注意以下几点。

（1）通过 request.form 获得前台表单提交的 POST 请求数据，通过 request.form.get() 函数获得的参数名称要与表单组件的名称一样，如前台表单页面中用户名组件核心代码如下。

```
用户名:<input type="text" name="username" id="username"/>
```

（2）后台应用通过如下代码获得表单中用户名组件提交的数据核心代码如下。

```
username = request.form.get('username')
```

（3）也可以使用如下代码获得提交的用户名。

```
username = request.form['username']
```

本节主要介绍了页面中使用 GET 和 POST 方法向后台提交数据，后台响应前台请求并获得表单提交的数据值。GET 和 POST 方法主要有以下区别。

（1）GET 请求的参数通过 URL 传递，POST 请求的参数放在 request body 中。

（2）GET 请求在 URL 中传递的参数是有长度限制的，而 POST 请求传递的参数没有长度限制。

（3）GET 请求与 POST 请求相比，GET 请求的安全性较差，因为 GET 请求发送的数据是 URL 的一部分，所以不能用来传递敏感信息。

（4）GET 请求只能进行 URL 编码，而 POST 支持多种编码方式。

（5）GET 请求可被缓存并被保留在浏览器历史记录中。POST 请求不被缓存，不会保留在浏览器历史记录中。GET 请求参数会被完整保留在浏览历史记录里，而 POST 中的参数不会被保留。

## 8.1.8 Session

服务器为每个用户创建一个会话 (Session) 来存储用户的相关信息，以便多次请求能够定位到同一个上下文。这样当用户在应用程序的 Web 页面之间跳转时，存储在 Session 对象中的变量将不会丢失，而是在整个用户会话中一直存在下去。当用户关闭浏览器或会话过期，服务器将终止该会话。Session 对象最常见的一个用法就是存储用户的首选项。

Flask 有一个 Session 对象，它允许在不同请求间存储特定用户的信息。比较常见的是：把用户的登录信息、用户信息存储在 Session 中，以保持登录状态。只要用户不重启浏览器，每次 HTTP 端发出链接请求，理论上服务端都能定位到 Session，并保持会话。

新建项目目录 flask_session1，本例中的脚本结构如下。

```
flask_session1
    |— session01.py
    └─ static
         └─ index.html
```

在 flask_session1 目录下新建一个 session01.py 文件，具体代码如下。

```
from flask import Flask, session, request


app = Flask(__name__, static_url_path='', static_folder='')
# 设置 Session 需要设置密钥
app.secret_key = '123456'
# 设置 Session 过期时间，单位：秒
app.config['PERMANENT_SESSION_LIFETIME'] = 20
```

```python
# 获取 Session
@app.route("/get/")
def get():
    if 'username' in session:
        return 'hello, {0}\n'.format(session['username'])
    return 'hello, stranger\n'


# 保存会话
@app.route("/login", methods=['POST'])
def login():
    session['username'] = request.form['username']
  # 获得会话的 sessionId
    sessionId = request.cookies.get('session')
    return '登录成功'


# 删除 Session
@app.route('/delete/')
def delete():
    session.pop('username')
    return '删除会话成功'


if __name__ == '__main__':
    app.debug = True
    app.run(host='0.0.0.0', port=80)
```

在 flask_session1 目录下新建一个 static 文件夹，在 %\flask_demo1\static 目录下新建一个 index. html 文件，内容如下。

```html
<!DOCTYPE html>
<html lang="en">
<head>
<meta charset="UTF-8">
<title>login</title>
</head>
<body>
<form name="loginForm" action="/login" method="post">
用户名:<input type="text" name="username" id="username"/><br/>
<input type="submit" value=" 提交 ">
 
<input type="reset" value=" 重置 ">
</form>
```

```
</body>
</html>
```

然后在命令行运行以下 session01.py 脚本启动服务器：

```
python session01.py
```

然后打开浏览器，在地址栏中输入 http://127.0.0.1/static/index.html，就可以看到登录页面了，如图 8-18 所示。

图 8-18　登录表单

在登录页面输入用户名"xinping"，然后单击【提交】按钮。如果一切正常的话，就会看到登录成功页面，如图 8-19 所示。

图 8-19　显示页面产生的 sessionId

获得 Flask Session 的 sessionId 的核心代码如下。

```
sessionId = request.cookies.get('session')
```

提交登录表单后会把用户名"username"保存在 Session 中，页面中需要制定后台的响应地址"/login"，核心代码如下。

```
<form name="loginForm" action="/login" method="post">
用户名:<input type="text" name="username" id="username"/><br/>
<input type="submit" value=" 提交 ">
 
<input type="reset" value=" 重置 ">
</form>
```

后台 session01.py 中的响应前台页面请求的核心代码如下。

```
@app.route("/login", methods=['POST'])
def login():
    session['username'] = request.form['username']


    return 'login success'
```

登录成功后访问 http://127.0.0.1/get/ 就会在后台 session01.py 中获取 Session，从 Session 中取出 username，在页面中显示登录用户名，如图 8-20 所示。核心代码如下。

```
@app.route("/get/")
def get():
    if 'username' in session:
        return 'hello, {0}\n'.format(session['username'])
return 'hello, stranger\n'
```

图 8-20  用户登录页面

等待 20 秒后 Session 会话会过期，再访问 http://127.0.0.1/get/ 页面，会提示陌生人登录，如图 8-21 所示。

图 8-21  登录页面过期

Flask 的 Session 是在 Cookies 的基础上实现的，并且对 Cookies 进行密钥签名要使用会话，需要设置一个密钥，还可以对 Session 的过期时间进行设置，核心代码如下。

```
app = Flask(__name__, static_url_path='', static_folder='')
# 设置 Session 需要设置密钥
app.secret_key = '123456'
# 设置 Session 过期时间，单位：秒
app.config['PERMANENT_SESSION_LIFETIME'] = 20
```
如果想清除 Session 中保存的 username 参数，可以访问 http://127.0.0.1//delete/。

## 8.1.9  保存 Session 到数据库

flask-session 是 Flask 框架的 Session 组件，由于原来 Flask 内置 Session 使用签名 Cookie 保存，因此该组件将支持 Session 保存到多个地方，如 Redis、Memcached、filesystem、Mongodb、sqlalchmey。

从上述内容可以看出，存储 Session 有 5 种方式，本书介绍把 Flask 的 Session 存储在 Redis 数

据库下。

服务器为每个用户创建一个会话 (Session) 存储用户的相关信息。整个用户会话会一直存在下去，只有当用户关闭浏览器或会话过期，服务器才终止该会话。针对这种问题可以将服务器中的 Session 信息保存在数据库中，本例中使用 flask-session 库把服务器上的 Session 复制一份保存在 Redis 数据库中。

首先使用 pip 命令安装 flask-session 库，如图 8-22 所示。命令代码如下。

```
pip install flask-session
```

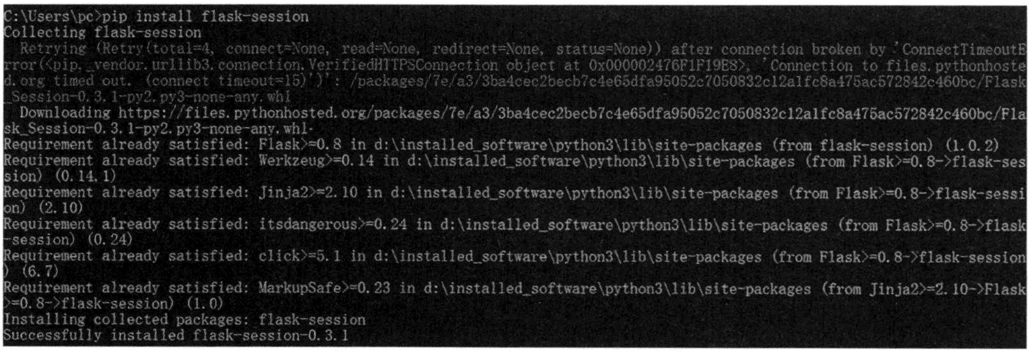

图 8-22　使用 pip 命令安装 flask-session 库

本节使用的实验环境如表 8-6 所示。

表 8-6　保存 Session 到数据库的试验环境

| 名称 | 端口 | 版本 | 系统 |
| --- | --- | --- | --- |
| flask-session2 | 80 | Flask 1.0.2 | Windows 10 |
| Redis | 6379 | Redis 4.0.6 | Windows 10 |

新建项目目录 flask_session2，本例中的脚本结构如下。

```
flask-session2
    |— session01.py
    └── static
        └── index.html
```

在 flask_session2 目录下新建一个 session01.py 文件，具体代码如下。

```
from flask import Flask, session, request
from flask_session import Session
from redis import Redis


app = Flask(__name__, static_url_path='', static_folder='')
# 设置 Session 需要设置密钥
```

```python
app.secret_key = '123456'

app.config['SESSION_TYPE'] = 'redis'  # Session 类型为 Redis
app.config['SESSION_PERMANENT'] = False  # 如果设置为 True, 则关闭浏览器 Session 就失效
app.config['SESSION_USE_SIGNER'] = False  # 是否对发送到浏览器上 Session 的 Cookie
值进行加密
app.config['SESSION_KEY_PREFIX'] = 'session:'  # 保存到 Session 中的值的前缀
app.config['SESSION_REDIS'] = Redis(host='127.0.0.1', port='6379')  # 用于连接 Redis
的配置
Session(app)

# 获取 Session
@app.route("/get/")
def get():
    if 'username' in session:
        return 'hello, {0}\n'.format(session['username'])
    return 'hello, stranger\n'

# 保存会话
@app.route("/login", methods=['POST'])
def login():
    session['username'] = request.form['username']
    # 获得会话的 sessionId
    sessionId = request.cookies.get('session')
    print(sessionId)
    return 'login success, sessionId={0}'.format(sessionId)

# 删除 Session
@app.route('/delete/')
def delete():
    session.pop('username')
    return '删除会话成功'


if __name__ == '__main__':
    app.debug = True
    app.run(host='0.0.0.0', port=80)
```

在 flask_session2\static 目录下新建一个 index.html 文件, 具体代码如下。

```
<!DOCTYPE html>
<html lang="en">
<head>
<meta charset="UTF-8">
<title>login</title>
</head>
<body>
<form name="loginForm" action="/login" method="post">
用户名:<input type="text" name="username" id="username"/><br/>
<input type="submit" value="提交">
 
<input type="reset" value="重置">
</form>
</body>
</html>
```

然后打开浏览器,在地址栏中输入 http://127.0.0.1/login,就可以看到登录之后的 Session 会话信息了,如图 8-23 所示。

login success,sessionId=a66ed698-b5a5-40ad-8497-ddc07a97d14f

图 8-23  用户登录成功,显示 sessionId

访问 Redis 客户端会发现多了一个 key,可以看出 Session 已经持久化到 Redis 服务器了,如图 8-24 所示。

图 8-24  Session 持久化到 Redis

可见,存入 Redis 中的 Session 值与页面中的 sessionId 值是一样的。

## 8.2 Flask 应用集群

前几节主要介绍了 Flask 的单服务器应用,本节将介绍多个 Flask 应用组成集群。

## 8.2.1 分布式 Session

单服务器 Web 应用中，Session 信息只存在于该服务器中，这是前几年的流行方式。但是近几年随着分布式系统的流行，单系统已经不能满足日益增长的百万级用户的需求，集群方式部署服务器已在很多公司运用起来。当高并发量的请求到达服务器端时，通过负载均衡的方式发送到集群中的某个服务器，这样就可能导致同一个用户的多次请求被发送到集群的不同服务器上，就会出现读取不到 Session 数据的情况，于是 Session 的共享就成了一个问题。

如图 8-25 所示，假设用户包含登录信息的 Session 都记录在第 1 台 Web-server1 上，反向代理如果将请求路由到另一台 Web-server2 上，就会找不到相关信息，从而导致用户需要重新登录。

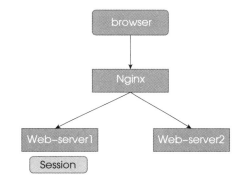

图 8-25 分布式系统的 Session 的一致性问题

针对分布式系统 Session 一致性的问题，可以采用 Session 复制 ( 同步 ) 来解决，Session 持久化到 Redis，如图 8-26 所示。这样每个 Web-server 之间都包含全部的 Session, Web-server 可以支持 Web 应用原有的功能，且不需要修改代码。

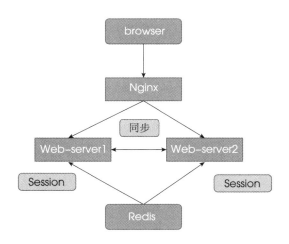

图 8-26 Session 持久化到 Redis

### 8.2.2 使用 jQuery

在开发 Web 应用时为了提供更加丰富的交互效果，在 Web 应用前端经常会引入成熟的开源 JavaScript 库，如 jQuery。jQuery 是一个高效、精简且功能丰富的 JavaScript 工具库。它提供的 API 易于使用且兼容众多浏览器，这让诸如 HTML 文档遍历和操作、事件处理、动画和 Ajax 操作更加简单。Ajax 的核心是异步刷新，最终表现是局部刷新，多数情况下是异步实现。jQuery 的官网地址为 https://jquery.com/，如图 8-27 所示。

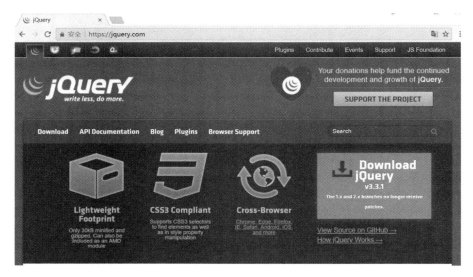

图 8-27　jQuery 官网

从 jQuery 官网下载最新版本的 jQuery-3.3.1.min.js。在开发 Flask 项目时也可以使用功能强大的 jQuery 库。在新建 flask_demo4 目录下新建 static 文件夹，在本例中实现一个表单登录功能。本例中的脚本结构如下。

```
flask_demo4
    |— login.py
    └─ static
        └─ jquery-3.3.1.min.js
        └─ login1.html
```

在 flask_demo4 目录下新建 login.py 文件，内容如下。

```
from flask import Flask

app = Flask(__name__, static_url_path='', static_folder='')

if __name__ == '__main__':
```

```
app.debug = True
app.run(host='0.0.0.0', port=80)
```

在 flask_demo4 目录下的 static 文件夹中新建 login1.html 文件，内容如下。

```html
<!DOCTYPE html>
<html lang="en">
<head>
<meta charset="UTF-8">
<title>login</title>
<script src="jquery-3.3.1.min.js"></script>
</head>
<body>
<form name="loginForm" action="#" method="get">
用户名:<input type="text" id="username"><br/>
密码:<input type="password" id="password"><br/>
<button id="print_btn">输出信息到控制台 </button>
</form>
<br/>

<script type="text/javascript">
        print_btn = $('#print_btn')
        print_btn.click( function () {
            var username = $('#username').val()
            var password = $('#password').val()
            console.log('username='+username)
            console.log('password='+password)
        });
</script>
</body>
</html>
```

在上例的代码中，首先通过 "<script src="jquery-3.3.1.min.js"></script>" 语句在页面中加载 jQuery 库，在通过 "$('#print_btn')" 获得 Id 为 "print_btn" 的按钮组件；然后给这个按钮组件注册一个单击（click）事件，在这个单击事件中通过 jQuery 获得 Id 为 username 和 password 的文本组件的值，最后打印在控制台。

在命令行窗口运行 login.py 脚本，代码如下。

```
python login.py
```

然后打开 Chrome 浏览器，在地址栏中输入 http://127.0.0.1/static/login1.html，就可以看到网页了，如图 8-28 所示。

图 8-28　登录页面

在 Chrome 浏览器中按【F12】键打开控制台，在控制台切换到 Console 窗口。在网页的用户名和密码文本框中输入用户名和密码，在本例中用户名为 xinping 和密码为 123，然后单击【输出信息到控制台】按钮，就可以在控制台看到在页面中输入的用户名和密码了，如图 8-29 所示。

图 8-29　查看页面输入的用户名和密码

### 8.2.3 实验环境

本节使用的实验环境如表 8-7 所示。

表 8-7　Flask 应用集群的实验环境

| 名称 | IP 地址 | 端口 | 版本 | 系统 |
| --- | --- | --- | --- | --- |
| Nginx | 192.168.1.3 | 80 | Nginx 1.12.2 | Windows 10 |
| flask_session_cluster1 | 192.168.1.3 | 8081 | Flask 1.0.2 | Windows 10 |
| flask_session_cluster2 | 192.168.1.3 | 8082 | Flask 1.0.2 | Windows 10 |
| Redis | 192.168.1.3 | 6379 | Redis 4.0.6 | Windows 10 |

实验拓扑图如图 8-30 所示。

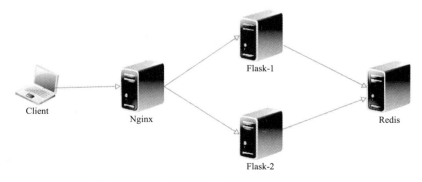

图 8-30　搭建 Flask 服务器集群的实验拓扑图

搭建一个有两台 Flask 服务器的小集群。在图 8-30 中，Nginx 作为反向代理，实现静动分离，将客户动态请求根据权重随机分配给两台 Flask 服务器，Redis 作为两台 Flask 服务器的共享 Session 数据服务器。

## 8.2.4 配置 Redis

本例中需要 Redis 开启远程登录连接只允许局域网内 IP 的机器访问，需要修改 Redis 的 redis.windows.conf 配置文件，修改 bind 项目对应的值为如下内容。

```
bind localhost 192.168.1.3
```

然后启动 Redis 服务器，如图 8-31 所示。具体代码如下。

```
redis-server.exe redis.windows.conf
```

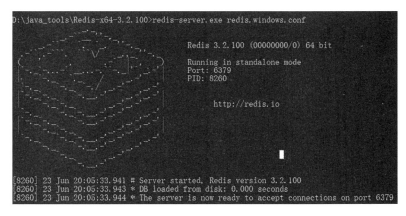

图 8-31 启动 Redis 服务器

在客户端连接 Redis，如图 8-32 所示。具体代码如下。

```
redis-cli -h 192.168.1.3 -p 6379
```

```
D:\java_tools\Redis-x64-3.2.100>redis-cli -h 192.168.1.3 -p 6379
192.168.1.3:6379>
```

图 8-32 在客户端连接 Redis

## 8.2.5 配置 Nginx

### 1. Nginx 简介

Nginx 是一款轻量级的 Web 服务器、反向代理服务器及电子邮件（IMAP/POP3）代理服务器，并在一个 BSD-like 协议下发行。由俄罗斯的程序设计师 Igor Sysoev 所开发，供俄罗斯大型的入口网站及搜索引擎 Rambler（俄文：Рамблер）使用。其特点是占有内存少，并发能力强。事实上，

Nginx 的并发能力确实在同类型的网页服务器中表现较好，中国大陆使用的 Nginx 网站用户有百度、京东、新浪、网易、腾讯、淘宝等。

笔者觉得最大的改变就是反向代理，反向代理（Reverse Proxy）方式，是指以代理服务器来接收 Internet 上的连接请求，然后将请求转发给内部网络上的服务器，并将从服务器上得到的结果返回给 Internet 上请求连接的客户端，此时的代理服务器对外就表现为一个服务器。反向代理方式实际就是一台负责转发的代理服务器，实际是把请求转发给了业务服务器，然后从真正的服务器那里取得返回的数据。

例如，开发中使用了 Tomcat 服务器，Tomcat 服务器对外暴露 8080 端口，那么 Nginx 服务监听可以监听 80 端口。那么 Tomcat 服务器为了减少服务器压力，可以把一部分核心业务的请求转发给 80 端口，由 Nginx 再转发给其他端口的业务服务器，再由其他端口的业务服务器处理请求。然后把响应的结果再返回给 Tomcat 服务器，好像是由 Tomcat 服务器的 Web 应用处理了请求，而实际上是由其他业务服务器的 Web 应用响应了请求，如图 8-33 所示。

Client　　　　　反向代理服务器（Nginx）　　　Web 服务器（Tomcat）　　　　Redis

图 8-33　反向代理服务器 (Nginx) 的作用

Nginx 的官网地址为 http://nginx.org/en/download.html，截至 2018 年 6 月 Nginx 在 Windows 下的稳定版本是 1.14.0。

本书使用的是 Nginx 稳定版 nginx-1.14.0.zip，下载到本地硬盘进行解压缩，如图 8-34 所示。

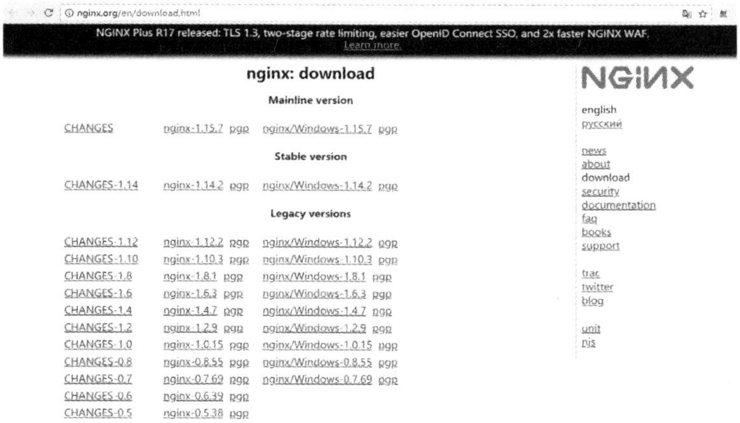

图 8-34　下载 Nginx

**2. Nginx 在 Windows 下的常用命令**

（1）启动 Nginx。进入 %\nginx-1.14.0 目录，如图 8-35 所示。

图 8-35　Nginx 目录

然后运行 nginx 命令，具体代码如下。

```
nginx.exe
```

然后在浏览器中输入 http://127.0.0.1，会得到如图 8-36 所示页面，说明 Nginx 默认监听的端口是 80。

图 8-36　启动 Nginx

如果看到图 8-36 中的画面，说明 Nginx 代理服务器启动成功了。

（2）关闭 Nginx。

```
nginx.exe -s stop
```

nginx 命令附带的参数 -s 表示强制停止 Nginx 服务。

（3）测试 Nginx 配置文件是否正确。

```
nginx.exe -t
```

（4）重启 Nginx，修改配置后重新加载生效。

```
nginx.exe -s reload
```

（5）查看 Nginx 占用的端口。

```
netstat -ano | findstr 80
```

运行命令后，发现占用端口 80 的是进程号为 11764 的进程，如图 8-37 所示。

**图 8-37** 查看 Nginx 占用端口 80 的是进程号 (PID) 为 11764

查看 PID 对应的进程：

```
tasklist | findstr 11764
```

运行命令后，发现使用进程号为 11764 的软件是 Nginx，如图 8-38 所示。

```
C:\Users\pc>tasklist | findstr 11764
nginx.exe                    11764 Console                    1      7,420 K
```

**图 8-38** 查看使用进程号为 11764 的软件

在 Windows 平台下结束该进程：

```
taskkill /f /t /im nginx.exe
```

taskkill 是用来终止进程的。可以根据进程 Id 或图像名来结束进程。
参数列表如下。

- /S system：指定要连接的远程系统。
- /U [domain\]user：指定应该在哪个用户上下文执行这个命令。
- /P [password]：为提供的用户上下文指定密码。如果忽略，提示输入。
- /F：指定要强行终止的进程。
- /FI filter：指定筛选进或筛选出查询的任务。
- /PID process id：指定要终止的进程的 PID。
- /IM image name：指定要终止的进程的映像名称。通配符 (*) 可用来指定所有映像名。
- /T Tree kill：终止指定的进程和任何由此启动的子进程。

使用 Nginx 实现反向代理将客户请求随机分配给两台 Flask 服务器，需要修改 Nginx 的配置文件 %/Nginx/conf/nginx.conf，对 nginx.conf 文件进行精简，精简后的文件如图 8-39 所示。

在 nginx.confnginx 里配置反向代理使用的主要指令如下所示。

（1）使用 upstream 指令配置后端服务器组。

（2）使用 proxy_pass 指令配置需要转发的路径配置。

在本例中将两个 Flask 应用 (flask_session_cluster1 和 flask_session_cluster2) 都部署在 IP 为 192.168.1.3 的计算机上，proxy_pass 的 URL 配置为 http://flask，如果在 IP 为 192.168.1.3 的计算机上访问 http://127.0.0.1/index，nginx 服务器会把请求地址转向 http://flask，flask 是 Nginx 配置的服务器集群名称，Nginx 会根据权重 (weight) 把请求分配给名称为 flask 的服务器集群上对应的 http://192.168.1.3:8081 和 http://192.168.1.3:8082 的 Flask 应用上，权重越大，Flask 应用获得分配请求的概率越大。

```
1
2    worker_processes  1;
3
4    events {
5        worker_connections  1024;
6    }
7
8    http {
9        include       mime.types;
10       default_type  application/octet-stream;
11
12       sendfile        on;
13
14       keepalive_timeout  65;
15       # 服务器的集群
16       upstream flask{  # 服务器集群名字
17           server 127.0.0.1:8081 weight=1;  # 服务器配置，weight是权重的意思，权重越大，Flask应用分配请求的概率越大
18           server 127.0.0.1:8082 weight=1;
19       }
20
21       server {
22           listen       80;
23           server_name  localhost;
24
25           location / {
26               root   html;
27               index  index.html index.htm;
28               proxy_pass http://flask;
29           }
30
31           error_page   500 502 503 504  /50x.html;
32           location = /50x.html {
33               root   html;
34           }
35
36       }
37
38   }
```

图 8-39　修改 Nginx 的配置文件 nginx.conf

修改完配置文件 nginx.conf 后，使用以下命令重启 Nginx。

```
nginx.exe -s reload
```

## 8.2.6 配置 Flask 应用集群

### 1. 新建 Flask 项目

新建项目目录 flask_session_cluster2，本例中的脚本结构如下。

```
flask_session_cluster2
    | — session1.py
    | — index.html
```

在 flask_session_cluster2 目录下新建网页文件 index.html，代码如下。

```html
<!DOCTYPE html>
<html lang="en">
<head>
<meta charset="UTF-8">
<title>login</title>
</head>
<body>
<form name="loginForm" action="/login" method="post">
用户名:<input type="text" name="username" id="username"/><br/>
<input type="submit" value="提交">
 
<input type="reset" value="重置">
</form>
</body>
</html>
```

在 flask_session_cluster2 目录下新建 session1.py 文件，具体代码如下。

```python
# -*- coding: utf-8 -*-
from flask import Flask, session, request, redirect
from flask_session import Session
from redis import Redis


app = Flask(__name__, static_url_path=", static_folder=")
# 设置 Session 需要设置密钥
app.secret_key = '123456'

app.config['SESSION_TYPE'] = 'redis'
app.config['SESSION_REDIS'] = Redis(host='127.0.0.1',port='6379')
Session(app)


@app.route("/index")
def index():
    sessionId = request.cookies.get('session')
    username = session['username']
    return '<br/>sessionId={0}<br/> username={1}, webserver1'.
format(sessionId,username)
```

```
@app.route("/login", methods=['POST'])
def login():
    session['username'] = request.form['username']
    return redirect('/index')


if __name__ == '__main__':
    app.debug = True
    app.run(host='0.0.0.0', port=8081)
```

在上面的代码中，比较关键的是下面几行代码。通过以下代码来获得 sessionId。

```
sessionId = request.cookies.get('session')
```

## 2. 再新建一个 Flask 项目

复制一份 flask_session_cluster2 并重命名为 flask_session_cluster3，修改 flask_session_cluster3
下的 session1.py 文件，对 session1.py 进行修改后的代码如下。

```
# -*- coding: utf-8 -*-
from flask import Flask, session, request, redirect
from flask_session import Session
from redis import Redis


app = Flask(__name__, static_url_path='', static_folder='')
# 设置 Session 需要设置密钥
app.secret_key = '123456'


app.config['SESSION_TYPE'] = 'redis'
app.config['SESSION_REDIS'] = Redis(host='127.0.0.1',port='6379')
Session(app)


@app.route("/index")
def index():
    sessionId = request.cookies.get('session')
    username = session['username']
    return '<br/>sessionId={0}<br/> username={1}, webserver2'.
format(sessionId, username)


@app.route("/login", methods=['POST'])
def login():
    session['username'] = request.form['username']
    return redirect('/index')
```

```
if __name__ == '__main__':
    app.debug = True
    app.run(host='0.0.0.0', port=8082)
```

从以上代码可以看出，做了以下修改。

- 对 Flask 的监听端口进行修改，监听端口改为 8082。

- 当访问 http://127.0.0.1:8082/index 时，对路由返回值进行了修改。修改的核心代码如下。

```
@app.route("/index")
def index():
    sessionId = request.cookies.get('session')
    username = session['username']
    return '<br/>sessionId={0}<br/> username={1},
webserver2'.format(sessionId, username)
```

### 3. 启动 Flask 服务器

实验需要启动两个 Flask Web-server，两个服务器占用的端口是 8081 和 8082。切换到 %/flask_session_cluster2/ 目录下，然后在命令行运行 session1.py 脚本启动服务器，如图 8-40 所示。

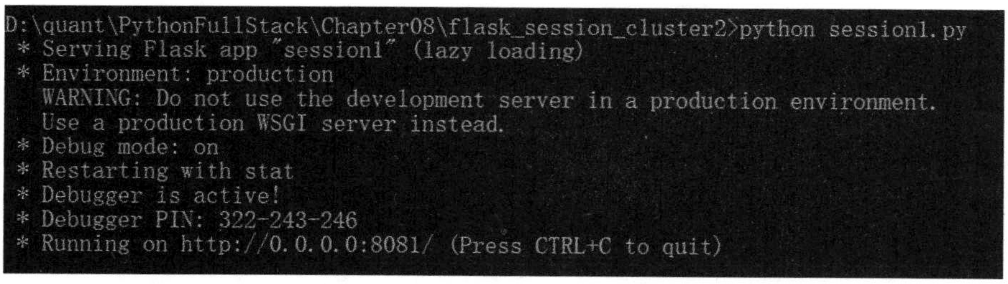

图 8-40　启动 Webserver（1）

再切换到 %\flask_session_cluster3\ 目录下，然后在命令行运行 session1.py 脚本启动服务器，如图 8-41 所示。

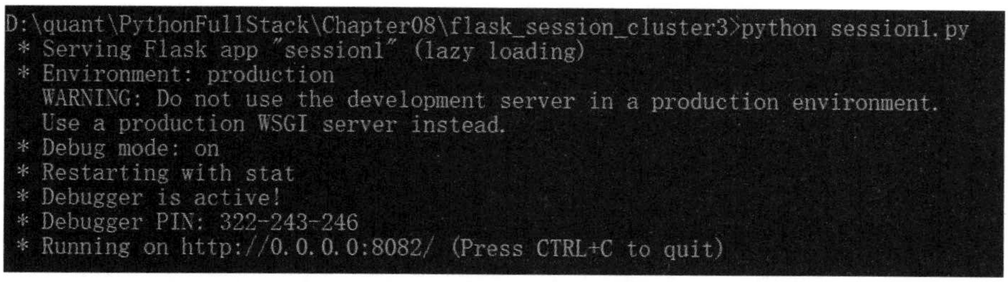

图 8-41　启动 Webserver（2）

在浏览器中访问 http://127.0.0.1/index.html，然后在登录页面中输入用户名，如图 8-42 所示。

图 8-42　登录页面

提交表单后，在 http://127.0.0.1/index 页面，就会看见 sessionId 了，路由的返回内容来自 webserver1，如图 8-43 所示。

图 8-43　使用浏览器查看页面中 Cookie 产生的 sessionId

笔者使用的是 FireFox 浏览器，访问网址后按【F12】键打开 Web 控制台，切换到【网络】选项卡，查看请求链接可以在浏览器的消息头栏里，看到请求头 Cookie 中对应的 sessinId 和页面显示的 sessionId 是一致的，如图 8-44 所示。

再次刷新 http://127.0.0.1/index 后会发现 sessionId 值不变，说明访问的是同一个 sessionId，但是路由的返回内容是来自 webserver2。

图 8-44　显示页面中产生的 sessionId 和登录用户名

可见，分别访问了不同的 webserver，但是得到的 sessionId 却是相同的，说明达到了集群的目的。

### 4. 访问 Redis 服务器

使用 keys * 命令访问 redis 客户端会发现多了一个 key，在使用 get key 命令就可以看出 Session 已经持久化到 Redis 服务器，如图 8-45 所示。

```
192.168.1.3:6379> keys *
1) "session:0e6fc83e-8e41-4b39-bf9a-baf91f40bbe3"
192.168.1.3:6379> get session:0e6fc83e-8e41-4b39-bf9a-baf91f40bbe3
"\x80\x03}q\x00(X\n|x00\x00\x00\x00permanentq\x01\x88X\b\x00\x00\x00\x00usernameq\x02X\a\x00\x00\x00\x00xinpingq\x03u."
```

图 8-45  将 Session 持久化到 Redis

# 8.3 ECharts 简介

ECharts 是开源的商业及数据图表库，它是一个纯 JavaScript 的图表库，可以流畅地运行在 PC 端和移动设备上，兼容当前绝大部分浏览器（IE8/9/10/11、Chrome、Firefox、Safari 等）。底层依赖轻量级的 Canvas 类库 ZRender, 提供直观、生动、可交互、可高度定制化定制的数据可视化图表。ECharts 中加入了更丰富的交互功能及更多的可视化效果，并对移动端做了深度的优化。

ECharts 是由来自百度 EFE 数据可视化团队开发的，ECharts 是基于 JavaScript 的数据图表库，在编程的灵活性和图表的丰富性方面非常强大，优点很多。

- ECharts 是一款独立的 Web 版数据可视化工具，界面人性化，提供强大的互动性操作。

- 对图形参数的修改十分简单，并且直观，便于初学者使用。

- 丰富的可视化图表，具有高度互动性，这得益于其完善的文档和简单的 JavaScript API，相比 Matplotlib 的图表，更加现代和绚丽。

- 深度的交互式数据探索提供了图例、视觉映射、数据区域缩放、tooltip、数据刷选等开箱即用的交互组件，可以对数据进行多维度数据筛取、视图缩放、展示细节等交互操作。

- 移动端优化。

ECharts 提供了常规的折线图、柱状图、散点图、饼状图、K 线图，用于统计的盒形图，用于地理数据可视化的地图、热力图、线图，用于关系数据可视化的关系图、treemap、多维数据可视化的平行坐标，还有用于 BI 的漏斗图、仪表盘，并且支持图与图之间的混搭。

ECharts 官网可以访问 http://echarts.baidu.com/，如图 8-46 所示。

图 8-46　EChrts 官网

Echarts 的文档齐全，在文档中对各种图形的案例描述都很详细，从官网文档入手再好不过了，读者可以参考它的官网示例（图 8-47）和 API 参考文档。

ECharts 的官网示例为：

http://echarts.baidu.com/echarts2/doc/example.html

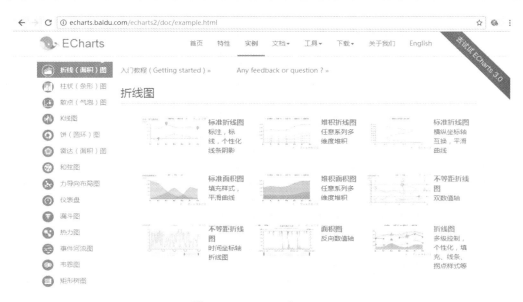

图 8-47　ECharts 官网示例

如果需要定制复杂的图形，可以参考 ECharts API 文档：http://echarts.baidu.com/api.html#echarts

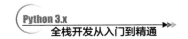

### 8.3.1 ECharts 轻松上手

从一个简单的 ECharts 案例入手，主要参考了 ECharts 的教程：http://echarts.baidu.com/tutorial.html。

首先从 ECharts 官网下载需要的版本，根据开发者功能和体积上的需求，ECharts 官网提供了不同打包的下载，如图 8-48 所示。如果体积上没有要求，则可以直接下载完整版本。本书下载的是 ECharts 完整版本，版本是 4.1.0，文件名为 "echarts.min.js"。

ECharts 官网下载地址为 http://echarts.baidu.com/download.html。

图 8-48　下载 ECharts

本例使用 ECharts 绘制简单的图表，新建 echarts_demo1 目录，并在该目录下新建 jslib 文件夹，把下载的 echarts.min.js 放入此目录中。本案例中的脚本结构如下。

```
echarts_demo1
    └── jslib
        └── echarts.min.js
    │── echarts_demo.html
```

然后在 echarts_demo1 目录下新建 echarts_demo.html 页面。

```
<!DOCTYPE html>
<html>
    <head>
        <meta charset="utf-8" />
        <title></title>
        <!-- 引入 echarts.js -→
```

```html
    <script src="jslib/echarts.min.js"></script>
    </head>
<body>
<!-- 为 ECharts 准备一个具备大小（宽高）的 DOM -→
<div id="main" style="width: 600px;height:400px;"></div>
<script type="text/javascript">
        // 基于准备好的 DOM，初始化 ECharts 实例
        var myChart = echarts.init(document.getElementById('main'));

        // 指定图表的配置项和数据
        var option = {
            title: {
                text: 'ECharts 入门示例'
            },
            tooltip: {},
            legend: {
                data:['销量']
            },
            xAxis: {
                data: ["衬衫","羊毛衫","雪纺衫","裤子","高跟鞋","袜子"]
            },
            yAxis: {},
            series: [{
                name: '销量',
                type: 'bar',
                data: [5, 20, 36, 10, 10, 20]
            }]
        };

        // 使用刚指定的配置项和数据显示图表
        myChart.setOption(option);
</script>
</body>
</html>
```

使用浏览器打开 echarts_demo.html 页面，显示效果如图 8-49 所示。

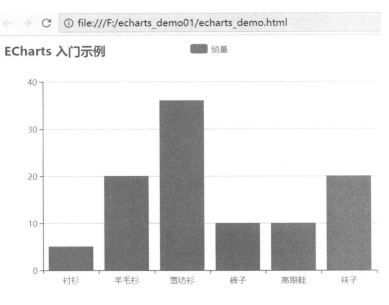

图 8-49　使用 ECharts 绘制柱状图

本例中，使用 ECharts 绘制简单的柱状图，有以下知识点需要注意。

### 1. 引入 ECharts

ECharts 是一个纯 JavaScript 的图标库，需要像普通的 JavaScript 库一样用 script 标签引用。

```
<!DOCTYPE html>
<html>
<head>
<meta charset="utf-8">
<!-- 引入 ECharts 文件 -→
<script src="jslib/echarts.min.js"></script>
</head>
</html>
```

### 2. 绘制简单图表

在绘图前需要为 ECharts 准备一个具备高宽的 DOM 容器。

```
<body>
<!-- 为 ECharts 准备一个具备大小（宽高）的 DOM -→
<div id="main" style="width: 600px;height:400px;"></div>
</body>
```

然后可以通过 echarts.init 方法初始化一个 ECharts 实例并通过 setOption 方法生成一个简单的柱状图。

```
<script type="text/javascript">
```

```
        // 基于准备好的 DOM，初始化 Echarts 实例
        var myChart = echarts.init(document.getElementById('main'));

        // 指定图表的配置项和数据
        var option = {
            title: {
                text: 'ECharts 入门示例'
            },
            tooltip: {},
            legend: {
                data:['销量']
            },
            xAxis: {
                data: ["衬衫","羊毛衫","雪纺衫","裤子","高跟鞋","袜子"]
            },
            yAxis: {},
            series: [{
                name: '销量',
                type: 'bar',
                data: [5, 20, 36, 10, 10, 20]
            }]
        };

        // 使用刚指定的配置项和数据显示图表
        myChart.setOption(option);
</script>
```

本例中图表的配置项参数可以参考 ECharts 官网中文档的配置项手册，其他图形的配置项也是如此，如图 8-50 所示。

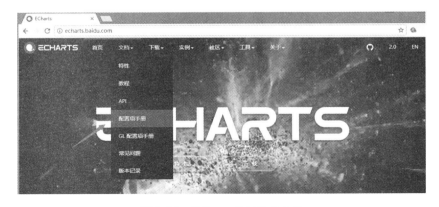

图 8-50　ECharts 的配置项手册

本例中使用 EChart 绘制了一个简单的柱状图，没有使用任何图片，显示的柱状图是通过 ECharts 的 JavaScript 函数绘制的。图形中的数据和互动也都是通过 JavaScript 函数实现的，这些 JavaScript 函数实现的细节都封装在 EChart 图表库里。

本例中绘制的柱状图虽然在显示上是静止的，但在浏览器中是用 ECharts 的 JavaScript 函数绘制的，支持各种互动功能，读者可以好好体会一下。

### 8.3.2 Flask 与 ECharts

本节将结合 Flask 与 ECharts 来绘图。使用 Flask 创建 Web 应用，在 Web 应用中创建 Web 页面，使用 ECharts 来绘制各种常用的图形。

在新建 echarts_demo2 目录下新建 jslib 文件夹，把下载的 echarts.min.js 放入此目录中。在本例中实现显示多个图表功能。本例中的脚本结构如下。

```
echarts_demo2
    └── jslib
        └── echarts.min.js
    |── report.py
    |── echarts_bar.html
    |── echarts_line.html
    |── echarts_pie.html
    |── echarts_pie2.html
    |── echarts_gauge.html
```

然后在 echarts_demo2 目录下新建路由 report.py：

```python
# -*- coding: utf-8 -*-
from flask import Flask


app = Flask(__name__, static_url_path='', static_folder='')


if __name__ == '__main__':
    app.debug = True
    app.run(host='0.0.0.0', port=80)
```

启动 Flask 服务器，在命令行运行以下 report.py 脚本启动服务器：

```
python report.py
```

### 8.3.3 柱状图

在 echarts_demo2 目录下新建 echarts_bar.html 页面：

```html
<!DOCTYPE html>
<html>
```

```html
<head>
<meta charset="utf-8">
<title>ECharts</title>
<!-- 引入 echarts.js -→
<script src="jslib/echarts.min.js"></script>


</head>
<body>
<!-- 为 ECharts 准备一个具备大小（宽高）的 DOM -→
<div id="main" style="width: 600px;height:400px;"></div>
<script type="text/javascript">
        // 基于准备好的 DOM，初始化 ECharts 实例
        var myChart = echarts.init(document.getElementById('main'));

        // 指定图表的配置项和数据
        var option = {
            title: {
                text: 'ECharts 柱状图'
            },
            tooltip: {},
            legend: {
                data:[' 销量 ']
            },
            xAxis: {
                data: [" 衬衫 "," 羊毛衫 "," 雪纺衫 "," 裤子 "," 高跟鞋 "," 袜子 "]
            },
            yAxis: {},
            series: [{
                name: ' 销量 ',
                type: 'bar',
                data: [5, 20, 36, 10, 10, 20]
            }]
        };

        // 使用刚指定的配置项和数据显示图表
        myChart.setOption(option);
</script>
</body>
</html>
```

然后访问 http://127.0.0.1/echarts_bar.html，就会出现一个 ECharts 的柱状图，如图 8-51 所示。

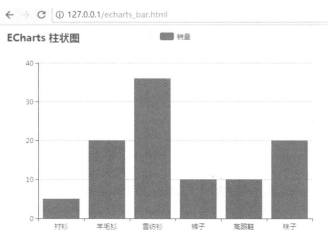

图 8-51　ECharts 绘制的柱状图

## 8.3.4 折线图

在 echarts_demo2 目录下新建 echarts_line.html 页面。

```html
<!DOCTYPE html>
<html lang="en">
<head>
<meta charset="UTF-8">
<title>Title</title>
<script src="jslib/echarts.min.js"></script>
</head>
<body>

<button id="showChart_btn" onclick="showChart()">show chart</button>
<div id="chart_div" style="width:800px;height:600px;" ></div>

<script type="text/javascript">

    function showChart(){
        var chart = echarts.init(document.getElementById("chart_div"));
        var option = {
            title : {
                text: '未来一周气温变化',
                subtext: '纯属虚构'
            },
```

```
            tooltip : {
                trigger: 'axis'
            },
            legend: {
                data:['最高气温','最低气温']
            },
            toolbox: {
                show : true,
                feature : {
                    mark : {show: true},
                    dataView : {show: true, readOnly: false},
                    magicType : {show: true, type: ['line', 'bar']},
                    restore : {show: true},
                    saveAsImage : {show: true}
                }
            },
            calculable : true,
            xAxis : [
                {
                    type : 'category',
                    boundaryGap : false,
                    data : ['周一','周二','周三','周四','周五','周六','周日']
                }
            ],
            yAxis : [
                {
                    type : 'value',
                    axisLabel : {
                        formatter: '{value} °C'
                    }
                }
            ],
            series : [
                {
                    name:'最高气温',
                    type:'line',
                    data:[11, 11, 15, 13, 12, 13, 10],
                    markPoint : {
                        data : [
                            {type : 'max', name: '最大值'},
```

```
                    {type : 'min', name: '最小值'}
                ]
            },
            markLine : {
                data : [
                    {type : 'average', name: '平均值'}
                ]
            }
        },
        {
            name:'最低气温',
            type:'line',
            data:[1, -2, 2, 5, 3, 2, 0],
            markPoint : {
                data : [
                    {name : '周最低', value : -2, xAxis: 1, yAxis: -1.5}
                ]
            },
            markLine : {
                data : [
                    {type : 'average', name : '平均值'}
                ]
            }
        }
        ]
    };


    chart.setOption(option);


    }

</script>
</body>
</html>
```

然后访问 http://127.0.0.1/echarts_line.html，就会出现一个 ECharts 的折线图，如图 8-52 所示。

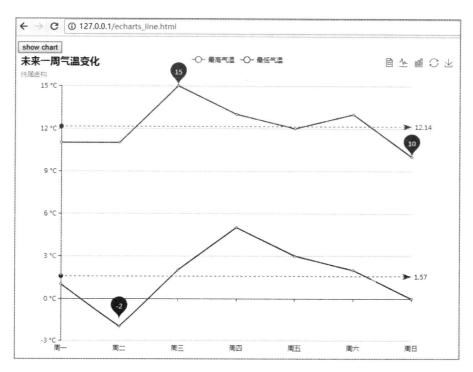

图 8-52　ECharts 绘制的折线图

在 echarts_demo1 目录下新建 echarts_pie.html 页面：

```
<!DOCTYPE html>
<html lang="en">
<head>
<meta charset="UTF-8">
<title>Title</title>
<script src="jslib/echarts.min.js"></script>
</head>
<body>

<button id="showChart_btn" onclick="showChart()">show chart</button>
<div id="chart_div" style="width:800px;height:600px;" ></div>

<script type="text/javascript">

    function showChart(){
```

```
var chart = echarts.init(document.getElementById("chart_div"));
var option = {
    title : {
        text: '编程语言使用百分比',
        subtext: '来自网络',
        x:'center'
    },
    tooltip : {
        trigger: 'item',
        formatter: "{a} <br/>{b} : {c} ({d}%)"
    },
    legend: {
        orient : 'vertical',
        x : 'left',
        data:['python','java','c#','php','c++']
    },
    toolbox: {
        show : true,
        feature : {
            mark : {show: true},
            dataView : {show: true, readOnly: false},
            magicType : {
                show: true,
                type: ['pie', 'funnel'],
                option: {
                    funnel: {
                        x: '25%',
                        width: '50%',
                        funnelAlign: 'left',
                        max: 1548
                    }
                }
            },
            restore : {show: true},
            saveAsImage : {show: true}
        }
    },
    calculable : true,
    series : [
        {
```

```
                        name:'访问来源 ',
                        type:'pie',
                        radius : '55%',
                        center: ['50%', '60%'],
                        // 传递 json 格式的数组
                        data:[
                                {value:3350, name:'python'},
                                {value:310, name:'java'},
                                {value:234, name:'c#'},
                                {value:135, name:'php'},
                                {value:1548, name:'c++'}
                        ]
                    }
                ]
            };


        chart.setOption(option);
    }

</script>


</body>
</html>
```

饼状图的数据源，也可以使用 JS 语言来构造 json 格式的数组：

```
  var data= [
                { value: 100 , name : "python" },
                { value: 80 , name : "java" },
                { value: 90 , name : "c#" },
                { value: 70 , name : "php" },
                { value: 66 , name : "c++" }
            ];
```

然后访问 http://127.0.0.1/echarts_pie.html，就会出现一个 ECharts 的饼状图，如图 8-53 所示。

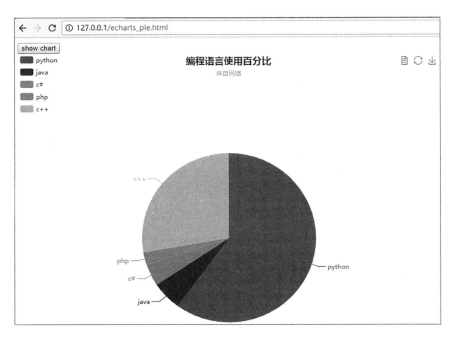

图 8-53　ECharts 绘制的饼状图

## 8.3.6 仪表盘

在 echarts_demo2 目录下新建 echarts_gauge.html 页面。在仪表盘页面使用 setInterval() 函数不断实时产生仪表盘的数据源，所以仪表盘的数据是实时刷新的，模拟实际的生产环境。内容如下。

```html
<!DOCTYPE html>
<html lang="en">
<head>
<meta charset="UTF-8">
<title>Title</title>
<script src="jslib/echarts.min.js"></script>
</head>
<body>

<button id="showChart_btn" onclick="showChart()">show chart</button>
<div id="chart_div" style="width:800px;height:600px;" ></div>

<script type="text/javascript">

    function showChart(){
        var chart = echarts.init(document.getElementById("chart_div"));
```

```
        option = {
            tooltip : {
                formatter: "{a} <br/>{b} : {c}%"
            },
            toolbox: {
                show : true,
                feature : {
                    mark : {show: true},
                    restore : {show: true},
                    saveAsImage : {show: true}
                }
            },
            series : [
                {
                    name:'业务指标',
                    type:'gauge',
                    detail : {formatter:'{value}%'},
                    data:[{value: 50, name: '完成率'}]
                }
            ]
        };


        //clearInterval(timeTicket);
        timeTicket = setInterval(function (){
            option.series[0].data[0].value = (Math.random()*100).toFixed(2) - 0;
            chart.setOption(option, true);
        },2000);

        chart.setOption(option);
    }

</script>

</body>
</html>
```

然后访问 http://127.0.0.1/echarts_gauge.html，就会出现一个 ECharts 的仪表盘，如图 8-54 所示。

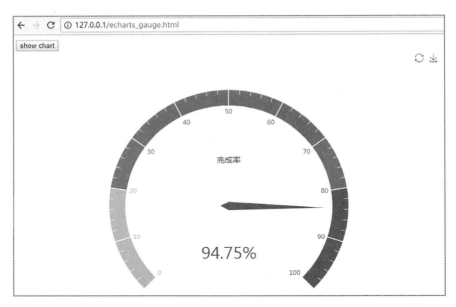

图 8-54　ECharts 绘制的仪表盘

## 8.3.7　可实时刷新的饼状图

在 8.3.3 小节中使用 ECharts 绘制的是静态的饼状图，如果需要每隔一段时间绘制可实时刷新
数据的饼状图，需要在页面使用 setInterval() 函数。

在 echarts_demo2 目录下新建页面 echarts_pie2.html：

```html
<!DOCTYPE html>
<html lang="en">
<head>
<meta charset="UTF-8">
<title>Title</title>
<script src="jslib/echarts.min.js"></script>
</head>
<body>
<button id="showChart_btn" onclick="showChart()">show chart</button>
<div id="chart_div" style="width: 800px; height: 600px;"></div>

<script type="text/javascript">
    // data = [];
    function showChart() {

        var data = [
```

```
            {value: Math.ceil(Math.random() * 100), name: "python"},
            {value: Math.ceil(Math.random() * 100), name: "java"},
            {value: Math.ceil(Math.random() * 100), name: "c#"},
            {value: Math.ceil(Math.random() * 100), name: "php"},
            {value: Math.ceil(Math.random() * 100), name: "c++"}
        ];
        // alert('echarts');
        var chart = echarts.init(document.getElementById("chart_div"));
        option = {
title : {
    text: '编程语言使用情况',
    subtext: '2018年最新数据',
    x:'center'
},
tooltip : {
    trigger: 'item',
    formatter: "{a} <br/>{b} : {c} ({d}%)"
},
legend: {
    orient : 'vertical',
    x : 'left',
    data:['python','java','c#','php','c++']
},
toolbox: {
    show : true,
    feature : {
        mark : {show: true},
        dataView : {show: true, readOnly: false},
        magicType : {
            show: true,
            type: ['pie', 'funnel'],
            option: {
                funnel: {
                    x: '25%',
                    width: '50%',
                    funnelAlign: 'left',
                    max: 1548
                }
            }
        },
```

461

```
                restore : {show: true},
                saveAsImage : {show: true}
            }
        },
        calculable : true,
        series : [
            {
                name:'访问来源',
                type:'pie',
                radius : '55%',
                center: ['50%', '60%'],
                data:data
            }
        ]
    };


    timeTicket1 = setInterval(function () {

        data = [
            {value: Math.ceil(Math.random() * 100), name: "python"},
            {value: Math.ceil(Math.random() * 100), name: "java"},
            {value: Math.ceil(Math.random() * 100), name: "c#"},
            {value: Math.ceil(Math.random() * 100), name: "php"},
            {value: Math.ceil(Math.random() * 100), name: "c++"}
        ];
        option.series[0].data = data;
        chart.setOption(option);
        console.log(data);
    }, 2000);


}

</script>
</body>
</html>
```

然后访问 http://127.0.0.1/echarts_pie2.html，就会出现一个可实时刷新数据的 ECharts 饼状图，如图 8-55 所示。

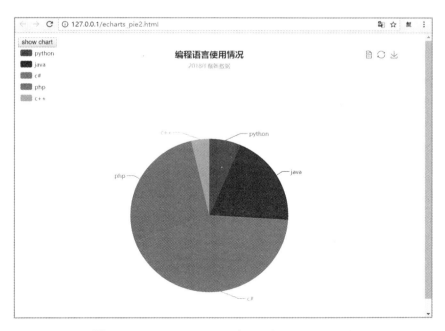

图 8-55 ECharts 绘制的可实时刷新数据的饼状图

# 8.4 案例 1：系统监控

本节将结合前面学习的 Flask 技术和 ECharts 技术做一个系统监控案例。总体来说，分为以下 4 个部分。

（1）监控器 (monitor.py)：每秒获取系统的 4 个 CPU 的使用率，存入数据库。

（2）存储器 (cpuDao.py)：在数据库存储系统的 4 个 CPU 的使用率，查询 CPU 的使用率。

（3）路由器 (app.py)：响应页面的 Ajax 请求，获取最新的一条或多条数据。

（4）页面（index.html）：发出 Ajax 请求，定时更新 ECharts 图表。

系统监控的架构如下。

• 持久层：DAO 模式。建立实体类和数据库表映射，目的是完成对象数据和关系数据的转换。

• Service 层：事务脚本模式。将业务中的操作封装成一个方法，以保证方法中所有的数据库更新操作同步。

• Web 层：MVC 模式。

Model：数据的封装和传输。

View：数据的展示。

Controller：流程的控制。

系统监控的架构图如图 8-56 所示。

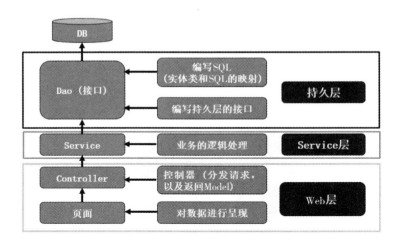

图 8-56　系统监控的架构图

## 8.4.1 环境准备

本例中使用 MySQL 数据库来存储 CPU 的使用率，使用以下脚本创建数据库和表。

```
CREATE DATABASE mytestdb character set utf8 ;

USE mytestdb;

DROP TABLE IF EXISTS 'cpu';

CREATE TABLE cpu (
    id INTEGER PRIMARY KEY AUTO_INCREMENT,
    insert_time text,
    cpu1 float,
    cpu2 float,
    cpu3 float,
    cpu4 float
)ENGINE=InnoDB DEFAULT CHARSET=utf8;
```

本例中使用 ECharts 绘制系统监控的图表，新建 flask_echarts_example1 目录，并在该目录下新建 jslib 文件夹，把下载的 jquery-3.3.1.min.js 放入此目录中。本例中的脚本结构如下。

```
flask_echarts_example1
    |— app.py
    |— cpuDao.py
    |— monitor.py
    |— index.html
```

```
|— sql.txt
└─ jslib
    └─ jquery-3.3.1.min.js
    └─ echarts.min.js
    └─ echarts.min.js
```

## 8.4.2 存储器

在 flask_echarts_example1 目录下新建 cpuDao.py 文件，本例中把系统采集的数据保存到 MySQL 数据库中，使用的账号是 root, 密码是 123456。内容如下。

```python
# -*- coding: utf-8 -*-
import pymysql

def saveToDb(*data):
    # 格式化数据
    data = (data[0], data[1][0], data[1][1], data[1][2], data[1][3])
    print(data)
    # 打开数据库连接
    db = pymysql.connect("127.0.0.1", "root", "123456", "mytestdb",
charset="utf8")

    # 使用 cursor() 方法获取操作游标
    cursor = db.cursor()

    # SQL 插入语句
    sql = 'INSERT INTO cpu(insert_time,cpu1,cpu2,cpu3,cpu4) VALUES ( %s,
%s, %s, %s, %s)'
    try:
        # 执行 SQL 语句
        cursor.execute(sql , data)
        # 提交到数据库执行
        db.commit()
    except Exception as e:
        print(e)
        # 如果发生错误则回滚
        db.rollback()

    # 关闭数据库连接
    db.close()
```

```python
def query_db(query, args=(), one=False):
    # 打开数据库连接
    db = pymysql.connect("127.0.0.1", "root", "123456", "mytestdb",
charset="utf8")

    # 使用 cursor() 方法获取操作游标
    cursor = db.cursor()

    try:
        # 执行 SQL 语句
        print("*** args=> ", args)
        cursor.execute(query, args)
        # 获取所有记录列表
        results = cursor.fetchall()
    except Exception as e:
        print("Error: unable to fetch data", e)

    # 关闭数据库连接
    db.close()
    return results
```

### 8.4.3 监控器

打开任务管理器，可以看到笔者机器上 CPU 处理器的数量有 4 个，如图 8-57 所示。

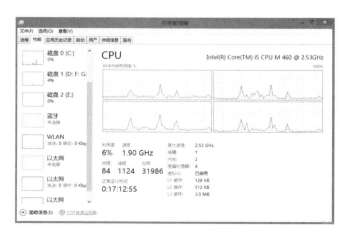

图 8-57  查看 CPU 处理器数量

在 flask_echarts_example1 目录下新建 monitor.py 文件，本例脚本使用了 Psutil 库对系统进行监

控，查看 CPU 使用的百分比：

```python
# -*- coding: utf-8 -*-
import psutil
import time
import cpuDao as cpuDao


def monitorCpu():
    # 通过循环，对系统进行监控
    while True:
        # 获取系统CPU使用率（每隔1秒）
        cpus = psutil.cpu_percent(interval=1, percpu=True)

        # 获取系统时间（取年-月-日时:分:秒）
        curTime = time.strftime("%Y-%m-%d %H:%M:%S", time.localtime())
        # print(type(cpus), cpus)

        # 保存到数据库
        cpuDao.saveToDb( curTime, cpus )


if __name__ == "__main__":
    monitorCpu()
```

本例脚本专门对服务器的 CPU 使用率进行监控，抓取监控获得的数据存入数据库。在命令行窗口运行 monitor.py 脚本会每隔 1 秒获取系统 CPU 使用率，使用 python 命令启动 monitor.py 脚本如下。

```
python monitor.py
```

## 8.4.4 路由器

在 flask_echarts_example1 目录下新建 app.py 文件作为工程的路由器，提供前台页面的接口：

```python
# -*- coding: utf-8 -*-
import cpuDao as cpuDao
from flask import Flask, request, render_template, jsonify

app = Flask(__name__, static_url_path='', static_folder='')


@ app.route('/cpu', methods=['GET', 'POST'])
def cpu():
    if request.method == "GET":
        res = cpuDao.query_db("SELECT * FROM cpu WHERE id <= 6")   # 第一次只
```

返回 6 个数据

```python
    elif request.method == "POST":
        res = cpuDao.query_db("SELECT * FROM cpu WHERE id = (%s)",
args=(int(request.form['id']) + 1,))  # 以后每次返回 1 个数据


    print(res)


    # 返回 json 格式
    return jsonify(insert_time = [x[1] for x in res],
                    cpu1 = [x[2] for x in res],
                    cpu2 = [x[3] for x in res],
                    cpu3 = [x[4] for x in res],
                    cpu4 = [x[5] for x in res])


@ app.route('/')
def index():
    return '<a href="http://www.baidu.com">baidu</a>'


if __name__ == '__main__':
    app.debug = True
    app.run(host='0.0.0.0', port=80)
```

启动 Flask 服务器，在命令行运行以下 app.py 脚本启动服务器：

```
python app.py
```

## 8.4.5 页面

在 flask_echarts_example1 目录下新建 index.html 页面：

```html
<!DOCTYPE html>
<html lang="en">
<head>
    <meta charset="utf-8">
    <title>ECharts3 Ajax</title>
    <script src="jslib/echarts.min.js"></script>
    <script src="jslib/jquery-3.3.1.min.js"></script>
</head>


<body>
    <!-- 为 ECharts 准备一个具备大小（宽高）的 DOM-->
    <div id="main" style="height:500px;border:1px solid #ccc;padding:10px;"></div>
```

```
<script type="text/javascript">
// 折线图
var myChart = echarts.init(document.getElementById('main'));

myChart.setOption({
    title: {
        text: '服务器系统监控'
    },
    tooltip: {},
    legend: {
        data:['cpu1','cpu2','cpu3','cpu4']
    },
    xAxis: {
        data: []
    },
    yAxis: {},
    series: [{
        name: 'cpu1',
        type: 'line',
        data: []
    },{
        name: 'cpu2',
        type: 'line',
        data: []
    },{
        name: 'cpu3',
        type: 'line',
        data: []
    },{
        name: 'cpu4',
        type: 'line',
        data: []
    }]
});

    // 6个全局变量：插入时间、CPU1、CPU2、CPU3、CPU4、 哨兵（用于 POST ）
    var insert_time = ["","","","","",""],
    cpu1 = [0,0,0,0,0,0],
    cpu2 = [0,0,0,0,0,0],
```

```
        cpu3 = [0,0,0,0,0,0],
        cpu4 = [0,0,0,0,0,0],

        lastID = 0;  // 哨兵，记录上次数据表中的最后 id +1（下次查询只要 >=lastID）

        // 准备好统一的 callback 函数
        var update_mychart = function (data) { //data 是 json 格式的 response 对象

        myChart.hideLoading();  // 隐藏加载动画

        dataLength = data.insert_time.length; //取回的数据长度
        console.log("dataLength="+dataLength + ",data="+ JSON.stringify(data) )
        lastID += dataLength;  // 哨兵，相应增加

        // 切片是能统一的关键
        insert_time = insert_time.slice(dataLength).concat(data.insert_
time);  // 数组，先切片，再拼接
        cpu1 = cpu1.slice(dataLength).concat(data.cpu1.map(parseFloat)); //
注意 map 方法
        cpu2 = cpu2.slice(dataLength).concat(data.cpu2.map(parseFloat));
        cpu3 = cpu3.slice(dataLength).concat(data.cpu3.map(parseFloat));
        cpu4 = cpu4.slice(dataLength).concat(data.cpu4.map(parseFloat));

        // 填入数据
        myChart.setOption({
            xAxis: {
                data: insert_time
            },
            series: [{
                name: 'cpu1', // 根据名称对应到相应的系列
                data: cpu1
            },{
                name: 'cpu2',
                data: cpu2
            },{
                name: 'cpu3',
                data: cpu3
            },{
                name: 'cpu4',
                data: cpu4
```

```
            }]
        });

        if (dataLength == 0){clearInterval(timeTicket);} // 如果取回的数据长度
为 0，停止 ajax
        }

    myChart.showLoading(); // 首次显示加载动画

    // 异步加载数据（首次，GET，显示 4 个数据）
    $.get('/cpu').done(update_mychart);

    // 异步更新数据（以后，定时 POST，取回 1 个数据）
    var timeTicket = setInterval(function () {
        $.post('/cpu',{id: lastID}).done(update_mychart);
    }, 3000);

    </script>
</body>
</html>
```

然后打开 Chrome 浏览器，在地址栏中输入 http://127.0.0.1/index.html，就可以看到网页，如图 8-58 所示。

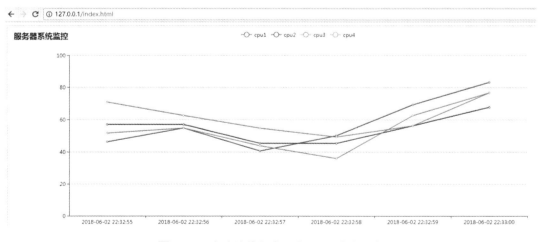

**图 8-58** 查看计算机中 4 个 CPU 的使用率

由于本书截取的都是静态页面，因此在本例中使用 setInterval() 函数异步更新数据，每隔 3 秒从 cpu 表中获取数据，即每 3 秒动态更新 ECharts 的折线图。核心代码如下。

471

```
    var timeTicket = setInterval(function () {
        $.post('/cpu',{id: lastID}).done(update_mychart);
    }, 3000);
```

## 8.5 案例 2：动态显示销量

通过 EChatrs 的饼状图动态显示虚拟的华为、小米和 OPPO 手机在 2018 年 1 月的销量。数据通过随机数生成。每 3 秒刷新一次页面，要求随机数是在服务器端生成，在服务器端发送数据。客户端通过 Ajax 发送请求获得接收数据，并用 ECharts 图表展示。

新建项目目录 flask_echarts_example2，本例中的脚本结构如下。

```
flask_echarts_example2
    | — app.py
    | — index.html
    └── jslib
          └── jquery-3.1.1.min.js
          └── echarts.min.js
```

在 flask_echarts_example2 目录下新建一个 jslib 文件夹，把本例需要的 jquery-3.1.1.min.js 和 echarts.min.js 放在 jslib 文件夹下。

在 flask_echarts_example2 目录下新建一个 app.py 文件，具体代码如下。

```python
# -*- coding: utf-8 -*-
from flask import Flask,request
import json
import math
import random


app = Flask(__name__, static_url_path='', static_folder='')


@app.route('/')
def index():
    return 'flask server'


@app.route('/getdata', methods=['GET', 'POST'])
def getdata():
    # 生成三个厂商的手机销量数据，数据类型是字典
    data = {
        '华为': math.ceil(random.random() * 100),
```

```
            '小米': math.ceil(random.random() * 100),
            'oppo': math.ceil(random.random() * 100)
        }
    msg_dict = {'msg': data }
    # 转换数据，从字典类型转换为字符串
    msg_jsonstr = json.dumps(msg_dict)
    return msg_jsonstr


if __name__ == '__main__':
    app.run(host='0.0.0.0', port=80, debug=True)
```

启动 Flask 服务器，在命令行运行以下 app.py 脚本启动服务器：

```
python app.py
```

在 flask_echarts_example2 目录下新建一个前端页面 index.html，具体代码如下。

```html
<!DOCTYPE html>
<html lang="en">
<head>
    <meta charset="UTF-8">
    <title>Title</title>
    <script src="jslib/jquery-3.3.1.min.js"></script>
    <script src="jslib/echarts.min.js"></script>
</head>
<body>
    <div id="chart_div" style="width: 800px; height: 600px;"></div>
</body>
    <script type="text/javascript">

        data2=[]
        data=[]
        var chart = echarts.init(document.getElementById("chart_div"));
        var options = {
            title : {
                text: '华为，小米和OPPO手机在2018年一月份的销量统计',
                subtext: '以上数据为操作需要虚构的数据',
                x:'center'
            },
            tooltip : {
                trigger: 'item',
                formatter: "{a} <br/>{b} : {c} ({d}%)"
            },
```

```
            legend: {
                orient: 'vertical',
                left: 'left',
                data: data2
            },
            series : [
                {
                    name: '数据来源',
                    type: 'pie',
                    radius : '80%',
                    center: ['50%', '60%'],
                    data:data,
                    itemStyle: {
                        emphasis: {
                            shadowBlur: 10,
                            shadowOffsetX: 0,
                            shadowColor: 'rgba(0, 0, 0, 0.5)'
                        }
                    }
                }
            ]
};


timeTicket1 = setInterval(function () {
    $.get('/getdata').done(changData);
},3000);
 function changData(result) {
    var data3 = JSON.parse(result).msg;
    data = [
        {value: data3['华为'],name: '华为'},
        {value: data3['小米'],name: '小米'},
        {value: data3['oppo'],name: 'oppo'},
    ]
    options.series[0].data = data;
     for (var i=0;i<data.length;i++){
         data2[i]=data[i]["name"]
     }


    chart.setOption(options);
 }
```

```
    </script>
</html>
```

然后访问 http://127.0.0.1/index.html，就可以看到动态显示手机销量的饼状图了，如图 8-59
所示。

```
python app.py
```

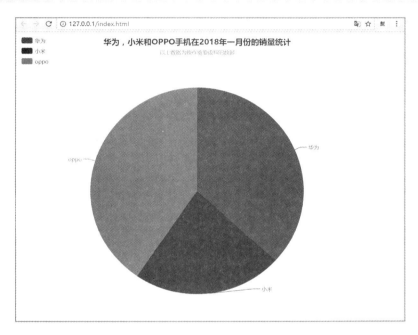

图 8-59　动态显示销量

注：图 8-59 中的数据为操作需要虚构的数据。

# Python 在量化交易中的应用

本章主要介绍量化交易的基本概念和 Python 在量化交易中的作用。

# 9.1 量化交易介绍

Python 在一个神秘而有趣的应用领域得到广泛运用——量化交易。量化交易就是以数学模型替代人的主观判断来制定交易策略，通常会借助计算机程序来进行策略的计算和验证，最终也常直接用程序根据策略设定的规则自动进行交易。

Python 由于开发方便，工具库丰富，尤其在科学计算方面的支持功能很强大，因此目前在量化领域的使用较广泛。

目前，Python 已经占据了量化交易系统开发半壁江山，Python 作为开发交易系统的必知、必会工具之一，重要性是毋庸置疑的，本章将介绍 Python 在量化交易中的运用。

## 9.1.1 量化交易的背景

1971 年，巴克莱国际投资管理公司发行了世界上第一只指数基金。也就是说，量化投资在境外已有近半个世纪的历史了。但在国内，量化投资的历史还非常短暂。自 2009 年全国首只量化基金成立以来，量化投资与对冲基金为越来越多的投资者所熟知。由于量化投资交易策略的业绩稳定，因此其市场规模和份额不断扩大，虽然迄今为止整个行业才迈入发展的第 9 年，却显示出旺盛的生命力和光明广阔的前景。

各金融机构也纷纷推出创新型量化产品，力争在此千载难逢的蓬勃发展时机搭上量化投资的"顺风车"，分享这块越做越大的量化投资蛋糕。量化投资与对冲基金的光环越发璀璨耀眼，量化投资的到来已为中国资本市场开启了投资的新纪元。

随着金融科技、人工智能等技术创新的来临，量化金融人才的匮乏，已经成为制约量化投资发展的"瓶颈"。于是一些高校陆续开设量化投资相关专业，从源头保障人才的培养和输送。

量化交易如何做起？如何让量化交易爱好者少走弯路？本章将帮助大家解决这个问题，引领大家进入量化交易的大门。

## 9.1.2 可实现量化交易的市场比较

目前大家关注的可实现量化交易的市场主要有以下几种。

### 1. 国内期货

国内期货包含了股指期货、国债期货、商品期货等，由于期货杠杆和风险比 A 股更大，并且是 T+0 机制，使得这个市场拥有一批优秀的成熟量化交易者，他们当中有很大一批逐渐发展为成熟职业投资者和私募基金经理。

### 2. A 股、ETF、分级基金

最近 A 股市场一些国内较早进行量化交易的基金经理在这个市场里变得迷茫，可能的原因有以下几种。

（1）国内市场的监管越来越严格，尤其是上海交易所的监管甚至导致 2016 年沪市有一段时间成交量萎缩。

（2）早期 A 股市场以散户为主，即使用简单的量化策略也很容易发现规律，但最近几年因为量化交易迅速普及，市场成熟加快，所以早期的方法在逐渐失效。

（3）一些成熟市场的华裔基金经理回国创业改变了市场的投资风格。

（4）外资通过"沪港通"进入中国市场，如引起了 2018 年投资风格的变化，外资基金的风格是价值投资，所以 2018 年上证 50 大盘蓝筹整年持续上涨，而中小板块却哀鸿遍野。可以判断在未来 A 股市场里，也许会出现几分钱一股的"仙股"。

### 3. 债券市场

与美国市场比起来，国内债券市场目前还不是主流。

### 4. 虚拟币

中国越来越多的人盲目地投资虚拟货币，憧憬虚拟货币的未来前景，而忽略了虚拟货币发行公司是否有实体经济的支持。虚拟币市场目前大多是做市无监管的不合规平台在充当交易做市商，是处于法律监管的真空地带。例如，2018 年曝光某知名虚拟币交易平台，客户因无端爆仓而投诉虚拟币交易平台，却被交易平台删除该客户作为证据的交易记录的事件。

国内的职业投资机构几乎不会在这个市场交易，也从没听说哪个正规的基金在这个市场发售过相关的产品。

### 5. 美股

美股属于成熟市场，目前美国市场的基金平均收益仅为 6%，很多在美国有多年从业经验的华人基金经理纷纷回到国内，筹办自己的 A 股和 CTA 量化私募基金。可以说国内市场的机会比美国成熟市场的要多，而美股市场也充斥了一些被中国证券监督管理委员会点名是非法的交易平台。有一些表面上自称是券商的网络科技公司，其实是在真空地带的配资平台。建议去大的互联网券商，如盈透证券开户交易。

### 6. 外汇

外汇市场也和美股情况差不多，笔者认为外汇操作难度是最大的，一方面外汇是一种价格回归机制使行情走不远，另一方面它的"黑天鹅事件"也比较多，加上 24 小时交易制度，加大了外汇的操作难度，而且也很难通过职业化的渠道发行自己的基金产品。

毫无疑问，随着中国投资市场的成熟，未来散户比例会越来也少，他们会将资金交给更有能力的基金管理公司，对基金产品而言收益也会因为规模增加和市场成熟而越来越低，在现阶段唯有不断增大管理规模才是最安全的策略。

## 9.1.3 量化交易软件、平台、框架的特点

随着这几年量化交易在国内的快速发展，各种 API 接口、量化平台、量化交易框架匆匆推出，呈现出一片百花齐放、欣欣向荣的景象，但是由于目前国内还处于私募基金发展的初期，因此大部分运行平台还不是很完善，既有自己的特点也有不足之处。

要真正开展程序化交易，至少要搭建行情数据平台、研究平台和交易平台三大平台，还会涉及平台之间的对接问题；从数据质量角度，选择准确的行情源，保证研究和交易的行情数据一致，最好采用 Level-2 数据；从数据传输速度的角度，需要考虑到服务器的托管；策略设计需要考虑突发行情的处理。

量化平台主要有以下几类。

### 1. 商业软件

以文华 WH8、TB、金字塔、MC 这些为代表的程序化商业软件历史悠久，他们的客户群主要面对编程能力较弱的初级策略开发者。

由于目前中国监管机构对 A 股程序化表现出限制的态度，因此这类商业软件几乎多为期货程序化软件。

它们实现程序化的方式几乎都采用一个策略编辑器，在策略编辑器里使用商业软件开发者自定义的一套脚本语言，策略内容本质是文本内容，客户端加载策略后，将文本字符串进行分词处理，将不同的单词映射到与程序相应的函数模块进行分析，所以执行效率较低。

商业软件策略编辑器开发出的策略脚本的性能较低，与 API 方式效率相比，商业软件的性能可能低一个数量级甚至更多。

这些软件也可能在策略脚本增加对其他语言开发的动态链接库（DLL 文件）的支持，如通过调用自编 DLL 的方式，但本质上脱离不了脚本性能和功能的限制。而且每年的商业软件需要向使用者收取费用，几千元甚至十几万元不等。

### 2. 在线量化平台

近几年在线量化平台主要有优矿、聚宽、酷宽、BOTVS 等，同花顺也推出了 MINDGO，甚至京东也推出了京东量化。

这类平台主要的特点是：在线编辑策略，上传策略到服务器进行回测和运行，并且有良好的社区支持，可以在平台上展示自己策略的回测图表。

但这些平台的不足是：在这类平台开发运行的策略并不是在使用者本地计算机运行的，量化爱好者开发出策略后需要通过网站上传，进行回测和远程执行策略，可能还需要平台管理员进行审

核，也就意味着上传策略的同时，就是默许了量化平台可以查看你的策略，在这些 Web 平台上的策略没有安全性可言。

在线量化平台有一个优势是可以进行多因子分析，因为在线量化平台通常已经对 A 股多因子做了因子提纯和调用数据方法封装处理，但也同时存在一个问题：策略多次回测的结果并不能保证一致的情况，可能是因为平台的回测服务器是共享的，也可能是因为在性能精度上做了简化处理。

因为这类平台的优势在于可提供 A 股的多因子库，所以这些平台以基于 A 股的多因子回测为主有一定优势。

对策略开发者而言，开发的策略使用的方法依赖于平台提供的函数方法，所以在不同平台的函数方法并不是一致的。

### 3. 自主研发平台

主要针对交易所和证券公司、软件服务商提供的 API 进行自主研发。例如，上期所的 CTP API、中泰的 XTP API、兴业的 UT API 等。

综合交易平台 CTP 是由上海期货信息技术有限公司开发的期货交易平台，是一个开放、快速、稳定、安全的期货交易、结算系统解决方案，随着接入期货公司的增多，其在期货界也获得了越来越普遍的认同。其开放的接口、优异的性能、集中部署的创新模式，以及经验丰富的技术背景都为程序化交易在国内的快速发展提供了最为优异的平台。

根据提供的技术资料，基于 CTP 开发的交易平台部署图如图 9-1 所示。

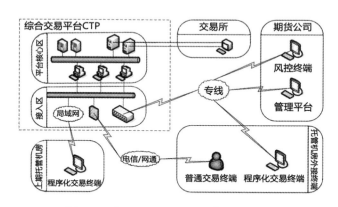

**图 9-1** 基于 CTP 开发的交易平台部署图

如图 9-1 所示，CTP 平台 API 的文件列表，刚好 10 个文件，其中 4 个是头文件，核心文件主要就是两个 DLL 文件，即 thosttraderapi.dll 和 thostmduserapi.dll，基于 CTP 的开发主要围绕这两个 DLL 文件进行。

采用 CTP 开发程序化交易策略具有接入灵活、运算性能高、传输速度快等优点。

CTP 上使用的 API 是基于 C++ 程序库，来实现客户端和 CTP 服务器之间的数据传输。客户端包括所有投资者都可以使用的 CTP 标准客户端，以及个性化交易工具（由投资者个人或其合作者开发）。通过 API，客户端可以发出或撤销普通单、条件单、查询委托或交易状态、查询账户实时信息和交易头寸。

高性能的后台综合交易平台，8 000 笔 / 秒处理速度的交易引擎，整套系统在 0.5 毫秒以内处理完成报单、成交全过程的资金持仓计算的能力，以及无单点故障并实现负载均衡的交易系统体系架构树立了综合交易平台高性能的业界形象。拥有 2 万个客户同时在线的处理能力，还可以通过扩展前置机群进一步提升系统对更多客户在线的处理能力。

传输：高速的交易所通信线路。综合交易平台通过千兆局域网接入中国金融期货交易所和上海期货交易所系统，通过三所联网主干接入大连商品交易所和郑州商品交易所。托管于上海期货信息技术有限公司的程序化交易终端，因为通过局域网接入综合交易平台，其报单和行情速度处于目前业内最快水平。

从长远来看，应该立足基于 CTP 的 API 自主开发程序化交易系统，有利于实现更复杂的策略、更灵活的交易操作。用 C++ 这样的编译性语言，相比脚本语言，可以直接把程序编译成机器可读的二进制代码，因此效率更高。

### 4. 各种量化交易框架

由于上述自主研发平台是采用 API 进行开发，这些 API 大多是采用 C++ 封装的 DLL 或 SO 库文件，对策略开发者而言并不友好，开发周期较长，因此涌现了一批以海风、Quicklib 为代表的量化交易框架。

其中海风做得较早，海风的历史已经超过 10 年，其早期版本是以 C# 语言为架构的，但是因为 C# 语言在量化交易上没有较突出的优点，所以海风一直发展得很慢。但最近几年海风也推出了 Python 的框架。

Quicklib 也是一个 Python 量化交易框架，架构上采用异步 IO，由底层 C++ 实现事件驱动，并交给 Python 实现策略，秉承的原则是尽可能让 Python 量化交易策略开发的最后一个环节，这样会比一些纯 Python 架构的性能高出很多，入门也容易了很多。

由于底层交给了 C++ 处理，策略开发者将更多时间放在策略上，而不是底层开发。除此以外，Quicklib 还同时提供了一些 C++ 开发的量化工具，方便了量化爱好者的一些使用。

## 9.1.4 量化交易从哪个市场做起

对刚开始接触量化交易的爱好者来说，关于选择哪个市场进行量化交易做起，笔者给出的结论是中国国内期货市场。理由如下。

（1）符合国内金融环境，有能力就有机会在期货市场发行自己的 CTA 相关基金产品。

（2）有了期货交易经验和资金管理经验，很容易就可以过渡到管理 A 股市场的相关资金或产品。

（3）期货市场和国外很多成熟市场一样是 T+0 制度。

（4）国内程序化支持最完善，如上海期货交易所的 CTP 接口，郑州商品交易所和大连商品交易所也推出了自己的 API，这些交易所官方提供的 API 免费、公开、合法，并且有众多的开源框架可以使用。

（5）A 股市场由于行情持续时间较长、周期过长，导致容易蒙对行情而无法领悟真正的量化规律。而期货市场瞬息万变，在期货这样的市场里进行量化交易的学习更容易真正发现交易的真谛。

（6）鉴于期货市场存在主力品种投机性强、流动性好、套利机会多等特点，期货市场更适合做量化交易。

有了上述理由，下面将以国内期货量化交易为例来介绍量化交易系统搭建。

## 9.1.5 量化交易策略类型

十多年来，我国私募行业的规模发展非常迅速，据中国证券投资基金业协会统计数据显示，截至 2018 年 3 月底，私募基金管理人登记已达 23 400 家，私募基金规模达 12.04 万亿元，其中百亿级别私募达到了 210 家。

随着私募的快速发展，各种投资策略不绝于耳，甚至有第三方平台排出了各策略业绩榜单。而对于普通投资者来说，很多人对私募的各种策略还不是很了解，投资也就云里雾里、人云亦云。针对这样的问题，本书整理出了当前私募基金常用的几个投资策略，希望能帮助投资者做好私募投资。

（1）股票策略。

股票策略是人们见得最多的，当然也是市场上比较主流的投资策略，净值分析主要对标沪深 300 指数。目前股票策略型基金占所有发行基金产品中超 60% 的比例。

此外，股票策略还分为股票多头策略、股票多空策略和股票市场中性策略。

①股票多头策略：即基金经理看好某个公司股票便低价进行买入，待未来股价上涨后再卖出，从而赚得利润。

②股票多空策略：即基金经理买入被低估或具有成长性的公司的股票，形成多头组合；与此同时通过融券卖空股票或直接卖空股指期货等建立空头头寸，来降低投资组合波动。通过一买一卖从而达到控制投资风险的目的。

③股票市场中性策略：在股指期货市场和股票市场上采取完全对冲的做法，主要通过两个市场的盈亏相抵来锁定既得利润 ( 或成本 )，规避股票市场的系统性风险。在牛市时，此策略常常会有不错的赚钱效果。

（2）CTA 策略。

CTA 策略，即管理期货策略，主要是做期货类多种类的投资，包括国债期货、股指期货、商品期货等。基金经理通常会根据预判的价格走势做出多空仓的操作，多品种类组合投资，保持较低的相关性，在一定程度上能分散风险。净值分析主要对标中证商品期货综指。

（3）固定收益策略。

固定收益策略，其实就是做债券投资，此投资策略的收益一般。净值分析主要对标中证综合债指数。如今债市短期陷入震荡，建议暂时不做债市投资。

（4）其他投资策略。

①宏观对冲策略：是涉及投资品种最多的策略之一。通过对国内及全球宏观经济情况进行研究，并对相关投资品未来的走势进行分析，然后再投资到股票、期货、债券等各类投资品中。此策略也对基金经理提出了很高的要求，必须能对国内市场的宏观事件具备敏锐的嗅觉及准确的判断力，还要对各类投资品比较了解。当发现一个国家的宏观经济变量偏离均衡值，基金经理便集中资金对相关品种的预判趋势进行操作。

②事件驱动策略：主要是分析重大事件的发生概率及未来可能会造成的利好和利空，然后进行提前布局，待获利后择机退出。通常是定向增发、参与新股、并购重组、热点题材及其他特殊事件等。

③相对价值策略：即套利策略。主要是利用相关联资产间的定价误差建立多空头寸，通过套利赚取价差来获得收益，即买入相对低估的品种、卖出相对高估值的品种来获取无风险的收益。套利策略主要有期现套利、跨市场套利与跨品种套利 3 种。

（5）组合基金策略。

组合基金策略就是人们常说的"不要把鸡蛋放在同一个篮子中"的投资理念，即在做基金投资时，资金可投资于多个基金中，充分发挥组合基金的多元化效益，以分散投资风险，实现投资收益最大化。

组合基金目前常见的主要是 FOF(Fund of Funds) 基金和 MOM(Manager of Manager) 基金两种。

FOF 基金，即"基金中的基金"，是由专业机构筛选私募基金、构造合理的基金组合。同时参与不同策略的多只基金，业绩相对平稳，投资者是直接投向现有的基金产品。

MOM 基金，即"管理人的管理人基金"，属于 FOF 基金的一种，是投资者将资金交给一些优秀的基金经理进行分仓管理，更具有灵活性。

## 9.1.6 CTA 策略程序化交易指南

### 1.CTA 的概念

管理期货（Commodity Trading Advisor，CTA）即商品交易顾问。根据美国《2000 年商品期货现代法》的规定，CTA 是通过给他人提供商品期货期权相关产品买卖建议和研究报告，或是直接代理客户进行交易从而获取报酬的一种组织。这里的 CTA 并不特指机构，它还可以是个人。

传统意义上，CTA 基金的投资品种仅局限于商品期货；不过，缘自十多年来全球金融期货和商品期货市场广泛而深入的发展，CTA 基金也逐渐将其投资领域扩展到了利率期货、债券期货、股指期货、外汇期货、基本金属期货、贵金属期货、能源期货、电力期货及农产品期货等几乎所有期货品种。在全球的 CTA 业务中，程序化交易超过 80% 的比例。

CTA 策略通过多品种、多周期、多策略组合，可以构建高收益产品；通过跨境套利、跨期套利、配对交易、期现套利可以构建低风险套利产品；通过期货端的交易技术可以帮助 Alpha 对冲产品增厚收益。

随着国内衍生品的不断丰富，CTA 在量化投资中的地位日益彰显。实现 CTA 策略的初级平台有 MC、TB、文化财经、金字塔等。中级平台利用高级语言开发策略，也可通过平台提供的方法来开发策略，最后由平台通过 API 接口下单。高级平台则是基于 API 自主开发程序化交易系统。

一般地，CTA 泛指期货类投资业务。CTA 基金和对冲基金同属于非主流投资工具，但是两者的一个显著区别是：期货基金通常投资于期货，而对冲基金的投资对象非常广泛。

下面分析一下 CTA 的优势与作用。

首先，CTA 基金具备改善和优化投资组合的功能。

马科维奇的投资组合理论认为，投资者可以通过在其投资组合中加入相关性较低的资产来降低投资组合的风险。CTA 基金可以运用动态交易策略、买空或卖空、杠杆交易等来扩大它们的赢利，所以不受市场涨跌走势影响。这一特性的重要表现是 CTA 基金与股票、债券等资产的相关性为零甚至为负。

其次，CTA 基金具备防范股市系统风险的功能。

在股票市场处于熊市的状态下，在资产组合中加入 CTA 基金不但可以使其资产防御风险，还能提高收益。1987 年美国股票市场的"十月股灾"使得许多投资者开始对非主流投资工具的分散市场风险的能力很关注；而 2001 年以来美国股票市场的低迷走势，又使得股票和债券持仓较重的投资组合的业绩变得十分暗淡。2008 年金融危机，A 股上证综指跌幅超过 60%，由于中国没有股指期货等对冲工具，几乎所有基金都业绩惨淡。

再次，CTA 有着严格的交易纪律，可以避免投资者心理波动对交易策略效果的影响。

最后，在国内开展 CTA 可以采用丰富的投资策略。

国内期货市场交易制度与国际制度较为吻合，期货市场可以运用杠杆进行买多或者卖空，没有印花税。高杠杆性、低交易成本及 T+0 特性使得投资者对于基本面研究的依赖程度降低，并在投资策略上具有多样化、复杂化、系统化的特征。

### 2. 全球 CTA 业务发展迅猛

（1）CTA 指数收益 30 倍。

截至 2012 年 11 月 9 日，巴克莱商品交易顾问 (Barclay CTA) 指数，从 1980 年的 1000 点涨到 30000 点，收益接近 30 倍，同期的标普 500 指数从 105.22 点涨到 1428.39 点，收益接近 14 倍，而纳斯达克指数从 148.17 点涨到 3011.93 点，收益接近 21 倍。

把 CTA 指数每年的收益和 SP500 指数的年收益做对比分析，可以发现，CTA 指数收益更加稳健，几乎没有回撤，所以最后的总体收益更高。

（2）"程序化投资模式"占比超过 80%。

从投资和交易方式看，CTA 业务可以分为以下 4 种。

①程序化投资模式。此种投资模式按照一个通常由计算机系统产生的系统信号来做出交易决

策，这种交易决策在一定程度上避免了决策的随意性。如果系统长期运行正常，会产生比较稳定的收益。程序化交易类期货 CTA 基金是 CTA 基金中最大的组成部分。

②多元化投资模式。多元化管理期货 CTA 基金投资的期货合约有时可达百余种，涉及的品种也非常多。

③各专项期货品种投资模式。专项期货包括金融期货、金属期货、农产品期货和货币期货这 4 个专项类别。专项期货品种投资模式的特点是该期货 CTA 主要投资于某一大类的期货品种，如农产品期货 CTA 的主要投资标的是农产品期货品种，并且主要是利用某种套利技巧进行投资。

④自由式投资模式。这类期货 CTA 的投资策略一般是建立在基本分析或者关键经济数据分析的基础上，由于他们经常使用别人经验来执行交易决策，因此他们一般都只专注于某个熟悉的特殊或者相关的市场领域。

程序化交易指以金融数学模型作为依据，依靠计算机技术自动生成订单的交易方式。由于国内股票市场实行 T+1 制度，使得大量日内交易策略不能得以实施，高频交易策略更是无从谈起，因此国内程序化交易标的主要为期货。

程序化交易在中国起步较晚，自 2010 年 4 月沪深 300 股指期货正式推出以后，发展较快。多种商业性程序化交易平台陆续涌现出来，其中既有根据国内市场特色推出的本土化产品，如前文提到的 TB、文化财经、金字塔等，也有来自国外成熟市场的交易平台，如 MultiCharts 等。程序化交易在国内期货市场发展的速度，出乎很多人的意料。可惜的是，目前尚未有关于程序化交易市场占比的官方统计。按业内人士的估算占 20%~30%（数据未经核实），相比前文提到的全球 CTA 业务中程序化交易投资模式占比 80% 的比例，国内还有很大的发展空间。

程序化交易优势如下。

①客观执行。能避免人的贪婪、恐惧造成的非理性。从长期来看，坚持某一个策略能获得更高的收益，但是人的贪婪和恐惧很难避免，从而偏离原先的原则，而程序化交易则完美地执行了既定策略，因为它就是机器。

②快速下单。相对于人的反应来说，计算机判断的时间可以认为是 0。在期货这样的价格瞬间变动迅速的市场上下单，速度必然十分重要。

③便于历史回测。程序化交易可以方便地应用各种交易策略，通过 Back-Tester，很容易检测一些策略是否有效。

虽然目前很推崇程序化交易，但并不认为程序化交易可以脱离人脑，程序化交易系统不过是贯彻交易者的思想，交易的主体仍然是人而不是系统。

在国外，程序化交易已经发展得非常成熟，从软件比拼过渡到硬件的比拼。据悉，资本市场当中的计算机程序化交易已经成为继国防、军工之后推动超级性能计算机发展的最重要的力量。

在国内，CTA 程序化交易刚刚起步，由于国内的期货行情远未到毫秒级，以中金所的沪深 300 股指期货为例，一般行情的 tick 数据只是 0.5 秒的快照数据，因此，笔者认为国内程序化交易远没达到超高频交易程度，目前仍有较大的盈利空间。

CTA 程序化交易，从策略研发到实盘交易，需要搭建一整套完善的 IT 平台。本书侧重从 IT 技术的角度分析各种研究平台、交易平台的优缺点，以及在实盘中需要关注的各种细节问题。

策略的历史回溯存在很多陷阱，如粗略测试和内置函数的陷阱、理想成交价陷阱、多参数过度拟合陷阱等。

实战中高频收益受很多因素的影响，包括多事件并发控制、下单最优价格与成交率、主动出场与被动出场、每笔预期收益等。

## 9.1.7 量化资源网站介绍

### 1. 上期 Simnow 仿真交易

http://www.simnow.com.cn

上海期货交易所的 CTP API 的仿真网站，提供 CTP API 下载，并提供仿真账户的注册。

### 2. Jobping

http://www.jobping.cn

这里是量化程序外包、金融人才应聘、金融资源交流的平台，也有一些私募基金会发布一些需求。通过帮他们完成定制任务，也许可以了解更多行业的知识。

### 3. 酷操盘手

http://www.kucps.com

酷操盘手软件办包含了资产管理系统、跟单系统、回测系统（例如，酷操盘手资产系统是新一代资产管理系统，如果读者从事 CTP 开发，采用酷操盘手资管系统可以极大简化开发工作）。

### 4. 酷宽

http://www.coolquant.cn

上海量贝信息科技有限公司提供的期货量化平台，主要定位国内期货的量化平台，策略开发者可以在网站平台展示自己的策略业绩。通过良好的业绩展示，以便获得投资者的青睐，从而获得第一笔投资。资金方（FOF、MOM 基金资金方）可以通过平台上的业绩展示发现好的资金管理者。

网站同时提供量化交易资管、回测、跟单的本地化软件解决方案，非常适合私募基金和专业量化团队使用。

### 5. 聚宽

https://www.joinquant.com

北京小龙虾科技有限公司提供的在线量化平台。网站侧重于 A 股多因子回测，通过量化交易（量化投资、程序化交易、宽客）做好底层的工作，降低量化交易的门槛，让更多对策略有想法的人参与进来。免费为量化爱好者提供服务，如高质量数据、投资研究工具、精准收益风险回测、实时实盘模拟交易并自由发送交易信号、量化投资策略交流社区、量化课堂。

### 6. 通联数据 & 优矿

https://uqer.datayes.com

通联数据股份公司（DataYes）是由金融和高科技资深专家发起、万向集团投资成立的一家金融科技（Fintech）公司。致力于将人工智能、大数据、云计算等信息技术和专业的投资理念相结合，打造国际的金融服务平台。

### 7. Quicklib

http://www.quicklib.cn

QuickLib 程序化交易 Python 开源框架和工具是为量化机构和广大宽客打造的，可以通过 Quicklib 提供的 Python 框架进行量化系统的开发，并且 Quicklib 免费提供了一些好用的量化交易工具。

### 8. QuickLibTrade

http://www.quicklib.net

QuicklibTrade 是一套简单易用的 A 股程序化交易解决方案，适合本地化部署，包含了行情接口和交易接口两个部分。行情数据接口可通过大智慧、同花顺、通达信、东方财富开发的策略或指标产生数据，并通过 Python 行情接口和 C++ 行情数据接口。

可通过大智慧、同花顺、通达信、东方财富这些客户端软件的公式编辑器编写策略逻辑发出交易信号，也可以采用 Python，C++ 等编程语言开发策略逻辑，也可以采用上述 2 种方式混合开发策略逻辑。

### 9. Mdshare

```
http://www.mdshare.cn
ftp://mdshare.cn
```

Mdshare 期货行情共享和采集工具，免费提供基于上海期货交易所的 CTP API 接口的期货全市场订阅和采集工具，适合部署自己的历史行情数据服务器。通过局域网调用，非常适合历史数据的重用，并提供了流模式数据，完全还原多个合约的 TICK 数据回溯。由于是基于局域网调用，因此调用速度和质量都大大优于互联网历史数据调用。

并且通过 FTP 方式共享历史采集的数据，适合下载补齐历史数据而不再需要从头开始维护采集数据。

### 10. 经管之家

```
http://bbs.pinggu.org
```
国内知名度非常高的经济管理在线社区。

### 11. Python 派量化社区

```
http://www.pythonpai.com
```
最新量化交易和科技新闻，同时发布了 Android APP，适合 PC 端和手机浏览。

### 12. Python 量化资源常用导航站

```
http://www.pythonpai.cn
```
量化交易相关资源链接，包括量化平台、数据源等。

### 13. 开户中国

http://www.kaihucn.cn

该网址和酷操盘手合作，在此网站可以和多家受中国证监会监管的合规期货公司开户，不仅可以获得极低的佣金手续费，还可以获得酷操盘手软件使用权等其他福利。

### 14. TradeAPi

http://www.tradeapi.cn

提供了包括 Python AP 和 C++ Api, 在内的一些交易接口 API 的封装，大大方便了量化爱好者。

### 15. MdApi

http://www.mdapi.cn

提供了包括 Python AP 和 C++ Api, 在内的一些行情数据接口 API 的封装，大大方便了量化爱好者。

该网址和酷操盘手合作，在此网站可以和多家受中国证监会监管的合规期货公司开户，不仅可以获得极低的佣金手续费，还可以获得酷操盘手软件使用权等其他福利。

## 9.2 量化交易方案

### 9.2.1 期货量化交易环境介绍

目前期货的量化交易环境还是比较完善的，上海期货交易所推出了免费的 CTP API 接口是影响最大和使用最广泛的期货 API 接口，也使得大批期货交易爱好者从接触 CTP 的那一刻起就义无反顾地开始了自己的量化交易之路。

综合交易平台（CTP，Comprehensive Transaction Platform）是专门为期货公司开发的一套期货经纪业务管理系统，由交易、风险控制和结算三大系统组成，交易系统主要负责订单处理、行情转发及银期转账业务，结算系统负责交易管理、账户管理、经纪人管理、资金管理、费率设置、日终结算、信息查询及报表管理等，风控系统则主要在盘中进行高速的实时试算，以及时揭示并控制风险。

系统能够同时连通国内 4 家期货交易所，支持国内商品期货和股指期货的交易结算业务，并能自动生成、报送保证金监控文件和反洗钱监控文件。

综合交易平台借鉴了目前国际衍生品领域交易系统先进水平的上海期货所"新一代交易所系统"的核心技术，采用创新的完全精确重演的分布式体系架构，能保证所有输入信息经系统分布式并行处理后均有确定结果，并能自适应 UDP 可靠多播通信技术，构建交易系统的核心信息总线，改进了内存数据库的多重索引技术、直接外键技术和高效事务管理技术，并首创了多业务主机同时工作、互为备份和自由加入的集群容错可靠性保障机制，攻克了性能和可靠性关键技术难关，获得 5 项软件著作权。该系统并发处理能力强大，委托性能超过 2000 笔/秒，软件本身可达 8000 笔/秒，支持同时在线客户并发数为 1 万个客户/秒，且可以通过增加前置机进一步扩充。该系统主要面向期货公司，也可用于基金公司、投资公司等进行期货交易。

### 1. CTP 业务特点

（1）快速、可靠的交易。综合交易平台的交易和风险控制系统采用了内存数据库和信息总线技术，加上其直联交易所的网络特性，确保了综合交易平台交易响应速度的快速、高效。基于完全可靠传输协议的内、外部通信机制，保证成交报单绝不丢失。

（2）抢先一步的预埋单。独立预埋单服务器以及预埋指令直接载入内存数据库，可靠及时的"交易所状态切换"触发，极大地提高了抢单的成功率。

（3）实时响应的风险监控。综合交易平台提供独立的风险监控服务器，对交易的性能不会产生任何影响，同时又能够实时计算客户风险，及时并全面揭示风险客户状况，并自动计算强平数量，自动生成强平委托单供风控人员手工触发进行强平。风险监控采用载入服务端内存数据库高速计算的技术架构，使得风险试算效率大大提高。

（4）高效的结算。结算系统的业务逻辑高度集中并后台化，使运算速度及数据传输效率得到了极大的提高，为多次高效、便捷的重复结算提供了效率保证，使客户彻底摆脱因结算参数调整而重复结算时的等待痛苦。

（5）无与伦比的安全性。综合交易平台采用通信及数据库加密技术，菜单权限、功能权限和数据访问权限分开，满足期货公司对于不同部门、不同岗位都能准确灵活地分配系统操作权限、数据访问权限等要求。

（6）万无一失的可靠性。综合交易平台运行在具有交易所级安全保障的机房和运维环境中，全部系统没有任何单点故障，交易核心出现单点故障的切换时间为 0，互联网通信线路采用电信和网通双 U 线互备模式，接入交易所的线路全部采用双局域网互备模式，投资者 API 具有自动切换功能，到交易所的多个席位可以实现负载均衡和互为备份，到交易所的单个席位可以通过多安装模式，实现互为备份。

### 2. CTP 服务方式

（1）部分投资者交易托管。期货公司仅通过综合交易平台完成部分投资者的日常交易，结算仍然由期货公司的自有主系统根据交易所下发的结算文件完成。为此，期货公司需要为综合交易平台申请至少每交易所一个席位，将此部分投资者的出入金等数据通过数据同步工具实时传给综合交易平台。每个交易日期货公司完成主系统的结算业务后，需要将此部分投资者的结算数据传给综合交易平台以实现系统间的数据同步。经纪公司也可以手工在综合交易平台完成客户的开销户、费率调整等数据的同步，而不需要每个交易日进行烦琐的同步数据发送工作。该方式适用于会员希望进行初期尝试、系统容量不足或者希望给部分投资者差异化服务时。

（2）全部投资者交易结算托管。期货公司通过综合交易平台完成全部投资者的开销户、出入金、银期转账、交易、结算、交割、移仓及保证金监控文件和反洗钱报表报送等全部的期货经纪业务，并且接受此种方式的期货公司将不用考虑系统升级、期货市场的新增功能及灾难备份系统的建设问题。为此，期货公司需要为综合交易平台申请至少每交易所一个席位，在正式启用综合交易平台进行开展日常业务之前，还需要为综合交易平台提供以往系统的同步数据。此种方式能大规模地缩小期货公司的初期投入、完全免除了后续的系统升级及灾备投入，适用于所有希望以服务租用模式来完成期货经纪业务的期货公司。

（3）灾难备份交易托管。期货公司仅在其自有主系统发生故障时，通过综合交易平台为全部投资者提供紧急交易通道，并且在其主系统短期内无法恢复正常时，也可以暂时通过综合交易平台完成结算业务。为此，期货公司需要为综合交易平台申请至少每交易所一个席位，使所有投资者的出入金及用户密码等数据盘中实时传送，或在每个交易日结算完成后同步到综合交易平台。每个交易日，期货公司完成主系统的结算业务后需要将全部投资者的结算数据同步到综合交易平台。该方式适用于期货公司只希望获得灾难备份服务时。

## 9.2.2 CTP 量化交易方案介绍

下面以国内期货应用范围最广的 API，也就是上海期货交易所的 CTP API 接口为例进行介绍。

如果需要先开发和测试，而不用实盘交易的话，可以采用上期 CTP 的模拟账户进行测试和开发，相关网址链接如下。

上海期货交易所 SIMNOW CTP 模拟账户注册地址：http://www.simnow.com.cn/。

CTP 最新的原生 API 和说明文档也可以从这个网站下载：http://www.simnow.com.cn/static/softwareDownload.action/。

与模拟账户对应的客户端软件从这里下载，包含了 Window API 和 Linux API：http://www.simnow.com.cn/static/softwareOthersDownload.action/。

这里以最常见的 Window API（CTP API3.6.3 为例）为例，在网站下载 tradeapi(win64) 或 tradeapi(win32) 的压缩包，下载完成并解压后可以看到主要由 thostmduserapi.dll、thostmduserapi.

lib、thosttraderapi.dll、thosttraderapi.lib、ThostFtdcUserApiStruct.h、ThostFtdcUserApiDataType.h、ThostFtdcTraderApi.h、ThostFtdcMdApi.h 文件组成。

其中主要文件内容如下。

- thostmduserapi.dll：行情 API 的 Windows 动态链接库。
- thostmduserapi.lib：行情 API 的 Windows 动态链接库。
- ThostFtdcMdApi.h：行情 API 的 C++ 头文件，定义了行情 API 的函数方法。
- thosttraderapi.dll：交易 API 的 Windows 动态链接库。
- thosttraderapi.lib：交易 API 的 Windows 静态链接库。
- ThostFtdcTraderApi.h：交易 API 的 C++ 头文件，定义了交易函数方法。
- ThostFtdcUserApiStruct.h：定义结构体的 C++ 头文件。
- ThostFtdcUserApiDataType.h：定义数据类型的 C++ 头文件。
- error.dtd、error.xml：包含所有可能的错误信息。

CTP APP 架构图如图 9-2 所示。

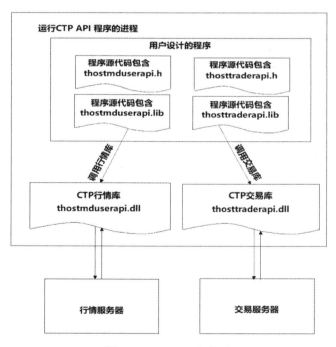

图 9-2　CTP API 架构图

CTP 是基于 C++ 开发的，提供的库文件也包含了 C++ 的头文件。

程序员和策略研究属于两种类型的工作，C++ 是专业程序员使用的编程语言，而金融工程和统计专业更擅长使用 Python、Matlab、R 这样的编程语言做数据分析。如果采用 Python 做策略开发，则需要将 CTP API 封装成 Python 的框架。在后面的章节中会介绍如何封装成 Python 框架。

CTP 同时支持期货实盘账户和 simnow 模拟账户,采用 simnow 模拟账户和期货实盘账户开发出的程序是通用的,但 simnow 模拟账户和实盘账户的成交和结算机制还有以下几点不同。

①成交机制不同。模拟账户采用对手价成交,实盘账户则在盘中撮合成交。

②模拟行情比实盘行情慢几十秒,因采用模拟行情同时采用模拟交易,所以对信号和盈亏不会产生实质影响。

③资金容量对滑点的影响。模拟账户成交不需要考虑资金容量导致的滑点,实盘账户在交易时因为会影响盘口,可能会导致滑点产生。

④模拟行情除了和实盘一致的行情服务以外,还提供了 24 小时服务器进行测试,但不提供结算,适合用作 CTP 开发时的功能测试。

如果需要实盘账户,可以去各大期货公司开户。获得以下几项信息即可接入 CTP 进行交易。

① brokeid。

②投资者账户。

③投资者密码。

④期货公司交易服务器 IP 和端口号。

⑤期货公司行情服务器 IP 和端口号。

## 9.2.3 行情数据采集

量化投资的关键要素首先是数据,尤其是高质量的数据,如果没有数据就无从做回测,而没有好的数据就无法得到正确的结果。

### 1. 量化投资关键步骤

一是做数据采集和整理,主要包括数据规划、采集、清洗处理、结构化、API 化。因为从各个源头采集数据的话,需要做很多工作,这部分占了量化模型实现 60% 左右的工作量。

二是策略开发和调优,主要包括设计策略模型、编码实现模型、通过数据进行回测、根据结果进行优化改进,这部分主要占据大约 30% 的工作量。

三是模拟和交易,策略实盘之前要进行模拟测试,根据实际的行情进行模拟交易跟踪,模拟通过之后再进行实盘交易。资金量级的大小会影响策略的效果,不同的阶段要进行很谨慎的测试和模拟。

### 2. 传统金融数据分类

量化投资主要需要哪些数据呢?这里主要介绍一些传统的数据分类,其实还有很多特色大数据。

一是基础数据,没有基础数据很多的量化策略是没法写的,主要包括证券及公司基本信息、行情数据、财务报表、公司行为、财务数据、市场行为、指数数据等。

二是宏观和行业数据,主要包括各类经济指标、国内生产总值、居民消费指数、物价指数、经济景气指数、财政与货币政策价格、工业品出厂价格指数等。行业包括有色煤炭、能源化工、房地产、汽车交运、电力、消费品等。

三是高频数据，主要包括股票的分笔高频、分时高频、各类分钟数据、股指期货高频、商品期货高频等。

四是衍生数据，这个数据体现了公司的投资和技术能力，很多需要自己计算，但是小公司或者小的机构没有这种研究能力，需要采购，如很多有价格的技术因子、基本面因子、资金流向因子、分析师因子、风控数据等。

数据采集途径主要有数据终端、数据 API、财经和行业网站、数据库 4 种方式。

### 3. 数据处理工具和过程

数据存储类型主要有 CSV、TXT、Excel、HDF File、DataBase；数据处理工具有 Python、R 语言、Matlab、SAS、Java 等，但是目前 Python 在金融数据分析领域越来越受到欢迎。

### 4. 数据来源

行情、基本面、公告财报等披露信息主要来源于证券交易所、期货交易所。

证券交易所主要包括上海证券交易所、深圳证券交易所、全国中小企业股份转让系统。

上海证券交易所和深圳证券交易所的投资品种有 A 股和 B 股、债券、封闭式基金、ETF 等及品种的行情、财报和公告。

全国中小企业股份转让系统：新三板、做市或协议行情、财报和公告。

期货交易所主要有上海期货交易所、大连商品交易所、郑州商品交易所、中国金融期货交易所。

宏观数据来自于国家统计局、财政部、人民银行。其中国家统计局的数据是最权威的。财政部主要是提供货币和财政政策。

行业数据来自于行业协会（大部分需要注册账号或者购买账号才能获取数据）、政府机构（如商务部农业部）、行业网站（最及时，自己有数据采集能力）。

### 5. 数据服务产生过程

数据服务的产生主要分为 3 个步骤：数据源发布数据、数据供应商采集和处理、用户获取。

数据源（交易所等）主要生产和发布实时行情数据、交易数据、财报公告等，经过数据供应商的采集和整理，以规整的、结构化的信息提供给用户，而用户的获取途径可以是终端、网站、供应商数据库等，能提供完整数据库的供应商主要有通联数据、Wind、恒生聚源等。

### 6. mdshare 的期货行情数据采集工具

现在，越来越多的交易爱好者和私募参与到量化交易中，在搭建自己的程序化交易平台时，必须涉及一个问题：数据如何存储？

有很多时候考虑以选择数据库的方式存储行情数据，但笔者想问真的需要数据库来存储行情数据吗？

mdshare 提供了基于上海期货交易所提供的 CTP 行情接口的采集工具。

行情数据共享中心地址：http://www.mdshare.cn。

FTP 登录下载地址：ftp://mdshare.cn。

关系型数据库、内存数据库和文件存储的比较如表 9-1 所示。

表 9-1　关系型数据库、内存数据库和文件存储的比较

| 选项 | 关系型数据库 | 内存数据库 | 文件存储 |
|---|---|---|---|
| 占用空间 | 大 | 大 | 小 |
| 性能 | 慢 | 较快 | 快 |
| 内存占用 | 大 | 大或极大 | 小 |
| 增加记录 | 较好 | 较好 | 好 |
| 查询记录（按时间段） | 差 | 一般 | 好 |
| 查询记录（逐条取、通常非必要） | 好 | 极好 | 差 |
| 修改记录（通常非必要） | 好 | 好 | 差 |
| 删除记录（通常非必要） | 好 | 好 | 差 |

下面来看百度百科对数据库的定义。

数据库是长期存储在计算机内、有组织的、可共享的数据集合。数据库中的数据是指以一定的数据模型组织、描述和存储在一起，具有尽可能小的冗余度、较高的数据独立性和易扩展性的特点，并可在一定范围内为多个用户共享。

这种数据集合具有如下特点：尽可能不重复，以最优方式为某个特定组织的多种应用服务。其数据结构独立于使用它的应用程序，对数据的增、删、改、查由统一软件进行管理和控制。从发展的历史来看，数据库是数据管理的高级阶段，它是由文件管理系统发展起来的。

数据库定义中提到了对数据的增、删、改、查由统一软件进行管理和控制。那么这里提出以下两个问题。

（1）"增"就是添加数据，但确定需要删、改、查吗？

以期货行情数据为例，通常需要将实时行情存储，如果开启一个策略，需要计算 M10 周期最近 100 个周期的 KDJ 指标，那么只需要最近的 $100 \times 10 \times 60 \times 2$ 个 TICK 数据即可，因此就需要按时间顺序读取最近的 12 万个 TICK。

（2）如果是从数据库读取的话，需要通过 select 语句或存储过程等方式获得记录集，并逐条取出，这个过程非常耗时，并且数据库为了便于插入数据，往往在记录之间留有空白的存储空间，如果按默认设置，80% 的空间是无用的。也就是说，本来只需要 1MB 的空间，实际占了 5MB 的硬盘空间。事

实上，行情数据存储都是顺序的，按时间顺序写入之后，通常不需要再插入新的行情数据。

大多数情况下，对行情数据的存储是不需要"删""改"的。对"查"来说，也并不是逐条取得，通常是读取一个时间段的数据，并不是如数据库方式的"查"数据的方式。

采用关系型数据库存储行情数据方案，享受不到数据库的好处，却浪费了大量的内存空间，降低了读取性能。

这种性能的降低可能是直接采用文件存储的几十倍，而且数据库的 I/O 较慢。有人认为可以用内存数据库，但内存数据库因为一些可能用不到的功能，会占用更多的内存空间。

用文件存储是一个更好的选择，事实上很多知名的股票软件公司都是采用文件存储行情数据的。事实上".csv"文件可以一次读到内存，本身就可以当作最简单的内存数据库。

例如，文件存储和读取该怎么做呢？

可以利用一个巧妙的规则设定，如 rb1710 的 2017 年 6 月 5 日的 TICK 行情数据，就存储在 ..\data\20170605\TICK\rb1710.csv 目录的文件下，该文件将顺序存储当天的 TICK 数据。

当需要读取最近 3 天数据时候，就按先后分别读取 ..\data\20170605\TICK\rb1710.csv、..\data\20170606\TICK\rb1710.csv、..\data\20170607\TICK\rb1710.csv 这 3 个文件即可，每个文件逐行读取。如果需要进一步节省硬盘存储空间，可以将 data 文件夹设置为压缩属性。

在没有设置压缩属性的情况下，采用文件方式存储数据大约占用的硬盘空间是采用 SQL Server 默认设置的 20%；在设置了 data 文件夹的压缩属性的情况下，采用文件方式存储数据大约占用的硬盘空间是采用 SQL Server 默认设置的 4%。

更小的硬盘空间占用，不仅降低了读写数据 IOPS 的占用，而且提高了读取性能（大约比 SQL Server 快几十倍。内存数据库差距会稍小，但代价是更大的内存占用），也降低了因为磁盘故障导致数据错误的可能性。

Quicklib 提供了期货文件存储方式的工具和 API。

期货全品种行情收集工具下载（包括 Python API）网址：http://www.quicklib.cn/download/Quicklib_DataCollect_Windows.rar。

期货行情重播 API 作为回测客户端，支持部署采集服务和局域网历史行情服务，支持 Python 通过 IP 调用历史 Tick 数据。

## 9.2.4 期货 CTP 账户资金曲线监控和绘制

由于采用 CTP API 进行策略开发，毕竟对个人来说既要开发平台又要开发策略需要付出大量的精力，因此笔者建议可适当采用现有的工具，这样可以大大降低工作量。

以下这些由 Quicklib 提供的工具都是属于模块化的工具，可以和策略完全脱离开来，但也大大方便了 CTP 开发者的使用。

**1. 期货资金曲线分时图工具**

包含管理端和 Python API 服务端，可实现客户端登录并发布预定义指令到远程 Python 服务端。可以在下面的网址下载：http://www.quicklib.cn。

按每 10 秒取样一次，绘制资金曲线分时图，可以很方便地进行交易策略的调整，也可以用来进行基于 TICK 的回测，还可以用来进行降低交易系统的初始化时间、本地局域网维护行情历史数据。

**2. CTP 账户资金曲线工具使用说明**

（1）本工具用于绘制资金曲线分时图。每 10 秒查询一次账户的动态权益、可用资金、静态权益（前一天结算权益，当天不会变化）。

盈亏比例计算公式为：盈亏比例 =( 动态权益 – 静态权益 ) / 静态权益 ×100%

（2）通过修改配置文件 setting.ini 信息，运行后自动按配置文件中的账户登录，并保持资金变化信息到 Data\ 日期 \ 账户 .csv 文件中。

（3）设置 CTP 账户，可支持模拟和实盘账户，目前只支持一个账户，未来会支持多个账户资金曲线数据的存储和绘制。CTP 账户资金曲线工具如图 9-3 所示。

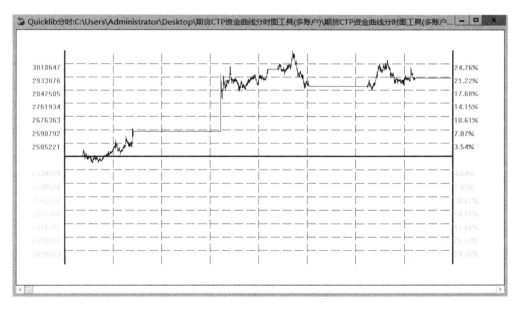

图 9-3　由 CTP 账户资金曲线工具绘制的资金曲线图

大家都知道，开发期货程序化交易，是一个非常繁杂的工作，并且在策略实盘运行过程中，很难提供一个资金曲线进行查看。Quicklib 开发了一款资金曲线分时图工具，可以将期货 CTP 账户的资金曲线绘制出来，方便检查实盘策略中的问题，及时调整策略。

通过修改配置文件，支持多个账户的资金曲线绘制。

只要是通过 CTP 交易，如快期、文华等，无论是主观交易或程序化交易，都可以支持该账户的资金分时图曲线绘制。

无须进行编程开发，只需要更改配置文件，即可支持多个实盘账户或 SIMNOW 模拟账户的资金曲线绘制。

因为 CTP 主席支持 6 个连接，次席支持 15 个连接，程序可以独立运行，也不需要和用户的交易系统结合。无论有无编程基础，都可以很方便地使用。

CTP 账户资金曲线工具只有两个文件：主程序和配置文件，如图 9-4 所示。

图 9-4　CTP 账户资金曲线工具和配置文件

运行 CTP 账户资金曲线工具 ".exe" 后的主界面如图 9-5 所示。

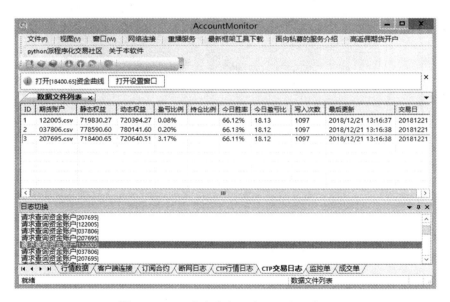

图 9-5　CTP 账户资金曲线工具的主界面

双击主界面中的账户，即可显示该账户的当日资金曲线，如图 9-6 所示。

AccountMonitor
文件(F)
视图(V)
窗口(W)
网络连接
重播服务
最新框架工具下载
面向私募的服务介绍
高返佣期货开户
python派程序化交易社区
关于本软件
打开[18400.65]资金曲线
数据文件列表
ID
期货账户
静态权益
1
122005.csv
719830.2
2
037806.csv
778590.6
3
207695.csv
18400.65
20181221\207695.csv
2115674
2076302
2036930
1997558
1958186
1918814
1879442
14.98%
12.84%
10.70%
8.56%
6.42%
4.28%
2.14%
日志切换
行情数据
客户端连接
订阅合约
断网日志
CTP行情日志
CTP交易日志
监控单
成交单
就绪
数据文件列表

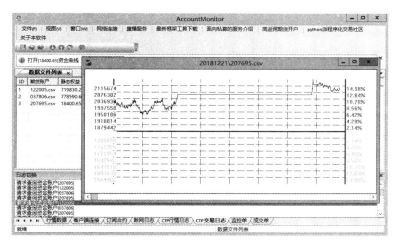

图 9-6　显示账户的当日资金曲线

运行 CTP 账户资金曲线工具的主程序后，会生成一个文件夹，并出现一个 Data 目录和 temp 目录，以及 Graph.exe 绘图程序与若干“.con”后缀的 CTP 流文件，如图 9-7 所示。

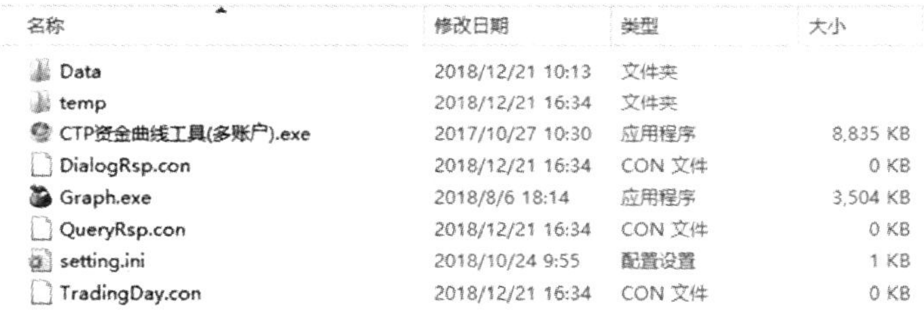

名称
修改日期
类型
大小
Data
2018/12/21 10:13
文件夹
temp
2018/12/21 16:34
文件夹
CTP资金曲线工具(多账户).exe
2017/10/27 10:30
应用程序
8,835 KB
DialogRsp.con
2018/12/21 16:34
CON 文件
0 KB
Graph.exe
2018/8/6 18:14
应用程序
3,504 KB
QueryRsp.con
2018/12/21 16:34
CON 文件
0 KB
setting.ini
2018/10/24 9:55
配置设置
1 KB
TradingDay.con
2018/12/21 16:34
CON 文件
0 KB

图 9-7　CTP 流文件

其中，Data 目录存储的是各个监控账户的资金曲线分时图数据，打开 Data 目录后的界面如图 9-8 所示。

Data
文件
主页
共享
查看
期货CTP资金曲线分时图...
Data
搜索"Data"
收藏夹
下载
桌面
最近访问的位置
这台电脑
网络
名称
修改日期
类型
20181017
2018/10/18 21:30
文件夹
20181018
2018/10/18 21:30
文件夹
20181019
2018/10/18 21:30
文件夹
20181024
2018/10/24 9:55
文件夹
20181025
2018/10/24 18:42
文件夹
20181026
2018/10/25 18:56
文件夹
20181029
2018/10/26 18:14
文件夹
20181030
2018/10/29 18:41
文件夹
20181031
2018/10/30 18:38
文件夹
20181101
2018/10/31 18:35
文件夹
20181102
2018/11/1 18:31
文件夹
20181105
2018/11/2 18:35
文件夹
30 个项目

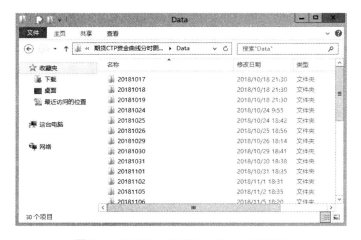

图 9-8　监控账户的资金曲线分时图数据

在 Data 目录下出现多个以日期命名的文件夹，表示该日期的资金曲线数据，打开任何一个日期文件，例如，20181109 文件夹会出现 3 个账户的资金曲线数据文件，csv 文件如图 9-9 所示。

| 名称 ▲ | 修改日期 | 类型 | 大小 |
| --- | --- | --- | --- |
| 037806.csv | 2018/11/9 16:55 | CSV 文件 | 1,013 KB |
| 122005.csv | 2018/11/9 16:55 | CSV 文件 | 996 KB |
| 207695.csv | 2018/11/9 16:22 | CSV 文件 | 852 KB |

图 9-9　3 个账户的资金曲线数据文件

文件名以账户命名，文件格式是 .csv 格式。

运行 Graph.exe 将 CSV 文件拖入 graph.exe 窗口，即可显示该账户的资金曲线分时图。

双击 CTP 账户资金曲线工具主界面中的账户，打开该账户的资金曲线，可以按【↑】或【↓】键缩放显示资金曲线连续分时图，如图 9-10 所示。

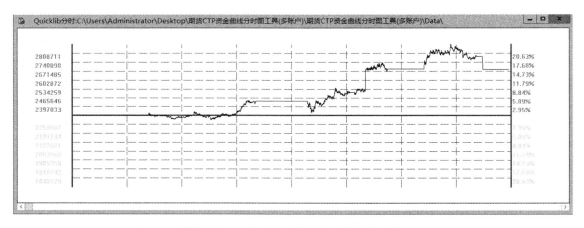

图 9-10　可缩放显示资金曲线连续分时图

需要注意的是，目前资金曲线分时图工具分两个版本：单账户版本和多账户版本。单账户可以统计胜率和盈亏比。

### 9.2.5 Quicklib CTP Python 框架

前面已提到建议采用 Python 语言来开发 CTP 程序，下面以 Quicklib 为例介绍量化交易方案。Quicklib 对 CTP 接口支持较为完善，不仅封装了 CTP 的 Python 框架还开发了一系列基于 CTP 的工具。

Quicklib 的官方网站：http://www.quicklib.cn。

Quicklib CTP 框架完整 Demo 运行时的文件引用流程如图 9-11 所示。

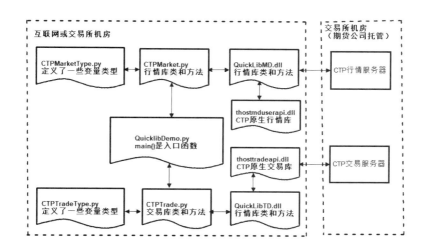

图 9-11　Quicklib CTP 框架完整 Demo 运行时的文件引用流程

## 1. 异步式 I/O 与事件驱动

Quicklib 最大的特点就是采用异步式 I/O 与事件驱动的架构设计。对于高并发的解决方案，传统的架构是多线程模型，也就是为每个业务逻辑提供一个系统线程，通过系统线程切换来弥补同步式 I/O 调用时的时间开销。Quicklib 在和底层交互数据时使用的是单线程模型，对于所有 I/O 都采用异步式的请求方式，避免了频繁的上下文切换。

Quicklib 在执行的过程中会维护一个事件队列，程序在执行时进入事件循环等待下一个事件到来，每个异步式 I/O 请求完成后会被推送到事件队列，等待程序进程进行处理。

和其他常用的 Python 程序化框架不同，Quicklib 的异步机制是基于事件的底层 C++ 代码实现事件驱动，效率更好，响应更快，不像之前的 Python 框架的架构容易拥堵。

所有的磁盘 I/O、网络通信、数据库查询都以非阻塞的方式请求，返回的结果由事件循环来处理，如图 9-12 所示。Quicklib 进程的回调线程在同一时刻只会处理一个事件，完成后立即进入事件循环检查并处理后面的事件。这样做的好处是，CPU 和内存在同一时间集中处理一件事 ( 回调驱动 )，同时尽可能让耗时的 I/O 操作并行执行。当获得回调驱动后，可采用多进程来进行耗时并行计算。

Quicklib 只是在事件队列中增加请求，等待操作系统的回应，因

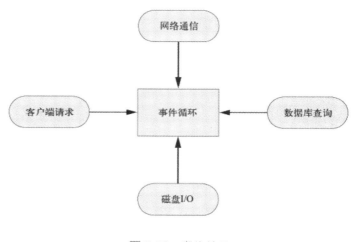

图 9-12　事件循环

而不会有任何多线程开销，很大程度上可以提高程序的健壮性。

这种异步事件模式的弊端也是显而易见的，因为它不符合开发者的常规线性思路，往往需要把一个完整的逻辑拆分为一个个事件，增加了开发和调试难度。

用异步式 I/O 和事件驱动代替多线程，带来了可观的性能提升。例如，对于简单而常见的数据库查询操作，代码在执行到第 1 行时，线程会阻塞，等待数据库返回查询结果，然后再继续处理。然而，由于数据库查询可能涉及磁盘读写和网络通信，其延时可能相当大（长达几到几百毫秒，相比 CPU 的时钟差了好几个数量级），线程会在这里阻塞等待结果返回。对于高并发的访问，一方面线程长期阻塞等待，另一方面为了应付新请求而不断增加线程，因此会浪费大量系统资源，同时线程的增多也会占用大量的 CPU 时间来处理内存上下文切换，而且还容易在短时间内聚集大量事件导致程序响应缓慢和拥堵。

下面以 MD 的事件驱动为例，看看 Quicklib 是如何解决这个问题的。

所有的异步 I/O 操作在完成时都会发送一个事件到事件队列。事件由 mddict 字典对象提供。前面提到的 fs.readFile 和 http.createServer 的回调函数都是通过它来实现的。

消息驱动包括了各种回调，在没有消息到来时，一直处于阻塞状态，不占用 CPU。当回调函数内有大量耗时的 CPU 计算时，建议回调函数内采用多进程或进程池来进行计算处理，以免阻塞消息驱动线程。

运行这段代码进入循环时，第一次循环中先在控制台输出 "Wait for a New Cmd"，然后运行 mddictmarket.OnCmd()，其中 mddict 是定义的事件回调函数字典，通过 market.OnCmd() 将不同整型值返回，并映射到不同的回调函数，这个整型值即是回调事件的编号。

例如，返回 8010，代表底层缓冲区有新的 tick 出现，通过字典 mddict 映射后，开始执行事件回调函数 MD_OnTick()，到缓冲区取得新的 tick 数据，并从缓冲区删除该 tick 数据。

在底层 API 没有事件的时候，trader.OnCmd() 将处于阻塞状态，不消耗 CPU 资源，当出现事件时，将立刻映射到相应的事件回调函数去执行。

执行完毕将输出 "Get A New cmd"，然后再进入下一次的循环打印 "Wait for a New Cmd"，再次进入阻塞状态。

这样做需要注意的是，映射到的回调函数尽量不要做耗时计算，如策略的计算。可以在回调函数中将数据交给另一个进程做计算处理，如采用进程池等方式。

这段代码中 mddict 的参数是一个函数，称为回调函数的编号。进程在执行的时候，不会等待结果返回，而是直接继续执行后面的语句，直到进入事件循环。

当新 tick 数据出现时，会将事件发送到事件队列，等线程进入事件循环以后，才会调用之前的回调函数继续执行后面的逻辑。

单线程事件驱动的异步式 I/O 比传统的多线程阻塞式 I/O 究竟好在哪里呢？简而言之，异步式 I/O 少了多线程的开销。对操作系统来说，创建一个线程的代价是十分昂贵的，需要给它分配内存、列入调度，同时在线程切换时还要执行内存换页，CPU 的缓存被清空，切换回来时还要重新从内存中读取信息，破坏了数据的局部性。

当然，异步式编程的缺点在于不符合人们一般的程序设计思维，容易让控制流变得晦涩难懂，给编码和调试都带来不小的困难。习惯传统编程模式的开发者在刚刚接触大规模的异步式应用时往往会无所适从，但慢慢习惯以后会好很多。尽管如此，异步式编程还是较为困难的。

表 9-2 列出了同步式 I/O 和异步式 I/O 的比较。

表 9-2　同步式 I/O 和异步式 I/O 的比较

| 同步式 I/O（阻塞式） | 异步式 I/O（非阻塞式） |
| --- | --- |
| 利用多线程提供吞吐量 | 单线程即可实现高吞吐量 |
| 通过事件片分割和线程调度利用多核 CPU | 通过功能划分利用多核 CPU |
| 需要由操作系统调度多线程使用多核 CPU | 可以将单进程绑定到单核 CPU |
| 难以充分利用 CPU 资源 | 可以充分利用 CPU 资源 |
| 内存轨迹大，数据局部性弱 | 内存轨迹小，数据局部性强 |
| 符合线性的编程思维 | 不符合传统编程思维 |

### 2.Quicklib 的事件循环机制

在什么时候会进入事件循环呢？答案是 Quicklib 程序由事件循环开始到事件循环结束，所有的逻辑都是事件的回调函数，所以 Quicklib 始终在事件循环中，程序入口就是事件循环第一个事件的回调函数，即在 QuickLibDemo.py 中的入口函数（main() 函数）中的 while 死循环，这个循环会运行一个阻塞函数。事件的回调函数在执行过程中，可能会发出 I/O 请求，执行完毕后再返回事件循环。事件循环会检查事件队列中有没有未处理的事件，直到程序结束。图 9-13 说明了事件循环的原理。

异步式 I/O 与事件式编程 Quicklib 最大的特点就是异步式 I/O（或者非阻塞 I/O）与事件紧密结合的编程模式。这种模式与传统的同步式 I/O 线性的编程思路有很大的不同，因为控制流很大程度上要靠事件和回调函数来组织，一个逻辑要拆分为若干个单元。

### 3. 阻塞与线程

什么是阻塞（block）呢？线程在执行中如果遇到磁盘读写或网络通信（统称为 I/O 操作），通

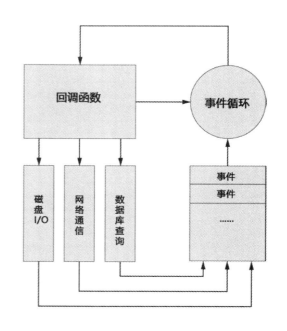

图 9-13　事件循环

常要耗费较长的时间，这时的操作系统会剥夺这个线程的 CPU 控制权，使其暂停执行，同时将资源让给其他的工作线程，这种线程调度方式称为阻塞。当 I/O 操作完毕时，操作系统将这个线程的阻塞状态解除，恢复其对 CPU 的控制权，令其继续执行。这种 I/O 模式就是通常的同步式 I/O（Synchronous I/O）或阻塞式 I/O（Blocking I/O）。

相应地，异步式 I/O（Asynchronous I/O）或非阻塞式 I/O（Non-blocking I/O）则针对所有 I/O 操作不采用阻塞的策略。当线程遇到 I/O 操作时，不会以阻塞的方式等待 I/O 操作的完成或数据的返回，而只是将 I/O 请求发送给操作系统，继续执行下一条语句。当操作系统完成 I/O 操作时，以事件的形式通知执行 I/O 操作的线程，线程会在特定时候处理这个事件。为了处理异步 I/O，线程必须有事件循环，不断地检查有没有未处理的事件，依次予以处理。

阻塞模式下，一个线程只能处理一项任务，要想提高吞吐量必须通过多线程。而非阻塞模式下，一个线程永远在执行计算操作，这个线程所使用的 CPU 核心利用率永远是 100%。

I/O 以事件的方式通知。在阻塞模式下，多线程往往能提高系统吞吐量，因为一个线程阻塞时还有其他线程在工作，多线程可以让 CPU 资源不被阻塞中的线程浪费。而在非阻塞模式下，线程不会被 I/O 阻塞，永远在利用 CPU 资源。多线程带来的好处仅仅是在多核 CPU 的情况下利用更多的核，而 Node.js 的单线程也能带来同样的好处。这就是为什么 Node.js 使用了单线程、非阻塞的事件编程模式。

图 9-14 和图 9-15 分别是多线程同步式 I/O 与单线程异步式 I/O 的示例。假设有一项工作，可以分为两个计算部分和一个 I/O 部分，I/O 部分占的时间比计算部分多得多（通常都是这样）。如果使用阻塞 I/O，那么要想获得高并发就必须开启多个线程。而使用异步式 I/O 时，单线程即可胜任。

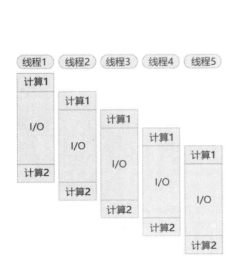

图 9-14　多线程同步式 I/O 示例

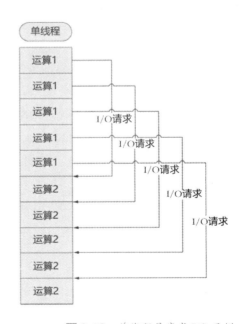

图 9-15　单线程异步式 I/O 示例

### 9.2.6 QuicklibTrade Python 接口

QuicklibTrade 是一套简单易用的 A 股程序化交易解决方案，包含了行情信号和交易接口两个部分。

QuicklibTrade 的官方网站：http://www.quicklib.net。

QuicklibTrade 的行情接口通过大智慧、通达信、同花顺、东方财富等股票软件的公式编辑器产生信号，并通过 Python 调用交易信号和数据，对使用者并不要求具备高深的金融工程、统计学背景就可以实现程序化交易，配合第三方软件还可以进行回测（如通达信软件），如图 9-16 所示。

图 9-16　QuicklibTrade 的注册账户功能

QuicklibTrade 的交易则不通过券商 API 进行交易，QuicklibTrade 提供了一套 A 股程序化交易解决方案，支持众多券商的交易，并提供了 Python 对插件的交易接口。

图 9-17 为 QuicklibTrade 行情、交易信号产生的架构图。

行情接口通过大智慧、通达信、同花顺、东方财富的公式编辑器产生信号，并通过 Python 调用交易信号和数据。

交易接口不通过券商 API 进行交易的一套 A 股程序化交易解决方案。支持众多券商的交易，提供了 Python 对插件的交易接口。

在下面介绍的 QuicklibTrade 的 6 种接口中，数据接口部分包含了 4 种 Python 数据接口，一种 C++ 数据接口。数据接口字段 1~20 可以在 QuicklibTrade 的 DataUpdate.exe 的配置文件中设置名称，并且对应大智慧通达信、同花顺、东方财富的多个列，将该指标设置为列，通过采集即可获得最新的值。显示器宽度和数据的列数设定将决定 DataUpdate.exe 一次识别多少个字段。

Python 数据接口 DEMO 中的字段设置，是将大智慧 DDX 指标设置为字段 1，MACD 多头行情设置为字段 2（如可定义字段 1 或 -1 变化表示在多头或空头行情中，如果由 1 变为 -1 表示死叉，-1 变为 1 表示金叉）。也可以将公式买入、卖出条件设置为固定的值，Python 可根据采集到该值的变化通过交易接口进行下单交易。

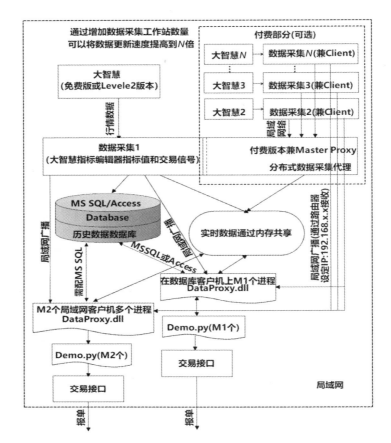

图 9-17　QuicklibTrade 行情、交易信号产生的架构图

### 1. 通过 Access 数据库获得数据的 Python 数据接口

Access 数据接口文件如图 9-18 所示。

| | | | |
|---|---|---|---|
| DataProxyAccess.dll | 2018/9/24 20:18 | 应用程序扩展 | 179 KB |
| DataProxyAccess.py | 2018/9/24 20:19 | Python File | 1 KB |
| Demo.py | 2018/9/24 20:20 | Python File | 2 KB |
| QLTradeStockData.mdb | 2018/9/24 19:34 | Microsoft Acces... | 324 KB |

图 9-18　Access 数据接口文件

DataProxyAccess.dll 是 C++ 库。

QLTradeStockData.mdb 是 Access 格式的数据库文件，存储了各股票字段的值，由 QuicklibTrade 工具程序对该数据库进行更新。

DataProxyAccess.py 是对 DataProxyAccess.dll 进行了一次封装，通过 DataProxyAccess.py 中的方法读取 QLTradeStockData.mdb 数据库中的股票数据，代码如下。

```python
from ctypes import *

class DataProxyAccess(object):
    def __init__(self):
        self.d2 = CDLL('DataProxyAccess.dll')
        self.fGetStockData = self.d2.GetStockData
        self.fGetStockData.argtypes = [c_char_p,c_int32]
        self.fGetStockData.restype = c_double
    def GetStockData(self,InstrumentID,tid):
        return self.fGetStockData(InstrumentID,tid)
```

Demo.py 是示例文件，代码如下。

```python
from DataProxyAccess import *
import time, datetime
data = DataProxyAccess()
macdlastvalue=0
def main():
    while(1):
        print(u" 字段 1(DDX)[%0.04f]"%data.GetStockData(u'600000',1))
        print(u" 字段 2(MACD 金叉 )[%0.04f]"%data.GetStockData(u'600000',2))
        print(u" 字段 3[%0.04f]"%data.GetStockData(u'600000',3))
        print(u" 字段 4[%0.04f]"%data.GetStockData(u'600000',4))
        print(u" 字段 5[%0.04f]"%data.GetStockData(u'600000',5))
        print(u" 字段 6[%0.04f]"%data.GetStockData(u'600000',6))
        print(u" 字段 7[%0.04f]"%data.GetStockData(u'600000',7))
        print(u" 字段 8[%0.04f]"%data.GetStockData(u'600000',8))
        print(u" 字段 9[%0.04f]"%data.GetStockData(u'600000',9))
        print(u" 字段 10[%0.04f]"%data.GetStockData(u'600000',10))
        macdvalue=data.GetStockData(u'600000',2)
        if data.GetStockData(u'600000',1)>10 and (macdvalue==1 and
macdlastvalue==-1):
            print(u" 买入 ")
        elif macdvalue==-1 and macdlastvalue==1:
            print(u" 卖出 ")
        macdlastvalue=macdvalue
        time.sleep(1000)

if __name__ == '__main__':
    main()
```

### 2. 通过 MS SQL 数据库获得数据的 Python 数据接口

MS SQL 数据接口文件如图 9-19 所示。

| | | | |
|---|---|---|---|
| DataProxyMSSQL.dll | 2018/9/24 20:15 | 应用程序扩展 | 179 KB |
| DataProxyMSSQL.py | 2018/9/24 20:21 | Python File | 1 KB |
| Demo.py | 2018/9/24 20:22 | Python File | 2 KB |
| QLTradeStockData.mdf | 2018/9/21 1:29 | SQL Server Data... | 5,184 KB |
| QLTradeStockData_log.ldf | 2018/9/21 1:29 | SQL Server Data... | 1,024 KB |

图 9-19　MS SQL 数据接口文件

DataProxyMSSQL.dll 是 C++ 库。

QLTradeStockData.mdf 和 QLTradeStockData_log.ldf 是 MSSQL 的数据库文件，存储了各股票字段的值，由 QuicklibTrade 工具程序对该数据库进行更新。

DataProxyMSSQL.py 是对 DataProxyMSSQL.dll 进行了一次封装，通过 DataProxyMSSQL.py 中的方法读取 QLTradeStockData.mdf 数据库中的股票数据，代码如下。

```
# -*- coding=utf-8 -*-
from ctypes import *

class DataProxyMSSQL(object):
    def __init__(self):
        self.d2 = CDLL('DataProxyMSSQL.dll')
        self.fGetStockData = self.d2.GetStockData
        self.fGetStockData.argtypes = [c_char_p,c_int32]
        self.fGetStockData.restype = c_double
    def GetStockData(self,InstrumentID,tid):
        return self.fGetStockData(InstrumentID,tid)
```

Demo.py 是示例文件，代码如下。

```
from DataProxyMSSQL import *
import time, datetime
data = DataProxyMSSQL()
macdlastvalue=0
def main():
    while(1):
        print(u"字段 1(DDX)[%0.04f]"%data.GetStockData(u'600000',1))
        print(u"字段 2(MACD金叉)[%0.04f]"%data.GetStockData(u'600000',2))
        print(u"字段 3[%0.04f]"%data.GetStockData(u'600000',3))
        print(u"字段 4[%0.04f]"%data.GetStockData(u'600000',4))
        print(u"字段 5[%0.04f]"%data.GetStockData(u'600000',5))
```

```
        print(u" 字段 6[%0.04f]"%data.GetStockData(u'600000',6))
        print(u" 字段 7[%0.04f]"%data.GetStockData(u'600000',7))
        print(u" 字段 8[%0.04f]"%data.GetStockData(u'600000',8))
        print(u" 字段 9[%0.04f]"%data.GetStockData(u'600000',9))
        print(u" 字段 10[%0.04f]"%data.GetStockData(u'600000',10))
        macdvalue=data.GetStockData(u'600000',2)
        if data.GetStockData(u'600000',1)>10 and (macdvalue==1 and
macdlastvalue==-1):
            print(u" 买入 ")
        elif macdvalue==-1 and macdlastvalue==1:
            print(u" 卖出 ")
        macdlastvalue=macdvalue
        time.sleep(1000)


if __name__ == '__main__':
    main()
```

### 3. 通过共享内存方式获得数据的 Python 数据接口

共享内存数据接口文件如图 9-20 所示。

| 名称 | 修改日期 | 类型 | 大小 |
| --- | --- | --- | --- |
| DataProxySharedMemory.dll | 2018-10-8 14:40 | 应用程序扩展 | 176 KB |
| DataProxySharedMemory.py | 2018-10-8 14:37 | Python File | 1 KB |
| DataProxySharedMemory.pyc | 2018-10-8 14:55 | Compiled Pytho... | 2 KB |
| Demo.py | 2018-10-8 14:56 | Python File | 3 KB |

图 9-20　共享内存数据接口文件

DataProxySharedMemory.dll 是 C++ 库。

DataProxySharedMemory.py 是对 DataProxySharedMemory.dll 进行了一次封装，通过 DataProxy SharedMemory.py 中的方法读取由 QuicklibTrade 工具程序保存在共享内存中的股票数据，代码如下。

```
from ctypes import *


class DataProxySharedMemory(object):
    def __init__(self):
        self.dll = CDLL('DataProxySharedMemory.dll')
        self.fGetStockData = self.dll.GetStockData
        self.fGetStockData.argtypes = [c_char_p,c_int32]
        self.fGetStockData.restype = c_double


        self.fGetTradingDay = self.dll.GetTradingDay
```

```
            self.fGetTradingDay.argtypes = [c_char_p]
            self.fGetTradingDay.restype = c_char_p

            self.fGetUpdateTime = self.dll.GetUpdateTime
            self.fGetUpdateTime.argtypes = [c_char_p]
            self.fGetUpdateTime.restype = c_char_p

    def GetStockData(self,InstrumentID,tid):
        return self.fGetStockData(InstrumentID,tid)
    def GetTradingDay(self,InstrumentID,tid):
        return self.fGetTradingDay(InstrumentID,tid)
    def GetUpdateTime(self,InstrumentID,tid):
        return self.fGetUpdateTime(InstrumentID,tid)
```

Demo.py 代码如下。

```
from DataProxySharedMemory import *
import time, datetime
data = DataProxySharedMemory()
macdlastvalue=0
def main():
    while(1):
        print(u" 字段 1(DDX) [%0.04f]"%data.GetStockData(u'600001',1))
        print(u" 字段 2(MACD 金叉 ) [%0.04f]"%data.GetStockData(u'600001',2))
        print(u" 字段 3[%0.04f]"%data.GetStockData(u'600001',3))
        print(u" 字段 4[%0.04f]"%data.GetStockData(u'600001',4))
        print(u" 字段 5[%0.04f]"%data.GetStockData(u'600001',5))
        print(u" 字段 6[%0.04f]"%data.GetStockData(u'600001',6))
        print(u" 字段 7[%0.04f]"%data.GetStockData(u'600001',7))
        print(u" 字段 8[%0.04f]"%data.GetStockData(u'600001',8))
        print(u" 字段 9[%0.04f]"%data.GetStockData(u'600001',9))
        print(u" 字段 10[%0.04f]"%data.GetStockData(u'600001',10))
        print(u" 最新一笔数据更新日期 [%s]"%data.GetTradingDay(u'000688',9))
        print(u" 最新一笔数据更新时间 [%s]"%data.GetUpdateTime(u'000688',9))
        macdvalue=data.GetStockData(u'600001',2)
        if data.GetStockData(u'600001',1)>10 and (macdvalue==1 and
macdlastvalue==-1):
            print(u" 买入 ")
        elif macdvalue==-1 and macdlastvalue==1:
            print(u" 卖出 ")
```

```
            macdlastvalue=macdvalue
            time.sleep(1000)

if __name__ == '__main__':
    main()
```

### 4. 通过局域网广播获得数据的 Python 接口

广播数据接口文件如图 9-21 所示。

| 名称 | 修改日期 | 类型 | 大小 |
| --- | --- | --- | --- |
| DataProxyLocalNetwork.dll | 2018-12-19 22:56 | 应用程序扩展 | 177 KB |
| DataProxyLocalNetwork.py | 2018-12-17 13:31 | Python File | 1 KB |
| Demo.py | 2018-9-26 0:42 | Python File | 2 KB |
| setting.ini | 2016-11-22 9:28 | 配置设置 | 1 KB |

图 9-21　广播数据接口文件

DataProxyLocalNetwork.dll 是 C++ 库。

DataProxyLocalNetwork.py 是对 DataProxyLocalNetwork.dll 进行了一次封装，通过 DataProxy
LocalNetwork.py 中的方法接收网络中的广播数据，广播数据支持多分布式多个客户端同时更新，
具备更快的指标数据和交易信号更新频率。

setting.ini 是配置文件，用来设置广播中客户端的局域网 IP 地址。

DataProxyLocalNetwork.py 代码如下。

```
# -*- coding=utf-8 -*-
from ctypes import *
class DataProxyLocalNetwork(object):
  def __init__(self):
        self.dll = CDLL('DataProxyLocalNetwork.dll')
        self.fGetStockData = self.dll.GetStockData
        self.fGetStockData.argtypes = [c_char_p,c_int32]
        self.fGetStockData.restype = c_double

        self.fOnCmd = self.dll.OnCmd
        self.fOnCmd.argtypes = []
        self.fOnCmd.restype = c_int32

        self.fGetCmdContent_Tick = self.dll.GetCmdContent_Tick
        self.fGetCmdContent_Tick.argtypes = []
        self.fGetCmdContent_Tick.restype = c_char_p
```

511

```
    def GetStockData(self,InstrumentID,tid):
        return self.fGetStockData(InstrumentID,tid)
    def OnCmd(self):
      #获得异步 I/O 指令类型
        return self.fOnCmd()
    def GetCmdContent_Tick(self):
        #错误信息回调
        return self.fGetCmdContent_Tick()
```

Demo.py 代码如下。

```
# 导入局域网网络代理
from DataProxyLocalNetwork import *
import time, datetime
data = DataProxyLocalNetwork()
macdlastvalue=0
# 回调类型
MD_EMPTY                    = 8000 # 无消息
MD_NETCONNECT_SCUESS        = 8001 # 连接成功
MD_NETCONNECT_BREAK         = 8002 # 断开连接
MD_NETCONNECT_FAILER        = 8003 # 连接失败
MD_SUBCRIBE_SCUESS          = 8004 # 订阅成功
MD_UNSUBCRIBE_SCUESS        = 8005 # 取消订阅成功
MD_NEWTICK                  = 8006 # 新 Tick 到来
MD_SYSTEM_ERROR             = 8007 # 错误应答


def MD_OnEmptyCmd():
    #print u"MD_OnEmptyCmd"
    yu=1
def MD_OnTick():
    # 新的一笔 Tick 数据驱动
    #print "--------------MD_OnTick--------------"
    global num
    num=num+1
    # 取得新 TICK 的合约代码
    Instrument =market.GetCmdContent_Tick()
    #print "Instrument %s"%Instrument
    # 打印该合约数据，可增加交易策略逻辑计算，计算进程放入其他线程或进程中，以免耗时计算
阻塞行情接收和其他回调
    print u"(%d)%s %s [%0.02f][%0.00f]"%(num,Instrument,mark
et.InstrumentID(Instrument), market.LastPrice(Instrument), market.
```

```
Volume(Instrument))
    def MD_OnFrontConnected():
        # 与行情服务器连接成功
        # 当客户端与交易后台建立起通信连接时（还未登录前），该方法被调用。
        print "---------------MD_OnFrontConnected---------------"
        #global market
    def MD_OnFrontDisconnected():
        # 与行情服务器断开连接
        # 当客户端与交易后台通信连接断开时，该方法被调用。当发生这个情况后，API 会自动重新连接，
客户端可不做处理。
        print "---------------MD_OnFrontDisconnected---------------"
        #global market
    def MD_OnFrontConnectedFailer():
        # 连接失败
        print "---------------MD_OnFrontConnectedFailer---------------"
        #global market
    def MD_OnSubMarketData():
        # 订阅成功
        print "---------------MD_OnSubMarketData---------------"
        #global market
        data = cast(market.GetCmdContent_SubMarketData(), POINTER(QL_Instrument))
        print "InstrumentID %s"%(str(data[0].InstrumentID))              # 合约代码
    def MD_OnUnSubMarketData():
        # 取消订阅行情成功
        print "---------------MD_OnUnSubMarketData---------------"
        #global market
        data = cast(market.GetCmdContent_UnSubMarketData(), POINTER(QL_Instrument))
        print "InstrumentID %s"%(str(data[0].InstrumentID))              # 合约代码
    def MD_OnError():
        # 错误信息回报
        print "---------------MD_OnRspError---------------"
        data = cast(market.GetCmdContent_Error(), POINTER(QL_CThostFtdcRspInfoField))
        #global market
        print "ErrorID %s"%(str(data[0].ErrorID))                      # 错误代码
        print "ErrorMsg %s"%(str(data[0].ErrorMsg))                    # 错误信息

    mddict={
            MD_EMPTY:MD_OnEmptyCmd,
            MD_NETCONNECT_SCUESS:MD_OnFrontConnected,
            MD_NETCONNECT_BREAK:MD_OnFrontDisconnected,
            MD_NETCONNECT_FAILER:MD_OnFrontConnectedFailer,
```

```
            MD_SUBCRIBE_SCUESS:MD_OnSubMarketData,
            MD_UNSUBCRIBE_SCUESS:MD_OnUnSubMarketData,
            MD_SYSTEM_ERROR:MD_OnError,
            MD_NEWTICK:MD_OnTick
        }


def main():
    while(1):
        # 字段1~字段15可以在配置文件中设置名称，并且对应大智慧的多个列，将该指标设置为
大智慧的列，通过采集即可获得最新的值
        #例如，将大智慧DDX指标设置为字段1,MACD多头行情设置为字段2(例如可定义字段1或-1
变化表示在多头或空头行情中，如果由1变为-1表示死叉，-1表示1表示金叉)
        # 也可以将公式买入卖出条件设置固定的值，python可根据采集到该值的变化通过交易接
口进行下单交易
        print(u"Wait for a New Cmd(MD)\n");
        # 判断是否有新Tick数据，while循环不需要Sleep，当没有新Tick时，会处在阻塞状态
        mddict[data.OnCmd()]()
        print(u"Get A New cmd(MD)\n");


if __name__ == '__main__':
    main()
```

### 5. 类 CTP 方式的 C++ 数据接口

上海期货交易所 CTP API 的封装方式已经成为业内一种主流的封装方式，QuicklibTrade 也提供和 CTP API 类似的方法，由于采用 C++ 进行封装，因此适合各种多种编程语言调用。库文件名和 CTP API 的文件名是一样的，使用方法也一样，也提供了一个 C++ 的 DEMO。

类 CTP 方式的 C++ 数据接口如图 9-22 所示。

| 名称 | 修改日期 | 类型 | 大小 |
|---|---|---|---|
| ThostFtdcMdApi.h | 2018-1-25 22:00 | C/C++ Header | 6 KB |
| ThostFtdcUserApiDataType.h | 2018-1-23 21:13 | C/C++ Header | 236 KB |
| ThostFtdcUserApiStruct.h | 2018-10-8 19:36 | C/C++ Header | 188 KB |
| thostmduserapi.dll | 2018-10-8 19:55 | 应用程序扩展 | 203 KB |
| ThostmduserApi.h | 2018-1-19 14:30 | C/C++ Header | 45 KB |
| thostmduserapi.lib | 2018-10-8 19:55 | Object File Library | 5 KB |

图 9-22　类 CTP 方式的 C++ 数据接口

（1）ThostFtdcMdApi.h：为行情 API 的 C++ 头文件，定义了行情 API 的函数方法。

（2）ThostFtdcUserApiDataType.h：为定义数据类型的 C++ 头文件。

（3）ThostFtdcUserApiStruct.h：为定义结构体的 C++ 头文件。

（4）thostmduserapi.dll：为行情 API 的 Windows 动态链接库。

（5）thostmduserapi.lib：为行情 API 的 Windows 动态链接库。

### 6. 程序化交易接口

其他程序化交易接口的具体内容见 http://www.quicklib.net 的网站说明。

下面以大智慧为例介绍识别程序启动过程，先运行大智慧程序，打开如图 9-23 所示的大智慧主界面，切换到大智慧列表，需要把行分隔线和列分隔线调出，再运行 DataUpdate.exe，会自动激活大智慧窗口，并识别第 1 行的配置文件中制定的多个列的数据。

大智慧可以自由添加和更改指标排序列，并可以通过双击指标标题进行排序。

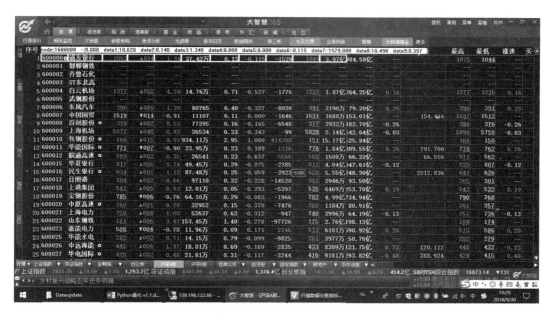

图 9-23　大智慧主界面

通过观察黄色框内的数据，查看是否正常识别，再用鼠标激活 DataUpdate.exe，单击【开始采集并更新数据】按钮后开始滚动采集数据，如图 9-24 所示。

单个 DataUpdate.exe 客户端最大支持 32 个 CPU 线程进行数据采集，支持多个客户端分布式采集，并通过网络方式在局域网共享数据。

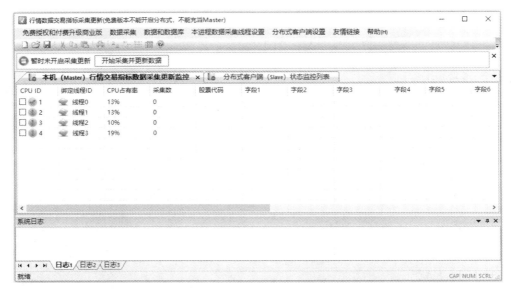

图 9-24    行情数据交易指标采集更新

在识别过程中，DataUpdate.exe 将最小化到托盘中，如图 9-25 所示。

图 9-25    DataUpdate.exe 最小化到托盘

双击托盘绿色的 DataUpdate.exe 图标时将恢复窗口，恢复窗口的同时会暂停采集，直到再次最小化 DataUpdate.exe 后将自动恢复采集。通达信、同花顺、东方财富的操作方式是类似的。

程序化交易一个必要的环节是策略回测，下文以通达信为例介绍如何进行指标的回测，通达信的免费版本和收费版本都支持回测。

通达信的回测菜单进入方式为：依次执行【功能】→【公式系统】→【程序交易评测系统】命令，进入【程序交易评测系统】窗口，如图 9-26 所示。

图 9-26　通达信的【程序交易评测系统】窗口

单击【开始评测】按钮，提示选择回测的 A 股品种，选择后提示首次回测需要下载数据，如图 9-27 所示。

图 9-27　回测的 A 股品种

选择需要优化的参数，如图 9-28 所示。

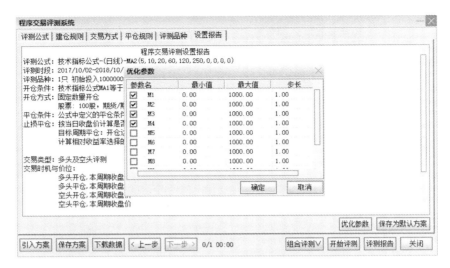

图 9-28　优化参数

通达信的程序交易评测系统如图 9-29 所示。

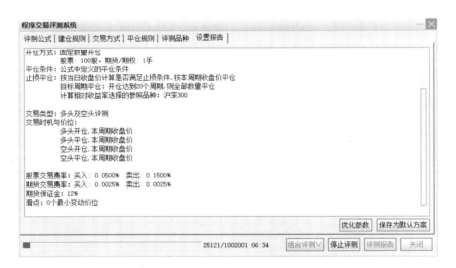

图 9-29　通达信的程序交易评测系统

最终产生回测报告，如图 9-30 所示。

第 9 章
Python 在量化交易中的应用

趋向专家系统-DMI

评测条件: 趋向专家系统 ▾　　　双击列表行查看品种评测图表　[导出结果] [切换指标] [切换分析图] [关闭]

| 品种代码 | 品种名称 | 盈利次数 | 总次数 | 胜率(%) | 手续费(元) | 净利润(元) | 收益率(%) | 年化收益率(%) | 相对收益率α/β(%) | 最大回撤(元) | 最大回撤比(%) |
|---|---|---|---|---|---|---|---|---|---|---|---|
| 600038 | 中直股份 | 3 | 8 | 37.50 | 69.13 | 662.87 | 0.07 | 0.07 | 23.72/10.43 | 189.13 | 0.02 |
| 600132 | 重庆啤酒 | 4 | 10 | 40.00 | 45.29 | 630.71 | 0.06 | 0.06 | 34.01/10.43 | 322.38 | 0.03 |
| 600009 | 上海机场 | 5 | 11 | 45.45 | 109.36 | 579.65 | 0.06 | 0.06 | 32.84/10.42 | 504.56 | 0.05 |
| 600036 | 招商银行 | 6 | 12 | 50.00 | 68.40 | 406.60 | 0.04 | 0.04 | 21.26/10.41 | 331.63 | 0.03 |
| 600030 | 中信证券 | 6 | 12 | 50.00 | 41.66 | 297.34 | 0.03 | 0.03 | 18.33/10.39 | 151.06 | 0.02 |
| 600085 | 同仁堂 | 4 | 7 | 57.14 | 47.55 | 266.45 | 0.03 | 0.03 | 12.73/10.39 | 39.88 | 0.00 |
| 600104 | 上汽集团 | 5 | 9 | 55.56 | 57.06 | 265.94 | 0.03 | 0.03 | 10.40/10.39 | 276.25 | 0.03 |
| 600019 | 宝钢股份 | 5 | 8 | 62.50 | 13.08 | 253.92 | 0.03 | 0.03 | 27.96/10.39 | 38.38 | 0.00 |

评测指标详情 | 评测指标说明

| 指标名称 | 全部交易 | 多头 | 空头 |
|---|---|---|---|
| 评测品种 | 600038-中直股份 | | |
| 初始资金 | 1000000.00 | | |
| 评测日期 | 2017/10/09-2018/09/28 | | |
| 有效天数 | 355 | | |
| 评测周期数 | 343 | | |
| 期末权益 | 1000662.88 | | |
| 盈亏时间比 | 3.00 | 3.00 | 0.00 |
| 总盈利 | 1186.00 | 1186.00 | 0.00 |
| 总亏损 | 454.00 | 454.00 | 0.00 |
| 净利润 | 662.87 | 662.87 | 0.00 |
| 年化收益 | 681.54 | 681.54 | 0.00 |
| 收益率 | 0.07% | 0.07% | 0.00% |
| 年化收益率 | 0.07% | 0.07% | 0.00% |
| 收益率(阿尔法) | 23.72% | 23.72% | 0.00% |
| 收益率(贝塔) | 10.43% | 10.43% | 10.36% |
| 平均利润 | 0.83 | 0.83 | |
| 交易量(股/手) | 800 | 800 | 0 |
| 盈利量(股/手) | 300 | 300 | 0 |
| 亏损量(股/手) | 500 | 500 | 0 |
| 交易次数 | 8 | 8 | 0 |
| 胜率 | 37.50% | | |
| 最大回撤比 | 0.02% | | |
| 最大回撤 | 189.13 | | |
| 区间涨幅 | -3.62(-8.33%) | | |

图 9-30　回测报告

回测完毕就可以将公式设置为列进行数据显示，通过 QuicklibTrade 采集后，用 Python 或 C++ 等其他语言进行调用数据，并通过其他交易接口进行程序化下单。通过 QuicklibTrade 用较少的时间成本，无须高深的统计知识，就可以完成从量化回测到程序化交易的全部过程。

多窗口软件 Dexpot 在数据采集时的作用：对数据采集需要将大智慧、通达信、同花顺、东方财富软件窗口前置，所以正常情况下，无法进行 Python 调试等其他的操作。但可以采用多桌面的方式解决，即一个桌面采集，另一个桌面运行程序通过调用 Api 来进行信号触发，Windows 操作系统自带了多桌面功能，可以很方便地切换桌面。

由于早期的 windows 做系统没有多桌面功能，可采用 Dexpot 软件进行多桌面操作。下载地址：http://www.quicklib.net/mdapi.asp。

## 9.2.7 量化交易使用资管系统的好处和必要性

虽然 Python 开发量化策略非常方便，因为 Python 有大量用于数据分析的库，但 Python 用作底层搭建时性能却大打折扣，所以比较好的建议是尽量不用 Python 做底层处理。

对 Python 开发策略平台时架构的建议如下。

（1）用 C++ 这些性能高效的语言进行底层的封装方法供 Python 调用，Python 尽量处理数据分析，要避免大量 Python 语句做一些底层事务的处理。

（2）要避免用 Python 处理多策略、多账户，而是通过资管系统来处理多账户、多策略的问题。

（3）通过资管系统的支持，用 Python 做策略的开发，采用底层和策略分离更加模块化的方式。

资管系统的 API 通常是封装了一套与 CTP 交易 API 类似的 API。例如，文件名一样，头文件名称和 CTP 原文件一样，库提供的方法名称和用途都类似，只不过通过资管系统报单是接入资管系统的子账户或模拟账户，由资管系统进行多账户或多策略的对冲后，统一向 CTP 接口报单。资管系统可以对每一个账户实现风险控制。

图 9-31 是一种 Windows 环境下，典型的针对 CTP API 的资管系统架构图。

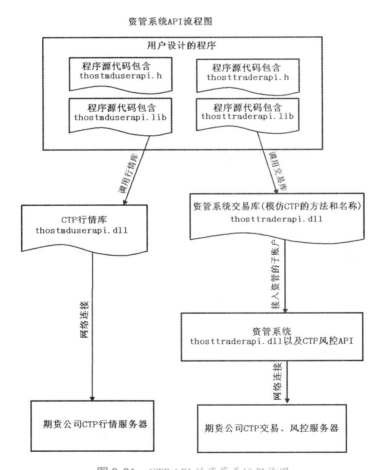

图 9-31　CTP API 的资管系统架构图

通过资管系统，一个大资金账户可以拆分成多个子账户，每个子账户有独立的风险控制，使得各策略接入不同的子账户后，实现了策略模块化，方便观察每一个子账户策略的资金曲线、停用子账户策略、升级子账户策略、调整参数，大大方便了多策略多账户下的策略维护。

目前市面上的大多数资管系统，既可提供模仿 CTP 的资管 API，也可提供人工下单软件。

对程序化交易而言，只要将原来基于 CTP 开发的程序 API 替换为资管 API，稍做改动或不做改动即可接入资管系统。

而对于人工下单而言，因为不是所有的下单软件都支持资管系统，所以很难保证下单满足所有交易者的习惯。资管系统被广泛用于资金管理、策略管理、配资、MOM 模式的基金中。所以商业软件回测有很大的问题，需要 tick 级回测，酷操盘手就提供了跟单、资管系统等几个产品，基于 CTP API 开发的策略可以通过替换资管 API 接入酷操盘手的资管子账户。

酷操盘手的官网地址：http://www.kucps.com。

酷操盘手产品系列中包括了资管系统，可提供部分免费的商用软件系统。

酷操盘手的启动界面如图 9-32 所示。

图 9-32　酷操盘手

酷操盘手的优点如图 9-33 所示。

图 9-33　酷操盘手的优点

酷操盘手的主界面如图 9-34 所示。

图 9-34　酷操盘手的主界面

酷操盘手的跟单监控显示界面如图 9-35 所示。

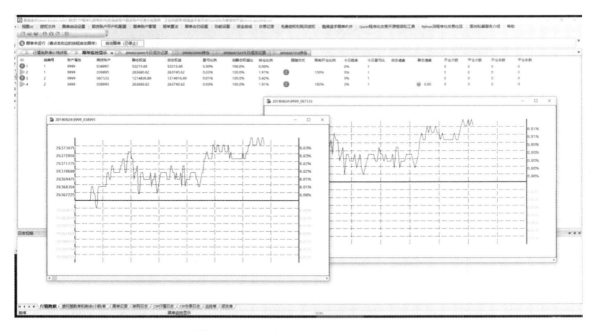

图 9-35　酷操盘手的跟单监控显示界面

通过资管 API 接入，可以查看每个子账户的资金曲线，并且可以添加、启动、停止子账户接入实盘账户。原生 CTP 策略只要做简单的替换库文件，即可接入资管系统。

## 9.2.8 高频交易

### 1. 高频交易的两大类

（1）无信号方向、提供流动性的做市。

（2）有方向、消耗流动性的套利。

前者的频率一般更高。虽然套利也有被动提供流动性的类型，但机会是越来越少了，且被动套利（Passive Arb）容易被劣化选择（Adverse Selection)。

### 2. 高频交易策略

高频交易的策略千奇百怪，即使从业时间极长的人也很难详细了解它的全貌，以下便给出一些比较常见的套利策略。

（1）做市交易（Market Making）。做市交易策略是通过提交限价买入或卖出委托来赚取买卖盘差价。虽然做市商的角色通常是由特定的机构扮演，但这类策略也已被许多投资者广泛使用。一些高频交易机构以做市交易策略作为其主策略。例如，花旗集团在 2007 年 7 月购买的"自动交易平台"系统，作为一个活跃的做市商，同时在纳斯达克和纽约交易所贡献了总交易量的大约 6%。

（2）收报机交易（Ticket Tape Trading）。许多信息往往不经意地被隐藏在报价和交易量等市场数据中。通过监视这些数据，计算机有可能提前分析出一些尚未被新闻报道出来的消息，进而获利。由于这些信息都是公开透明的，因此该策略也完全合法。这是一种相对较传统的策略，通过监视大量证券的、典型的或非典型的价格变化和成交量变化，在各种事件到来前生成适当的买卖委托。

（3）统计套利（Event Arbitrage）。另一类交易策略是通过发掘哪些证券发生了暂时性的、可预测的统计偏离，进而获利。这种策略可被应用于所有的流动证券，如股票、债券、期货、外汇交易中。

（4）新闻交易（News-based Trading）。当今有许多公司动态都可以从各种数字渠道被获取，如彭博社、新闻网站、推特等。自动交易系统通过识别公司名、各种关键字，甚至是进行语义分析，以求在人们进行交易之前对这些消息做出反应。

（5）低延迟策略（Low-latency Strategies）。一些纯粹的高频交易极度依赖于对市场数据的超低延迟访问。在这种策略中，交易系统依靠在不同市场间极小的信息获取的速度优势来谋利。一个极端的例子是，2011 年以来，交易市场间的通信方式有从光纤通信向微波通信迁移的趋势。仅仅因为微波在空气中传播的速度相较于真空中的光速只慢了 1%，而光在光纤中却要受到 30% 以上的速度衰减。

（6）订单属性策略（Order Properties Strategies）。高频交易策略可以通过市场的订单属性数据来识别出那些次优价格的订单。这些订单有可能提供给对手盘一个仓位，而高频交易系统则尝试捕获他们。跟踪这些重要的订单属性也便于系统更精确地预测价格变化。

　　然而美国证券交易委员会（SEC）2010 年给出的报告 *Concept Release on Equity Market Structure* 中定义了 4 种类型。

　　①被动做市（Passive Market Making）。这种策略是在交易所挂限价单进行双边交易以提供流动性。所谓双边交易，是指做市商手中持有一定存货，然后同时进行买和卖两方交易。这种策略的收入包括买卖价差（Spread）和交易所提供的返佣（Rebate）两部分。

　　②套利（Arbitrage）。这种策略应该是大家比较熟悉的，就是看两种高相关性的产品之间的价差。如一个股指 ETF 的价格，理论上应该等于组成该 ETF 的股票价格的加权平均（具体计算方式按照此 ETF 定义来看）。但因为种种原因，有时市场上这两种价格并不一致，此时即产生套利机会，可以买入价低一方的同时卖出价高一方，赚取其间的差价。随着市场流动性的增强，这种机会发生的次数和规模会越来越小，并且机会往往转瞬即逝。因此，往往需要借助高频交易的技术来加大搜寻的规模和把握交易时机。

　　③结构化（Structural）。这是公众视角中最能引起对高频交易诟病的策略。简单来说，就是利用技术手段，如高速连接和下单，来探测其他较慢的市场参与者的交易意图并且抢在他们之前进行交易，将利润建立在他人的损失上。这种短视的策略或许能赚一点快钱，但从任何角度看都是一种饮鸩止渴的行为。高频交易本身有远超于此的价值，实在不值得为此浪费精力。

　　④趋势（Directional）。这种策略本身在中低频中也存在，简而言之就是预测一定时间内的价格走势，顺势而为。这种策略与中低频类似，所谓"拉高出货"，即自己先下点单快速推高或拉低价格，人为制造一种趋势来吸引其他人入场。

　　在高频交易中，投资者为了减少交易成本、提高投资收益或减少损失，或者根据高频交易的特点指定高频交易的策略，所以说高频下单算法是高频交易的基石。下面介绍高频下单算法。

### 3. 高频下单算法

　　（1）冰山（Iceberging）：其特点在于将大笔订单拆分，把那些单笔数额大的单子划分成随机大小的小订单，起到向市场上的其他投资者隐藏动机的目的。冰山算法受到市场认可，应用也比较频繁，因为它能够减小股价的大范围波动。

　　（2）捕食算法（Predatory Algos）：是与冰山相对应的算法。它被用来专门对抗冰山算法，可密切监视市场上这种化整为零的隐匿方式，并且加以利用。

　　（3）统计套利（Statistical Arbitrageur）：是通过对历史数据做分析，统计最高价位，寻找各种数据点和价格的相关性。利用收集到的数据及其相关性分析建立预测模型，并且和市场上的最新报道和股价联系起来，在最快的速度下给出买或卖的结论。

　　它不仅需要实时关注市场的动向，寻找新的相关性，做出决策方面的第一手变化，而且还需要与竞争对手的同类系统竞争，在速度上甚至在毫秒的级别上克敌制胜，1 秒或 1 美分的落后都会被对手占得先机。另外，在某一套相关性系统失灵之后，后备系统就需要重写算法以做快速转移。

　　（4）资金暗池（Dark Pools）：这类系统始终处于买卖大单的准备状态，而且不会向其他市场参与者公布报价。要知道暗池买卖的价位，可 Ping 之。在得到暗池的回应价格后，可选择接受该价格并完成交易，也可迟些再 Ping，找寻新的价格点。

目前国内 A 股不具备高频交易的条件。期货是唯一可以实现高频交易的市场，在期货交易所机房进行交易服务器托管是实现高频交易的基本条件。而高频交易的编程语言是绝对不会用 Python 的，一般采用 C++ 做高频策略的开发，国内的金融软件公司也推出 FPGA 相应方案，一年的价格在几十万元不等，其中最具代表性的是盛立和艾科朗克这两家公司的产品。

## 9.2.9 算法交易

随着我国证券市场的发展，机构投资者逐步成为证券市场的主要构成者，机构交易者如何实现以较低的交易成本进行交易成为实务界和学术研究的热门话题。在证券交易过程中一般来说，投资者可以通过一次性买卖或者分割订单的方式完成大额交易。

算法交易其实主要是用于基金公司、券商量化。当投资者有大量证券资产需要交易时，一般都会把交易拆细，分批执行。但是，这就出现了一个问题，即如何安排这些交易是最有利的？一般都希望交易不要对市场产生太大的冲击，同时也希望交易不会拖延太久而导致市场价格向不利的方向变动。但这是一个两难的问题：市场冲击是交易速度的增函数，等待风险则是交易速度的减函数。当交易执行速度较快时，等待风险很小，冲击成本很大；当交易执行慢时，冲击成本很小，等待风险很大。为了解决这一问题，优化交易的执行，算法交易应运而生。

算法交易（Algorithmic Trading，简称 Algo Trading），起源于美国，是利用电子平台输入涉及算法的交易指令，以执行预先设定好的交易策略。算法中包含许多变量，包括时间、价格、交易量，或者在许多情况下，由"机器人"发起指令，无须人工干预。

### 1. 算法交易的历史

20 世纪 80 年代后期及 90 年代，美国证券市场的全面电子化成交和电子撮合市场 ECN（Electronic Communication Networks）开始发展。纽约证券交易所 NYSE 在 1997 年就批准了从分数制报价方式改为十进制小数点报价的方案，这个推进的过程用了三四年。2000 年 8 月开始小范围试点，到 2001 年才完成，美国全国证券交易商协会自动报价表（National Association of Securities Dealers Automated Quotations，NASDAQ）后来在证监会的压力下也跟进了这个改革方案。

股票报价的最小变动单位由 1/16 美元或者 1/32 美元，调低到 0.01 美元。买卖之间的最小变动差价大幅缩小了七八成，也减少了做市商的交易优势，因此降低了市场的流动性（价格位数越多，流动性越弱），这些情况改变了证券市场的微观结构。市场流动性的降低导致机构投资者使用计算机来分割交易指令，用以执行到更优越的均价。

从近来十多年的市场实践看，自动交易大致分为决策型交易和执行型交易。前者强调基于计算机的帮助，通过寻找市场上的各种交易机会，做出买卖的交易决策。后者强调交易订单的执行，即负责快速、低成本地、隐蔽地实现相关订单执行和成交。

因为在大额订单提交到交易所，冲击成本（Impact Cost）会使得交易成本迅速提高，这时利用算法分割订单就是一种简单方便的方法，国内券商也较早实现了这种交易方式。需要注意的是，由于金融机构的交易决策（投资组合经理等）和交易执行（交易室）是分开的，因此这里所说的算法交易，并没有交易决策逻辑在里面。

再说程序化交易，是由交易决策导致的，即交易决策的产生是由"程序"产生的。那么就意味着从 Excel、VBA、Python、Matlab、R、C++ 到文华财经、TB、金字塔、Multichart，再到天软、龙软 DTS、飞创 STP、Progress Apama 等，只要利用这些工具完成了"拿到市场数据→处理数据→自己构建交易模型→交易决策逻辑触发并创建订单到订单池→风险控制→提交订单到交易所或者券商"整套逻辑的，便都可以称为程序化交易。

同时，由于交易模型的构建务必包含算法，而且订单池的提交会涉及减少交易成本问题，这里与算法交易的概念便模糊了。

实际，程序化交易和算法交易各有侧重点：算法交易强调的是交易的执行，如何快速、低成本、隐蔽地执行大量的订单；程序化交易强调的是订单如何生成，通过某种策略生成交易指令，实现某个特定的投资目标。

**2. 算法交易策略的分类**

按照算法交易中算法的主动程度不同，可以把算法交易分为被动型算法交易、主动型算法交易、综合型算法交易三大类。

（1）被动型算法交易：按照一个既定的交易方针进行交易，核心目标是减少滑点。被动型算法交易已发展的较为成熟，应用广泛。经典的算法包括 VWAP（成交量加权平均价格）和 TWAP（时间加权平均价格）等。

（2）主动型算法交易：会根据市场的状况做出实时的决策，判断是否交易、交易的数量和交易的价格等。除了减少滑点外，主动型算法还会预测价格走势，如果判断市场价格在向不利于交易方向发生变动时，就会推迟交易，反之则会加快交易。

（3）综合型算法交易是前两者的综合。既要完成既定的交易目标，又要在交易的过程中加入程序化的主动型判断。这类算法常见的做法是先把交易指令拆开并分配到若干个交易时段内，每个时间段内具体如何交易由主动型交易算法自行判断。

为什么"闪崩"可能会与算法交易故障有关？算法交易一般用在优化下单。因为市场冲击成本的存在，对于下单数庞大的策略，需要通过考虑市场流动性等方面，以降低下单的总成本。当所有算法都同向运行时，而此时市场买卖量又很小，因此很容易在短时间内导致市场快速同向波动。因此，"闪崩"可能会与算法交易的故障有关。算法交易是交易的执行，用来快速、低成本、隐蔽地执行大量的订单。

### 3. 使用算法交易的原因

为什么要使用算法交易？主要有以下几个原因。

第一，算法交易受到投资者追捧是最主要原因，也正是其产生的根本目的。其产生的目的在于其可以减小市场摩擦，有效降低交易中的冲击成本，从而使得整个交易以最优价格完成。

第二，算法交易可以提高交易执行的效率。伴随着大单拆分，不同的小单按照不同的价格进行动态成交，这些复杂而频繁的交易对于人工来说是非常烦琐的。一方面，交易员在进行交易时总是需要进行思考和判断，这将有可能错过最佳的交易时机、增加等待风险或交易成本，而程序化交易的整个流程则仅需要计算机经过非常短暂的计算，就可以将指令发出，并且在这一过程中可以避免由于人的不理性而出现的一些非正常交易。另一方面，拆分复杂的下单指令，特别是对于组合投资来说，容易使交易者手忙脚乱，而计算机程序化交易则可以在准确的时点对交易系统完成准确的下单指令，避免忙中出错。

第三，算法交易可以降低传统交易部门的人力成本。对于机构投资者而言，只需要雇佣少量的交易员对整个算法交易过程进行监控和维护即可。

第四，使用算法交易，对于大规模交易而言，是一种很好的隐蔽自己交易行为的方式。对于进行大规模交易的投资者，特别是机构投资者，一般情况下都希望能够将自己的交易行为隐蔽起来，从而避免对手根据自己的"套路"出牌。

通过将大单拆细进行交易，类似于一片平静海面下暗涌着的激流，对手只能看到成交量的放大，但却看不出有少数人在大量买入或卖出，整个交易过程表现出的仅仅是一种大众行为。

第五，算法交易能确保复杂的交易及投资策略得以执行。程序化交易能更精准地下单，细致地量化报单的价格和数量。特别是对于复杂的交易策略，程序便于对数目众多的股票同时进行交易，实现传统交易不能完成的交易策略。

### 4. 算法交易的功能

算法交易强调的是优化交易的执行，即如何快速、低成本、隐蔽地执行大批量的订单。算法交易的功能主要包括 3 个方面，即订单分割、订单智能路由和 DMA 直通交易。

（1）订单分割。当机构投资者要进行一个大订单的交易时，会在短时间内改变市场上供需双方的平衡。这时，市场会产生以下两种情况。

①交易价格向不利的方向移动，也就是买单的价格升高或者卖单的价格下降，进而提升了交易成本。这时也被称为市场冲击成本。

②交易对手发现大订单后，会期待更有利的价格，从而减缓交易的速度，进一步降低市场上的流动性。这会使得交易不能够按照计划顺利完成，进而产生机会成本。

针对这种情况，机构投资者通常的做法是将大的交易订单进行分割，利用较小的订单逐渐发送到市场，从而达到降低交易成本和发现流动性的目的。这些交易策略根据交易目的和基准的不同会被赋予不同的名字。例如，比较流行的 VWAP（成交量加权的平均价格）和 TWAP（时间加权的平均价格），它们的目的就是使交易成本尽可能地达到或者超过交易的基准，也就是 VWAP 及 TWAP。

此外，订单分割策略还有利于隐藏交易目的和意图。当一些投资者发现投资机会时，如利好和利空消息、被低估或高估的股票等，必然会通过交易操作的方式实现利润。但是如果投资者交易数额很大的话，就会很容易被市场上的其他参与者发现，进而识别其交易动机。这时，其他参与者就会跟进，导致投资机会盈利的幅度和可能性降低。

因此，投资者对于交易的隐蔽性很重视，不愿意向市场透露交易信息。这种情况下订单分割策略就可以在一定程度上满足投资者的交易需要。例如，有种交易策略被称为"冰山一角"（Iceberging），这个策略的目的就是通过订单分割的方式，限制每一时段交易的最大数量，这样可以隐藏或部分隐藏交易的动机。策略的名字"冰山一角"形象地表达了其操作方式和目的，就像冰山一样，露出水面的永远只是一小部分。

（2）订单智能路由。在美国股票市场上，除了较大的纽约证券交易所（NYSE）和纳斯达克（NASDAQ）交易所之外，还有许多的地区性股票交易所，以及另类交易系统（Alternative Trading Systems，ATS）。一些公司的股票同时在几个市场上上市，或者同时在不同的市场进行交易。由于不同市场上的流动性差异，以及报价信息延迟等因素，一个股票在不同的市场上可能会存在着不同的买卖报价和流动性条件。

例如，流动性差的市场的股票就可能产生较大的买卖价差。这种情况下，交易员就希望能够在这些市场上获得最优的交易价格。订单智能路由（Smart Routing）就用于解决这一问题。交易系统需要持续地监控不同的电子交易市场上的报价和流动性条件。当交易员发起交易时，交易系统识别订单的类型，并在满足预先设定交易参数的情况下进行交易。由于计算机系统可以同时获得不同市场的价格，通过比较不同的报价，系统自动会把订单发送到给出最优报价的市场，以实现最优交易。

此外，交易系统也可以比较不同市场的流动性，选择流动性比较好的市场进行交易，这样可以尽可能地减少交易产生的市场冲击。例如，瑞士信贷的游击队（Guerrilla）和狙击手（Sniper）算法就是基于这个思路开发的。

总体来说，订单智能路由有利于改进市场上的价格发现机制，使投资者能够获取最优的交易价格、降低交易成本，同时也有利于改进市场的公平和效率。

（3）DMA 直通交易。随着通信技术和投资机构化的发展，投资者特别是对冲基金等买方机构，对交易自动化、交易速度、交易的匿名性、交易低成本和交易执行过程主控权的需求日益增加。在此背景下，利于投资者直接进入市场进行交易的市场直通交易（direct market access，DMA）应运而生，并得以在全球范围内迅猛发展。

直通交易，是指买方不需要卖方交易员或第三方介入，通过专有的线路，经过券商席位或不经过券商席位，直接下单至交易所的自动化高速电子交易方式。直通交易涵盖以下几方面内容。

①没有人工介入，自动化交易。

②买方可直接用金融信息交换协议（Financial Information eXchange Protocol，FIX）等电子信息传输格式，通过专有线路向交易所下单。

③买方通常与券商或交易所签订直通交易的协议。

④买方通常有自己的电子订单管理系统。

⑤买方通常为机构投资者，散户很少参与电子直通交易。

根据以上定义，一般的客户通过电话和互联网下单的交易方式不是 DMA 直通交易。

与传统的交易方式相比，直通交易具有多方面的优势，包括匿名性（Anonymity）、交易执行的稳定性（Stability）、速度（Speed）、处理大单及复杂交易的效能（Performance）、低延迟（Latency）易于使用（Ease of Use）等。

DMA 直通交易对于执行复杂的交易策略尤其重要，因为这些交易策略的成功主要取决于交易的速度。在成熟资本市场，对冲基金等买方机构大量运用直通交易执行算法交易和统计套利策略。

根据全球市场电子直通交易的不同安排，国际证监会（IOSCO）将全球电子直通交易的模式概括为以下 3 种。

一是通过券商系统自动下单（Automated Order Routing，AOR）。券商允许客户通过券商的电子系统（交易与连接系统）直接向交易所下单，订单通过券商的席位自动成交。

这种模式通常在 FIX 金融信息交换平台下，以其通信协议进行操作：由客户输入电子订单，通过券商的订单分配系统来进行传输及交易。在这种情况下，券商内部可以监控下单，在必要的情况下还可以在订单执行前阻止订单。

二是券商担保的直通交易（Sponsored Access，SA）。券商允许客户使用券商的席位或交易代码直接下单，但客户不使用券商的技术系统。在这种情况下，券商通常不能内部监控下单情况，即不能实时掌握订单情况并阻止订单。

这种方式在北美市场使用很多。伦敦证券交易所也有类似安排，即"会员授权的市场准入"（Member Authorised Connection，MAC）。不过，伦敦交易所要求会员公司能控制客户的订单流。

三是非券商中介的直通交易（Direct Market Access Bynon-intermediary Market Members）。一些非券商的投资机构，如对冲基金，不通过券商中介，使用自己的技术系统和独立席位直接参与市场交易。

不过，这些机构虽然有交易权，但通常不能成为清算会员，而必须与清算会员签订相关清算协议。

在上述三类电子直通交易安排中，AOR 和 SA 都是以券商的席位进行交易，直通交易的权利由券商给予，可以归结为"券商中介的市场直通交易"。在这种模式下，直通交易通常要求交易所批准。在不需要交易所批准的情况下，交易所要求会员应努力确保客户满足一定的标准（如资金要求、熟悉市场规则和交易系统等）。AOR 和 SA 电子直通交易各自对客户的要求有所不同。例如，券商通常只允许一些特定的机构投资者（如基金和其他投资机构）进行 SA 直通交易。

第三类电子直通交易，即独立席位的直通交易由交易所直接决定。交易所在决定授权电子直通交易时所考虑的主要因素包括两个方面：一是客户的成熟程度，包括具备相关市场交易知识和能力；二是客户的风险管理机制，包括资本实力、内部控制、交易系统的能力等。

### 5. 算法交易的算法种类

美国市场目前流行的算法主要有 5 类：VWAP/TWAP 算法、Arrival/IS 算法、Liquidity 算法、Volume 算法和 Portfolio 算法。

（1）VWAP/TWAP 算法（25%）有一个冲击成本。例如，某一天开盘，要花 10 亿元买入万科股票。一个 5 亿元的订单买入后，万科涨停了！剩下的 5 亿元怎么办？还没全部买进去成本就高了 10 个点。这时，VWAP/TWAP 算法就有用处了。设置好"在今天收盘之前，要以 20 元的平均价格，买入总金额 10 亿元的万科"VWAP/TWAP 算法，把一个大订单分拆成一系列的小订单（这称作拆分大额委托单），算出来要什么时候以什么样的价格买多少份额就能完成预设的目标，此算法会按照预先的设置自动帮助下单完成交易。

（2）Liquidity 算法（36%）和 Arrival/IS 算法（10%）：这两种算法的流行与美国市场的结构有关。美国有多个交易所，同一时刻同一只股票，各个交易所报价和交易费用可能不相同。Arrival/IS 算法可以在考虑交易费用的情况下，选择成本最低的交易方式。Liquidity 算法则可以帮助选出流动性最符合需求（成交速度等）的交易方式，2008 年金融危机后该算法发展迅猛（危机时能马上成交的，就是好的）。

（3）Volume 算法（16%）：在交易时，加上了对成交量的考量和设定。

（4）Portfolio 算法（7%）：淘宝的例子只是 Portfolio 算法中一些非常小的功能，还有一些如按照一个组合设定预期风险和收益值，在对单只股票进行交易时，会考虑其交易完成后对组合的影响。有时单只股票本身没问题，但是由于会使组合预期风险高于设定的风险值，就会中止对该股票的交易。

### 6. 算法交易的使用者类型

Asset Mgmt：指的是公募基金这样的大型机构投资人。早期主要的是分仓管理（类 HOMS 系统）、组合式操作等基础管理功能。

Market Making：指的是各做市商。运用程序化的方式来确认报价、实现交易。

HFT/Rebate：指的是狭义的高频交易，主要是利用算法发现各个交易所之间存在的套利机会，这部分业务 2005 年后随着交易所数量的激增和早期交易所报价机制的不完善而暴涨。

HF/Quant：指的是狭义的量化基金。运用技术指标或其他可量化的指标来建模选取投资标的，并完成交易。

Retail：指的是个人的算法交易。

### 7. 算法交易策略

算法交易的核心在于交易策略的构建，好的算法交易能够有效控制交易成本，实现交易价格的最优化。下面就简单介绍一下市场上最常见的一些算法交易策略。

（1）时间加权平均价格算法策略（Time Weighted Average Price，TWAP）。TWAP 是最为简单的一种传统算法交易策略。该模型将交易时间进行均匀分割，并在每个分割节点上将均匀拆分的订单进行提交。例如，可以将某个交易日的交易时间平均分为 N 段，TWAP 策略会将该交易日需要执行的订单均匀分配在这 N 个时间段上执行，从而使得交易均价跟踪 TWAP。

TWAP 不考虑交易量的因素。TWAP 的基准是交易时段的平均价格，它试图付出比此时段内平均买卖差价小的代价执行一个大订单。TWAP 模型设计的目的是使交易对市场影响减小的同时提供一个较低的平均成交价格，从而达到减小交易成本的目的。在分时成交量无法准确估计的情况下，该模型可以较好地实现算法交易的基本目的。但是使用 TWAP 过程中的一个问题是，在订单规模很大的情况下，均匀分配到每个节点上的下单量仍然较大，当市场流动性不足时仍可能对市场造成一定的冲击。另外，真实市场的成交量总是在波动变化的，将所有的订单均匀分配到每个节点上显然是不够合理的。因此，算法交易研究人员很快建立了基于成交量变动预测的 VWAP 模型。不过，由于 TWAP 操作和理解起来非常简单，因此其对于流动性较好的市场和订单规模较小的交易仍然适用。

例如，A 股市场一个交易日的交易时间为 4 小时，即 240 分钟。首先将这 240 分钟均匀分为 N 份（或将 240 分钟中的某一部分均匀分割），如 240 份。TWAP 策略会将该交易日需要执行的订单均匀分配在这 240 个节点上执行，从而使得交易均价跟踪 TWAP。

（2）成交量加权平均价格算法策略（Volume Weighted Average Price，VWAP）。VWAP 是目前市场上最为流行的算法交易策略之一，也是很多其他算法交易模型的原型。首先定义 VWAP，它是一段时间内证券价格按成交量加权的平均值。

VWAP 策略是一种拆分大额委托单，在约定时间段内分批执行，以期使得最终买入或卖出成交均价尽量接近该段时间内整个市场成交均价的算法交易策略。

它是量化交易系统中常用的一个基准。

若希望能够跟踪 VWAP 市场，则需要将拆分订单按照市场真实的分时成交量按比例进行提交，这就需要对市场分时成交量进行预测。

要做到这一点，VWAP 模型必须把母单分割成为许多小的子单，并在一个指定的时间段内逐步送出去。这样做的效果就是降低了大单对市场的冲击，改善了执行效果；同时增加了大单的隐秘性。显然，VWAP 模型的核心就是如何在市场千变万化的情况下，有的放矢地确定子单的大小、价格和发送时间。

VWAP 模型做到这一点的关键是历史成交量、未来成交量的预测、市场动态总成交量以及拆单的时间段（就是总共要将总单拆分成多少单分别以怎样的时间频率交易）。较为高级的 VWAP 模型要使用交易所单簿（Order Book）的详细信息，这要求系统能够得到及时的第二级市场数据（Level II Market Data）。

VWAP 模型对于在几个小时内执行大单的效果最好。在交易量大的市场中，VWAP 效果比在流动性差的市场中要好。在市场出现重要事件的时候效果往往不那么好。如果订单非常大，如超过市场日交易量的 1% 的话，即便 VWAP 可以在相当大的程度上改善市场冲击，但市场冲击仍然会以积累的方式改变市场，最终使得模型的效果差于预期。

VWAP 算法交易的目的是最小化冲击成本，并不寻求最小化所有成本。理论上，在没有额外的信息，也没有针对股票价格趋势预测的情况下，VWAP 是最优的算法交易策略。

VWAP 策略的内容。VWAP 策略包含宏观和微观两个层面的内容。宏观层面要解决如何拆分大额委托单的问题，需要投资者对股票的日内成交量做出预测，建议按两分钟的时间长度来拆分订单。微观层面要确定是用限价单还是市价单来发出交易指令，考虑到 VWAP 是一种被动跟踪市场均价的策略，建议采用市价委托方式，一方面有利于控制最终成交均价与市场均价之间的偏差，另一方面也可以提高委托成交的效率，避免限价单长时间挂单不能成交的风险。

按照传统的 VWAP 策略，它只是一种被动型的策略，而且在这个策略中，最重要的因素有：历史成交量，未来成交量的预测、市场动态总成交量，拆单的时间段。

通常来说，VWAP 策略会使用过去 M 个交易日分段成交量的加权平均值作为预测成交量，这里就要涉及 M 和权数的确定。假设需要在某段时间买入一定数量的股票，采用算法交易将这段时间分为 N 部分，并预测每部分时间的成交比例（占所需成交量）为 VPi，而市场真实的分段成交比例（占市场真实成交量）为 VPm，市场在每个时点的真实成交价格为 Pi，则可以定义跟踪误差。

① 跟踪误差与成交量预测的关系非常紧密，预测结果的好坏直接影响到 VWAP 算法交易的结果。

② 当某段时间的 VPt 超过市场真实 VMt 时，有可能造成订单无法全部成交，这样就会造成算法交易执行效率的下降。因此，更为常用的是被称为"带反馈的"VWAP 算法交易策略。

所谓带反馈的 VWAP 算法交易策略，是指在原有 VWAP 跟踪的基础之上，将每个时段未成交的订单按比例分摊至后面的时间段中，这样可以有效提高成交比率。之前所讨论的 TWAP 策略也可以采用该类反馈技术，使执行效率大幅提升。

虽然 VWAP 策略从理论分析上并不是一种最优策略，但是由于其采用了更加精准的价格与交易量的计量与预测方法，并且摆脱了冲击函数的度量问题，因此获得了广泛的应用性。

通过采用历史高频数据，对 VWAP 策略进行了实证研究，得出了相对满意的结果，并对后续 VWAP 的进一步扩展进行了展望。

采用两种方法实行 VWAP 下单策略：一种是按照历史高频计算各个周期的交易量分布函数 → 将需要执行的订单按照交易量分布函数中各个周期分别执行（没有反馈），另一种是按照历史高频计算各个周期的交易量分布函数 → 按照当日已经发生的交易量预测全天交易量 → 分配各个剩余周期的订单数量（循环最后两步直至订单执行完毕）。使用反馈的 VWAP 算法交易策略，初步研究结果表明内容如下。

①使用 VWAP 策略时，大盘股的效果要好于小盘股，这是由于流动性的差异造成的。

②以 1 分钟为执行周期，其 VWAP 效果要好于以 5 分钟为周期的执行效果。后续在超高频数据方面进行扩展是可行的。

③策略②的效果显著优于策略①，这说明使用反馈机制的 VWAP 优于不使用反馈机制的 VWAP。同样的，后续在反馈机制方面进一步深入是值得的。

④未来日内交易量的估计值对最终订单执行的 VWAP 效果有极大地影响，因此对日内交易量分布进行较为准确的估计是无法回避的话题，后续可以在实盘测试的基础上，发展非参数估计方法、时间序列估计方法，以便对日内交易量的分布做出较为准确的估计。

（3）成交量加权平均价格优化算法策略（Modified Volume Weighted Average Price，MVWAP）。其实 VWAP 有很多优化和改进的算法，但是最为常见的一种策略是根据市场实时价格和 VWAP 市场的关系，对下单量的大小进行调整与控制，统一将这一类算法称为 MVWAP。

当市场实时价格小于此时的 VWAP 市场时，在原有计划交易量的基础上进行放大，如果能够将放大的部分成交，则有助于降低 VWAP 成交；反之，当市场实时价格大于此时的 VWAP 市场时，在原有计划交易量的基础上进行缩减，也有助于降低 VWAP 成交，从而达到控制交易成本的目的。

在 MVWAP 策略中，除了成交量的预测方式之外（通常也是按照历史成交量加权平均进行预测），同样很重要的是对于交易量放大或减小的定量控制。一种简单的办法是在市场实时价格低于或高于 VWAP 市场时，将下一时段的下单量按固定比例放大或缩小，那么这个比例参数就存在一个最优解的问题。如果考虑得更为复杂和细致，这个比例还可以是一个随价格偏差（市场实时价格与 VWAP 市场之差）变化的函数。

（4）成交量固定百分比策略策略（Volume Participation，VP）。VP 与 VWAP 策略类似，都是跟踪市场真实成交量的变化，从而制定相应的下单策略。所不同的是，VWAP 是在确定某个交易日需要成交数量或成交金额的基础上，对该订单进行拆分交易；而 VP 则是确定一个固定的跟踪比例，根据市场真实的分段成交量，按照该固定比例进行下单。

例如，将某个交易日均分为 48 段，每段 5 分钟。根据预测成交量，按照 10% 的固定比例进行下单。这样的策略所带来的结果是，当所需要成交的订单金额较小时，可能会在交易时间结束之前就完成所有交易，从而造成对市场均价跟踪偏离的风险。

因此，该策略适用于规模较大、计划多个交易日完成的订单交易，此时若能选择合适的固定百分比，使得成交能够有效完成，则 VP 是一种可以较好跟踪市场均价的算法交易策略。

（5）执行落差交易策略（Implementation Shortfall，IS）。IS 是以执行落差为决策基础的一种算法交易策略。执行落差被定义为目标交易资产组合与实际成交资产组合在交易金额上的差异。IS 策略的目标是执行落差最小化，或者说是在综合考虑冲击成本和市场风险后，通过寻找最优解来跟踪价格基准的一种策略。

假设目标交易价格为 P0，实际交易价格为 P，为了达到这个目标，IS 的基本流程如下。

①确定目标交易价格 P0，作为交易基准，这个价格可以是到达价、开盘价、一日收盘价等。再设定一个容忍价格 Pr，作为交易的边界条件。

②当市场实际价格低于或高于 P0 时，按一定的策略下单进行买入或卖出交易。

③当市场实际价格高于或低于 Pr 时，不进行买入或卖出交易。

④当市场实际价格处于 P0 和 Pr 之间时，可以按照介于积极和消极交易策略之间的策略进行交易。

使用 IS 的优点如下。

① IS 策略较为全面地分析了交易成本的各个部分，在冲击成本、时间风险、价格增长等因素之间取得了较好的平衡，更加符合最优交易操作的目标。

② IS 策略根据目标价格对交易过程的优化，更加符合投资决策的过程。

③ IS 策略多用于组合交易，而对于组合交易来说该算法能够利用交易清单上股票间的相关性更好地控制风险。

（6）Step 策略。Step 策略实际是一种对价格进行分层成交的策略，目标是在买入（卖出）交易中尽可能地压低（提升）成交均价。简单来讲，Step 策略就是在不同的价格区间进行不同成交量比例的配置。例如，在 VWAP 或 TWAP 策略中，通常按照预测成交量的一定比例进行实际下单。假设在开市前预计要买入某只前收盘价为 20 元的股票，则对其进行成交量分层设定：开盘后在 VWAP 或 TWAP 的基础之上，当价格在 19~21 元浮动时，按预测成交量的 10% 进行成交；当价格超过 21 元时则不做任何交易；当价格小于或等于 19 元时，按预测成交量的 30% 买入。

更为激进的一种称为 Aggressive Step 策略，这种策略在价格低于最优交易区域边界时会将市场上的所有订单统统买入。

具体来说，Aggressive Step 策略同样在买入（卖出）交易中进行分层，如在上述交易方案中，前两个区域的策略不变，当价格小于或等于 19 元时，不管市价跌到多少，都按 19 元的限价报单成交，直至价格回升至 19 元以上或拟交易订单全部完成。不过这种策略不容易对交易量进行控制，并且容易造成价格异动，增加证券交易的隐性成本。

（7）Sniffers 策略。Sniffers 搜寻者策略是一类策略的统称。通常该策略会开发一些较为复杂的算法去监控盘口和成交数据，以发现市场参与者中是否存在其他的算法交易者。

例如，通过少量的试探性下单，结合一定的算法和成交情况判断有没有订单是通过算法交易而成交的。如果有其他的算法交易参与者，则通过计算判断跟随这些算法交易或通过相反的操作，能否以较大的概率获取绝对收益。如果获利概率较大，则通过有针对性的算法交易策略进行下单。

该策略与传统的算法交易不同，不以执行订单为主要目的，而是以获利为主，属于算法交易中较为高级的一种策略，适用于算法交易已经大规模普及的市场。我国市场无论是从交易制度，还是从算法交易的普及程度来看，目前还暂时难以运用该类策略。

（8）盘口策略。目前国外很多较为高级的算法交易策略对数据的要求都已不仅局限于成交量和成交价两个指标，而更多关注的是市场微观结构，特别是盘口中出现的一些重要信息。

例如，盯住盘口策略（PEG），即随时根据目标股票的盘口情况进行下单。PEG 首先会实时监测盘口中的最低卖出价格或最高买入价格，并按照一定的策略（或比例）下达买入限价指令或卖出限价指令。

如果交易指令未能完成，并且市场价格开始偏离限价指令的价格，则对上述订单进行撤单，并且根据最新的盘口信息重新发出相应的限价指令；如果交易指令全部完成，继续按照上述策略（比例）发出买入限价指令或卖出限价指令，直至订单全部完成或交易时间结束。

该策略的优点在于对市场的冲击可以做出较好的定量控制，而缺点在于跟踪市场均价容易出现偏离，并且每个交易日的成交量不可控。

（9）W&P（Workand Pounce）策略，是在一般算法交易策略的基础之上，通过市场盘口及流动性情况对算法交易进行进一步优化的一种策略。

具体来讲，当执行某种算法交易策略时，系统会将拆分后的订单在一定的时间按一定的价格进行挂单。此时如果跟踪盘口数据，会发现所提交的下单价格有可能是主动成交（例如，在 VWAP 策略中就会出现这种机会）。

在这种情况下，可以观察相应价格的盘口是否具有较大数额的挂单，即观察市场在一定的价格范围内是否有多余的流动性存在。如果存在这种流动性，则可以放大交易数量，将市场流动性横扫一空，或仅留存少量残余流动性。

W&P 策略适合于有大量订单需要在短期内完成的情况，使用该策略能够有效提高执行效率，但同样对于价格的跟踪可能将产生相对较大的偏差，增加了交易成本的不确定性。

（10）Hidden 策略。Hidden 隐藏交易策略实际是一种主动成交型算法交易策略。对于传统的 TWAP、VWAP 等策略，由于下单时往往是按市价下单，因此可能会夹杂有主动成交和被动成交两种交易。但是当被动挂单和撤单次数较多的时候，特别是在较为发达的金融市场中，算法交易者甚至算法交易策略本身容易被其他竞争对手观察和监测到，从而使得竞争对手可以针对算法本身开发出具有针对性的策略。

Hidden 策略就是这样一种反侦察的算法交易策略——当市场盘口中出现了希望成交价位的委托单，并且达到一定数量时，则主动出击将委托单买入；否则伺机而动，直到满足条件的机会出现为止。

总体来说，Hidden 策略也是一种对原有算法交易策略进行再优化的策略，其主要运用在欧美等较为发达的金融市场上，在隐藏自己行动的同时也付出一部分跟踪市场均价准确性的代价。

（11）Guerrilla 策略。Guerrilla 游击队策略也是在一些原有算法交易策略的基础之上进行进一步优化的一种策略，其目的同 Hidden 策略一样，都是为了隐藏自己的策略和交易行为。

不同的是，Hidden 是在主、被动成交及下单数量方面进行考虑，而 Guerrilla 的出发点仅仅是下单数量。通过一定的随机算法，Guerrilla 策略会将每个时段应该提交的订单数量进一步打散成为不同尺寸的部分，从而使得其他竞争对手在交易明细中不容易看出算法交易者和相应算法的存在。

（12）其他策略。除了上述介绍的一些常用算法交易策略以外，在国外市场上目前还存在非常多的策略，如仅以 VWAP 一种基础的算法交易策略就可以衍生出几十种甚至上百种策略；再如，在国外做市商制度的存在下，市场上还有一批基于该交易制度的常用算法交易策略，如 Guaranteed VWAP、SOR 策略等。

总而言之，很多算法交易策略在使用一段时间后往往由于信息的泄露或者市场微观结构的改变而不再适用，投资者就需要继续开发新的策略。因此，各种算法交易策略总是如雨后春笋一般在市场上出现，然后消失、轮回。

但无论如何，各类算法交易策略的出现都是为了对交易成本进行有效控制，因此这类交易策略在计算机和网络技术突飞猛进的今天，将会越来越多地占领整个市场的交易份额，目前来看这是一个不会改变的大趋势。

在国内，随着金融行业的不断发展和国际化的提高，以及股指期货、融资融券规则的推出，我国证券市场单边交易和相对封闭、发展滞后的情况得到改善，并逐渐赶上国际先进的证券市场。

因此，算法交易策略在未来一定会呈现出快速发展的趋势。它不但有利于投资者减少交易成本，而且能够促使市场更加规范和高效。

TWAP 和 VWAP 的代码实现：以 A 股平安银行的股票某一天的分钟线行情为例，分别用 C++ 和 Python 实现 TWAP 和 VWAP 的求解。

在实际的交易系统中，将得到的价格分为不同时段将大单拆成小单挂单交易，以下是 TWAP 和 VWAP 计算的简单实现。

C++ 代码实现：

```cpp
// calculate vwap value
double calc_vwap(std::vector<std::vector<std::string>>&marketDataTable)
{
    int n = marketDataTable.size() - 1; // skip the first title line
    double total_sum = 0.0;
    int volume_sum = 0;
    for (int i = 1; i <= n; i++)
    {
        // get the price and volume according to table structure
        double high_price = atof(marketDataTable[i][9].c_str());
        double low_price = atof(marketDataTable[i][10].c_str());
        double price = (high_price + low_price) / 2;
        int volume = atoi(marketDataTable[i][11].c_str());
```

```cpp
        // compute total sum and volume sum
        total_sum += price * volume;
        volume_sum += volume;
    }

    return total_sum / volume_sum;
}

// calculate twap value
double calc_twap(std::vector<std::vector<std::string>>&marketDataTable)
{
    int n = marketDataTable.size() - 1; // skip the first title line
    double price_sum = 0.0;
    for (int i = 1; i <= n; i++)
    {
        // get the price and volume according to table structure
        double high_price = atof(marketDataTable[i][9].c_str());
        double low_price = atof(marketDataTable[i][10].c_str());
        double price = (high_price + low_price) / 2;
        // compute price sum and time sum
        // here use the 1 min K-line data, so total time is n minutes
        price_sum += price;
    }

    return price_sum / n;
}
```

Python 代码实现:

```python
# calculate vwap value
def calc_vwap(marketDataTable):
    n = len(marketDataTable) - 1
    total_sum = 0.0
    volume_sum = 0
    for i in range(1, n + 1):
        high_price = float(marketDataTable[i][9])
        low_price = float(marketDataTable[i][10])
        price = (high_price + low_price) / 2
        volume = int(marketDataTable[i][11])
        total_sum += price * volume
        volume_sum += volume
```

```
        return total_sum / volume_sum

# calculate vwap value
def calc_twap(marketDataTable):
    n = len(marketDataTable) - 1
    price_sum = 0.0
    for i in range(1, n + 1):
        high_price = float(marketDataTable[i][9])
        low_price = float(marketDataTable[i][10])
        price = (high_price + low_price) / 2
        price_sum += price
    return price_sum / n
```

## 9.2.10 程序化实盘交易需要注意的问题

### 1. 流动性

流动性是指在期货合约价格没有明显波动的情况下，交易者按照自己的意愿迅速达成交易的难易程度，也就是说，交易者在需要的时候，能够以较低的交易成本迅速完成交易，而对价格产生较小的影响，则称该市场是富有流动性的。

（1）从交易的大小和对价格变动产生的影响来考虑，在一个流动性较高的市场上，在某一市场价位上可以容纳很大的交易量，交易对于价格产生很小的影响。

（2）从成交时间来考察，在流动性较高的市场上，参与者可以在市场上很快找到交易对手并达成交易，因此成交需要等待的时间短。

（3）从交易成本来看，在一个流动性好的市场上，买者和卖者容易按照自己的交易意愿成交，从而减少了等待的机会成本和继续持有仓单的实际成本，进入和退出市场的各种障碍较小。在历史模拟测试中，流动性是很难准确测试的，有一种保守的做法是，按 tick 读数据，假设只能按一定比例的成交量成交，这样可以达到一定的测试效果，但这样回测的速度很慢。

### 2. 行情数据质量

在国外，交易商可以向交易所支付较高的信息费用来获取高频率的 tick 行情信息，如大投行高盛可以将其服务器直接与交易所主机对接，而在高频交易中拥有提前数毫秒的优势。

在国内期货市场，目前只有大连商品交易所、中国金融期货交易所提供 Level-2 五档数据。大连商品交易所 Level-2 的行情数据将比实时基本行情快一倍，每秒钟发布 4 次，一般实时基本行情只提供最优买卖价位上的委托行情信息，而 Level-2 增加了买二到买五委托行情、卖二到卖五委托行情，形成了 5 级深度委托行情，如图 9-36 所示。同时可以显示买一和卖一的主要构成。类似地，中国金融期货交易所股指期货的 Level-2 数据可以看到 5 级行情。

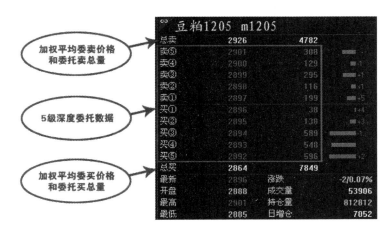

图 9-36　中国金融期货交易所股指期货的 Level-2 数据

　　不同的行情软件数据可能存在差异。以股指期货合约为例，行情软件从中国金融期货交易所收完 tick 数据，然后自行组合处理有可能出现在特定的时间点上，价格略有偏差。例如，在 2012 年 5 月 14 日 9 点 56 分，各个行情软件有所差异，本书选取了几个软件商进行对比，天软科技该分钟的开盘价、最高价、最低价、收盘价分别为 2628.8、2630、2582、2618.4，而金字塔在该分钟对应的开盘价、最高价、最低价、收盘价分别为 2629.82、2630.0、2601.8、2618.8。TB 和天软科技基本一致，Wind 和金字塔基本一致，但 TB 和 Wind 记录在 9:55。恰好这一分钟的最低价是当天最低价，而 Wind 和金字塔当日最低价又是 2582，这种数据的不一致让人疑惑。因此建议，通过对比核实选择最可靠的数据行情平台，而且保证研究平台的数据和交易平台的数据保持一致。

### 3. 数据传输速度

　　提到速度就不得不提到高频交易，这是程序化交易的一种特殊形式，利用极为短暂的市场变化，从中寻求获利的计算机化交易。高频交易的特征是交易量巨大，持仓时间很短，日内交易次数很多，每笔收益率很低，总体收益稳定。

　　在国外，可以利用某种证券买入价和卖出价差价的微小变化，或者某只股票在不同交易所之间的微小价差。高频交易对速度要求很高，以至于有些交易机构将自己的"服务器群组"安置到了离交易所的计算机很近的地方，以缩短交易指令传输的时间。

　　在国内，期货的交易中，政策对高频交易还没有完全放开，但已经有机构把交易服务器安置在交易所很近的地方，或者托管在专门的机房中，提高数据交互的速度，一般的期货公司也提供服务器托管业务。例如，上海期货交易所张江机房服务器通过全万兆全光纤接入 CTP 平台并直接发送交易指令至交易所服务器，无须经过其他中转服务器，其报单和行情速度较快。

### 4. 突发行情处理

对于突发行情，如瞬间暴涨或瞬间暴跌，程序化交易系统应该有针对性的应对方案。

2010 年 5 月 6 日，华尔街上演了一场史上罕见的股市灾难。下午 2 时 40 分，道琼斯股指盘中突然出现创纪录的急挫近千点，10 分钟内跌穿 9900 点，跌幅最高时达到 9.2%，创 1987 年股灾以来最大单日跌幅。这一股市瞬间崩溃的现象被称为"闪电崩盘"。在闪电崩盘中，美股市值当即蒸发上万亿美元。

在国内有没有类似的情况？其实股指期货 2010 年发生过类似的事情，在 5 月 14 日上午 9:30~10:00，观察分钟 K 线最低价的走势图，9:56 观察 K 线走势，开盘价、最高价、最低价、收盘价分别为 2628.8、2630、2582、2618.4，振幅高达 48 个绝对点位。

对于大多数高频交易系统而言，止损机制都是其重要组成部分，一旦市场变化达到某个技术指标规定的止损水平，高频交易系统会自动触发止损订单，这些止损订单通常都是卖单。大量的止损订单被推到市场上，会让市场的买卖力量对比迅速失衡，导致市场流动性丧失，从而引发市场的雪崩式下跌，而这又会进一步引发更多的止损订单，进入恶性循环。

有一种策略称做"猎杀止损单"，指当市场环境低迷的时候，某些交易者会在关键的止损点位做空，诱发高频交易系统的止损单，并在恰当时机进入市场做多，引导市场迅速反弹。

本质上，程序化交易系统的背后还是人类在博弈，因此博弈的方法不可能一成不变，而应该根据市场的状况，使用不同的交易系统。

附　录

## 附录A 使用 Postman 测试网络请求

　　Postman 是一款功能强大的网页调试与发送网页 HTTP 请求的客户端软件。允许用户发送任何类型的 HTTP 请求，如 GET、POST、HEAD、PUT、DELETE 等，并且可以允许任意的参数和 Headers。它可以显示响应的数据，包括 HTML、JSON 和 XML。

　　本书使用 Postman 客户端来测试编写的网络请求服务。下载地址是 https://www.getpostman.com。单击【Download the App】按钮，进入 Postman 下载页面，根据操作系统的类型选择合适的 Postman 客户端软件，如图附 A-1~ 图附 A-2 所示。

图附 A-1　Postman 官网

图附 A-2　下载 Postman

本书使用的环境是 Windows 10 64 位平台，所以下载 Postman for Windows 的版本是"x64"，读者需要根据自己机器上的实际情况进行修改。双击下载的 Postman 安装包"Postman-win64-*-Setup.exe"进行安装，就可以进入 Postman 主界面，如图附 A-3 所示。

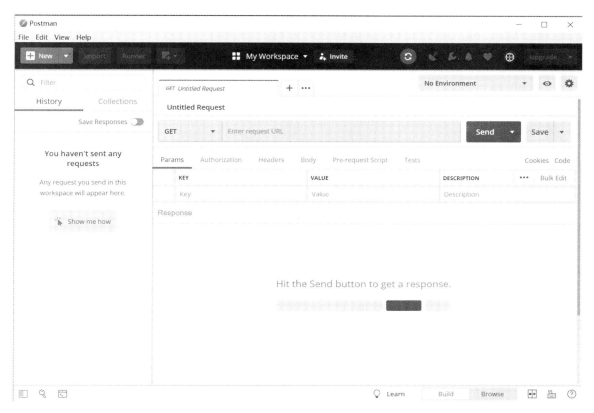

图附 A-3　Postman 主界面

### 1. 发送 GET 请求

选择 GET 请求方式，在请求方式后面的 URL 地址栏里输入请求地址，单击【Params】按钮，输入参数，即可显示在 URL 链接上。然后单击【SEND】按钮，就可以看到相应数据了，如图附 A-4 所示。

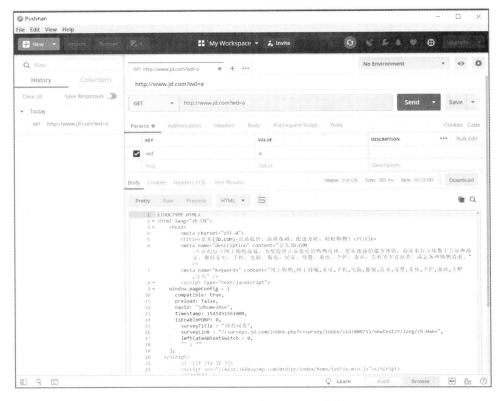

**图附 A-4** 发送带参数的 GET 请求

从图附 A-4 中可以看到请求的响应栏。在响应栏里还可以看到请求的响应状态码、响应时间，以及响应大小。相应的响应格式可以有多种，由于请求的是 http://www.jd.com，因此响应格式为 HTML，如图附 A-5 所示。

**图附 A-5** GET 请求的响应值

### 2. 发送 POST 请求

选择 POST 请求方式，在请求方式后面的 URL 地址栏里输入请求地址，POST 请求一般用于表单提交和 JSON 提交，在请求开始部分可以设置提交的参数。请求开始部分中的 Content-Type 与请求参数的格式之间有关联关系，如表附 A-1 所示。

表附 A-1　POST 参数格式

| POST 参数格式 | Content-Type | 参数示例 |
| --- | --- | --- |
| 表单提交 | Application/x-www-form-urlencoded | username=abc&password=123 |
| JSON 提交 | Application/json | {<br>　　"username": "abc",<br>　　"password": 1<br>} |

发送表单提交请求时，需要在 Postman 的 Body 里选择"x-www-form-urlencoded"，在下面的表格中输入请求参数，然后单击【SEND】按钮，就可以看到相应数据了，如图附 A-6 所示。

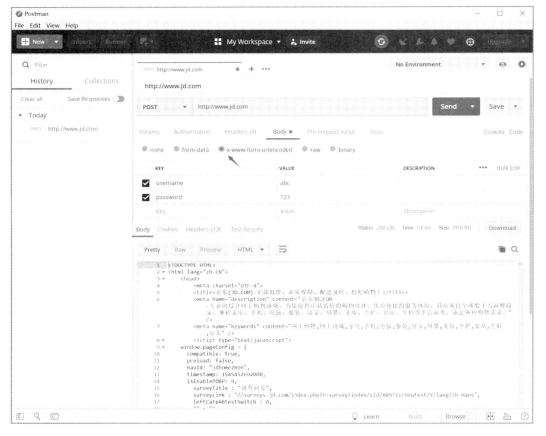

图附 A-6　POST 表单提交

发送 JSON 提交请求时，需要在 Postman 的 Body 里选择【raw】，提交格式选择【JSON (application/json)】，如图附 A-7 所示。

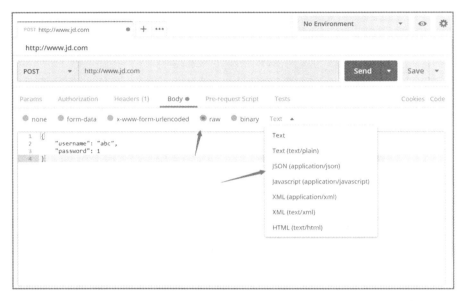

图附 A-7　POST-JSON 提交

### 3. 发送 PUT、DELETE 请求

其他请求方式如 PUT、DELETE 大致流程和 GET、POST 差不多，在请求方式里选择 PUT 或 DELETE，根据需要在请求体 (Body) 中设置参数格式，如图附 A-8 所示。

图附 A-8　PUT、DELETE 请求方式

# 附录B 配置 Centos

使用 FTP 软件从 Windows 系统向 CentOS 系统传送文件时，为了传输方便，可以关闭 CentOS 上的防火墙。

### 关闭防火墙

彻底关闭 CentOS 上的防火墙需要经过以下两步。

（1）关闭防火墙 1。

```
systemctl stop firewalld.service # 停止 firewall
systemctl disable firewalld.service # 禁止 firewall 开机启动
```

（2）关闭防火墙 2：修改"/etc/sysconfig/selinux"文件，将"SELINUX=enforcing"改为"SELINUX=disabled"，如图附 B-1 所示。

```
vi /etc/sysconfig/selinux
```

```
# This file controls the state of SELinux on the system.
# SELINUX= can take one of these three values:
#     enforcing - SELinux security policy is enforced.
#     permissive - SELinux prints warnings instead of enforcing.
#     disabled - No SELinux policy is loaded.
SELINUX=disabled
# SELINUXTYPE= can take one of three two values:
#     targeted - Targeted processes are protected,
#     minimum - Modification of targeted policy. Only selected processes are protected.
#     mls - Multi Level Security protection.
```

图附 B-1　关闭 Linux 的防火墙

然后输入以下命令彻底关闭 selinux。

```
setenforce 0
```

修改防火墙配置文件后，最好重新启动计算机。